现　代　数　学　丛　书

U0187000

Algorithms for Convex Optimization

凸优化算法

[印] 尼什·K. 毗湿诺 (Nisheeth K. Vishnoi) 著

石惠之 夏勇 译

机械工业出版社
CHINA MACHINE PRESS

图书在版编目（CIP）数据

凸优化算法/ (印) 尼什・K. 毗湿诺(Nisheeth K.Vishnoi) 著；石惠之，夏勇译. —北京：机械工业出版社，2024.1

（现代数学丛书 ；132990）

书名原文: Algorithms for Convex Optimization

ISBN 978-7-111-74663-8

Ⅰ. ①凸… Ⅱ. ①尼… ②石… ③夏… Ⅲ. ①凸分析-最优化算法 Ⅳ. ①O174.13②O242.23

中国国家版本馆 CIP 数据核字（2024）第 031954 号

机械工业出版社（北京市百万庄大街 22 号　邮政编码 100037）

策划编辑：刘　慧　　　　责任编辑：刘　慧

责任校对：王小童　李小宝　　　　责任印制：郜　敏

三河市国英印务有限公司印刷

2024 年 5 月第 1 版第 1 次印刷

186mm×240mm・18.5 印张・358 千字

标准书号：ISBN 978-7-111-74663-8

定价：99.00 元

电话服务　　　　网络服务

客服电话：010-88361066　　机　工　官　网：www.cmpbook.com

010-88379833　　机　工　官　博：weibo.com/cmp1952

010-68326294　　金　书　网：www.golden-book.com

封底无防伪标均为盗版　　机工教育服务网：www.cmpedu.com

译者序

凸优化研究如何在凸集上最小化凸函数，在科学与工程众多领域中有广泛应用。本书在深入讲述凸优化算法的基础上，更着重介绍凸优化算法在设计离散优化快速算法中的重要应用。据译者所知，这或许是国内第一本介绍凸优化算法同时在离散优化和连续优化问题中应用的中文版著作。

本书内容自洽，习题丰富。第 1 章讲述连续优化和离散优化间相互作用的简要历史。第 2 章介绍微积分、线性代数、几何、动力系统、图论等基础知识。第 3 ～ 5 章介绍凸性、计算模型和凸优化的高效性概念以及对偶性。第 6 ～ 8 章分别介绍梯度下降法、镜像下降法和乘性权重更新法以及加速梯度下降法等一阶方法。第 9 ～ 11 章介绍牛顿法和线性规划的各种内点法。第 12 章和第 13 章介绍用于线性规划和一般凸规划的椭球法等割平面方法。

本书既可作为理论计算机科学、离散优化、运筹学、统计学和机器学习领域高年级本科生或低年级研究生的教材，也可作为凸优化或算法设计导论课程的补充材料。

本书在翻译过程中对发现的原书错误进行了更正。本书第 1、2、5、12、13 章由李杨初步翻译，第 3、4、10、11 章由杨博涵初步翻译，第 6、7、8、9 章由赵紫鉴初步翻译。本书由石惠之和夏勇多次统筹修改，并最终定稿。由于时间仓促，加之译者的精力和水平有限，翻译难免有不当之处，请读者和同行指正。

石惠之　夏勇

2023 年 6 月

前　言

凸优化研究在凸集上最小化凸函数的问题。凸性及其众多衍生结论已被用来设计许多凸规划的高效算法。因此，凸优化已广泛应用于科学和工程的多个领域。

近年来，凸优化算法在离散优化和连续优化问题中的应用已经彻底改革了算法设计。例如，图中的最大流问题、二部图最大匹配以及次模函数最小化问题，通过使用梯度下降法、镜像下降法、内点法和割平面法等凸优化算法获得了已知最快的算法。出人意料的是，凸优化算法也被用于设计离散对象，如拟阵的计数问题。同时，凸优化算法已成为许多现代机器学习应用的核心。更大更复杂的输入实现，对凸优化算法提出了更高的要求，也推动了凸优化自身的发展。

本书的目标是让读者深入了解凸优化算法。重点是从基本原理推导凸优化的关键算法，并建立关于输入长度的精确运行时间上界。鉴于这些方法的广泛适用性，单本书不可能将这些方法的应用全部展示出来。本书展示了适用于各种离散优化和计数问题的快速算法应用。本书所选的应用旨在说明连续优化和离散优化之间令人惊讶的联系。

本书的结构。本书的主体内容大致分为四个部分：第 3 ~ 5 章介绍了凸性、计算模型和凸优化的高效性概念以及对偶性；第 6 ~ 8 章分别介绍了梯度下降法、镜像下降法和乘性权重更新法以及加速梯度下降法等一阶方法；第 9 ~ 11 章介绍了牛顿法和线性规划的各种内点法；第 12 章和第 13 章介绍了用于线性规划和一般凸规划的椭球法等割平面方法。第 1 章通过讲述连续优化和离散优化之间的相互作用的简要历史来概述本书：探索离散问题的快速算法如何推动凸优化算法的改进。

许多章都包含了广泛的应用，从寻找图中的最大流、最小割和完美匹配，到 0—1 多胞形上的线性优化，到次模函数最小化，再到计算组合多胞形上的最大熵分布等。

本书的内容较为完善，第 2 章回顾了微积分、线性代数、几何、动力系统和图论等知识。本书中的习题不仅在检查理解方面起着重要作用，有时还通过它们引入和建立重要的方法与概念，例如 Frank-Wolfe 方法、坐标下降法、随机梯度下降法、在线凸优化、零和博弈的极小极大定理、用于分类的 Winnow 算法、Bandit 优化、共轭梯度法、原始–对偶内点法和矩阵缩放等。

如何使用本书。本书既可作为高年级本科生或低年级研究生的教材，也可作为凸优化或算法设计导论课程的补充材料。预期读者包括理论计算机科学、离散优化、运筹学、统计学和机器学习领域的高年级本科生、研究生以及相关领域的研究人员。为了使不同背景的读者掌握本书内容，本书的写作风格强调直觉，有时甚至以牺牲严谨性为代价。

理论计算机科学或离散优化领域的课程可以包括本书的全部内容。凸优化相关的课程可以省略离散优化的应用，而根据教师的选择包含相关应用。最后，机器学习的凸优化导论课程可以包括第 2 章到第 7 章的内容。

凸优化之外？本书还能帮助读者为在凸优化之外的领域工作做好准备，例如，目前处于形成阶段的非凸优化和测地线凸优化等领域。

非凸优化。凸函数的一个性质是“局部”极小值也是“全局”最小值。因此，凸优化算法本质上是寻找局部极小值。有趣的是，这种观点已经导致凸优化方法在非凸优化问题上非常成功，特别是在机器学习中出现的问题。与凸优化问题不同（当然，一些凸优化也可能是 NP 难），大多数有趣的非凸优化问题都是 NP 难。因此，在许多这些应用中，我们会定义适当的局部极小值概念，并寻找可以将我们带到这个局部极小值的方法。因此，凸优化算法对于非凸优化也非常重要，详见 Jain 和 Kar (2017) 的综述。

测地线凸优化。有时候，如果在欧氏空间中引入适当的黎曼度量并重新定义相对于由此度量引发的“直线”（测地线）的凸性，那么原来在欧氏空间中非凸的函数可能会变成凸函数。这样的函数称为测地线凸函数，出现在关于黎曼流形（如矩阵李群）上的优化问题中，详见 Vishnoi (2018) 的综述。目前，关于测地线凸优化高效算法理论仍在建设之中，Bürgisser 等 (2019) 的文献介绍了一些最新进展。

致　谢

本书的内容源于我从 2014 年秋季开始在耶鲁大学开设的几门本科生和研究生课程，最接近我在 2019 年秋季学期所授的一门课程。感谢参加这些课程的所有学生和其他参与者，他们的问题和意见使我反思了本书的主题，并改进了文稿。感谢 Slobodan Mitrovic、Damian Straszak、Jakub Tarnawski 和 George Zakhour，他们是第一批参加这门课程的人，并记录下了我最初的讲课内容。特别感谢 Damian，他记录了我讲课的大部分内容，有时还会加上他自己的见解。感谢 Somenath Biswas、Elisa Celis、Yan Zhong Ding 和 Anay Mehrotra，他们仔细阅读了本书的草稿，并提出了许多宝贵的意见和建议。

最后，本书受到了几部经典著作的影响：Grötschel 等（1988）的 *Geometric Algorithms and Combinatorial Optimization*、Boyd 和 Vandenberghe（2004）的 *Convex Optimization* 、Nesterov（2014）的 *Introductory Lectures on Convex Optimization* 和 Arora 等（2012）的 *The Multiplicative Weights Update Method*: *A Meta-algorithm and Applications*。

记 号

数域与集合

- 自然数集、整数集、有理数集、实数集分别用 $\mathbb{N}$、$\mathbb{Z}$、$\mathbb{Q}$、$\mathbb{R}$ 表示，$\mathbb{Z}_{\geqslant 0}$、$\mathbb{Q}_{\geqslant 0}$、$\mathbb{R}_{\geqslant 0}$ 分别表示非负整数集、非负有理数集、非负实数集。
- 对于正整数 n，用 $[n]$ 表示集合 $\{1, 2, \cdots, n\}$。
- 对于集合 $S \subseteq [n]$，用 $\mathbf{1}_S \in \mathbb{R}^n$ 表示 S 的示性向量，即对于所有的 $i \in S$，$\mathbf{1}_S(i) = 1$，对其他的 i，$\mathbf{1}_S(i) = 0$。
- 对于基数为 k 的集合 $S \subseteq [n]$，我们有时以 $\mathbb{R}^S$ 来表示 $\mathbb{R}^k$。

向量、矩阵、内积和范数

- 向量以 $\boldsymbol{x}$ 和 $\boldsymbol{y}$ 表示。向量 $\boldsymbol{x} \in \mathbb{R}^n$ 是一个列向量，但常常写作 $\boldsymbol{x} = (x_1, x_2, \cdots, x_n)$。向量 $\boldsymbol{x}$ 的转置记作 $\boldsymbol{x}^\top$。
- $\mathbb{R}^n$ 的标准基向量记为 $\boldsymbol{e}_1, \boldsymbol{e}_2, \cdots, \boldsymbol{e}_n$，其中 $\boldsymbol{e}_i$ 是第 i 项为 1，其余项为 0 的向量。
- 对于向量 $\boldsymbol{x}, \boldsymbol{y} \in \mathbb{R}^n$，如果 $x_i \geqslant y_i$ 对所有 $i \in [n]$ 成立，记 $\boldsymbol{x} \geqslant \boldsymbol{y}$。
- 对于向量 $\boldsymbol{x} \in \mathbb{R}^n$，我们用 $\mathrm{Diag}\,(\boldsymbol{x})$ 表示对角位置 (i, i) 的元素为 $x_i\,(1 \leqslant i \leqslant n)$，其余元素全为 0 的矩阵。
- 在语境明确时，$\mathbf{0}$ 和 $\mathbf{1}$ 也分别用于指代所有项为 0 和所有项为 1 的向量。
- 对于向量 $\boldsymbol{x}$ 和 $\boldsymbol{y}$，其内积记作 $\langle \boldsymbol{x}, \boldsymbol{y} \rangle$ 或 $\boldsymbol{x}^\top \boldsymbol{y}$。
- 对于向量 $\boldsymbol{x}$，其 ℓ_2 或欧几里得（欧氏）范数记为 $||\boldsymbol{x}||_2 := \sqrt{\langle \boldsymbol{x}, \boldsymbol{x} \rangle}$。我们有时会提到 ℓ_1 或曼哈顿距离范数 $||\boldsymbol{x}||_1 := \sum_{i=1}^n |x_i|$。$\ell_\infty$ 范数定义为 $||\boldsymbol{x}||_\infty := \max_{i=1}^n |x_i|$。
- 向量 $\boldsymbol{x}$ 和自身的外积记作 $\boldsymbol{x}\boldsymbol{x}^\top$。
- 矩阵以大写字母表示，例如 $\boldsymbol{A}$ 和 $\boldsymbol{L}$。$\boldsymbol{A}$ 的转置记作 $\boldsymbol{A}^\top$。
- $n \times n$ 的矩阵 $\boldsymbol{A}$ 的迹定义为 $\mathrm{Tr}(\boldsymbol{A}) := \sum_{i=1}^n A_{ii}$，其行列式为 $\det(\boldsymbol{A}) = \sum_{\sigma \in S_n} \mathrm{sgn}(\sigma) \prod_{i=1}^n A_{i\sigma(i)}$，这里 S_n 是 n 个元素所有排列的集合，$\mathrm{sgn}(\sigma)$ 是排列 σ 的逆序数，即满足 $\sigma(i) > \sigma(j)$ 且 $i < j$ 的数对的个数。

图

- 一个图 G 具有顶点集 V 和边集 E。除非特殊强调，所有的图都默认为无向图。如果图带有权，存在权重函数 $w: E \to \mathbb{R}_{\geqslant 0}$。

- 一个图被称为简单的，如果它的任意两顶点间只有至多一条边，所有边的两个端点不为同一顶点。
- 通常来说，n 专指顶点数 $|V|$，m 专指边数 $|E|$。

概率

- $\mathbb{E}_{\mathcal{D}}[\cdot]$ 和 $\Pr_{\mathcal{D}}[\cdot]$ 分别表示分布 $\mathcal{D}$ 上的期望与概率。在上下文明确时，我们会去除下标。

时间复杂度

- 标准的大 O 记号用于描述函数的渐近性。$\widetilde{O}$ 表示省略可能存在的对数因子，例如，$f = \widetilde{O}(g)$ 等价于 $f = O(g \log^k(g))$，这里 k 为一常数。

目　录

第 1 章　连续优化与离散优化的关联

算法设计中很大一部分是离散结构上的优化或穷举问题，这些离散结构包括图上的路径、树、割、流及匹配等。下面是一些重要的例子。

（1）给定一个图 $G=(V,E)$，一个源点 $s\in V$，一个汇点 $t\in V$，在 G 的边上找一个从 s 到 t 的最大**流**，同时确保每条边最多有一个单元流通过它。

（2）给定一个图 $G=(V,E)$，在 G 中找一个最大**匹配**。

（3）给定一个图 $G=(V,E)$，计算 G 中**生成树**的数量。

由于这些基本问题的广泛应用，关于其算法的探索已经延续了一个多世纪。传统的算法本质上是**离散的**，充分利用了丰富的**对偶性**和**整性**理论，这些理论在算法和组合优化领域得到了深入研究；参见 Dasgupta 等 (2006)、Kleinberg 和 Tardos(2005)，以及 Schrijver(2002a) 的著作。然而，求解这些问题的经典算法对于处理输入规模日益快速增长的现代问题总是捉襟见肘。

另外，出现了使用**连续**方法求解离散问题的快速算法。简单地说，该方法首先将问题建模成一个凸优化，然后调用连续优化算法，如梯度下降法、内点法或椭球法求解。凸优化模型与在几何空间中移动并利用线性求解器的算法相结合，在很多离散问题上产生了更快的算法。这也显著地促进了凸优化算法的改进。总的来说，放弃纯组合的观点通常是至关重要的，同时，连续算法的快速收敛性通常依赖底层的组合结构。

1.1　一个例子：最大流问题

我们用一个无向图的 $s-t$ 最大流问题来说明连续优化和离散优化间的相互作用。

最大流问题。给定一个无向图 $G=(V,E)$，并定义 $n:=|V|$，$m:=|E|$。我们首先定义与之相关的**点–边邻接矩阵**$\boldsymbol{B}\in\mathbb{R}^{n\times m}$。对每条边 $i\in E$ 任意赋一个方向，令 i^+ 表示边 i 的起点，i^- 代表它的终点。对于每条边 i，矩阵 $\boldsymbol{B}$ 包含一列 $\boldsymbol{b}_i:=\boldsymbol{e}_{i^+}-\boldsymbol{e}_{i^-}\in\mathbb{R}^n$，其中 $\{\boldsymbol{e}_j\}_{j\in[n]}$ 是 $\mathbb{R}^n$ 的标准基向量。

给定 $s\neq t\in V$，G 中的 $s-t$ 流对应一个向量 $\boldsymbol{x}$，每个分量 $x_i:E\to\mathbb{R}$，且满足

流守恒性质：对于所有顶点 $j \in V\backslash\{s,t\}$，**入流等于出流**，即

$$\langle \boldsymbol{e}_j, \boldsymbol{Bx} \rangle = 0$$

如果对于所有的 $i \in E$ 都有

$$|x_i| \leqslant 1$$

那么我们称 $s-t$ 流是**可行**的，即每条边的流量大小满足容量限制 (这里归一化为 1)。$s-t$ 最大流问题的目标是在 G 中找一个可行的 $s-t$ 流以最大化 s 处的流出，即

$$\langle \boldsymbol{e}_s, \boldsymbol{Bx} \rangle$$

$s-t$ 最大流问题不仅应用于各种实际的路径规划和调度问题的建模，还应用于许多基本的组合问题，比如找二分图的最大匹配，扩展讨论可参见 Schrijver(2002a,b)。

最大流问题的组合算法。关于 $s-t$ 最大流问题的一个重要事实是，总是存在一个使目标函数最大化的**整数**流。究其本质，本书后文可以看到这是由于矩阵 $\boldsymbol{B}$ 具有**全单位模 (totally unimodular)** 性质，即 $\boldsymbol{B}$ 的每个子方阵行列式的值为 $0,1$ 或 -1。因此，对于每个 $i \in E$，我们可以限制

$$x_i \in \{-1,0,1\}$$

从而只需要在一个离散化的空间搜索最优 $s-t$ 流。基于此，该问题在传统上被归类为一个组合优化问题。

Ford 和 Fulkerson (1956) 开创性地提出了 $s-t$ 最大流问题的第一个组合算法，被人们称为 **Ford-Fulkerson 方法**。简而言之，该方法首先对所有边 i 初始化 $x_i = 0$，并检查是否有一条从 s 到 t 的路径使其上每条边的容量为 1。如果存在这样的路径，对其上同向的每条边的流量加 1，其上反向的边流量减 1。基于新的流量信息更新每条边上的剩余容量得到一个**残差图**。重复该操作，如果残差图中 s 和 t 间不再有路径，终止算法，输出当前的流量值。

但要证明算法总是输出最大 $s-t$ 流并不容易，需要用到**对偶**性质。事实上，**最大流最小割定理**表明，从 s 到 t 的最大流等于图中删去的使 s 与 t 不再连通的最小边数。这个问题被称为 $s-t$ 最小割问题，它是最大流问题的对偶问题。对偶性提供了一种验证解的最优性的方法，如果当前解不是最优，则给出了一种改进方式。

不难看出 Ford-Fulkerson 方法可以推广到非负整数容量情形，即流量取值范围可扩充为

$$x_i \in \{-U, \cdots, -1, 0, 1, \cdots, U\}$$

其中 $U \in \mathbb{Z}_{\geqslant 0}$。然而，在一般情形下，Ford-Fulkerson 方法的计算复杂度随 U 线性增长。由于用二进制编码 U 的位数的量级为 $\log U$，所以 Ford-Fulkerson 方法不是多项式时间算法。

在 Ford 和 Fulkerson(1956) 的工作之后，人们提出了许多关于 $s-t$ 最大流问题的组合算法。总的来说，虽然算法迭代得越来越快，但均限制为组合的方式增加流量。第一个多项式时间算法由 Dinic(1970) 以及 Edmonds 和 Karp(1972) 独立提出，他们使用广度优先搜索来增加流量。Goldberg 和 Rao(1998) 的算法将这一方法发展到极致，其时间复杂度为 $\widetilde{O}\left(m \min\left\{n^{2/3}, m^{1/2}\right\} \log U\right)$。需要指出的是，与 Ford-Fulkerson 方法不同，后面提到的这些组合算法是多项式时间复杂度，即它们找到问题精确最优解的复杂度为输入 U 的（二进制）位数的多项式。然而，进一步改进 Goldberg 和 Rao(1998) 的算法并不容易，2011 年之前基本没有实质进展。

基于凸规划的算法。 Christiano 等 (2011) 的论文开启了过去十多年在 $s-t$ 最大流问题上新的显著进展。其成功的关键之一是摒弃了传统的组合方法，从连续优化的视角重新审视 $s-t$ 最大流问题。简而言之，这些方法中保持一个向量 $\boldsymbol{x} \in \mathbb{R}^m$，在每次迭代中利用与图相关的连续量和几何量更新 $\boldsymbol{x}$，且算法在迭代过程中不再要求始终维持可行 $s-t$ 流。下文我们概述 Lee 等 (2013) 的论文中关于 $s-t$ 最大流问题的方法。

不失一般性，我们只须对于给定的一个值 F，找到一个流量为 F 的 $s-t$ 可行流。㊀ Lee 等 (2013) 首先观察到，检查图 G 中是否存在流量为 F 的 $s-t$ 可行流等价于检查下述集合的交集是否非空：

$$\left\{\boldsymbol{x} \in \mathbb{R}^m : \boldsymbol{B}\boldsymbol{x} = F\left(\boldsymbol{e}_s - \boldsymbol{e}_t\right)\right\} \cap \left\{\boldsymbol{x} \in \mathbb{R}^m : |x_i| \leqslant 1, \forall i \in [m]\right\} \tag{1.1}$$

此外，寻找流量为 F 的 $s-t$ 可行流等价于寻找上述交集中的一个点。注意，式(1.1) 中的第一个集合是所有的 $s-t$ 流的集合 (一个线性空间)，第二个集合是满足容量约束的向量集合，即半径为 1 的 ℓ_∞ 球，表示为 B_∞，实际上是一个多胞形。

这些方法的主要思想是将上述非空性检验简化为一个凸优化问题。更一般地，以寻找两个凸集 K_1 和 K_2 交点 (或断言没有交点) 为例。该问题可表述为如下凸优化问题：找一个点 $\boldsymbol{x} \in K_1$，使其到 K_2 的距离达到最小。因为 K_1 已经是凸集，为使该问题是凸优化，只须用一个凸函数来描述点 $\boldsymbol{x}$ 到 K_2 的距离。显然，欧氏距离的平方满足这个性质。当然，也可以考虑将 K_1, K_2 角色互换产生新的凸优化问题：找一个点 $\boldsymbol{x} \in K_2$，使其到 K_1 的距离最小化。在这里需要注意，虽然到一个集合的欧氏距离的平方是一个凸函数，但它是非线性的。因此，从这个意义上讲，我们似乎走在一个错误的方向上，我

㊀ 基于这个方法，我们可以通过对 F 执行二分搜索法来求解 $s-t$ 最大流问题。

们的目标是求解一个等价为特殊线性规划的组合问题，但在这里却要面对一个非线性优化模型。于是便产生了如下问题：我们应该选择哪个模型？为什么这种凸优化方法会让我们得到更快的算法？

Lee 等 (2013) 考虑了以下 $s-t$ 最大流问题的凸优化模型：

$$\begin{aligned} \min_{\boldsymbol{x}\in\mathbb{R}^m} \quad & \operatorname{dist}^2(\boldsymbol{x}, B_\infty) \\ \text{满足} \quad & \boldsymbol{B}\boldsymbol{x} = F(\boldsymbol{e}_s - \boldsymbol{e}_t) \end{aligned} \tag{1.2}$$

其中，$\operatorname{dist}(\boldsymbol{x}, B_\infty)$ 是 $\boldsymbol{x}$ 到集合 $B_\infty := \{\boldsymbol{y}\in\mathbb{R}^m : \|\boldsymbol{y}\|_\infty \leqslant 1\}$ 的欧氏距离。该问题是凸集上的凸函数最小化问题，因此是凸规划。然而，该模型的选择具有前瞻性，它充分依赖对凸优化算法的理解。

最小化凸函数的基本方法之一是**梯度下降法**，这是一种迭代算法，在每次迭代中沿着所要最小化的函数的负梯度方向更新。虽然梯度下降法是局部优化方法，但目标函数的凸性意味着凸函数的局部最小也是全局最小。梯度下降法只需要先计算梯度或目标函数的一阶导数，因此，我们称它为**一阶**方法。它实际上是一个元算法，要实例化它，还需要固定算法参数，比如步长和初始点。而这些参数又取决于规划的各种性质，包括目标函数的光滑性估计以及初始点与最优解距离的估计。

对于式(1.2)中的凸规划，其目标函数的一阶导数易计算，目标函数不仅可以写成各坐标分量距离的平方和，且每一项都是二次函数。此外，目标函数是**光滑**的：梯度变化受控于自变量变化的一个常数倍，在图 1.1 中可直观地看到这一点。

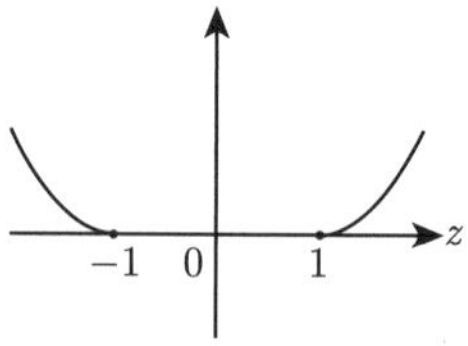

图 1.1　函数 $\operatorname{dist}^2(z,[-1,1])$

应用梯度下降法的一个问题是凸优化(1.2)有约束条件：$\{\boldsymbol{x}\in\mathbb{R}^m : \boldsymbol{B}\boldsymbol{x} = F(\boldsymbol{e}_s - \boldsymbol{e}_t)\}$，因此沿着梯度下降的方向可能会跳出这个可行集合。解决这个问题的方法之一是将目标函数的梯度在每一步投影到子空间 $\{\boldsymbol{x}\in\mathbb{R}^m : \boldsymbol{B}\boldsymbol{x} = \boldsymbol{0}\}$ 上，并沿着投影梯度方向下降。这里计算投影梯度需要求解一个最小二乘问题，可以简化为求解一个线性方程组。求解该方程组的高斯消元法并不快，改进不了前面提到的组合算法。根据 Spielman 和 Teng(2004) 的一个主要结果，该类型投影的计算复杂度可以低至 $\widetilde{O}(m)$，这是由于

$\boldsymbol{B}$ 是点–边邻接矩阵，将向量投影到子空间 $\{\boldsymbol{x} \in \mathbb{R}^m : \boldsymbol{B}\boldsymbol{x} = \boldsymbol{0}\}$ 时产生的线性系统和求解**拉普拉斯系统**$\boldsymbol{B}\boldsymbol{B}^\top \boldsymbol{y} = \boldsymbol{a}$ ($\boldsymbol{a}$ 是一个给定的向量) 是一样的。该结果 (隐式地) 依赖于矩阵 $\boldsymbol{B}$ 对应的图的组合结构，对于一般的线性系统是否成立依然未知。

因此，粗略地说，在每次迭代中，投影梯度下降算法在所有值为 F 的 $s-t$ 流空间中取一个点 $\boldsymbol{x}_t$，沿着目标函数的负梯度方向向集合 $\boldsymbol{B}_\infty$ 移动，然后将新的迭代点投影回线性空间，参见图 1.2。虽然每个迭代都是一个 $s-t$ 流，但它不是一个可行流。

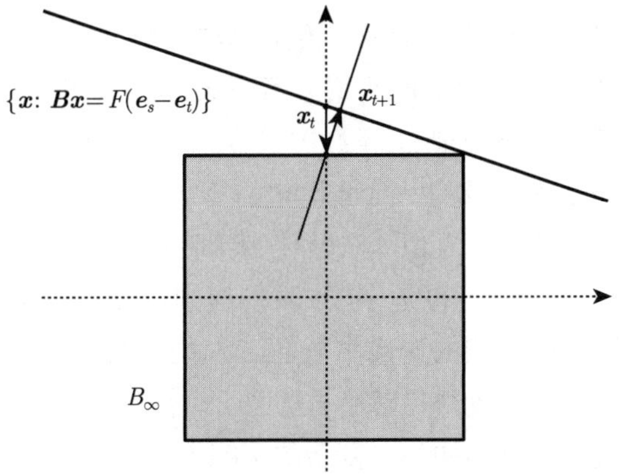

图 1.2　Lee 等 (2013) 的算法中投影梯度下降算法的一个步骤

最后一个问题是迭代法可能不会输出精确解，而只能得到近似解。而且，一般情况下，迭代次数是关于所求解精度的某个多项式的逆。Lee 等 (2013) 证明了以下结果：存在一种算法，给定一个 $\varepsilon > 0$，能在 $\widetilde{O}(mn^{1/3}\varepsilon^{-2/3})$ 时间内计算出一个值为 $(1-\varepsilon)F$ 的可行 $s-t$ 流。如果我们忽略这些界中的 ε，就改进了前面提到的 Goldberg 和 Rao(1998) 的结果。

我们指出，即使当输入图为有向图时，Goldberg 和 Rao(1998) 的组合算法也保持了计算时间复杂度不变。目前尚不清楚如何将上文提出的 $s-t$ 最大流问题的梯度下降算法推广到有向图情形。

Christiano 等 (2011) 和 Lee 等 (2013) 的工作通过引入连续优化中更精细的策略得到了极大改进，最终 Sherman (2013)、Kelner 等 (2014) 以及 Peng (2016) 的一系列工作呈现了无向图 $s-t$ 最大流问题的几乎线性时间复杂度的算法。值得注意的是，这些改进使用的是凸优化算法而非离散方法，但相对于组合算法其在时间复杂度上的优势实质借助了 $s-t$ 最大流问题的内在组合结构。

本书的目标是让读者深入了解凸优化算法，并能将这些算法应用于诸如组合优化、算法设计和机器学习领域。重点是以最基本的方式推导各种凸优化方法，并建立关于输入长度 (而不仅仅是迭代次数) 的精确的时间复杂度上界。本书还介绍了一些具体例子，比如前面提到的打通连续优化和离散优化壁垒的 $s-t$ 最大流算法。本书不讨论拉普拉斯求解器，感兴趣的读者可以参考 Vishnoi(2013) 的专著。

第 3 ~ 5 章的重点是关于凸性、计算模型和对偶性的基础知识。第 6 ~ 8 章提出了三种不同的一阶方法：梯度下降法、镜像梯度下降法和乘性权重更新法，以及**加速梯度下降法**。特别地，这里的讨论将在第 6 章中作为一个应用详细介绍。事实上，Lee 等 (2013) 中最快速的算法正是使用了加速梯度下降法。第 7 章还将**镜像梯度下降法**和**乘性权重更新法**联系起来，并展示如何使用后者来设计二分图最大匹配问题的一种快速 (近似) 算法。我们注意到 Christiano 等 (2011) 的算法依赖于乘性权重更新法。

近似算法之外。与上面提及的一阶凸优化的算法不同，$s-t$ 最大流问题的组合算法是精确的。虽然可以将凸优化近似算法转化为精确算法，但需要设置一个非常小的 ε 值，这使得整体的时间复杂度不再是多项式的。本书其余章节将专门阐释凸优化的算法——**内点法**和**椭球法**——它们的迭代次数是 ε^{-1} 的**对数多项式**，而非 ε^{-1} 的多项式。因此，这样的算法允许将 ε 设置得足够小，从而可以恢复所求解组合问题的精确解。这些算法使用了更深层次的数学结构和更复杂的策略 (如后文所述)。学习这些算法的优点是它们的适用范围更广——对于线性规划以及更一般形式的凸规划都适用。第 9 ~ 13 章将阐述这些方法及其变体，并展示它们在众多离散优化和计数问题上的应用。

1.2 线性规划

无向图上的 $s-t$ 最大流问题是线性规划：目标函数是线性函数，约束为线性等式或线性不等式的凸优化问题。实际上，该问题约束集合为所有流量 F 的可行 $s-t$ 流，目标函数是最大化 F ($F \geqslant 0$)，详见式(1.1)。

线性规划有很多描述方式。我们考虑它的**标准型**。给定一个矩阵 $\boldsymbol{A} \in \mathbb{R}^{n\times m}$、一个约束向量 $\boldsymbol{b} \in \mathbb{R}^m$ 和一个成本向量 $\boldsymbol{c} \in \mathbb{R}^n$，目标是求解如下优化问题：

$$
\begin{aligned}
&\max_{\boldsymbol{x}\in\mathbb{R}^m} \langle \boldsymbol{c}, \boldsymbol{x} \rangle \\
&\text{s.t.} \quad \boldsymbol{A}\boldsymbol{x} = \boldsymbol{b} \\
&\qquad \boldsymbol{x} \geqslant \boldsymbol{0}
\end{aligned}
$$

通常我们假设 $n \leqslant m$，因此，$\boldsymbol{A}$ 的秩最多为 n。与 $s-t$ 最大流问题类似，线性规划具有丰富的对偶性理论，特别地，上述线性规划的**对偶**为：

$$\min_{\boldsymbol{y}\in\mathbb{R}^n} \langle \boldsymbol{b}, \boldsymbol{y} \rangle$$
$$\text{s.t.} \quad \boldsymbol{A}^\top \boldsymbol{y} \geqslant \boldsymbol{c}$$

这也是一个线性规划，其变量个数为 n。

线性规划对偶理论断言，如果线性规划及其对偶都有可行解，那么这两个线性规划的最优值相等。此外，求解原始问题通常也可以通过求解对偶问题实现，反之亦然。虽然人们很早就知道线性规划的对偶理论 (见 Farkas[1902])，但很久以后才找到线性规划的多项式时间复杂度算法。早于线性规划就有多项式时间复杂度算法的 $s-t$ 最大流问题到底有什么特别之处?

如前所述，$s-t$ 最大流问题的一个关键性质是整性。如果将 $s-t$ 最大流问题表示为标准型的线性规划，则矩阵 $\boldsymbol{A}$ 是全单位模的，即 $\boldsymbol{A}$ 的所有子方阵的行列式都是 0、1 或 -1。事实上，在 $s-t$ 最大流问题中，$\boldsymbol{A}$ 就是图 G 的具有全单位模的点–边邻接矩阵 (我们用 $\boldsymbol{B}$ 表示)。根据线性性质，我们总是可以不失一般性地假设最优解是一个极点，即约束多面体的一个**顶点** (注意，切勿与图的顶点混淆)。每个这样的顶点都对应由以矩阵 $\boldsymbol{A}$ 的若干行形成的子矩阵为系数矩阵的线性方程组的一个解。基于矩阵 $\boldsymbol{A}$ 的全单位模性质，根据线性代数中的克拉默（Cramer）法则，我们得到约束多面体的每个顶点的分量都是整数。

虽然对偶性和整性并不能直接导出 $s-t$ 最大流问题的多项式时间算法，但使这些特性能够成立的数学结构可用来帮助设计该问题的有效算法。值得一提的是，这些想法主要是由 Edmonds(1965a,b) 推广的，他给出**匹配问题**的整性多面体表示方法，并且给出该多面体上线性规划的多项式时间算法。

然而，一般的线性规划并没有整性性质。因为对于一般的矩阵 $\boldsymbol{A}$，由克拉默法则，多面体顶点对应的方程组的解的分母是一个子矩阵的行列式，其值不能保证是 1 或 -1。然而，对于分量均为整数的 $\boldsymbol{A}$，其所有子矩阵行列式的大小不超过 $\text{poly}(n, L)$，其中 L 是用二进制编码 $\boldsymbol{A}$、$\boldsymbol{b}$ 和 $\boldsymbol{c}$ 的位数。这是因为分量不超过 2^L 的整数矩阵的行列式不大于 $n!2^{nL}$。虽然存在求解线性规划的组合算法，例如 Dantzig (1990) 介绍的**单纯形法**——从一个顶点下降到另一个顶点，但在最坏情形下，没有一个组合算法的复杂度（位复杂度）可以低至多项式。

椭球法。20 世纪 70 年代末，有一个突破，Khachiyan(1979,1980) 发现了线性规划的多项式时间复杂度算法。椭球法是一个用于判定给定的线性规划是否有可行解的几何算法。在 $s-t$ 最大流问题中，求解可行性问题意味着一种用二分搜索法优化线性目标函数的算法。

在第 t 步迭代中，椭球法用一个**椭球**E_t 近似线性规划的可行域，输出该椭球体的中心 $(\boldsymbol{x}_t)$ 为一个候选可行点。如果该中心确实不可行，则需要一个**证据 (certificate)**——找一个将中心与可行域分离的超平面 H。用这个**分离超平面**继续寻找一个新的椭球体 (E_{t+1})，只需要能覆盖住 E_t 与包含可行域的半空间 H 的交集；参见图 1.3。这里的关键是椭球体的体积的减少速度要足够快，且从旧椭球体到新椭球体只需要求解一个线性方程组。当新椭球体的**体积**小到不再包含任何可行点，算法终止并断言该线性规划不可行。

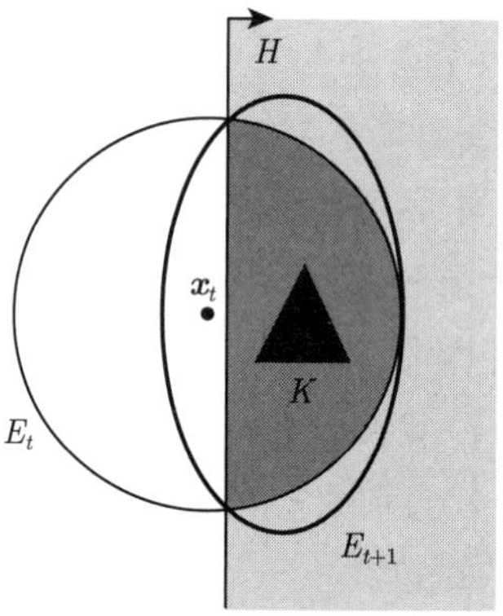

图 1.3 多胞形 K 的椭球法的一个步骤

椭球法属于**割平面法**，因为每一步迭代用一个仿射半空间切割当前的椭球体，再确定一个包含该交集的新的椭球体。Khachiyan 椭球法输出一个满足

$$\langle \boldsymbol{c}, \hat{\boldsymbol{x}} \rangle \leqslant \langle \boldsymbol{c}, \boldsymbol{x}^{\star} \rangle + \varepsilon$$

的可行解 $\hat{\boldsymbol{x}}$，时间复杂度是 n, L 和 $\log \frac{1}{\varepsilon}$ 的多项式。这意味着该方法可以处理小到 $2^{-\text{poly}(n,L)}$ 的误差，这也是线性规划多项式时间内可解的要求。虽然这首次表明线性规划从复杂度角度属于 P 问题，但当用到 $s-t$ 最大流问题这样的组合问题上时，其复杂度是相当没有竞争力的。

内点法。1984 年，Karmarkar 发现了另一种求解线性规划的连续的多项式时间算法，该算法是在可行域的内部迭代到最优解；参见图 1.4。Karmarkar 算法本质上是非线性优化中的障碍函数法。障碍函数法是通过构造约束集的**障碍函数**的方式，将约束优化问题转换为无约束优化问题。粗略地说，凸集的障碍函数仅在其内部取有限值，并且函数值随着逼近可行域边界趋于无穷大。一旦有了一个约束集的障碍函数，就可以将它添加到目标函数中，以惩罚任何不满足约束条件的情形。为了使这样一个函数在算法上有效，我们希望它不仅是一个凸函数，而且具有一定的光滑性 (本书后文会详细解释)。

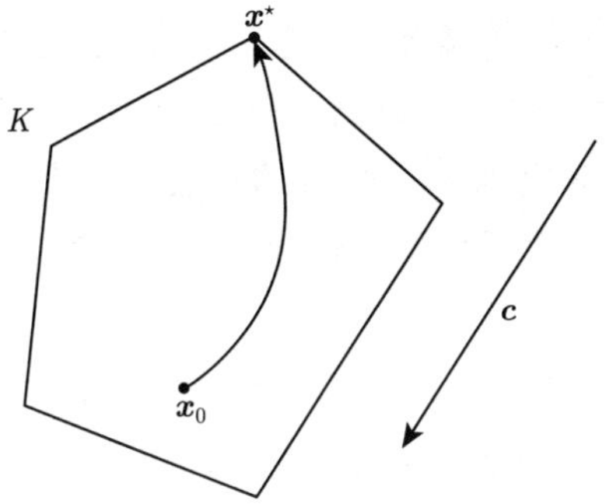

图 1.4　多胞形 K 的内点法说明

Renegar(1988) 将障碍函数法与求根的**牛顿法**相结合，改进了 Karmarkar 方法。不同于基于目标函数一阶近似的梯度下降法，遵循牛顿法的 Renegar 算法基于当前点附近目标函数的**二次逼近**，优化目标函数得到下一个点。该方法求解给定的线性规划大约需要 $\widetilde{O}(\sqrt{m}L)$ 次迭代，这里 L 是输入 $(\boldsymbol{A}, \boldsymbol{b}, \boldsymbol{c})$ 的位复杂度。此外，每次迭代中还需要求解一个大小为 $m \times m$ 的线性方程组。

虽然牛顿法可视为二阶方法，但也可以等价地将其视为在一个几何空间中的最速下降，在该几何空间中，内积和范数依赖当前点的位置，在点 $\boldsymbol{x}$ 处，向量 $\boldsymbol{u}$ 和 $\boldsymbol{v}$ 的内积定义为 $\boldsymbol{u}^\top \nabla^2 F(\boldsymbol{x}) \boldsymbol{v}$，这里 F 为障碍函数。由于 F 是凸的，这便导出一个**局部范数**，这也是**黎曼度量**的一个例子。

然而，不像椭球法只需一个分离超平面，内点法需要约束的显式表示以计算障碍函数的黑塞矩阵。在第 9 章中，我们将通过二次近似方法和黎曼流形上的最速下降法推导牛顿法，并使用局部范数展开分析。在第 10 章，我们将介绍障碍函数和求解线性规划的 Renegar 路径跟踪内点法。

1.3　基于内点法的快速精确算法

尽管 20 世纪 80 年代后期内点法有了巨大的改进，但在诸如 $s-t$ 最大流等问题上它们仍然无法与组合算法竞争。一个关键的障碍是，线性方程组 (椭球法和内点法每次迭代中的基本单元) 的计算复杂度大约是 $O(m^{2.373})$。

Vaidya (1990) 发现这里的线性系统存在组合结构，这种结构可以加速求解某些线性规划。例如，前述 $s-t$ 极大流问题中出现的线性方程组对应着**拉普拉斯系统**。Vaidya

给出了这种线性系统的一些初步结果，为改善每次迭代的计算成本带来了希望。他的计划在 Spielman 和 Teng (2004) 中得以实现，他们给出了求解拉普拉斯系统的一个 $\widetilde{O}(m)$ 时间算法。基于此 (以及其他一些想法)，Daitch 和 Spielman (2008) 给出了时间复杂度为 $\widetilde{O}(m^{1.5}\log U)$ 的最大流问题的精确内点法，当 $m=O(n)$ 时，与 Goldberg 和 Rao (1998) 的算法相媲美。当然，他们的方法也可以在 $\widetilde{O}(m^{1.5}\log U)$ 时间内求解更一般的 $s-t$ 最小成本流问题，相对之前几乎所有的算法改进大约 $\widetilde{O}(n/m^{1/2})$ 倍。这点将在第 11 章中详谈，这也首次表明通用的凸优化方法结合特殊结构可以媲美甚至胜过组合算法。

对数障碍函数之外。与此同时，在一系列论文中，Vaidya(1987, 1989a, b) 引入了**体积障碍函数**作为 Karmarkar 障碍函数的推广，并在迭代次数上得到了一定的改进，同时确保他的内点法的每次迭代在求解线性规划时仍然只需要乘以两个 $m\times m$ 的矩阵。

Nesterov 和 Nemirovskii(1994) 将障碍函数一般化，引入了**自和谐**的概念。他们引入了**通用障碍函数**，并证明了使用这种函数后内点法的迭代次数为 $\sqrt{n}$，其中 n 为可行区域的维数。他们还证明了迭代次数的下界一般不能小于 $\sqrt{n}$。然而，计算能实现最优迭代数的障碍函数并不比解决线性规划问题本身更容易。

最后，Lee 和 Sidford(2014) 在 Vaidya 思想的基础上，建立了内点法的一个新的障碍函数，不仅惊人地接近 Nesterov 和 Nemirovskii(1994) 提出的 $O(\sqrt{n})$ 界，而且每次迭代都只须求解少量的线性系统。利用这些想法，Lee 和 Sidford(2014) 给出了一个求解 $s-t$ 最大流问题的时间复杂度为 $\widetilde{O}(m\sqrt{n}\log^2 U)$ 的精确算法，这是自 Goldberg 和 Rao(1998) 以来的第一次改进。他们的方法还给出了求解 $s-t$ 最小成本流问题的相同时间复杂度的算法，改进了 Daitch 和 Spielman(2008) 以及 Goldberg 和 Tarjan(1987) 的研究结果。第 11 章将概述 Vaidya、Nesterov 和 Nemirovskii，以及 Lee-Sidford 的研究方法。

1.4 简单线性规划之外的椭球法

如前所述，椭球法相对于内点法的一个优点是，它们只需要一个对多胞形的**分离反馈器**来优化其上的线性函数。凸集的分离反馈器是一种算法，对给定的一个点，要么断言它在凸集中，要么输出一个将该点与凸集分离的超平面。Grötschel 等 (1981) 利用了这一事实，表明椭球法也可以用于对没有简单线性表述的组合多胞形上进行线性优化。这方面的重要例子如一般图的匹配多胞形和各种拟阵多胞形。

第 12 章给出割平面方法的一般框架，推导 Khachiyan 椭球法，并将其应用于一个仅有分离反馈器的组合 **0-1 多胞形**的线性优化问题。这意味着，椭球法或许是获得组合问题的多项式时间复杂度算法的唯一方法。

Grötschel 等 (1981,1988) 将椭球法推广应用到**一般凸规划**形式

$$\min_{x\in K} f(x) \tag{1.3}$$

其中 f 和 K 都是凸的。他们的方法可在大约 ploy $\left(n, \log\frac{R}{\varepsilon}, T_f, T_K\right)$ 时间内输出一个点 $\hat{x}$，满足

$$f(\hat{x}) \leqslant \min_{x\in K} f(x) + \varepsilon,$$

其中 R 是 K 的外接球半径，T_f 为计算 f 的梯度的时间，T_K 是分离一点和 K 所需要的时间。这就解决了最一般的凸优化算法的设计问题。然而，需要强调的是，这一结果并不意味着任何形如式(1.3)的凸规划都是 P 问题，因为我们有时无法有效计算 f 的梯度、K 的分离反馈器，或者 R 的一个足够好的上界。

在第 13 章中，我们提出一种最小化凸集上凸函数的算法，并证明上述保证成立。作为应用，在只给定函数的取值反馈器的前提下，建立另一个组合问题的**次模函数最小化**的多项式时间复杂度算法。次模函数 $f : 2^{[m]} \to \mathbb{R}$ 具有边际递减性：对于集合 $S \subseteq T \subseteq [m]$，将一个不在 T 中的元素加入 S 的边际收益至少为在 T 中加入该元素的边际收益，即对于所有的 $i \notin T$：

$$f(S \cup \{i\}) - f(S) \geqslant f(T \cup \{i\}) - f(T)$$

最小化次模集合函数使我们能够获得拟阵多胞形的分离反馈器。次模函数最早出现在离散优化中，最近也作为目标函数出现在数据汇总等机器学习应用中。

最后，在第 13 章，我们考虑近来被用于设计离散集上的各种计数问题的凸规划，如生成树。给定一个图 $G = (V, E)$，令 $\mathcal{T}_G$ 表示 G 中生成树的集合，P_G 表示**生成树多胞形**，即 $\mathcal{T}_G$ 中所有生成树对应表示向量构成的凸包。P_G 的每个顶点都对应于 G 中的一个生成树。我们所考虑的问题是：给定 P_G 中一点 $\boldsymbol{\theta}$，将 $\boldsymbol{\theta}$ 写成多胞形 P_G 顶点的凸组合，使得对应这个凸组合的概率分布能够最大化**香农熵**；参见图 1.5。若要理解这个问题与生成树计数有什么关系，可以检验：如果令 $\boldsymbol{\theta}$ 是 P_G 的所有顶点向量的平均，那么该优化问题的目标值正好为 $\log|\mathcal{T}_G|$。证明留给读者。

如上所述，优化问题中存在分别对应于多胞形各个顶点的变量，这些变量的约束是线性的，同时目标函数是最大化一个凹函数，参见图 1.5。因此这是一个凸规划。然而，注意，$|\mathcal{T}_G|$ 可能与 G 中顶点数量呈指数关系：n 个顶点的完全图有 n^{n-2} 个生成树。因

此，变量的数量可能在输入规模上呈指数级增长，目前尚不清楚如何解决这个问题。有趣的是，如果考虑这个凸优化问题的对偶问题，变量数则变成了图的边数。

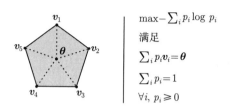

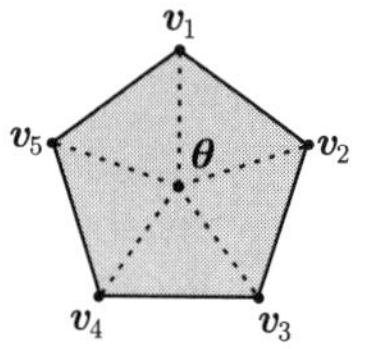

$\max -\sum_i p_i \log p_i$

满足

$\sum_i p_i \boldsymbol{v}_i = \boldsymbol{\theta}$

$\sum_i p_i = 1$

$\forall i,\ p_i \geqslant 0$

图 1.5 最大熵问题及其凸规划

然而，一般的凸优化方法很难应用于这种场景，这将在第 13 章中详细讨论。特别地，第 13 章展现了由 Singh 和 Vishnoi(2014) 以及 Straszak 和 Vishnoi(2019) 提出的多胞形上的**最大熵问题**的多项式时间算法。Anari 和 Oveis Gharan(2017) 以及 Straszak 和 Vishnoi(2017) 使用这些算法来设计离散问题的非常一般的**近似计数**算法。Oveis Gharan 等 (2011) 和 Karlin 等 (2020) 基于这些算法在**旅行商问题**中取得了突破性成果。

神奇的是，自然界通过进化早已发展出求解离散问题的连续算法。多头绒泡菌就是一个例子，Nakagaki 等 (2000) 和 Bonifaci 等 (2012) 基于这种黏菌设计了一种使用连续时间动力系统求解迷宫中最短路径问题。有趣的是，黏菌动力学启发了求解最大流问题和线性规划新的连续算法，参见 Straszak 和 Vishnoi (2016a,b,2021) 的论文和习题 9.11、习题 11.8。另一个引人关注的例子是 Chastain 等 (2014) 的工作，他们指出两性进化的数学描述等价于乘法权重更新算法。因此，连续优化和离散优化之间的桥梁超越了人工世界。

总之，近年来，离散问题的近似和精确算法都取得了巨大进展，这是通过运用连续方法的强大镜头来观察离散问题的结果，并得益于凸优化算法的重大发展。这里给出的例子揭示了连续模型如何让算法弥补离散世界中欠缺的几何结构和解析结构。然而，后续的研究依然任重而道远：从发现更快的算法，到从概念上简化已有算法，再到解释连续方法求解离散问题的有效性。

第 2 章 预 备 知 识

现在我们回顾本书所需的基础数学知识，包括来自多元微积分、线性代数、几何、拓扑、动力系统和图论的一些标准概念和结论。

2.1 导数、梯度和黑塞矩阵

我们从单变量函数导数的定义开始。

定义 2.1 (导数) 对于函数 $g:\mathbb{R}\to\mathbb{R}$ 和 $t\in\mathbb{R}$，考虑如下的极限：

$$\lim_{\delta\to 0}\frac{g(t+\delta)-g(t)}{\delta}$$

函数 g 是**可微的**，如果这个极限对于所有的 $t\in\mathbb{R}$ 都存在。这个极限称为 g 在 t 处的导数，记作

$$\frac{\mathrm{d}}{\mathrm{d}t}g(t)，\text{或}\dot{g}(t)，\text{或}g'(t)$$

如果函数的导数也是连续的，则称它为**连续可微的**。我们研究的中心对象是函数 $f:\mathbb{R}^n\to\mathbb{R}$。对于这样的多元函数，我们可以用导数的定义来定义梯度。首先我们需要方向导数的定义。

定义 2.2 (方向导数) 对于函数 $f:\mathbb{R}^n\to\mathbb{R}$ 和 $\boldsymbol{x}\in\mathbb{R}^n$，给定 $\boldsymbol{h}_1,\boldsymbol{h}_2,\cdots,\boldsymbol{h}_k\in\mathbb{R}^n$，定义 $D^kf(\boldsymbol{x}):(\mathbb{R}^n)^k\to\mathbb{R}$ 为

$$D^kf(\boldsymbol{x})\left[\boldsymbol{h}_1,\boldsymbol{h}_2,\cdots,\boldsymbol{h}_k\right]:=\frac{\mathrm{d}}{\mathrm{d}t_1}\frac{\mathrm{d}}{\mathrm{d}t_2}\cdots\frac{\mathrm{d}}{\mathrm{d}t_k}f\left(\boldsymbol{x}+t_1\boldsymbol{h}_1+\cdots+t_k\boldsymbol{h}_k\right)\bigg|_{t_1=t_2=\cdots=t_k=0}$$

则我们称 $D^kf(\boldsymbol{x})$ 为方向导数，且对任意 k 元组 $\boldsymbol{h}_1,\boldsymbol{h}_2,\cdots,\boldsymbol{h}_k$ 我们都可以计算它。

$D^1f(\boldsymbol{x})[\cdot]$ 可以记为 $Df(\boldsymbol{x})[\cdot]$，通常被称为 f 在 $\boldsymbol{x}$ 处的**微分**。如果在任意点对任意方向函数 f 都存在 k 阶方向导数 $D^kf(\cdot)[\cdot,\cdots,\cdot]$，我们称函数 f 是 k 阶可微的。$k=1,2$ 时，称 f 可微或者二阶可微。除非另有说明，我们假设给出的函数都是充分可微的。在这种情况下，我们可以讨论 f 的梯度和黑塞矩阵。

定义 2.3 (梯度) 对于一个可微函数 $f:\mathbb{R}^n\to\mathbb{R}$ 和 $\boldsymbol{x}\in\mathbb{R}^n$，$f$ 在 $\boldsymbol{x}$ 处的梯度定义为一个唯一的向量 $g(\boldsymbol{x})\in\mathbb{R}^n$，满足

$$\langle g(\boldsymbol{x}),\boldsymbol{y}\rangle = Df(\boldsymbol{x})[\boldsymbol{y}]$$

对所有的 $\boldsymbol{y}\in\mathbb{R}^n$ 均成立。当 $\boldsymbol{y}=\boldsymbol{e}_i$，即 $\mathbb{R}^n$ 中第 i 个标准基向量时，$Df(\boldsymbol{x})[\boldsymbol{e}_i]$ 可以用 $\dfrac{\partial}{\partial x_i}f(\boldsymbol{x})$ 表示。我们记梯度 $g(\boldsymbol{x})$ 为 $\boldsymbol{\nabla} f(\boldsymbol{x})$ 或 $Df(\boldsymbol{x})$，写为

$$\boldsymbol{\nabla} f(\boldsymbol{x})=\left[\frac{\partial f}{\partial x_1}(\boldsymbol{x}),\frac{\partial f}{\partial x_2}(\boldsymbol{x}),\cdots,\frac{\partial f}{\partial x_n}(\boldsymbol{x})\right]^\top$$

定义 2.4 (黑塞矩阵) 对于一个二次可微函数 $f:\mathbb{R}^n\to\mathbb{R}$，它在 $\boldsymbol{x}\in\mathbb{R}^n$ 处的黑塞矩阵被定义为唯一线性函数 $H(\boldsymbol{x}):\mathbb{R}^n\to\mathbb{R}^n$，满足对所有的 $\boldsymbol{x},\boldsymbol{h}_1,\boldsymbol{h}_2\in\mathbb{R}^n$，我们有

$$\boldsymbol{h}_1^\top H(\boldsymbol{x})h_2 = D^2f(\boldsymbol{x})[\boldsymbol{h}_1,\boldsymbol{h}_2]$$

黑塞矩阵常记作 $\boldsymbol{\nabla}^2 f(\boldsymbol{x})$ 或 $D^2f(\boldsymbol{x})$，它还可以表示为如下矩阵，其第 i 行第 j 列的元素为

$$\left(\boldsymbol{\nabla}^2 f\left(x_1,x_2,\cdots,x_n\right)\right)_{ij}=\frac{\partial^2 f}{\partial x_i\partial x_j}(\boldsymbol{x})$$

换言之，$\boldsymbol{\nabla}^2 f(\boldsymbol{x})$ 是如下 $n\times n$ 矩阵：

$$\begin{bmatrix}
\dfrac{\partial^2 f}{\partial x_1^2} & \dfrac{\partial^2 f}{\partial x_1\partial x_2} & \cdots & \dfrac{\partial^2 f}{\partial x_1\partial x_n}\\
\dfrac{\partial^2 f}{\partial x_2\partial x_1} & \dfrac{\partial^2 f}{\partial x_2^2} & \cdots & \dfrac{\partial^2 f}{\partial x_2\partial x_n}\\
\vdots & \vdots & & \vdots\\
\dfrac{\partial^2 f}{\partial x_n\partial x_1} & \dfrac{\partial^2 f}{\partial x_n\partial x_2} & \cdots & \dfrac{\partial^2 f}{\partial x_n^2}
\end{bmatrix}$$

黑塞矩阵是对称的，因为 i 和 j 在微分中可以交换顺序。这里给出的梯度和黑塞矩阵的定义很容易推广到 $\mathbb{R}^n$ 的子区域上；参见第 11 章。作为梯度和黑塞矩阵符号的推广，我们有时也使用符号 $\boldsymbol{\nabla}^k f(\boldsymbol{x})$ 而不是 $D^k f(\boldsymbol{x})$。

2.2 微积分基本定理

多元函数的微分也可以用一元函数的积分表示，这依赖于下面的微积分基本定理(第 Ⅱ 部分)。

定理 2.5 (微积分基本定理，第 II 部分) 设 $f:[a,b]\to\mathbb{R}$ 是一个连续可微函数，那么

$$\int_a^b \dot{f}(t)\mathrm{d}t = f(b) - f(a)$$

以下为其引理，具体证明留作习题 (习题 2.2)。

引理 2.6 (函数的积分表示) 设 $f:\mathbb{R}^n\to\mathbb{R}$ 是一个连续可微函数，对于 $x,y\in\mathbb{R}$，$g:[0,1]\to\mathbb{R}$ 定义为

$$g(t) := f(x+t(y-x))$$

则下述结论成立：

(1) $\dot{g}(t) = \langle \boldsymbol{\nabla} f(x+t(y-x)), y-x\rangle$；

(2) $f(y) = f(x) + \int_0^1 \dot{g}(t)\mathrm{d}t$。

此外，如果 f 有一个连续黑塞矩阵，则下述结论也成立：

(1) $\ddot{g}(t) = (\boldsymbol{y}-\boldsymbol{x})^\top \boldsymbol{\nabla}^2 f(\boldsymbol{x}+t(\boldsymbol{y}-\boldsymbol{x}))(\boldsymbol{y}-\boldsymbol{x})$；

(2) $\langle \boldsymbol{\nabla} f(\boldsymbol{y}) - \boldsymbol{\nabla} f(\boldsymbol{x}), \boldsymbol{y}-\boldsymbol{x}\rangle = \int_0^1 \ddot{g}(t)\mathrm{d}t$。

2.3 泰勒近似

通常地，考虑函数 $f:\mathbb{R}^n\to\mathbb{R}$ 在某一点 $\boldsymbol{a}\in\mathbb{R}^n$ 附近的线性或二次近似经常会很有用。

定义 2.7 (泰勒级数与近似) 令 $f:\mathbb{R}^n\to\mathbb{R}$ 为一个无穷可微函数，如果 f 在 $\boldsymbol{a}$ 附近的泰勒级数展开存在，则由下式给出：

$$\begin{aligned} f(\boldsymbol{x}) =& f(\boldsymbol{a}) + \langle \boldsymbol{\nabla} f(\boldsymbol{a}), \boldsymbol{x}-\boldsymbol{a}\rangle + \frac{1}{2}(\boldsymbol{x}-\boldsymbol{a})^\top \boldsymbol{\nabla}^2 f(\boldsymbol{a})(\boldsymbol{x}-\boldsymbol{a}) + \\ & \sum_{k\geqslant 3} \frac{1}{K!} \boldsymbol{\nabla}^k f(\boldsymbol{a})[\boldsymbol{x}-\boldsymbol{a},\cdots,\boldsymbol{x}-\boldsymbol{a}] \end{aligned}$$

f 在 $\boldsymbol{a}$ 附近的一阶（泰勒）近似为

$$f(\boldsymbol{a}) + \langle \boldsymbol{\nabla} f(\boldsymbol{a}), \boldsymbol{x}-\boldsymbol{a}\rangle$$

f 在 $\boldsymbol{a}$ 附近的二阶近似为

$$f(\boldsymbol{a}) + \langle \boldsymbol{\nabla} f(\boldsymbol{a}), \boldsymbol{x}-\boldsymbol{a}\rangle + \frac{1}{2}(\boldsymbol{x}-\boldsymbol{a})^\top \boldsymbol{\nabla}^2 f(\boldsymbol{a})(\boldsymbol{x}-\boldsymbol{a})$$

在许多有趣的情况下，我们可以证明，当 $\boldsymbol{x}$ 足够接近 $\boldsymbol{a}$ 时，高阶项并不能对 $f(\boldsymbol{x})$ 的值产生很大的影响，因此，二阶 (甚至一阶) 泰勒近似已经给出 $f(\boldsymbol{x})$ 的一个很好估计。

2.4 线性代数、矩阵和特征值

对于给定的向量集 $S=\{\boldsymbol{v}_1,\boldsymbol{v}_2,\cdots,\boldsymbol{v}_k\}\subseteq\mathbb{R}^n$，其**线性生成空间**（或**线性包**）是集合

$$\operatorname{span}(S):=\left\{\sum_{i=1}^{k}\alpha_i\boldsymbol{v}_i,\alpha_1,\alpha_2,\cdots,\alpha_k\in\mathbb{R}\right\}$$

类似地，形如

$$\left\{\boldsymbol{v}_0+\sum_{i=1}^{k}\alpha_i\boldsymbol{v}_i:\boldsymbol{v}_0\in\mathbb{R}^n,\alpha_0,\alpha_1,\cdots,\alpha_k\in\mathbb{R}\right\}$$

的集合为 S 的**仿射生成空间**或**仿射包**。$\{\boldsymbol{v}_1,\boldsymbol{v}_2,\cdots,\boldsymbol{v}_k\}$ 是**仿射无关的**，如果它们的仿射包是 $k-1$ 维的，即向量 $\{\boldsymbol{v}_2-\boldsymbol{v}_1,\boldsymbol{v}_3-\boldsymbol{v}_1,\cdots,\boldsymbol{v}_k-\boldsymbol{v}_1\}$ 线性无关。

记 $\mathbb{R}^{m\times n}$ 为实数空间上所有 $m\times n$ 矩阵的集合。在许多情况下，我们用到的矩阵是方阵，即 $m=n$，且具有对称性，即 $\boldsymbol{M}^\top=\boldsymbol{M}$ (这里 $\top$ 表示转置)。n 阶单位矩阵是一个 $n\times n$ 方阵，主对角线元素均为 1，其他为 0，用 $\boldsymbol{I}_n$ 表示。如果矩阵的维数能够从上下文清晰判断，我们通常省略下标 n。

定义 2.8 (象、零空间或核、秩) 令 $\boldsymbol{A}\in\mathbb{R}^{m\times n}$。

(1) $\boldsymbol{A}$ 的象定义为 $\operatorname{Im}(\boldsymbol{A}):=\{\boldsymbol{A}\boldsymbol{x}:\boldsymbol{x}\in\mathbb{R}^n\}$。

(2) $\boldsymbol{A}$ 的零空间或核定义为 $\operatorname{Ker}(\boldsymbol{A}):=\{\boldsymbol{x}\in\mathbb{R}^n:\boldsymbol{A}\boldsymbol{x}=\boldsymbol{0}\}$。

(3) $\boldsymbol{A}$ 的列秩定义为 $\boldsymbol{A}$ 的最大线性无关列数，行秩定义为 $\boldsymbol{A}$ 的最大线性无关行数。事实上，矩阵的列秩和行秩是相同的，称其为矩阵的秩，且不能超过 $\min\{m,n\}$。当 $\boldsymbol{A}$ 的秩等于 $\min\{m,n\}$ 时，称它满秩。

注意，$\operatorname{Im}(\boldsymbol{A})$ 和 $\operatorname{Ker}(\boldsymbol{A})$ 都是向量空间。

定义 2.9 (矩阵的逆) 令 $\boldsymbol{A}\in\mathbb{R}^{n\times n}$。称 $\boldsymbol{A}$ 为可逆的，如果它的秩为 n。换句话说，如果对于 $\boldsymbol{A}$ 的象中的每个向量 $\boldsymbol{y}$，恰有一个 $\boldsymbol{x}$ 使得 $\boldsymbol{y}=\boldsymbol{A}\boldsymbol{x}$。在这种情况下，我们使用符号 $\boldsymbol{A}^{-1}$ 表示 $\boldsymbol{A}$ 的逆。

有时，矩阵 $\boldsymbol{A}$ 是方阵但非满秩，或者 $\boldsymbol{A}$ 满秩但非方阵。在这两种情况下，可以推广逆矩阵的概念。

定义 2.10 (广义逆矩阵) 对于 $\boldsymbol{A}\in\mathbb{R}^{m\times n}$，其广义逆矩阵 $\boldsymbol{A}^{+}\in\mathbb{R}^{n\times m}$ 是一个满足以下条件的矩阵：

(1) $\boldsymbol{AA}^+\boldsymbol{A} = \boldsymbol{A}$

(2) $\boldsymbol{A}^+\boldsymbol{AA}^+ = \boldsymbol{A}^+$

(3) $(\boldsymbol{AA}^+)^\top = \boldsymbol{AA}^+$

(4) $(\boldsymbol{A}^+\boldsymbol{A})^\top = \boldsymbol{A}^+\boldsymbol{A}$

可以证明，广义逆矩阵总是存在的。此外，如果 $\boldsymbol{A}$ 有线性无关的列向量，那么

$$\boldsymbol{A}^+ = (\boldsymbol{A}^\top\boldsymbol{A})^{-1}\boldsymbol{A}^\top$$

如果 $\boldsymbol{A}$ 有线性无关的行向量，那么

$$\boldsymbol{A}^+ = \boldsymbol{A}^\top(\boldsymbol{AA}^\top)^{-1}$$

详见习题 2.5。

设 $V \subseteq \mathbb{R}^n$ 是一个线性空间。给定一个点 $\boldsymbol{x} \in \mathbb{R}^n$，它在 V 上的**正交投影**定义为 V 中与 $\boldsymbol{x}$ 的欧氏距离最小的点 $p(\boldsymbol{x})$。可以看出，映射 $p: \mathbb{R}^n \to \mathbb{R}^n$ 是线性的，并且可以用 $n \times n$ 实对称矩阵 $\boldsymbol{P}$ (即 $\boldsymbol{p}(\boldsymbol{x}) = \boldsymbol{Px}$) 来描述，$\boldsymbol{P}^2 = \boldsymbol{P}$，见习题 2.6。

对称矩阵的一个重要子类是半正定矩阵，定义如下。

定义 2.11 (半正定矩阵) *我们称实对称矩阵 $\boldsymbol{M}$ 为半正定的 (positive semidefinite, PSD)，如果对于任意 $\boldsymbol{x} \in \mathbb{R}^n$ 均有 $\boldsymbol{x}^\top\boldsymbol{Mx} \geqslant 0$。记作：*

$$\boldsymbol{M} \succeq 0$$

我们称 $\boldsymbol{M}$ 为正定的 (positive definite, PD)，如果对所有非零的 $\boldsymbol{x} \in \mathbb{R}^n$，$\boldsymbol{x}^\top\boldsymbol{Mx} > 0$ 都成立。记为：

$$\boldsymbol{M} \succ 0$$

例如，单位矩阵 $\boldsymbol{I}$ 是正定的，但在对角线上有一个 1 和一个 -1 的 2×2 对角矩阵不是半正定的。另一个例子，令 $\boldsymbol{M} = \begin{pmatrix} 2 & -1 \\ -1 & 1 \end{pmatrix}$，那么

$$\forall \boldsymbol{x} \in \mathbb{R}^2, \quad \boldsymbol{x}^\top\boldsymbol{Mx} = 2x_1^2 - 2x_1x_2 + x_2^2 = x_1^2 + (x_1 - x_2)^2 \geqslant 0$$

因此，$\boldsymbol{M}$ 是半正定的，且它实际上是正定的。有时，我们使用以下方便的表述：对于两个对称矩阵 $\boldsymbol{M}$ 和 $\boldsymbol{N}$，我们记 $\boldsymbol{M} \preceq \boldsymbol{N}$，当且仅当 $\boldsymbol{N}-\boldsymbol{M} \succeq 0$。不难证明 $\preceq$ 在对称矩阵集上定义了一个偏序。一个 $n \times n$ 实半正定矩阵 $\boldsymbol{M}$ 可以写成

$$\boldsymbol{M} = \boldsymbol{BB}^\top$$

其中 $\boldsymbol{B}$ 是一个可能具有线性相关行的 $n \times n$ 实矩阵。$\boldsymbol{B}$ 也被称为 $\boldsymbol{M}$ 的**平方根**，用 $\boldsymbol{M}^{1/2}$ 表示。如果 $\boldsymbol{M}$ 是正定的，那么这样的 $\boldsymbol{B}$ 的行向量是线性无关的 (习题 2.9)。

下面我们回顾方阵的特征值和特征向量的概念。

定义 2.12 (特征值和特征向量) 称 $\lambda \in \mathbb{R}$ 和 $\boldsymbol{u} \in \mathbb{R}^n$ 为矩阵 $\boldsymbol{A} \in \mathbb{R}^{n\times n}$ 的一组特征值和特征向量，如果 $\boldsymbol{A}\boldsymbol{u} = \lambda\boldsymbol{u}, \boldsymbol{u} \neq \boldsymbol{0}$。

从几何的角度讲，这意味着特征向量是经过变换 $\boldsymbol{A}$ 后保持方向不变并按 (对应的特征值)λ 比例缩放的向量。

注意，对于矩阵 $\boldsymbol{A}$ 的每个特征值 λ 和与之对应的特征向量 $\boldsymbol{u}$，向量 $c\boldsymbol{u}$ 也是对应特征值 λ 的特征向量，$c \in \mathbb{R}\backslash 0$。对方阵特征值的另一个刻画是，它们是多项式方程 $\det(\boldsymbol{A} - \lambda\boldsymbol{I}) = 0$ 关于 λ 的零点。因此，由代数基本定理，如果 $\boldsymbol{A} \in \mathbb{R}^{n\times n}$，那么它有 n 个特征值 (含重根、复根)。特征值的集合 $\{\lambda_1, \lambda_2, \cdots, \lambda_n\}$ 也被称为 $\boldsymbol{A}$ 的**谱**。当 $\boldsymbol{A}$ 是对称矩阵时，它的所有特征值都是实的 (习题 2.10)。同时，如果是 $\boldsymbol{A}$ 是半正定矩阵 (PSD)，那么它的所有特征值都是非负的 (习题 2.11)。更进一步，此时不同特征值对应的特征向量可以彼此正交。

定义 2.13 (矩阵范数) 对于一个 $n \times m$ 的实值矩阵 $\boldsymbol{A}$，它的 $2 \to 2$ 或者谱范数定义为

$$\|\boldsymbol{A}\|_2 := \sup_{\boldsymbol{x}\in\mathbb{R}^m} \frac{\|\boldsymbol{A}\boldsymbol{x}\|_2}{\|\boldsymbol{x}\|_2}$$

定理 2.14 (对称矩阵的范数) $\boldsymbol{A}$ 是一个 $n \times n$ 的实对称矩阵，特征值为 $\lambda_1(\boldsymbol{A}) \leqslant \lambda_2(\boldsymbol{A}) \leqslant \cdots \leqslant \lambda_n(\boldsymbol{A})$，则它的范数为：

$$\|\boldsymbol{A}\|_2 = \max\{|\lambda_1(\boldsymbol{A})|, |\lambda_n(\boldsymbol{A})|\}$$

如果 $\boldsymbol{A}$ 是一个对称半正定矩阵，则 $\|\boldsymbol{A}\|_2 = \lambda_n(\boldsymbol{A})$。

2.5　柯西–施瓦茨不等式

下面给出的基本不等式在这本书中经常用到。

定理 2.15 (柯西–施瓦茨不等式) 对于每个 $\boldsymbol{x}, \boldsymbol{y} \in \mathbb{R}^n$，

$$\langle \boldsymbol{x}, \boldsymbol{y} \rangle \leqslant \|\boldsymbol{x}\|_2 \|\boldsymbol{y}\|_2 \tag{2.1}$$

这个不等式有个简单而直观的解释：两个向量 $\boldsymbol{x}$ 和 $\boldsymbol{y}$ 构成一个至多 2 维的子空间 (可以看作 $\mathbb{R}^2$)。进一步，假设 $\boldsymbol{x}, \boldsymbol{y} \in \mathbb{R}^2$，我们知道 $\langle \boldsymbol{x}, \boldsymbol{y} \rangle = \|\boldsymbol{x}\|_2 \|\boldsymbol{y}\|_2 \cos\theta$，而 $\cos\theta \leqslant 1$，所以这个不等式成立。在此基础上，下面给出一个正式证明。

证明 这个不等式可以等价地写为

$$|\langle \boldsymbol{x}, \boldsymbol{y}\rangle|^2 \leqslant \|\boldsymbol{x}\|_2\|\boldsymbol{y}\|_2$$

我们构造下面的关于 z 的非负多项式：

$$\sum_{i=1}^{n}(x_i z+y_i)^2=\left(\sum_{i=1}^{n}x_i^2\right)z^2+2\left(\sum_{i=1}^{n}x_i y_i\right)z+\sum_{i=1}^{n}y_i^2\geqslant 0$$

这个二次多项式是非负的，因此它最多有一个实零根，而且判别式必须小于或等于零。这意味着

$$\left(\sum_{i=1}^{n}x_i y_i\right)^2-\sum_{i=1}^{n}x_i^2\sum_{i=1}^{n}y_i^2\leqslant 0$$

定理得证。 □

2.6 范数

到目前为止，我们已经讨论了 ℓ_2（欧氏）范数并证明了这个范数的柯西–施瓦茨不等式。我们现在提出范数的一般概念，并给出本书中使用的几个例子。我们用柯西–施瓦茨不等式对一般范数的推广来得出结论。

在几何上，范数是度量向量长度的一种方法。然而，不是任何函数都可以是范数，下面的定义形式化了范数的含义。

定义 2.16 (范数) 范数是一个函数 $\|\cdot\|:\mathbb{R}^n\to\mathbb{R}$，满足对于任意的 $\boldsymbol{u},\boldsymbol{v}\in\mathbb{R}^n, c\in\mathbb{R}$:

(1) $\|c\cdot\boldsymbol{u}\|=|c|\cdot\|\boldsymbol{u}\|$

(2) $\|\boldsymbol{u}+\boldsymbol{v}\|\leqslant\|\boldsymbol{u}\|+\|\boldsymbol{v}\|$

(3) $\|\boldsymbol{u}\|=0$ 当且仅当 $\boldsymbol{u}=\boldsymbol{0}$

一类重要的范数是满足 $p\geqslant 1$ 的 ℓ_p 范数。给定 $p\geqslant 1$，对于 $\boldsymbol{u}\in\mathbb{R}^n$，定义

$$\|\boldsymbol{u}\|_p:=\left(\sum_{i=1}^{n}|u_i|^p\right)^{1/p}$$

可以看出当 $p\geqslant 1$ 时，它定义了一个范数。另一类范数是由正定矩阵诱导的范数。给定一个 $n\times n$ 实正定矩阵 $\boldsymbol{A}$ 和 $\boldsymbol{u}\in\mathbb{R}^n$，定义

$$\|u\|_{\boldsymbol{A}}:=\sqrt{\boldsymbol{u}^\top\boldsymbol{A}\boldsymbol{u}}$$

这也是一个范数。

定义 2.17 (对偶范数) 设 $\|\cdot\|$ 为 $\mathbb{R}^n$ 上的一个范数，那么它的对偶范数，记作 $\|\cdot\|^*$，定义为

$$\|\boldsymbol{x}\|^* := \sup_{\boldsymbol{y}\in\mathbb{R}^n:\|\boldsymbol{y}\|\leqslant 1} \langle \boldsymbol{x}, \boldsymbol{y}\rangle$$

对于所有的 $p,q \leqslant 1$，只要 $\dfrac{1}{p}+\dfrac{1}{q}=1$，则 $\|\cdot\|_q$ 是 $\|\cdot\|_p$ 的对偶范数，证明留作习题。特别地，$p=q=2$ 满足上述等式，因此 $\|\cdot\|_2$ 是它本身的对偶范数。另一个重要的对偶范数的例子是 $p=1,q=\infty$。我们还可以看出，对于正定矩阵 $\boldsymbol{A}$，$\|\boldsymbol{u}\|_{\boldsymbol{A}}$ 对应的对偶范数是 $\|\boldsymbol{u}\|_{\boldsymbol{A}^{-1}}$。基于对偶范数，我们推广了柯西–施瓦茨不等式。

定理 2.18 (广义柯西–施瓦茨不等式) 对于每一组互为对偶的范数 $\|\cdot\|$ 和 $\|\cdot\|^*$，下面柯西–施瓦茨不等式的一般形式成立：

$$\langle \boldsymbol{x}, \boldsymbol{y}\rangle \leqslant \|\boldsymbol{x}\|\|\boldsymbol{y}\|^*$$

本书中，若无特殊声明，$\|\cdot\|$ 表示 $\|\cdot\|_2$，即欧氏范数。

2.7 欧几里得拓扑

我们关注 $\mathbb{R}^n$ 及其上诱导的自然拓扑结构。一个以点 $\boldsymbol{x}\in\mathbb{R}^n$ 为中心、$r>0$ 为半径的**开球**是这样一个集合：

$$\{\boldsymbol{y}\in\mathbb{R}^n : \|\boldsymbol{x}-\boldsymbol{y}\|_2 < r\}$$

开球推广了实数域上开区间的概念。我们称集合 $K\subseteq\mathbb{R}^n$ 是**开的**，如果 K 中的每个点都是 K 中的某个开球的中心。我们称集合 $K\subseteq\mathbb{R}^n$ 是**有界的**，如果存在 $0\leqslant r<\infty$，使得 K 包含于一个半径为 r 的开球。我们称集合 $K\subseteq\mathbb{R}^n$ 是**闭的**如果 $\mathbb{R}^n\backslash K$ 是开的。一个闭的有界集 $K\subseteq\mathbb{R}^n$ 也称为**紧的**。点 $\boldsymbol{x}\in\mathbb{R}^n$ 是集合 K 的**极限点**，如果每个包含点 $\boldsymbol{x}$ 的开集至少含有一个与 $\boldsymbol{x}$ 本身不同的 K 中的点。可以证明，一个集合是闭的，当且仅当它包含了自己的所有极限点。集合 K 的**闭包**由 K 中的所有点和 K 的所有极限点组成。函数 $f:\mathbb{R}^n\to\mathbb{R}$ 是闭的，如果它将每个闭集 $K\subseteq\mathbb{R}^n$ 映射为闭集。

我们称点 $\boldsymbol{x}\in K\subseteq\mathbb{R}^n$ 在 K 的**内部**，如果 K 包含某个包含 $\boldsymbol{x}$ 的正半径的球。对于一个集合 $K\subseteq\mathbb{R}^n$，记 ∂K 为它的**边界**：它是所有位于 K 的闭包中且不在 K 的内部的点的集合。我们称点 $\boldsymbol{x}\in K$ 位于 K 的**相对内部**，如果 K 包含以 $\boldsymbol{x}$ 为中心的正半径球与包含 K 的最小仿射空间 (又称 K 的**仿射包**) 的交集。

2.8 动力系统

本书中介绍的许多算法可以看作动力系统。动力系统通常分为连续时间和离散时间两类。它们都由一个区域 Ω 和一个决定点在区域中运动的“规则”组成。不同之处在于，在离散时间动力系统中，点的运动时间是离散的，$t = 0, 1, 2, \cdots$，而在连续时间动力系统中运动时间是连续的，即 $t \in [0, \infty)$。

定义 2.19 (连续时间动力系统) 连续时间动力系统由区域 $\Omega \subseteq \mathbb{R}^n$ 和函数 $G: \Omega \to \mathbb{R}^n$ 组成。对于任何点 $\boldsymbol{s} \in \Omega$，我们定义一个以 $\boldsymbol{s}$ 为初始点的解 (轨迹) 为一条曲线 $x: [0, \infty) \to \Omega$，它满足：

$$x(0) = s\text{，并且对于所有的 } t \in (0, \infty), \quad \frac{\mathrm{d}}{\mathrm{d}t} x(t) = G(x(t))$$

简洁起见，上述定义中的微分方程通常写成 $\dot{x} = G(x)$。这个定义本质上说明，动力系统的解是曲线 $x: [0, \infty) \to \Omega$，对于 $t \in (0, \infty)$，该曲线在 $x(t)$ 处与 $G(x(t))$ 相切。因此，$G(x)$ 给出了在任意给定点 $x \in \Omega$ 的方向。

定义 2.20 (离散时间动力系统) 离散时间动力系统由区域 Ω 和函数 $F: \Omega \to \Omega$ 组成。对于任意的点 $s \in \Omega$，定义以 s 为初始点的解 (轨迹) 为点 $\{x^{(k)}\}_{k \in N}$ 的无穷序列，满足 $x^{(0)} = s, x^{(k+1)} = F(x^{(k)})$，对于任意 $k \in \mathbb{N}$。

有时，我们通过先定义一个连续时间动力系统再离散化它来推导出算法。到目前为止，离散化并没有标准方法，有时这个过程充满创造性。其中，最简单的方法是欧拉离散化。

定义 2.21 (一阶欧拉离散化) 考虑一个在某域 Ω 上由 $\dot{x} = G(x)$ 给出的动力系统。给定一个步长 $h \in (0, 1)$，它的一阶欧拉离散化是一个离散时间动力系统 (Ω, F)，其中

$$F(x) = x + h \cdot G(x)$$

这与直觉完全一致，即 x 处的连续动力系统基本上沿着 $G(x)$ “一点点”移动。值得注意的是，上面的定义并不完全正确，因为 $F(x)$ 可能落在 Ω 的外部——这是离散系统的“解的存在性”问题的表征——有时为了保证存在性，我们必须取非常小的 h，但这有可能根本无法实现。

2.9 图

一个**无向图**$G = (V, E)$ 由有限的**顶点** V 和**边** E 组成。每条边 $e \in E$ 都是 V 的二元子集。如果 $v \in e$，则称顶点 v **关联**e。环是一条两个端点相同的边。如果两个边的

端点相同，则称它们是平行的。一个没有环和平行边的图被称为是**简单的**。在每对顶点之间恰有一条边的简单无向图称为**完全图**，用 K_V 或 K_n 表示，其中 $n := |V|$。对于顶点 $v \in V$，$N(v)$ 表示与 v 构成 E 中边的顶点的集合，顶点 v 的**度数** (degree) 记为 $d_v := |N(v)|$。图 $G = (V, E)$ 的**子图**是一个图 $H = (U, F)$，其中 $U \subseteq V, F \subseteq E$，且 F 中的边只与 U 中的顶点相关联。

图 $G = (V, E)$ 称为**二部图** (bipartite)，如果 V 可以划分为 V_1 和 V_2 两部分，并且其所有的边都与 V_1 的一个顶点和 V_2 的一个顶点相关联。如果 V_1 中的每个顶点到 V_2 中的每个顶点之间均有一条边，则称 G 为完全二部图，用 K_{n_1,n_2} 表示，其中 $n_1 := |V_1|, n_2 := |V_2|$。

有向图的边 $E \subseteq V \times V$ 是顶点的有序二元组。我们用 $e = (u, v)$ 表示一条边，其中 u 是边 e 的“尾 (tail)”，v 是它的“头 (head)”。边从 u 处“出”，在 v 处“入”。在不产生歧义的情况下，我们有时用 $e = uv = \{u, v\}$(无向) 或 $e = uv = (u, v)$(有向) 来表示边。

2.9.1 图上的结构

一个图中的**路径** (path) 是由顶点集 $v_0, v_1, \cdots, v_k$ 和边 $\{v_0v_1, v_1v_2, \cdots, v_{k-1}v_k\}$ 组成的非空子图。根据其定义，路径中的顶点不能重复。**游走** (walk) 是可以出现重复的由边连接的顶点序列。图中的**圈** (cycle) 是顶点集为 $\{v_0, v_1, \cdots, v_k\}$，边为 $\{v_0v_1, v_1v_2, \cdots, v_{k-1}v_k, v_kv_0\}$ 的非空子图。如果任意两个顶点之间有路径存在，则称图是**连通的**，否则称为**不连通的**。

图上的**割** (cut) 是边集 E 的子集，在图中删去这些边后，图将变为不连通的。对于图 $G = (V, E)$ 和 $s \neq t \in V$，图的 s–t 割是一组边，删去它们后，s 和 t 之间不再有路径。

一个图如果不包含任何圈，则称它是**无圈的** (acyclic)。一个连通的无圈图称为**树** (tree)。图 $G = (V, E)$ 的**生成树** (spanning tree) 是顶点集为 V 的树。可以验证，生成树恰好有 $|V| - 1$ 条边。

在无向图 $G = (V, E)$ 中的 $s - t$ **流**（$s \neq t \in V$）是一个赋值 $f : E \to \mathbb{R}$，满足如下性质：对于所有的顶点 $u \in V \setminus \{s, t\}$，我们要求“入”流等于“出”流：

$$\sum_{v \in V} f(v, u) = 0$$

按照惯例，我们将 f 从 E 扩展到 $V \times V$，使其成为边上的反对称函数：如果边 $e = uv$，我们令 $f(v, u) := -f(u, v)$。

无向图 $G=(V,E)$ 中的**匹配** M 是边的一个子集：对于每对 $e_1,e_2 \in M, e_1 \bigcap e_2 = \varnothing$。如果 $\bigcup_{e\in M} e = V$，则称匹配是**完美的**。

2.9.2 图的关联矩阵

一个简单的无向图 $G=(V,E)$ 有两种基本的关联矩阵，分别是**邻接矩阵** $\boldsymbol{A}$ 和**度数矩阵** $\boldsymbol{D}$。

$$\boldsymbol{A}_{u,v} := \begin{cases} 1, & uv \in E \\ 0, & \text{否则} \end{cases}$$

$$\boldsymbol{D}_{u,v} := \begin{cases} d_v, & u = v \\ 0, & \text{否则} \end{cases}$$

邻接矩阵是对称的。图 G 的**拉普拉斯矩阵**定义为

$$\boldsymbol{L} := \boldsymbol{D} - \boldsymbol{A}$$

给定一个无向图 $G=(V,E)$，对它的边任意赋一个方向。设 $\boldsymbol{B} \in \{-1,0,1\}^{n\times m}$ 是一个列由边、行由顶点组成的矩阵，当 v 是有向边 e 的尾（头）时，矩阵 (v,e) 处的值为 1（-1），否则为零。$\boldsymbol{B}$ 称为 G 的**点–边关联矩阵**。因此，拉普拉斯矩阵可以用 $\boldsymbol{B}$ 来表示。虽然 $\boldsymbol{B}$ 取决于对边的方向的选择，但拉普拉斯矩阵没有这样的依赖性。

引理 2.22 (拉普拉斯矩阵和关联矩阵) 设 G 是一个简单无向图，具有 (任意给定的) 点–边关联矩阵 $\boldsymbol{B}$。那么，$\boldsymbol{B}\boldsymbol{B}^\top = \boldsymbol{L}$。

证明 对于 $\boldsymbol{B}\boldsymbol{B}^\top$ 的对角线元素，$(\boldsymbol{B}\boldsymbol{B}^\top)_{v,v} = \sum_e B_{v,e}B_{v,e}$。只有那些与 v 相关的边 e 对应的元素才非零，相应乘积项是 1，所以其总和给出了无向图中顶点 v 的度数。对于其他元素，$(\boldsymbol{B}\boldsymbol{B}^\top)_{u,v} = \sum_e B_{u,e}B_{v,e}$。只有当边 e 由 u 和 v 共同构成时，乘积项才非零，无论 e 的方向如何其值均为 -1。因此，对于所有的 $u \neq v, uv \in E, (\boldsymbol{B}\boldsymbol{B}^\top)_{u,v} = -1$。从而，$\boldsymbol{B}\boldsymbol{B}^\top = \boldsymbol{L}$。 □

注意，$\boldsymbol{L}\boldsymbol{1} = \boldsymbol{0}$，其中 $\boldsymbol{1}$ 是全 1 向量。因此，拉普拉斯矩阵并不是满秩的。然而，如果 $G=(V,E)$ 是连通的，那么拉普拉斯矩阵的秩为 $|V|-1$（可以验证这一点），在与全 1 向量正交的空间中，我们可以定义拉普拉斯矩阵的（广义）逆，并用 $\boldsymbol{L}^+$ 表示。

一个**加权**的无向图 $G=(V,E,w)$ 有一个函数 $w: E \to \mathbb{R}_{>0}$，它给出了每条边的权重。对于这样的图，将拉普拉斯矩阵定义为

$$\boldsymbol{L} := \boldsymbol{B}\boldsymbol{W}\boldsymbol{B}^\top$$

其中 $\boldsymbol{W}$ 为对角 $|E|\times|E|$ 矩阵，$W_{e,e} = w(e)$，其余元素为 0。

2.9.3 与图相关联的多胞形

对于图 $G=(V,E)$，设 $\mathcal{F}\subseteq 2^E$ 表示其边的子集族。对于每个 $S\in\mathcal{F}$，以 $\mathbf{1}_S\in\{0,1\}^E$ 表示集合 S 的示性向量。定义多胞形 $P_{\mathcal{F}}\subseteq[0,1]^E$ 为向量 $\{\mathbf{1}_S\}_{S\in\mathcal{F}}$ 的凸包。当 $\mathcal{F}$ 为 G 中所有生成树的集合时，对应的多胞形称为 G 的**生成树多胞形**。当 $\mathcal{F}$ 为 G 上所有匹配集合时，对应的多胞形称为 G 的**匹配多胞形**。

习题

2.1 对于以下每个函数，计算梯度向量和黑塞矩阵，并写出二阶泰勒近似表示。

（1）$f(x)=\sum_{i=1}^m(\boldsymbol{a}_i^\top\boldsymbol{x}-b_i)^2, \boldsymbol{x}\in\mathbb{Q}^n$，其中 $\boldsymbol{a}_1,\boldsymbol{a}_2,\cdots,\boldsymbol{a}_m\in\mathbb{Q}^n, b_1,b_2,\cdots,b_m\in\mathbb{Q}$。

（2）$f(x)=\log(\sum_{j=1}^m \mathrm{e}^{\langle\boldsymbol{x},\boldsymbol{v}_j\rangle})$，其中 $\boldsymbol{v}_1,\boldsymbol{v}_2,\cdots,\boldsymbol{v}_m\in\mathbb{Q}^n$。

（3）$f(\boldsymbol{X})=\mathrm{Tr}(\boldsymbol{A}\boldsymbol{X})$，其中 $\boldsymbol{A}$ 是一个 $n\times n$ 实对称矩阵，$\boldsymbol{X}$ 为对称矩阵。

（4）$f(\boldsymbol{X})=-\log(\det\boldsymbol{X})$，其中 $\boldsymbol{X}$ 为正定矩阵。

2.2 证明引理 2.6。

2.3 证明：对于函数 $f:\mathbb{R}^n\to\mathbb{R}$，它的导数 $Df(\boldsymbol{x}):\mathbb{R}^n\to\mathbb{R}^n$ 在点 $\boldsymbol{x}\in\mathbb{R}^n$ 是一个线性函数。

2.4 证明矩阵的行秩等于列秩。

2.5 对于矩阵 $\boldsymbol{A}\in\mathbb{R}^{m\times n}$，证明它的广义逆矩阵始终存在。并且证明如果 $\boldsymbol{A}$ 的列向量线性无关，那么

$$\boldsymbol{A}^+=(\boldsymbol{A}^\top\boldsymbol{A})^{-1}\boldsymbol{A}^\top$$

此外，如果 $\boldsymbol{A}$ 的行向量线性无关，那么

$$\boldsymbol{A}^+=\boldsymbol{A}^\top(\boldsymbol{A}\boldsymbol{A}^\top)^{-1}$$

2.6 考虑一个满足 $n\leqslant m$ 的 $m\times n$ 阶实矩阵 $\boldsymbol{A}$ 和一个向量 $\boldsymbol{b}\in\mathbb{R}^m$，设 $p(\boldsymbol{x}):=\arg\min_{\boldsymbol{x}\in\mathbb{R}^n}\|\boldsymbol{A}\boldsymbol{x}-\boldsymbol{b}\|_2^2$。假设 $\boldsymbol{A}$ 是满秩的，根据 $\boldsymbol{A}$ 和 $\boldsymbol{b}$ 推导出 $p(\boldsymbol{x})$ 的表达式。

2.7 证明：给定 $\boldsymbol{A}\in\mathbb{R}^{n\times n}$ 时，λ 是 $\boldsymbol{A}$ 的特征值当且仅当 $\det(\boldsymbol{A}-\lambda\boldsymbol{I})=0$。

2.8 给定一个 $n\times n$ 的正定矩阵 $\boldsymbol{H}$ 和一个向量 $\boldsymbol{a}\in\mathbb{R}^n$，证明 $\boldsymbol{H}\succeq\boldsymbol{a}\boldsymbol{a}^\top$ 当且仅当 $1\geqslant\boldsymbol{a}^\top\boldsymbol{H}^{-1}\boldsymbol{a}$。

2.9 证明如果 $\boldsymbol{M}$ 是一个 $n\times n$ 的实对称矩阵，并且是正定的，那么

$$\boldsymbol{M}=\boldsymbol{B}\boldsymbol{B}^\top$$

其中 $\boldsymbol{B}$ 是一个 $n\times n$ 的行线性无关实矩阵。

2.10 证明如果 $\boldsymbol{A}$ 是一个 $n\times n$ 的实对称矩阵，那么它的所有特征值都是实数。

2.11 证明半正定矩阵的每个特征值都是非负的。

2.12 证明对于 $p\geqslant 1$，$\|\boldsymbol{u}\|_p:=(\sum_{i=1}^n|u_i|^p)^{1/p}$ 是一个范数。在 $0<p<1$ 时，它是否还是范数?

2.13 给定一个 $n\times n$ 的实正定矩阵 $\boldsymbol{A}$ 和 $\boldsymbol{u}\in\mathbb{R}^n$，证明

$$\|\boldsymbol{u}\|_{\boldsymbol{A}}:=\sqrt{\boldsymbol{u}^\top\boldsymbol{A}\boldsymbol{u}}$$

是一个范数。当只保证 $\boldsymbol{A}$ 是半正定 (而不是正定) 时，$\|\boldsymbol{u}\|_{\boldsymbol{A}}$ 作为范数的哪些性质会失效? 当 $\boldsymbol{A}$ 的特征值存在负值时呢?

2.14 证明对于所有的 $p,q\geqslant 1$，范数 $\|\cdot\|_q$ 是 $\|\cdot\|_p$ 的对偶范数，只要 $\dfrac{1}{p}+\dfrac{1}{q}=1$。

2.15 证明定理 2.18。

2.16 证明定理 2.14。

2.17 证明 $\mathbb{R}^n$ 中任意闭集族的交集也是闭的。

2.18 证明 $K\subseteq\mathbb{R}^n$ 的闭包正好是 K 中元素的所有收敛序列的极限的集合。

2.19 找到下面一维连续时间动力系统的解，

$$\frac{\mathrm{d}x}{\mathrm{d}t}=-\alpha x^2\text{以及}x(0)=\beta$$

2.20 对某个 $L>1$，设 $l_1=L-1$ 和 $l_2=L$，固定 $h\in(0,1)$。考虑下面的离散时间动力系统，它的解为 $x_1^{(k)},x_2^{(k)}$。证明当 $k\to\infty$ 时，这个解收敛到一组数，并求出它收敛到的那组数。

$$\begin{cases} x_1^{(k+1)}=x_1^{(k)}\left((1-h)+h\cdot\dfrac{l_2}{x_1^{(k)}\cdot l_2+x_2^{(k)}\cdot l_1}\right)\\ x_2^{(k+1)}=x_2^{(k)}\left((1-h)+h\cdot\dfrac{l_1}{x_1^{(k)}\cdot l_2+x_2^{(k)}\cdot l_1}\right)\\ x_1^{(0)}=x_2^{(0)}=1 \end{cases}\tag{2.2}$$

2.21 对于一个简单连通无向图 $G=(V,E)$，设

$$\boldsymbol{\Pi}=\boldsymbol{B}^\top\boldsymbol{L}^+\boldsymbol{B}$$

其中，$\boldsymbol{B}$ 是 G 的点–边关联矩阵。证明:

(1) $\boldsymbol{\Pi}$ 是对称的。

（2）$\boldsymbol{\Pi}^2 = \boldsymbol{\Pi}$。

（3）$\boldsymbol{\Pi}$ 的所有特征值要么为 0 要么为 1。

（4）$\boldsymbol{\Pi}$ 的秩是 $|V| - 1$。

（5）设 T 为从 G 的所有生成树中均匀随机选择的生成树。证明任意一条边 e 属于 T 的概率由下面的式子给出：

$$\Pr[e \in T] = \boldsymbol{\Pi}(e, e)$$

2.22 设 $G = (V, E)$(其中 $n := |V|, m := |E|$) 是一个有权向量 $\boldsymbol{w} \in \mathbb{R}^E$ 的无向连通图。考虑以下在 G 中寻找最大权值生成树的算法。

- 按非递减顺序对边进行排序：

$$w(e_1) \leqslant w(e_2) \leqslant \cdots \leqslant w(e_m)$$

- 设集合 $T = E$。
- 对于 $i = 1, 2, \cdots, m$，如果图 $(V, T \ \ \{e_i\})$ 是连通的，设 $T := T \backslash \{e_i\}$。
- 输出 T。

算法是否正确？证明它的正确性，或者提供一个反例。

2.23 设 $T = (V, E)$ 是 n 个顶点 V 上的一个树，设 L 表示它的拉普拉斯矩阵。给定一个向量 $\boldsymbol{b} \in \mathbb{R}^n$，设计一个在 $O(n)$ 时间求解线性系统 $\boldsymbol{L}\boldsymbol{x} = \boldsymbol{b}$ 的算法。

提示：使用高斯消元法，但要仔细考虑消去变量的顺序。

2.24 设 $G = (V, E, w)$ 是一个连通加权无向图，$n := |V|, m := |E|$。用 $\boldsymbol{L}_G$ 来表示相应的拉普拉斯矩阵。对于 G 的任何子图 H，用符号 $\boldsymbol{L}_H$ 来表示它的拉普拉斯矩阵。

（1）设 $T = (V, F)$ 是 G 的一个连通子图。设 $\boldsymbol{P}_T$ 是任意满足

$$\boldsymbol{L}_T^+ = \boldsymbol{P}_T \boldsymbol{P}_T^\top$$

的方阵，证明

$$\boldsymbol{x}^\top \boldsymbol{P}_T^\top \boldsymbol{L}_G \boldsymbol{P}_T \boldsymbol{x} \geqslant \boldsymbol{x}^\top \boldsymbol{x}$$

对于所有满足 $\langle \boldsymbol{x}, \mathbf{1} \rangle = 0$ 的 $\boldsymbol{x} \in \mathbb{R}^n$ 成立。

（2）证明

$$\operatorname{Tr}\left(\boldsymbol{L}_T^+ \boldsymbol{L}_G\right) = \sum_{e \in G} w_e \boldsymbol{b}_e^\top \boldsymbol{L}_T^+ \boldsymbol{b}_e$$

式中 $\boldsymbol{b}_e$ 是 $\boldsymbol{B}$ 对应于 e 边的列。

（3）现在设 $T=(V,F)$ 是 G 的生成树。对于一个边 $e\in G$，写出 $\boldsymbol{b}_e^\top \boldsymbol{L}_T^+ \boldsymbol{b}_e$ 的一个显式公式。

（4）$G=(V,E,w)$ 的生成树 $T=(V,F)$ 的权值定义为

$$w(T):=\sum_{e\in F} w_e$$

证明：如果 T 是 G 的最大权值生成树，那么 $\operatorname{Tr}\left(\boldsymbol{L}_T^+ \boldsymbol{L}_G\right)\leqslant m(n-1)$。

（5）推导如果 T 是 G 的最大权值生成树，而 $\boldsymbol{P}_T$ 是任意满足 $\boldsymbol{P}_T\boldsymbol{P}_T^\top=\boldsymbol{L}_T^+$ 的矩阵，则矩阵 $\boldsymbol{P}_T\boldsymbol{L}_G\boldsymbol{P}_T^\top$ 的**条件数**至多为 $m(n-1)$。$\boldsymbol{P}_T\boldsymbol{L}_G\boldsymbol{P}_T^\top$ 的条件数定义为

$$\frac{\lambda_n\left(\boldsymbol{P}_T\boldsymbol{L}_G\boldsymbol{P}_T^\top\right)}{\lambda_2\left(\boldsymbol{P}_T\boldsymbol{L}_G\boldsymbol{P}_T^\top\right)}$$

这里 $\lambda_n\left(\boldsymbol{P}_T\boldsymbol{L}_G\boldsymbol{P}_T^\top\right)$ 表示 $\boldsymbol{P}_T\boldsymbol{L}_G\boldsymbol{P}_T^\top$ 的最大特征值，$\lambda_2\left(\boldsymbol{P}_T\boldsymbol{L}_G\boldsymbol{P}_T^\top\right)$ 表示 $\boldsymbol{P}_T\boldsymbol{L}_G\boldsymbol{P}_T^\top$ 的最小非零特征值。$\boldsymbol{L}_G$ 的条件数能有多大？

2.25 设 $G=(V,E)(n:=|V|,m:=|E|)$ 是一个连通的无向图，$\boldsymbol{L}$ 是它的拉普拉斯矩阵。取两个顶点 $s\neq t\in V$。设 $\boldsymbol{\chi}_{st}:=\boldsymbol{e}_s-\boldsymbol{e}_t$(其中 $\boldsymbol{e}_v$ 是顶点 v 的标准基向量)，设 $\boldsymbol{x}\in\mathbb{R}^n$ 满足 $\boldsymbol{L}\boldsymbol{x}=\boldsymbol{\chi}_{st}$。定义两个顶点 $s,t\in V$ 之间的距离为

$$d(s,t):=\boldsymbol{x}_s-\boldsymbol{x}_t$$

对于 $s=t$，我们令 $d(s,t)=0$。设 k 是最小 $s-t$ 割的值，即为了使 s,t 不连接需要从 G 中删除边的最小数。证明

$$k\leqslant\sqrt{\frac{m}{d(s,t)}}$$

2.26 如果一个矩阵的任何子方阵的行列式等于 1，−1 或 0，则称这个矩阵是**全单位模的** (totally unimodular)。证明对于一个图 $G=(V,E)$，它的任何一个点–边关联矩阵 $\boldsymbol{B}$ 都是全单位模的。

2.27 证明一个二分图 $G=(V,E)$ 的匹配多胞形可以等价地写成

$$P_M(G)=\left\{\boldsymbol{x}\in\mathbb{R}^E:\boldsymbol{x}\geqslant\mathbf{0},\sum_{e:v\in e}x_e\leqslant 1\forall v\in V\right\}$$

提示：记 $P_M(G)=\left\{\boldsymbol{x}\in\mathbb{R}^E:\boldsymbol{A}\boldsymbol{x}\leqslant\boldsymbol{b}\right\}$，证明其解 $\boldsymbol{A}$ 是一个全单模矩阵。

注记

本章所介绍的内容比较经典，参考了如下几本书。对微积分的初步介绍，包括微积分基本定理（定理 2.5）的证明，请参阅 Apostol（1967a）的教材。对多变量微积分的高级讨论，读者可以参考 Apostol（1967b）的教材。对实分析（包括拓扑学）的介绍，读者可以参考 Rudin（1987）的教材。线性代数及相关主题在 Strang（2006）的教材中有非常详细的介绍。关于代数基本定理的处理参见 Strang（1993）的论文。柯西–施瓦茨不等式有广泛的应用；参见 Steele（2004）的图书。动力系统的介绍可参阅 Perko（2001）的图书。Diestel（2012）和 Schrijver（2002a）的著作分别对图论和组合优化提供了深入的介绍。

第 3 章 凸 性

我们在本章中介绍凸集、凸函数的概念，并展示凸性带来的良好性质：凸集有分离超平面，存在次梯度；凸函数的局部最优解也是全局最优解。

3.1 凸集

我们首先介绍凸集的概念。

定义 3.1 (凸集) 若对集合 $K \subseteq \mathbb{R}^n$ 中的任意两点 $x, y \in K$ 及任意 $\lambda \in [0,1]$，都有

$$\lambda x + (1-\lambda) y \in K$$

我们称 K 是凸集。

换言之，若连接集合 $K \subseteq \mathbb{R}^n$ 中任意两点的线段都在 K 内，则称 K 为凸集。常见的凸集有下面几种。

（1）**超平面**：形如

$$\{\boldsymbol{x} \in \mathbb{R}^n : \langle \boldsymbol{h}, \boldsymbol{x} \rangle = c\}$$

的集合，其中 $\boldsymbol{h} \in \mathbb{R}^n$ 且 $c \in \mathbb{R}$。

（2）**半空间**：形如

$$\{\boldsymbol{x} \in \mathbb{R}^n : \langle \boldsymbol{h}, \boldsymbol{x} \rangle \leqslant c\}$$

的集合，其中 $\boldsymbol{h} \in \mathbb{R}^n$ 且 $c \in \mathbb{R}$。

（3）**多胞形**：对一组向量 $X \subseteq \mathbb{R}^n$，其**凸包**$\operatorname{conv}(X) \subseteq \mathbb{R}^n$ 被定义为所有凸组合

$$\sum_{j=1}^{r} \alpha_j \boldsymbol{x}_j$$

的集合，其中 $\boldsymbol{x}_1, \boldsymbol{x}_2, \cdots, \boldsymbol{x}_r \in X$，$\alpha_1, \alpha_2, \cdots, \alpha_r \geqslant 0$ 且满足 $\sum_{j=1}^{r} \alpha_j = 1$。当集合 X 是有限集时，$\operatorname{conv}(X)$ 被称为一个多胞形 (polytope)，且根据定义它是凸的。若 X 的线性生成空间为 $\mathbb{R}^n$，则称 X 是**全维的** (full-dimensional)。

（4）**多面体**：形如 $K = \left\{\boldsymbol{x} \in \mathbb{R}^n : \langle \boldsymbol{a}_i, \boldsymbol{x} \rangle \leqslant b_i \text{对} i = 1, 2, \cdots, m\right\}$ 的集合，其中 $\boldsymbol{a}_i \in \mathbb{R}^n$ 且 $b_i \in \mathbb{R}, i = 1, 2, \cdots, m$。可以证明，一个有界多面体 (polyhedra) 是一个多胞形（习题 3.6）。

（5）ℓ_p **球**：形如 $B_p(\boldsymbol{a}, 1) := \{\boldsymbol{x} \in \mathbb{R}^n : \|\boldsymbol{x} - \boldsymbol{a}\|_p \leqslant 1\}$ 的集合，其中 $p \geqslant 1$，$\boldsymbol{a} \in \mathbb{R}^n$ 是一个向量。

（6）**椭球**：形如 $B_p(\boldsymbol{a}, 1) := \{\boldsymbol{x} \in \mathbb{R}^n \; \|\boldsymbol{x} - \boldsymbol{a}\|_p \leqslant 1\}$ 的集合，其中 $\boldsymbol{B}$ 是一个以原点为中心的单位 ℓ_2 球，$T : \mathbb{R}^n \to \mathbb{R}^n$ 是一个可逆线性变换，且 $\boldsymbol{a} \in \mathbb{R}^n$。这一形式等价于 $\left\{\boldsymbol{x} \in \mathbb{R}^n : (\boldsymbol{x} - \boldsymbol{a})^\top \boldsymbol{A}(\boldsymbol{x} - \boldsymbol{a}) \leqslant 1\right\}$，其中 $\boldsymbol{A} \in \mathbb{R}^{n \times n}$ 是一个正定矩阵。当 $\boldsymbol{a} = \boldsymbol{0}$ 时，这一集合也等同于满足 $\|\boldsymbol{x}\|_{\boldsymbol{A}} \leqslant 1$ 的所有 $\boldsymbol{x}$ 的集合。

3.2　凸函数

我们在本节中定义凸函数，并提出判定凸函数的两种方法，这两种方法依赖于该函数的光滑程度。

定义 3.2 (凸函数)　*对一个定义在凸集 K 上的函数 $f : K \to \mathbb{R}$，若对任意 $\boldsymbol{x}, \boldsymbol{y} \in K$ 及 $\lambda \in [0, 1]$，都有*

$$f(\lambda \boldsymbol{x} + (1 - \lambda)\boldsymbol{y}) \leqslant \lambda f(\boldsymbol{x}) + (1 - \lambda) f(\boldsymbol{y}) \tag{3.1}$$

则称 f 是凸函数。

凸函数的例子有以下几种。

（1）**线性函数**：$f(\boldsymbol{x}) = \langle \boldsymbol{c}, \boldsymbol{x} \rangle$，其中向量 $\boldsymbol{c} \in \mathbb{R}^n$。

（2）**二次函数**：$f(\boldsymbol{x}) = \boldsymbol{x}^\top \boldsymbol{A} \boldsymbol{x} + \boldsymbol{b}^\top \boldsymbol{x}$，其中 $\boldsymbol{A} \in \mathbb{R}^n$ 是一个半正定矩阵且 $\boldsymbol{b} \in \mathbb{R}^n$。

（3）**负熵函数**：$f : [0, \infty) \to \mathbb{R}, f(x) = x \log x$。

对定义在某个集合 $K \subseteq \mathbb{R}^n$ 上的凸函数 f，可以将其延拓至整个 $\mathbb{R}^n$ 上，这只需要对所有 $\boldsymbol{x} \notin K$ 定义 $f(\boldsymbol{x}) = +\infty$。可以验证，在 $\mathbb{R} \cup \{+\infty\}$ 上合理定义的算术运算下，f（在 $\mathbb{R}^n$ 上）仍是凸的。如果 $-f$ 是凸的，我们称函数 f 是**凹**的。

对函数 $f : \mathbb{R}^n \to \mathbb{R}$，定义其 c 下水平集为

$$\{\boldsymbol{x} : f(\boldsymbol{x}) \leqslant c\}$$

若 f 是凸的，则它的所有下水平集都是凸的；见习题 3.3。

我们介绍两种不同的判定凸函数的方法，在某些情况下这些方法可能更易于验证。它们需要 f 增加光滑性条件（分别为可微性及二阶可微性）。

定理 3.3 (凸函数的一阶条件) 一个定义在凸集 K 上的可微函数 $f:K\to\mathbb{R}$ 是凸的，当且仅当

$$f(\boldsymbol{y})\geqslant f(\boldsymbol{x})+\langle\nabla f(\boldsymbol{x}),\boldsymbol{y}-\boldsymbol{x}\rangle,\quad \forall\boldsymbol{x},\boldsymbol{y}\in K \tag{3.2}$$

换言之，如图 3.1 所示，凸函数 f 的任意切线都位于函数 f 的下方。类似地，凹函数的任意切线都位于函数的上方。

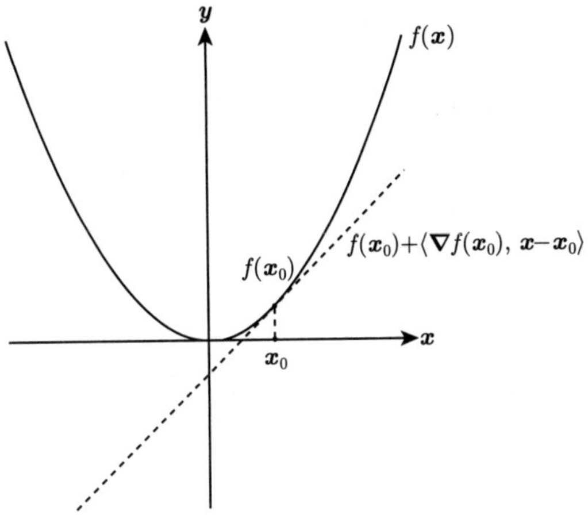

图 3.1 凸函数在点 $\boldsymbol{x}_0$ 处的一阶条件。限制在一维情况下，f 的梯度就是它的导数

证明 设 f 是如定义 3.2 所述的凸函数。固定任意点 $\boldsymbol{x},\boldsymbol{y}\in K$，则由式(3.1)，对每个 $\lambda\in(0,1)$，我们有

$$(1-\lambda)f(\boldsymbol{x})+\lambda f(\boldsymbol{y})\geqslant f((1-\lambda)\boldsymbol{x}+\lambda\boldsymbol{y})=f(\boldsymbol{x}+\lambda(\boldsymbol{y}-\boldsymbol{x}))$$

两端减去 $(1-\lambda)f(\boldsymbol{x})$，再除以 λ 得到

$$f(\boldsymbol{y})\geqslant f(\boldsymbol{x})+\frac{f(\boldsymbol{x}+\lambda(\boldsymbol{y}-\boldsymbol{x}))-f(\boldsymbol{x})}{\lambda}$$

取极限 $\lambda\to 0$，右侧第二项收敛于 f 在 $\boldsymbol{y}-\boldsymbol{x}$ 方向上的方向导数，因此

$$f(\boldsymbol{y})\geqslant f(\boldsymbol{x})+\langle\nabla f(\boldsymbol{x}),\boldsymbol{y}-\boldsymbol{x}\rangle$$

反之，设函数 f 满足式(3.2)。固定 $\boldsymbol{x},\boldsymbol{y}\in K$ 及 $\lambda\in[0,1]$。令 $\boldsymbol{z}:=\lambda\boldsymbol{x}+(1-\lambda)\boldsymbol{y}$ 为线段 xy 上的某个点。注意，利用 f 在 $\boldsymbol{z}$ 处的一阶近似估低了 $f(\boldsymbol{x})$ 和 $f(\boldsymbol{y})$，即如下两个不等式，

$$f(\boldsymbol{x})\geqslant f(\boldsymbol{z})+\langle\nabla f(\boldsymbol{z}),\boldsymbol{x}-\boldsymbol{z}\rangle \tag{3.3}$$

$$f(\boldsymbol{y}) \geqslant f(\boldsymbol{z}) + \langle \nabla f(\boldsymbol{z}), \boldsymbol{y} - \boldsymbol{z} \rangle \tag{3.4}$$

将式(3.3)和式(3.4)分别乘以 λ 和 $1-\lambda$ 再相加，我们得到

$$\begin{aligned}(1-\lambda) f(\boldsymbol{x}) + \lambda f(\boldsymbol{y}) &\geqslant f(\boldsymbol{z}) + \langle \nabla f(\boldsymbol{z}), \lambda \boldsymbol{x} + (1-\lambda)\boldsymbol{y} - \boldsymbol{z} \rangle \\ &= f(\boldsymbol{z}) + \langle \nabla f(\boldsymbol{z}), \mathbf{0} \rangle \\ &= f((1-\lambda)\boldsymbol{x} + \lambda \boldsymbol{y})\end{aligned}$$

□

可以证明，凸函数是连续的（习题 3.10），但不一定可微，例如函数 $f(x) := |x|$。在本书考虑的一些例子中，函数 f 可能是凸的但并不处处可微。在这些情况下，下面的次梯度概念会很有帮助。

定义 3.4 (次梯度) 对定义在凸集 K 上的凸函数 f，我们称向量 $\boldsymbol{v}$ 为 f 在点 $\boldsymbol{x} \in K$ 处的次梯度 (subgradient)，如果对任意 $\boldsymbol{y} \in K$，

$$f(\boldsymbol{y}) \geqslant f(\boldsymbol{x}) + \langle \boldsymbol{v}, \boldsymbol{y} - \boldsymbol{x} \rangle$$

在 $\boldsymbol{x}$ 处的次梯度集合记作 $\partial f(\boldsymbol{x})$。

从定义可以看出，无论 f 是否凸，次微分 $\partial f(x)$ 总是一个凸集（习题 3.11）。在 3.3.2 节，我们将证明凸函数在其定义域内的任意点处，即使不可微，也总存在次梯度。次梯度十分有用，尤其是在线性或非光滑优化中，并且在不可微情形下，如果我们将 $\nabla f(\boldsymbol{x})$ 替换为任意 $\boldsymbol{v} \in \partial f(\boldsymbol{x})$，定理 3.3 也成立。

在我们讨论凸函数的二阶条件之前，我们证明以下引理，为后续证明做必要的准备。

引理 3.5 设 $f: K \to \mathbb{R}$ 是凸集 K 上的一个连续可微函数。函数 f 是凸的当且仅当对所有 $\boldsymbol{x}, \boldsymbol{y} \in K$，

$$\langle \nabla f(\boldsymbol{y}) - \nabla f(\boldsymbol{x}), \boldsymbol{y} - \boldsymbol{x} \rangle \geqslant 0 \tag{3.5}$$

证明 设 f 是凸的，则由定理 3.3，我们有

$$f(\boldsymbol{x}) \geqslant f(\boldsymbol{y}) + \langle \nabla f(\boldsymbol{y}), \boldsymbol{x} - \boldsymbol{y} \rangle \text{及} f(\boldsymbol{y}) \geqslant f(\boldsymbol{x}) + \langle \nabla f(\boldsymbol{x}), \boldsymbol{y} - \boldsymbol{x} \rangle$$

将两个不等式相加，整理得到式(3.5)。

现在假设式(3.5)对所有 $\boldsymbol{x}, \boldsymbol{y} \in K$ 成立。对 $\lambda \in [0,1]$，令 $\boldsymbol{x}_\lambda := \boldsymbol{x} + \lambda(\boldsymbol{y} - \boldsymbol{x})$。由于 ∇f 是连续的，基于引理 2.6 我们有

$$f(\boldsymbol{y}) = f(\boldsymbol{x}) + \int_0^1 \langle \nabla f(\boldsymbol{x} + \lambda(\boldsymbol{y} - \boldsymbol{x})), \boldsymbol{y} - \boldsymbol{x} \rangle \mathrm{d}\lambda$$

$$
\begin{aligned}
&= f(\boldsymbol{x}) + \langle \nabla f(\boldsymbol{x}), \boldsymbol{y}-\boldsymbol{x} \rangle + \int_0^1 \langle \nabla f(\boldsymbol{x}_\lambda) - \nabla f(\boldsymbol{x}), \boldsymbol{y}-\boldsymbol{x} \rangle \,\mathrm{d}\lambda \\
&= f(\boldsymbol{x}) + \langle \nabla f(\boldsymbol{x}), \boldsymbol{y}-\boldsymbol{x} \rangle + \int_0^1 \frac{1}{\lambda} \langle \nabla f(\boldsymbol{x}_\lambda) - \nabla f(\boldsymbol{x}), \boldsymbol{x}_\lambda-\boldsymbol{x} \rangle \,\mathrm{d}\lambda \\
&\geqslant f(\boldsymbol{x}) + \langle \nabla f(\boldsymbol{x}), \boldsymbol{y}-\boldsymbol{x} \rangle
\end{aligned}
$$

这里的第一个等式由引理 2.6 得到，另外最后一个不等式的积分式中应用了式 (3.5)。

□

读者也许已经很熟悉一维情况下利用二阶导数检验函数的凸性，下面介绍多元凸函数的二阶条件的检验方法。

定理 3.6 (凸函数二阶条件) 设 K 是凸的开集。若 $f: K \to \mathbb{R}$ 二阶连续可微，则它是凸的当且仅当

$$
\nabla^2 f(\boldsymbol{x}) \succeq \mathbf{0}, \quad \forall \boldsymbol{x} \in K
$$

证明 设 $f: K \to \mathbb{R}$ 是二阶连续可微的凸函数。对任意 $\boldsymbol{x} \in K$ 和任意 $\boldsymbol{s} \in \mathbb{R}^n$，由于 K 是开集，存在某个 $\tau > 0$ 使得 $\boldsymbol{x}_\tau := \boldsymbol{x} + \tau \boldsymbol{s} \in K$。接着，由引理 3.5，我们有

$$
\begin{aligned}
0 &\leqslant \frac{1}{\tau^2} \langle \nabla f(\boldsymbol{x}_\tau) - \nabla f(\boldsymbol{x}), \boldsymbol{x}_\tau - \boldsymbol{x} \rangle \\
&= \frac{1}{\tau} \langle \nabla f(\boldsymbol{x}_\tau) - \nabla f(\boldsymbol{x}), \boldsymbol{s} \rangle \\
&= \frac{1}{\tau} \int_0^\tau \left\langle \nabla^2 f(\boldsymbol{x} + \lambda \boldsymbol{s}) \boldsymbol{s}, \boldsymbol{s} \right\rangle \mathrm{d}\lambda
\end{aligned}
$$

其中最后的等式由引理 2.6 的第二部分导出。最后令 $\tau \to 0$ 得到结论。

反之，设对所有 $\boldsymbol{x} \in K, \nabla^2 f(\boldsymbol{x}) \succeq 0$。则对任意 $\boldsymbol{x}, \boldsymbol{y} \in K$，我们有

$$
\begin{aligned}
f(\boldsymbol{y}) =& f(\boldsymbol{x}) + \int_0^1 \langle \nabla f(\boldsymbol{x} + \lambda(\boldsymbol{y}-\boldsymbol{x})), \boldsymbol{y}-\boldsymbol{x} \rangle \mathrm{d}\lambda \\
=& f(\boldsymbol{x}) + \langle \nabla f(\boldsymbol{x}), \boldsymbol{y}-\boldsymbol{x} \rangle + \int_0^1 \langle \nabla f(\boldsymbol{x} + \lambda(\boldsymbol{y}-\boldsymbol{x})) - \nabla f(\boldsymbol{x}), \boldsymbol{y}-\boldsymbol{x} \rangle \mathrm{d}\lambda \\
=& f(\boldsymbol{x}) + \langle \nabla f(\boldsymbol{x}), \boldsymbol{y}-\boldsymbol{x} \rangle + \\
& \int_0^1 \int_0^\lambda \underbrace{(\boldsymbol{y}-\boldsymbol{x})^\top \nabla^2 f(\boldsymbol{x} + \tau(\boldsymbol{y}-\boldsymbol{x}))(\boldsymbol{y}-\boldsymbol{x})}_{\geqslant 0} \mathrm{d}\tau \mathrm{d}\lambda \\
\geqslant& f(\boldsymbol{x}) + \langle \nabla f(\boldsymbol{x}), \boldsymbol{y}-\boldsymbol{x} \rangle
\end{aligned}
$$

第一个和第三个等式来自引理 2.6，最后的式子利用了 $\nabla^2 f$ 是半正定矩阵这一事实。 □

对于某些函数，若以上凸性条件中的不等式处处严格成立，我们有下面的定义。

定义 3.7 (严格凸性) 称一个定义在凸集 K 上的函数 $f: K \to \mathbb{R}$ 是严格凸的，若对所有 $\boldsymbol{x} \neq \boldsymbol{y} \in K$ 和 $\lambda \in (0,1)$ 满足

$$\lambda f(\boldsymbol{x}) + (1-\lambda) f(\boldsymbol{y}) > f(\lambda \boldsymbol{x} + (1-\lambda)\boldsymbol{y}) \tag{3.6}$$

可以证明，若该函数是可微的，则其严格凸当且仅当对所有 $\boldsymbol{x} \neq \boldsymbol{y} \in K$，

$$f(\boldsymbol{y}) > f(\boldsymbol{x}) + \langle \nabla f(\boldsymbol{x}), \boldsymbol{y} - \boldsymbol{x} \rangle$$

见习题 3.12。若该函数还是二阶可微的，且

$$\nabla^2 f(\boldsymbol{x}) \succ \mathbf{0}, \quad \forall \boldsymbol{x} \in K$$

则 f 是严格凸的。但逆命题不成立；见习题 3.13。

为了对严格凸性进行量化，我们可以引入强凸性的概念。

定义 3.8 (强凸性) 对 $\sigma > 0$ 及范数 $\|\cdot\|$，一个定义在凸集 K 上的可微函数 $f: K \to \mathbb{R}$ 被称为是关于范数 $\|\cdot\|$ 的 σ 强凸函数，若

$$f(\boldsymbol{y}) \geqslant f(\boldsymbol{x}) + \langle \nabla f(\boldsymbol{x}), \boldsymbol{y} - \boldsymbol{x} \rangle + \frac{\sigma}{2} \cdot \|\boldsymbol{y} - \boldsymbol{x}\|^2$$

注意，一个强凸函数是严格凸的，但反之不然。如果用次梯度代替梯度，则可以为不可微函数定义严格凸性和强凸性。若 f 二阶连续可微且 $\|\cdot\| = \|\cdot\|_2$ 是 ℓ_2 范数，则强凸性可由以下条件表示：

$$\nabla^2 f(\boldsymbol{x}) \succeq \sigma \boldsymbol{I}$$

对所有 $\boldsymbol{x} \in K$ 成立。直观地说，强凸性意味着

$$f(\boldsymbol{y}) - (f(\boldsymbol{x}) + \langle \nabla f(\boldsymbol{x}), \boldsymbol{y} - \boldsymbol{x} \rangle)$$

存在一个二次下界。示意图见图 3.2。这里 $f(\boldsymbol{y}) - (f(\boldsymbol{x}) + \langle \nabla f(\boldsymbol{x}), \boldsymbol{y} - \boldsymbol{x} \rangle)$ 是一个重要且有名的度量。

定义 3.9 (Bregman 散度) 定义函数 $f: K \to \mathbb{R}$ 在 $\boldsymbol{u}, \boldsymbol{w} \in K$ 处的 Bregman 散度为：

$$D_f(\boldsymbol{u}, \boldsymbol{w}) := f(\boldsymbol{w}) - (f(\boldsymbol{u}) + \langle \nabla f(\boldsymbol{u}), \boldsymbol{w} - \boldsymbol{u} \rangle)$$

注意，Bregman 散度关于 $\boldsymbol{u}$ 和 $\boldsymbol{w}$ 一般不是对称的，也就是说 $D_f(\boldsymbol{u},\boldsymbol{w})$ 不一定等于 $D_f(\boldsymbol{w},\boldsymbol{u})$（习题 3.18）。

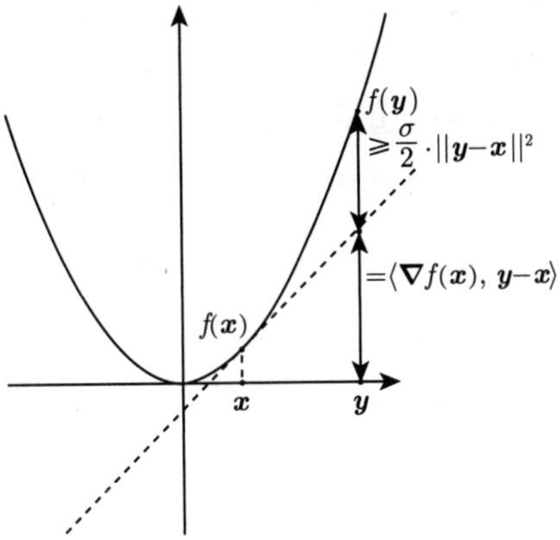

图 3.2 强凸性的示意图

3.3 凸性的作用

在本节中，我们将证明凸集和凸函数的一些基本结果。例如，人们总是可以使用一个“简单的”对象——超平面，将凸集外一点与该凸集“分离”开来。这使我们能够提供一个“认证”，当一个给定的点不在凸集中时。此外，对于一个凸函数而言，局部最小值也必然是全局最小值。这些性质说明了为什么凸性是如此有用，并在凸优化算法的设计中发挥着关键作用。

3.3.1 凸集的分离超平面和支撑超平面

对某个 $\boldsymbol{h}\in\mathbb{R}^n$ 及 $c\in\mathbb{R}$，用

$$H:=\{\boldsymbol{x}\in\mathbb{R}^n:\langle\boldsymbol{h},\boldsymbol{x}\rangle=c\}$$

表示由 $\boldsymbol{h}$ 和 c 定义的超平面。另外，对集合 $K\subseteq\mathbb{R}^n$，我们用 ∂K 表示其边界。

定义 3.10 (分离超平面和支撑超平面) 设 $K\subseteq\mathbb{R}^n$ 是凸集。称由 $\boldsymbol{h}$ 和 c 定义的超平面 H **分离** $\boldsymbol{y}\in\mathbb{R}^n$ 与 K，若对所有 $\boldsymbol{x}\in K$，

$$\langle\boldsymbol{h},\boldsymbol{x}\rangle\leqslant c \tag{3.7}$$

但

$$\langle\boldsymbol{h},\boldsymbol{y}\rangle>c$$

若 $\boldsymbol{y} \in \partial K$，式(3.7)成立，且

$$\langle \boldsymbol{h}, \boldsymbol{y} \rangle = c$$

则称 $\boldsymbol{H}$ 为 K 的包含 $\boldsymbol{y}$ 的**支撑超平面**。

凸性能够通过分离超平面的存在性给出某个点不属于一个闭凸集的“证明”。

定理 3.11 (分离超平面和支撑超平面定理) 设 $K \subseteq \mathbb{R}^n$ 是一个非空闭且凸的集合。那么，给定一点 $\boldsymbol{y} \in \mathbb{R}^n \backslash K$，存在 $\boldsymbol{h} \in \mathbb{R}^n \backslash \{\boldsymbol{0}\}$ 使得

$$\forall \boldsymbol{x} \in K: \quad \langle \boldsymbol{h}, \boldsymbol{x} \rangle < \langle \boldsymbol{h}, \boldsymbol{y} \rangle$$

若 $\boldsymbol{y} \in \partial K$，则总存在一个包含 $\boldsymbol{y}$ 的支撑超平面。

证明 设 $\boldsymbol{x}^\star$ 是 K 中到 $\boldsymbol{y}$ 欧氏距离最小的唯一一点，即

$$\boldsymbol{x}^\star := \underset{\boldsymbol{x} \in K}{\arg\min} \|\boldsymbol{x} - \boldsymbol{y}\|$$

这样的最小值点的存在性需要 K 是非空闭的凸集（习题 3.19）。由于 K 是凸的，对所有 $t \in [0,1]$ 和所有 $\boldsymbol{x} \in K$，点 $\boldsymbol{x}_t := (1-t)\boldsymbol{x}^\star + t\boldsymbol{x}$ 均在 K 中。于是，由 $\boldsymbol{x}^\star$ 的最优性，

$$\|\boldsymbol{x}_t - \boldsymbol{y}\|^2 \geqslant \|\boldsymbol{x}^\star - \boldsymbol{y}\|^2$$

另一方面，对足够小的 t，

$$\begin{aligned}\|(1-t)\boldsymbol{x}^\star + t\boldsymbol{x} - \boldsymbol{y}\|^2 &= \|\boldsymbol{x}^\star - \boldsymbol{y} + t(\boldsymbol{x} - \boldsymbol{x}^\star)\|^2 \\ &= \|\boldsymbol{x}^\star - \boldsymbol{y}\|^2 + 2t\langle \boldsymbol{x}^\star - \boldsymbol{y}, \boldsymbol{x} - \boldsymbol{x}^\star \rangle + O(t^2)\end{aligned}$$

令 $t \to 0$，我们得到

$$\langle \boldsymbol{x}^\star - \boldsymbol{y}, \boldsymbol{x} - \boldsymbol{x}^\star \rangle \geqslant 0 \quad \text{对于任意}\boldsymbol{x} \in K\text{成立} \tag{3.8}$$

现在，我们令

$$\boldsymbol{h} := \boldsymbol{y} - \boldsymbol{x}^\star$$

注意，在 $\boldsymbol{y} \notin K$ 的情况下，$\boldsymbol{x}^\star \neq \boldsymbol{y}$，从而 $\boldsymbol{h} \neq \boldsymbol{0}$。此外，发现对任意 $\boldsymbol{x} \in K$，

$$\langle \boldsymbol{h}, \boldsymbol{x} \rangle \overset{\text{式(3.8)}}{\leqslant} \langle \boldsymbol{h}, \boldsymbol{x}^\star \rangle < \langle \boldsymbol{h}, \boldsymbol{y} \rangle$$

最后的不等式严格成立，因为

$$\langle \boldsymbol{h}, \boldsymbol{x}^\star \rangle - \langle \boldsymbol{h}, \boldsymbol{y} \rangle = -\|\boldsymbol{h}\|^2 < 0$$

最后，注意若 $\boldsymbol{y} \in \partial K$，则 $\boldsymbol{x}^\star = \boldsymbol{y}$，$\boldsymbol{h}$ 及 $\langle \boldsymbol{h}, \boldsymbol{y} \rangle$ 对应的超平面就是 K 在 $\boldsymbol{y}$ 处的支撑超平面。

□

3.3.2 次梯度的存在性

定理 3.11 可用于证明凸函数次梯度（见定义 3.4）的存在性。

定理 3.12 (次梯度的存在性) 对一个凸函数 $f: K \to \mathbb{R}$，及在凸集 $K \subseteq \mathbb{R}^n$ 的相对内部的一点 $\boldsymbol{x}$，总是存在向量 $\boldsymbol{v}$ 使得对任意 $\boldsymbol{y} \in K$，

$$f(\boldsymbol{y}) \geqslant f(\boldsymbol{x}) + \langle \boldsymbol{v}, \boldsymbol{y} - \boldsymbol{x} \rangle$$

换言之，$\partial f(\boldsymbol{x}) \neq \varnothing$。

该定理的证明将使用函数 f 的**上境图** (epigraph) 概念（记为 $\operatorname{epi} f$）:

$$\operatorname{epi} f := \{(\boldsymbol{x}, y) \in K \times \mathbb{R} : y \geqslant f(\boldsymbol{x})\}$$

习题 3.4 将证明，对定义在凸集 $K \subseteq \mathbb{R}^n$ 上的函数 $f: K \to \mathbb{R}$，f 是凸的当且仅当 $\operatorname{epi} f$ 是凸的。此外，$\operatorname{epi} f$ 是一个闭的非空集合。

证明 对 K 的相对内部的给定一点 $\boldsymbol{x}$，考虑位于凸集 $\operatorname{epi} f$ 边界上的点 $(\boldsymbol{x}, f(\boldsymbol{x}))$。由定理 3.11 的“支撑超平面”部分可知，存在一个非零向量 $(h_1, \cdots, h_n, h_{n+1}) \in \mathbb{R}^{n+1}$ 使得

$$\sum_{i=1}^{n} h_i z_i + h_{n+1} y \leqslant \sum_{i=1}^{n} h_i x_i + h_{n+1} f(\boldsymbol{x})$$

对所有 $(\boldsymbol{z}, y) \in \operatorname{epi} f$ 成立。重新整理得到

$$\sum_{i=1}^{n} h_i (z_i - x_i) + h_{n+1}(y - f(x)) \leqslant 0 \tag{3.9}$$

对所有 $(\boldsymbol{z}, y) \in \operatorname{epi} f$ 成立。取 $\boldsymbol{z} = \boldsymbol{x}$ 及 $y \geqslant f(\boldsymbol{x})$ 作为 $\operatorname{epi} f$ 中的一点，我们可以推出 $h_{n+1} \leqslant 0$。由于 $(\boldsymbol{z}, f(\boldsymbol{z})) \in \operatorname{epi} f$，由式(3.9) 有

$$\sum_{i=1}^{n} h_i (z_i - x_i) + h_{n+1}(f(\boldsymbol{z}) - f(\boldsymbol{x})) \leqslant 0$$

若 $h_{n+1} \neq 0$，将上式两边同时除以 h_{n+1} 得到（由于 $h_{n+1} < 0$，所以不等式方向改变）

$$f(\boldsymbol{z}) \geqslant f(\boldsymbol{x}) - \frac{1}{h_{n+1}} \langle \boldsymbol{h}, \boldsymbol{z} - \boldsymbol{x} \rangle$$

其中 $\boldsymbol{h} := (h_1, h_2, \cdots, h_n)$。这样就确定了 $\boldsymbol{v} := -\dfrac{h}{h_{n+1}} \in \partial f(\boldsymbol{x})$。另一方面，若 $h_{n+1} = 0$，则 $\boldsymbol{h} \neq \boldsymbol{0}$ 且

$$\langle \boldsymbol{h}, \boldsymbol{z} - \boldsymbol{x} \rangle \leqslant 0$$

对所有 $\boldsymbol{z} \in K$ 成立。这意味着

$$\langle \boldsymbol{h}, \boldsymbol{z} \rangle \leqslant \langle \boldsymbol{h}, \boldsymbol{x} \rangle$$

对所有 $\boldsymbol{z} \in K$ 成立。然而，$\boldsymbol{x}$ 位于 K 的相对内部，因此，上述情况不成立。于是，h_{n+1} 必须非零，我们便证明了该定理。 □

3.3.3 凸函数的局部最优值是全局最优值

为简单起见，我们只考虑无约束优化，即 $K = \mathbb{R}^n$。一般来说，一个函数 $f : \mathbb{R}^n \to \mathbb{R}$ 的梯度可能在多个点处为 0；见图 3.3。然而，若 f 是一个凸的可微函数，最多只有一个点处为 0。

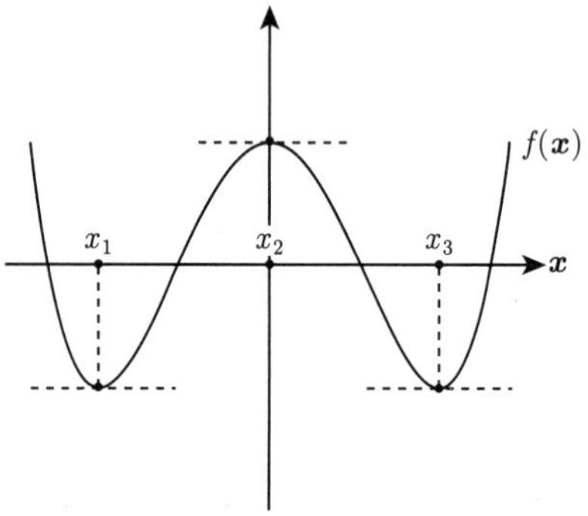

图 3.3　一个非凸函数在点 x_1, x_2, x_3 处 $\nabla f(\boldsymbol{x}) = 0$

定理 3.13 (凸函数的局部最优值是全局最优值)　*若 $f : \mathbb{R}^n \to \mathbb{R}$ 是一个凸的可微函数，那么对一个给定的 $\boldsymbol{x} \in \mathbb{R}^n$，*

$$f(\boldsymbol{x}) \leqslant f(\boldsymbol{y}), \quad \forall \boldsymbol{y} \in \mathbb{R}^n$$

的充分必要条件是

$$\nabla f(\boldsymbol{x}) = \boldsymbol{0}$$

证明　首先证明必要性。设 $\boldsymbol{x}$ 是 f 的一个全局最小值点，满足定理的第一个条件。对每个向量 $\boldsymbol{v} \in \mathbb{R}^n$ 和每个 $t \in \mathbb{R}$，我们有

$$f(\boldsymbol{x} + t\boldsymbol{v}) \geqslant f(\boldsymbol{x})$$

因此

$$0 \leqslant \lim_{t \to 0} \frac{f(\boldsymbol{x} + t\boldsymbol{v}) - f(\boldsymbol{x})}{t} = \langle \nabla f(\boldsymbol{x}), \boldsymbol{v} \rangle$$

由 $\boldsymbol{v} \in \mathbb{R}^n$ 的任意性，若令 $\boldsymbol{v} := -\nabla f(\boldsymbol{x})$，可推出 $\nabla f(\boldsymbol{x}) = \mathbf{0}$。

接着证明充分性。设在 $\boldsymbol{x}$ 处 $\nabla f(\boldsymbol{x}) = \mathbf{0}$ 成立，由凸函数的一阶条件（定理 3.3），对所有 $\boldsymbol{y} \in \mathbb{R}^n$：

$$\begin{aligned} f(\boldsymbol{y}) &\geqslant f(\boldsymbol{x}) + \langle \nabla f(\boldsymbol{x}), \boldsymbol{y} - \boldsymbol{x} \rangle \\ &= f(\boldsymbol{x}) + \langle \mathbf{0}, \boldsymbol{y} - \boldsymbol{x} \rangle \\ &= f(\boldsymbol{x}) \end{aligned}$$

因此，若 $\nabla f(\boldsymbol{x}) = \mathbf{0}$，则 $f(\boldsymbol{y}) \geqslant f(\boldsymbol{x})$ 对所有 $\boldsymbol{y}$ 成立。从而定理获证。 □

注意，在有约束的情况下（即 $K \neq \mathbb{R}^n$），定理 3.13 不一定成立。不过，可以证明下面的推广对所有凸函数均成立，无论其是否可微。

定理 3.14 (约束集上的最优性) *若 $f: K \to \mathbb{R}$ 是一个定义在凸集 K 上的凸可微函数，则*

$$f(\boldsymbol{x}) \leqslant f(\boldsymbol{y}), \quad \forall \boldsymbol{y} \in K$$

的充分必要条件是

$$\langle \nabla f(\boldsymbol{x}), \boldsymbol{y} - \boldsymbol{x} \rangle \geqslant 0, \quad \forall \boldsymbol{y} \in K$$

此定理的证明留给读者（习题 3.20）。注意，如果 $\nabla f(\boldsymbol{x}) \neq \mathbf{0}$，则 $-\nabla f(\boldsymbol{x})$ 给出了 ∂K 在点 $\boldsymbol{x}$ 处的一个支撑超平面。

习题

3.1 两个凸集的交是凸集吗？两个凸集的并是凸集吗？

3.2 证明下列集合是凸集。

（1）**多面体：** 形如 $K = \left\{\boldsymbol{x} \in \mathbb{R}^n : \langle \boldsymbol{a}_i, \boldsymbol{x} \rangle \leqslant b_i 对 i = 1, 2, \cdots, m\right\}$ 的集合，其中 $\boldsymbol{a}_i \in \mathbb{R}^n$，$b_i \in \mathbb{R}$，$i = 1, 2, \cdots, m$。

（2）**椭球：** 形如 $K = \left\{\boldsymbol{x} \in \mathbb{R}^n : \boldsymbol{x}^\top \boldsymbol{A} \boldsymbol{x} \leqslant 1\right\}$ 的集合，其中 $\boldsymbol{A} \in \mathbb{R}^{n \times n}$ 是正定矩阵。

（3）**单位 $\boldsymbol{\ell_p}$ 范数球，$\boldsymbol{p \geqslant 1}$：** $B_p(\boldsymbol{a}, 1) := \{\boldsymbol{x} \in \mathbb{R}^n : \|\boldsymbol{x} - \boldsymbol{a}\|_p \leqslant 1\}$，其中 $\boldsymbol{a} \in \mathbb{R}^n$ 是一个向量。

3.3 证明：如果 $f: \mathbb{R}^n \to \mathbb{R}$ 是凸函数，则其所有的下水平集都是凸集。

3.4 证明：定义在凸集 $K \subseteq \mathbb{R}^n$ 上的函数 $f: K \to \mathbb{R}$ 是凸函数，当且仅当 $\operatorname{epi} f$ 是凸集。

3.5 对两个集合 $S, T \subseteq \mathbb{R}^n$，定义它们的 **Minkowski 和**为

$$S + T := \{x + y : x \in S, y \in T\}$$

证明若 S 和 T 是凸的，则它们的 Minkowski 和也是凸的。

3.6 证明：若多面体 $K \subseteq \mathbb{R}^n$ 是有界的，也就是当 K 被包含在一个半径 $r < \infty$ 的 ℓ_2 球中时，那么它可被表示为有限多个点的凸包，即 K 也是一个多胞形。

3.7 证明所有 $n \times n$ 实半正定矩阵的集合是凸集。

3.8 证明：若 $f : \mathbb{R}^n \to \mathbb{R}$ 是凸函数，则对于 $\boldsymbol{A} \in \mathbb{R}^{n \times m}$ 且 $\boldsymbol{b} \in \mathbb{R}^n$，$g(\boldsymbol{y}) := f(\boldsymbol{A}\boldsymbol{y} + \boldsymbol{b})$ 也是凸函数。

3.9 证明习题 2.1 中的函数是凸的。

3.10 证明凸函数是连续的。

3.11 证明集合 $\partial f(x)$ 总是凸集，即使当 f 非凸时也是如此。

3.12 证明一个可微函数 $f : K \to \mathbb{R}$ 是严格凸的当且仅当对所有 $\boldsymbol{x} \neq \boldsymbol{y} \in K$，

$$f(\boldsymbol{y}) > f(\boldsymbol{x}) + \langle \boldsymbol{\nabla} f(\boldsymbol{x}), \boldsymbol{y} - \boldsymbol{x} \rangle$$

3.13 证明若一个函数 $f : K \to \mathbb{R}$ 有连续且正定的黑塞矩阵，则它是严格凸的。证明其逆命题不成立：单变量函数 $f(x) := x^4$ 是严格凸的，但其二阶导数可以为 0。

3.14 证明定义在一个凸开集上的严格凸函数至多有一个最小值。

3.15 考虑一个凸函数 $f : K \to \mathbb{R}$。设 $\lambda_1, \lambda_2, \cdots, \lambda_n$ 是 n 个和为 1 的非负实数。证明对所有 $\boldsymbol{x}_1, \boldsymbol{x}_2, \cdots, \boldsymbol{x}_n \in K$，

$$f\left(\sum_{i=1}^{n} \lambda_i \boldsymbol{x}_i\right) \leqslant \sum_{i=1}^{n} \lambda_i f(\boldsymbol{x}_i)$$

3.16 设 $\boldsymbol{B} \in \mathbb{R}^{n \times n}$ 是一个对称矩阵。考虑函数 $f(\boldsymbol{x}) = \boldsymbol{x}^\top \boldsymbol{B} \boldsymbol{x}$。写出 $f(\boldsymbol{x})$ 的梯度和黑塞矩阵。何时 f 是凸函数，何时 f 是凹函数？

3.17 证明如果 $\boldsymbol{A}$ 是一个 $n \times n$ 正定矩阵，其最小特征值为 λ_1，则函数 $f(\boldsymbol{x}) = \boldsymbol{x}^\top \boldsymbol{A} \boldsymbol{x}$ 是关于 ℓ_2 范数的 λ_1 强凸函数。

3.18 考虑 $\mathbb{R}^n_{>0}$ 上的广义负熵函数 $f(x) = \sum_{i=1}^{n} x_i \log x_i - x_i$。

（1）写出 f 的梯度与黑塞矩阵。

（2）证明 f 是严格凸的。

（3）证明 f 关于 ℓ_2 范数不是强凸的。

（4）写出 Bregman 散度 D_f。对所有 $\boldsymbol{x}, \boldsymbol{y} \in \mathbb{R}^n_{>0}$，是否都有 $D_f(\boldsymbol{x}, \boldsymbol{y}) = D_f(\boldsymbol{y}, \boldsymbol{x})$?

（5）证明当限定在子域 $\{\boldsymbol{x} \in \mathbb{R}^n_{>0} : \sum_{i=1}^n x_i = 1\}$ 中时，f 是关于 ℓ_1 范数 1 强凸的。

3.19 证明对一个非空闭凸集 K，$\arg\min_{\boldsymbol{x} \in K} \|\boldsymbol{x} - \boldsymbol{y}\|$ 存在。

3.20 证明定理 3.14。

注记

对凸性的研究是数学、科学和工程等领域的核心。关于凸集和凸函数的详细讨论，读者可以参考 Rockafellar（1970）的经典教材。Boyd 和 Vandenberghe（2004）的教材也对凸分析进行了全面（和现代）的处理。Barvinok（2002）的书提供了凸性的介绍及各种数学应用，例如对格点的应用。Krantz（2014）的书介绍了研究凸性的（实和复）分析工具。

第 4 章　凸优化与高效性

本章介绍凸优化，并借助于输入的表示长度和求解精度来正式定义求解凸规划的高效性。

4.1　凸规划

我们研究的核心对象是以下这一类优化问题。

定义 4.1 (凸规划)　给定一个凸集 $K \subseteq \mathbb{R}^n$ 和一个凸函数 $f: K \to \mathbb{R}$，以下优化问题称为凸规划：

$$\inf_{\boldsymbol{x} \in K} f(x) \tag{4.1}$$

当 f 是凹函数时，在约束集 K 上极大化 f 的问题也被称为凸规划。若 $K = \mathbb{R}^n$，即在全空间优化时，我们称该凸规划是**无约束**的，若 K 是 $\mathbb{R}^n$ 的一个严格子集，我们则称之为**有约束**的。此外，当 f 是连续可微时，我们称式(4.1)是一个**光滑**凸规划，否则称之为**非光滑**。我们所考虑的许多函数都具有高阶光滑性质，但有时我们也会遇到在定义域内不光滑的函数。

注 4.2 (最小值与下确界)　考虑 $f(x) = 1/x$，$K = (0, \infty)$ 的凸规划问题。在这种情况下，

$$\inf \left\{ \frac{1}{x} : x \in (0, \infty) \right\} = 0$$

并且没有 x 可以达到该值。然而，若 $K \subseteq \mathbb{R}^n$ 是有界闭集（紧集），则可以保证下确界可以在某一点 $x \in K$ 取得。在本书介绍的几乎所有案例中都只出现后一种情况。即使 $K = \mathbb{R}^n$ 是无界的，用于求解这类优化问题的算法也只在一些有界闭子集内有效。因此，我们常常忽略这一区别，并用最小值代替下确界。类似的处理也适用于最大值和上确界。

凸规划的例子

一些重要的问题可以转化为凸规划。下面给出两个典型的例子。

线性方程组。假设我们要寻找线性方程组 $\boldsymbol{A}\boldsymbol{x}=\boldsymbol{b}$ 的一个解，其中 $\boldsymbol{A}\in\mathbb{R}^{m\times n}$ 且 $\boldsymbol{b}\in\mathbb{R}^m$。用于求解这一问题的传统方法是高斯消元法。有趣的是，求解线性方程组的问题也可以表述为以下凸规划问题：

$$\min_{\boldsymbol{x}\in\mathbb{R}^n}\|\boldsymbol{A}\boldsymbol{x}-\boldsymbol{b}\|_2^2$$

由于目标函数

$$f(\boldsymbol{x})=\boldsymbol{x}^\top\boldsymbol{A}^\top\boldsymbol{A}\boldsymbol{x}-2\boldsymbol{b}^\top\boldsymbol{A}\boldsymbol{x}+\boldsymbol{b}^\top\boldsymbol{b}$$

是凸的（为什么），事实上容易计算出

$$\nabla^2 f(\boldsymbol{x})=2\boldsymbol{A}^\top\boldsymbol{A}\succeq\boldsymbol{0}$$

根据定理 3.6，函数 f 是凸的。所以求解这一凸规划可以导出线性方程组的解。

线性规划。线性规划是在多面体内优化线性目标函数的问题。计算机科学中出现的各种离散问题都可以表示为线性规划，例如，寻找图中两个顶点之间的最短路径，或寻找图中的最大流。下面是表示线性规划的一种方式。给定 $\boldsymbol{A}\in\mathbb{R}^{n\times m},\boldsymbol{b}\in\mathbb{R}^n,\boldsymbol{c}\in\mathbb{R}^m$：

$$\begin{aligned}\min_{\boldsymbol{x}\in\mathbb{R}^m}\ & \langle\boldsymbol{c},\boldsymbol{x}\rangle\\ \text{s.t.}\ & \boldsymbol{A}\boldsymbol{x}=\boldsymbol{b}\\ & \boldsymbol{x}\succeq\boldsymbol{0}\end{aligned}\tag{4.2}$$

目标函数 $\langle\boldsymbol{c},\boldsymbol{x}\rangle$ 是一个线性函数（显然是凸的）。满足 $\boldsymbol{A}\boldsymbol{x}=\boldsymbol{b}$ 和 $\boldsymbol{x}\succeq\boldsymbol{0}$ 的 $\boldsymbol{x}$ 点集是一个多面体，这同样是一个凸集。我们现在说明如何将寻找图中两个顶点之间的最短路径问题表示为线性规划。

图中的最短路径。给定一个有向图 $G=(V,E)$，一个“源”顶点 s，一个“汇”顶点 t，以及每条边 $(i,j)\in E$ 的非负“权重” w_{ij}，考虑以下以 x_{ij} 为变量的规划问题：

$$\begin{aligned}\min_{\boldsymbol{x}\in\mathbb{R}^E}\ & \sum_{(i,j)\in E}w_{ij}x_{ij}\\ \text{s.t.}\ & \boldsymbol{x}\succeq\boldsymbol{0}\\ & \forall i\in V,\quad \sum_{j\in V}x_{ij}-\sum_{j\in V}x_{ji}=\begin{cases}1, & i=s\\ -1, & i=t\\ 0, & \text{其他}\end{cases}\end{aligned}$$

这种表述背后的想法是，x_{ij} 是一个示性变量，代表边 (i,j) 是否是最小权重或**最短路径**的一部分：如果是，则为 1；否则为 0。我们希望选择具有最小权重的边，但这些边的集合必须形成一个从 s 到 t 的游走（这一点由等式约束表明：对除 s 和 t 外的所有顶点而言，出入顶点的边数必须相等）。

等式约束条件可改写为 $\boldsymbol{B}\boldsymbol{x}=\boldsymbol{b}$ 的形式，其中 $\boldsymbol{B}$ 是**点-边关联矩阵**。特别地，如果 $e=(i,j)$ 是第 k 条边，则在 $\boldsymbol{B}$ 的第 k 列中，第 j 行的元素为 1，第 i 行的元素为 -1，其余元素为 0。$\boldsymbol{b}\in\mathbb{R}^V$ 的第 s 行元素为 1，第 t 行元素为 -1，其余为 0。

注意，上述线性规划的解的分量可能是“分数”，即该解可能无法给出真正的路径。不过，我们仍可证明最优值正是最短路径的长度，并且依然可以根据线性规划的最优解获得最短路径。

4.2 计算模型

为了开发求解式(4.1)这类凸规划的算法，我们需要指定一个计算模型，来解释我们如何输入一个凸集或函数，以及什么是高效的算法。下面的内容绝不是要替代计算理论的背景，而只是作为复习，并提醒读者我们在本书中从这一角度关心算法的运行时间。

作为计算模型，我们首先快速回顾一下标准图灵机（Turing Machine, TM）的概念。它有一条无限长的单向纸带，使用一个有限大小的字母表及转移函数进行工作。图灵机的读写头用于实现转移函数功能，为算法进行编码。图灵机的一次计算由纸带上的二进制输入 $\sigma\in\{0,1\}^\star$ 初始化，并由输出 $\tau\in\{0,1\}^\star$ 终止。我们测量在特定长度 n 的输入上这种图灵机执行的*最大*步数，将其作为它的运行时间。下面是这一标准模型的一些重要变体，这些变体也同样有用。

- **随机化图灵机**。在这一模型中，图灵机可以访问一条额外的纸带，这条纸带是一个无限的独立均匀分布位流。我们常允许这种机器有时（输出的解）不正确，但我们对它提供正确答案的概率有一定的要求，比如，至少 0.51[㊀]。
- **带反馈 (oracle) 的图灵机**。对于某些应用而言，使用用于回答某些问题或计算某些函数的黑箱基元（称为 **oracle**，译为反馈）是很方便的。形式上，这样的图灵机有一条额外的纸带，在它上面可以写一个特定输入并调用反馈器，随后在同一条纸带上获得反馈的答案。若反馈输出的长度总是控制在为调用其而输入的长度的一个多项式函数内，我们便称之为一个多项式反馈器。

在计算复杂度的标准中，高效性是指多项式时间复杂度，即我们希望设计出能够解

㊀ 事实上，任何大于 0.5 的数均可。

决一个给定问题的图灵机（算法），它具有（随机的）多项式运行时间。我们将看到，对于一些凸规划问题，这一目标是可以实现的，但对于其他的来说，这一目标或许很难甚至不可能实现。读者可以查阅参考文献中关于计算复杂度和时间复杂度的资料，如 P 类及其随机化的变体 RP 类和 BPP 类。

RAM 模型。很多时候，我们（不切实际地）假设每步算术运算（加、减、乘、检查等号条件等）恰好一个单位时间的开销。这有时被称为计算的 RAM 模型。在一个图灵机上，两个数字相加需要的时间与用二进制表示它们的位数成正比。如果算法中遇到的数字长度可由多项式上控，这仅会导致一个多项式对数的时间开销，所以并不需要担心。然而，有时我们需要小心面对所要相加或相乘的数字本身是由算法所产生的。

在接下来的几节中，我们将分析有关凸集和凸函数的一些自然的计算问题，并进一步正式确定我们应提供什么类型的输入，以及我们到底在求什么样的解。

4.3　凸集的从属问题

与凸优化相关的最简单的计算问题可能就是凸集的**从属** (membership) 问题：

$$\text{给定一点}\boldsymbol{x} \in \mathbb{R}^n\text{及} K \subseteq \mathbb{R}^n, \boldsymbol{x} \in K?$$

我们现在观察该问题的一些特例，并理解如何刻画算法的输入 $(\boldsymbol{x}, K)$。尽管对于 $\boldsymbol{x}$，我们可以用二进制形式写入（假设它是有理数），但若 K 是一个无穷集，我们需要引入某种有限的表示方法。在这个过程中，我们引入几个重要概念，它们在后续将十分有用。

例　半空间。令

$$K := \{\boldsymbol{y} \in \mathbb{R}^n : \langle \boldsymbol{a}, \boldsymbol{y} \rangle \leqslant b\}$$

其中 $\boldsymbol{a} \in \mathbb{R}^n$ 是一个向量，$b \in \mathbb{R}$ 是一个数，那么 K 表示欧氏空间 $\mathbb{R}^n$ 的一个半空间。对一个给定的 $\boldsymbol{x} \in \mathbb{R}^n$，检验 $\boldsymbol{x} \in K$ 是否成立就可归结为验证不等式 $\langle \boldsymbol{a}, \boldsymbol{x} \rangle \leqslant b$ 是否成立。计算 $\langle \boldsymbol{a}, \boldsymbol{x} \rangle$ 需要 $O(n)$ 步算术运算，因此这是一个高效的算法。

我们现在尝试正式说明在这种情况下，检验 $\boldsymbol{x} \in K$ 是否成立的算法的输入应是什么。我们需要为此算法提供 $\boldsymbol{x}, \boldsymbol{a}$ 和 b，从而需要用有限的位数来表示这些对象。因此，我们假设这些都是有理数，即 $\boldsymbol{x} \in \mathbb{Q}^n$，$\boldsymbol{a} \in \mathbb{Q}^n$ 且 $b \in \mathbb{Q}$。如果我们想将一个有理数 $y \in \mathbb{Q}$ 作为输入，我们就将其表示为不可约分式 $y = \dfrac{y_1}{y_2}$，其中 $y_1, y_2 \in \mathbb{Z}$，并将这些数用二进制表示。一个整数 $z \in \mathbb{Z}$ 的**位复杂度**$L(z)$ 定义为存储其二进制表示所需的位数，于是

$$L(z) := 1 + \lceil \log(|z| + 1) \rceil$$

对有理数沿用这一记号，定义

$$L(y) := L\left(\frac{y_1}{y_2}\right) := L\left(y_1\right) + L\left(y_2\right)$$

此外，若 $\boldsymbol{x} \in \mathbb{Q}^n$ 是一个有理数向量，定义

$$L(\boldsymbol{x}) := L\left(x_1\right) + L\left(x_2\right) + \cdots + L\left(x_n\right)$$

最后，对于一组有理向量、数字、矩阵等对象的输入，定义

$$L(\boldsymbol{x}, \boldsymbol{a}, b) := L(\boldsymbol{x}) + L(\boldsymbol{a}) + L(b)$$

即所有涉及的数的总位复杂度。

基于这一定义，现在能够验证：给定半空间 K，检验是否有 $\boldsymbol{x} \in K$ 可以在关于输入长度即位复杂度 $L(\boldsymbol{x}, \boldsymbol{a}, b)$ 的多项式时间内完成。需要注意的是，检验中涉及的算术运算为乘法、加法和比较，所有的运算都可以在图灵机上高效（关于输入的位长）地实现。

例　椭球。考虑 $K \subseteq \mathbb{R}^n$ 是一个椭球，即如下形式的集合

$$K := \left\{\boldsymbol{y} \in \mathbb{R}^n : \boldsymbol{y}^\top \boldsymbol{A} \boldsymbol{y} \leqslant 1\right\}$$

其中 $\boldsymbol{A} \in \mathbb{Q}^{n \times n}$ 是正定矩阵。和之前一样，对 $\boldsymbol{x} \in \mathbb{Q}^n$，检验是否有 $\boldsymbol{x} \in K$ 可以高效地完成：事实上，计算 $\boldsymbol{x}^\top \boldsymbol{A} \boldsymbol{x}$ 需要 $O\left(n^2\right)$ 步算术运算（乘法和加法），因此，能够在输入数据位复杂度为 $L(\boldsymbol{x}, \boldsymbol{A})$ 的多项式时间内完成。

例　交集与多面体。在解决两个集合交集 $K_1 \cap K_2$ 的问题之前首先要解决两个集合 $K_1, K_2 \subseteq \mathbb{R}^n$ 的从属问题。例如，考虑一个多面体，形式如下

$$K := \left\{\boldsymbol{y} \in \mathbb{R}^n : \langle \boldsymbol{a}_i, \boldsymbol{y} \rangle \leqslant b_i \text{ 对 } i = 1, 2, \cdots, m\right\}$$

其中 $\boldsymbol{a}_i \in \mathbb{Q}^n$ 且 $b_i \in \mathbb{Q}$，$i = 1, 2, \cdots, m$。这样的一个 K 是 m 个半空间的交集，每个半空间都很容易计算。确定是否有 $\boldsymbol{x} \in K$ 就简化为 m 个类似的问题，因此也容易处理，可以在位复杂度为

$$L\left(\boldsymbol{x}, \boldsymbol{a}_1, b_1, \boldsymbol{a}_2, b_2, \cdots, \boldsymbol{a}_m, b_m\right)$$

的多项式时间内解决。

例　$\boldsymbol{\ell_1}$ 球。考虑下面情况，

$$K := \{\boldsymbol{y} \in \mathbb{R}^n : \|\boldsymbol{y}\|_1 \leqslant r\}$$

其中 $r \in \mathbb{Q}$。有趣的是，K 属于多面体的范畴：它可以被写为

$$K = \left\{ \boldsymbol{y} \in \mathbb{R}^n : \langle \boldsymbol{y}, \boldsymbol{s} \rangle \leqslant r, \text{对所有} \boldsymbol{s} \in \{-1, 1\}^n \right\}$$

并且可以证实这 2^n 个（**指数量级**）不同的线性不等式每一个均不可删减。因此，前面例子中的交集方法并不是高效的。然而，在这种情况下，只须检验

$$\sum_{i=1}^{n} |x_i| \leqslant r$$

这只需要 $O(n)$ 步算术运算，可在图灵机上高效实现。

例　多胞形。回顾一下，多胞形 $K \subseteq \mathbb{R}^n$ 是有限多个点 $\boldsymbol{v}_1, \boldsymbol{v}_2, \cdots, \boldsymbol{v}_N \in \mathbb{Q}^n$ 的凸包，其中 N 是某个整数。从习题 3.6 知道，有界多面体也是多胞形。我们可以选择上述的点，使每个 $\boldsymbol{v}_i \in K$ 都是 K 的**顶点**。多胞形 K 的顶点 $\boldsymbol{x}$ 定义为 $\boldsymbol{x} \in K$ 但不属于 $\operatorname{conv}(K \backslash \{\boldsymbol{x}\})$。可以证明，如果生成该多面体的不等式和等式中包含有理系数，那么多胞形 K 的所有顶点也都可由有理数表示，即 $\boldsymbol{v}_i \in \mathbb{Q}^n$，并且表示每个 $\boldsymbol{v}_i$ 的复杂度是定义其不等式的位复杂度的多项式。因此，刻画一个多胞形，可以通过一系列应当满足的不等式和等式，或通过顶点列表来实现。但后一种表示方式往往需要更大规模。比如**超立方体**$[0,1]^n$：它有 2^n 个顶点，却可以用 $2n$ 个不等式来描述，每个不等式需要 $O(n)$ 位。因此，多胞形的多面体描述更加简洁，因而常为首选。在多面体描述下，从属问题可以在多项式时间内轻松解决。然而，在这一模型中开发求解线性规划问题的多项式时间算法是一个主要进展，本书后面部分将详细介绍。

例　生成树多胞形。给定一个简单（无重边或环）无向图 $G = (V, E)$，记 $n := |V|$ 及 $m := |E| \leqslant n(n-1)/2$，以 $\mathcal{T} \subseteq 2^{[m]}$ 表示 G 中所有**生成树**的集合。图的生成树是这样一些不含圈的边的子集，使得图的每个顶点均与至少一条边关联。定义关于 $G, P_G \subseteq \mathbb{R}^m$ 的生成树多胞形如下：

$$P_G := \operatorname{conv} \{ \mathbf{1}_T : T \in \mathcal{T} \},$$

其中 conv 表示一组向量的凸包，$\mathbf{1}_T \in \mathbb{R}^m$ 是集合 $T \subseteq [m]$ 的示性向量㊀。在应用中，输入即为图 $G = (V, E)$，其大小为 $O(n + m)$。P_G 可能具有（关于 n）指数级别的顶点数。此外，虽然并不容易，但可以表明刻画 P_G 的不等式数量也可能是关于 n 的指数。尽管如此，对给定的 $\boldsymbol{x} \in \mathbb{Q}^m$ 及图 G，检验是否有 $\boldsymbol{x} \in P_G$ 的操作可以在表示 $\boldsymbol{x}$ 和 G 的位数的多项式时间内完成，这部分内容将在下一节中进一步讨论。

㊀ 回顾一下，集合 $T \subseteq [m]$ 的示性向量 $\mathbf{1}_T \in \{0, 1\}^m$ 的定义是：对所有 $i \in T$，$\mathbf{1}_T(i) = 1$，其余情况 $\mathbf{1}_T(i) = 0$。

例 半正定矩阵。现在考虑全体对称半正定矩阵的集合 $K \subseteq \mathbb{R}^{n\times n}$，是否在算法上容易检验 $\boldsymbol{X} \in K$? 在习题 3.7 中我们证明了 K 是凸的。对于一个对称矩阵 $\boldsymbol{X} \in \mathbb{Q}^{n\times n}$，

$$\boldsymbol{X} \in K \quad \Leftrightarrow \quad \forall \boldsymbol{y} \in \mathbb{R}^n, \boldsymbol{y}^\top \boldsymbol{X}\boldsymbol{y} \geqslant 0$$

于是，K 被定义为无穷多个半空间之交——每一个向量 $\boldsymbol{y} \in \mathbb{R}^n$ 确定了一个半空间。显然，遍历所有这样的 $\boldsymbol{y}$ 并逐一检验是不可行的，因此需要另一种方法来检验 $\boldsymbol{X} \in K$。以 $\lambda_1(\boldsymbol{X})$ 表示 $\boldsymbol{X}$ 的最小特征值（由对称矩阵的性质，它的所有特征值都是实数），则下式成立：

$$\boldsymbol{X} \in K \quad \Leftrightarrow \quad \lambda_1(\boldsymbol{X}) \geqslant 0$$

根据线性代数基础知识，$\boldsymbol{X}$ 的特征值是多项式 $\det(\lambda \boldsymbol{I} - \boldsymbol{X})$ 的根。因此，我们可以尝试将它们全部解出，并检查它们是否非负。但是，计算多项式的根并不容易。有一些方法可以有效计算矩阵的特征值，但它们都是近似算法，因为特征值通常是无理数，从而无法用二进制精确表示。更确切地说，有些算法能够计算这样一系列数 $\lambda_1', \lambda_2', \cdots, \lambda_n'$，使得 $|\lambda_i - \lambda_i'| < \varepsilon$，其中 $\lambda_1, \lambda_2, \cdots, \lambda_n$ 是 $\boldsymbol{X}$ 的特征值，$\varepsilon \in (0,1)$ 是给定的精度。这样的算法可以被控制在关于位复杂度 $L(\boldsymbol{X})$ 和 $\log \dfrac{1}{\varepsilon}$ 的多项式时间内完成。因此，我们可以"近似地"检验是否有 $\boldsymbol{X} \in K$。通常这样的近似已然满足应用要求。

凸集分离反馈器

考虑判断点 $\boldsymbol{x}$ 是否属于集合 K。如果答案是否定的，人们可能希望给出"证据"，即证明 $\boldsymbol{x}$ 确实在 K 外部。事实证明，如果 K 是凸集，这样的证据总是存在，它由将 $\boldsymbol{x}$ 与 K 分离的超平面给出（见图 4.1）。更准确地说，第 3 章的定理 3.11 断言，对任意闭凸集 $K \subseteq \mathbb{R}^n$ 及 $\boldsymbol{x} \in \mathbb{R}^n \backslash K$，存在超平面将 K 与 $\boldsymbol{x}$ 分离，也就是说，存在向量 $\boldsymbol{a} \in \mathbb{R}^n$ 和数 $b \in \mathbb{R}$ 使得 $\langle \boldsymbol{a}, \boldsymbol{y} \rangle \leqslant b$ 对所有 $\boldsymbol{y} \in K$ 和 $\langle \boldsymbol{a}, \boldsymbol{x} \rangle > b$ 成立。在这一定理中，将 K 与 $\boldsymbol{x}$ 分离的超平面是 $\{\boldsymbol{y} \in \mathbb{R}^n : \langle \boldsymbol{a}, \boldsymbol{y} \rangle = b\}$，$K$ 在超平面的一侧，$\boldsymbol{x}$ 在另一侧。定理 3.11 的逆命题也成立：可以（通过超平面）与其补集中的任一点分离的集合是凸集。

定理 4.3 (凸集分离的逆命题) *设 $K \subseteq \mathbb{R}^n$ 是一个闭集。如果对任一点 $\boldsymbol{x} \in \mathbb{R}^n \backslash K$，都存在一个超平面将 $\boldsymbol{x}$ 与 K 分离，则 K 是凸集。*

换言之，凸集可以通过一组分离其与外部点的超平面表示。为计算方便，分离 $\boldsymbol{x}$ 与 K 的超平面需要用有理数表示。这促使我们给出下面的定义。

定义 4.4 (分离反馈器) *凸集 $K \subseteq \mathbb{R}^n$ 的分离反馈器是一个满足下列条件的原型：*

- *假定 $\boldsymbol{x} \in K$，回答"是"。*

- 假定 $\boldsymbol{x} \notin K$，回答“否”并输出 $\boldsymbol{a} \in \mathbb{Q}^n, b \in \mathbb{Q}$，使得超平面 $\{\boldsymbol{y} \in \mathbb{R}^n : \langle \boldsymbol{a}, \boldsymbol{y} \rangle = b\}$ 分离 $\boldsymbol{x}$ 与 K。

为使这一原型在算法上实用，我们要求分离反馈器的输出，即 $\boldsymbol{a}$ 和 b，具有多项式位复杂度 $L(\boldsymbol{a}, b)$。分离反馈器提供了一种“考查”给定凸集 K 的方便的方法，如定理 3.11 和定理 4.3 所示，它们提供了对 K 的完整描述。

现在，我们举一些分离反馈器的例子，并做一些注解。

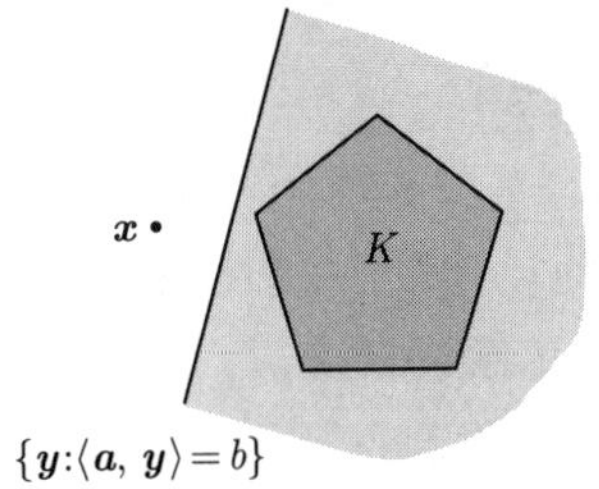

图 4.1　凸集 K，点 $\boldsymbol{x} \notin K$，及将 $\boldsymbol{x}$ 与 K 分离的超平面 $\{\boldsymbol{y} : \langle \boldsymbol{a}, \boldsymbol{y} \rangle = b\}$

例　生成树多胞形。回顾上一节中的生成树多胞形。根据定义，为了求解这一多胞形的从属问题，只须为这个多胞形构造一个多项式时间分离反馈器。令人惊讶的是，对这一多胞形，能够证明存在一个（关于表述图 G 的比特数的）多项式时间算法，它只须调用图 G——我们将在第 13 章中讨论这个多胞形及其他类似的多胞形。

例　半正定矩阵。我们注意到，检验矩阵 $\boldsymbol{X}$ 是否为半正定矩阵的算法可以转化为半正定矩阵集合的近似分离反馈器。计算最小特征值 $\lambda_1(\boldsymbol{X})$ 的近似值 λ，对应特征向量为 $\boldsymbol{v}$，满足 $\boldsymbol{X}\boldsymbol{v} = \lambda \boldsymbol{v}$。若 $\lambda \geqslant 0$，输出“是”；若 $\lambda < 0$，输出“否”及 $\boldsymbol{v}\boldsymbol{v}^\top$。在此情形下可知

$$\left\langle \boldsymbol{X}, \boldsymbol{v}\boldsymbol{v}^\top \right\rangle := \operatorname{Tr}\left(\boldsymbol{X}\boldsymbol{v}\boldsymbol{v}^\top\right) = \boldsymbol{v}^\top \boldsymbol{X} \boldsymbol{v} < 0$$

上述两种情况都是近似正确的。这里的近似程度取决于我们估计 $\lambda_1(\boldsymbol{X})$ 的误差；请读者自行思考具体细节。

分离与优化。一般地，为一族给定的凸集构造高效的（多项式时间）分离反馈器等价于构造算法来优化该族凸集上的线性函数。但在应用这类定理时需要小心，因为会出现一些与位复杂度相关的技术问题，参见本章注记。

复合分离反馈器。假定 K_1 和 K_2 是两个凸集，且各自都有分离反馈器。那么我们就能为它们的交集 $K := K_1 \cap K_2$ 构造一个分离反馈器。事实上，给定一点 $\boldsymbol{x}$，我们可以检验 $\boldsymbol{x}$ 是否都属于 K_1, K_2，如果答案为否，比如说 $\boldsymbol{x} \notin K_1$，那么我们输出由 K_1 的

分离反馈器给出的分离超平面。使用类似的想法，我们也可以构造 $K_1 \times K_2 \subseteq \mathbb{R}^{2n}$ 的分离反馈器。

4.4 优化问题的求解

在更好地理解了如何以便于计算的形式表示凸集之后，我们现在回到优化函数，并考虑一个至关重要的问题：求解具有式(4.1)形式的凸规划究竟意味着什么？

一种处理这个问题的方法是将其表述为具有以下形式的判定问题：

$$\text{给定}c \in \mathbb{Q}, \min_{x \in K} f(x) = c?$$

在许多重要情形下（如线性规划），我们能够求解这一问题。然而，即使对于最简单的非线性凸规划，也可能发生无法求解的情况。

例　无理数解。考虑一个简单的单变量凸规划问题：

$$\min_{x \geqslant 1} \left(\frac{2}{x} + x\right)$$

通过直接计算可以看出，最优解是 $x^\star = \sqrt{2}$，最优值为 $2\sqrt{2}$。因此，尽管该问题被表示为最小化一个带有理系数的有理函数，但其最优解是无理数。在这种情形下，最优解并不能使用有限的二进制来精确表示，所以我们必须考虑近似解。

基于此，我们并不期望去求解最优值

$$y^\star := \min_{x \in K} f(x)$$

转而寻求其近似值，或者说，求一个包含 $y^\star$ 的小区间：

$$\text{给定}\varepsilon > 0\text{，计算}c \in \mathbb{Q}\text{，使得}\min_{x \in K} f(x) \in [c, c+\varepsilon] \tag{4.3}$$

由于存储 ε 需要大约 $\log \frac{1}{\varepsilon}$ 位，我们期望有一个能在关于 $\frac{1}{\varepsilon}$ 的**对数多项式**时间内完成的高效算法。后续章节将对此问题做进一步的阐述。

最优值与最优点。或许求解问题式(4.3)最自然的方式是去寻找一点 $x \in K$ 使得 $y^\star \leqslant f(x) \leqslant y^\star + \varepsilon$。这样我们就可以简单地取 $c := f(x) - \varepsilon$。注意，给出这样一个点 $x \in K$（相对于仅输出一个适当的 c 而言）无疑更重要，它提供了更多信息。本书涉及的算法通常会同时输出最优点和最优值，但也有一些方法仅仅自然地输出最优值，再来反推最优解，即便可能，也相当不容易；见注记。

例 线性规划。前一小节已经讨论过，线性规划（或线性优化）是凸优化的一个特例，它的一个非平凡的案例是，给定一个线性目标函数

$$f(x) = \langle c, x\rangle$$

和一个多面体

$$K = \{\boldsymbol{x} \in \mathbb{R}^n : \boldsymbol{A}\boldsymbol{x} \leqslant \boldsymbol{b}\}$$

其中 $\boldsymbol{A} \in \mathbb{Q}^{m\times n}$，$\boldsymbol{b} \in \mathbb{Q}^m$。不难证明，只要 $\min_{\boldsymbol{x}\in K} f(\boldsymbol{x})$ 是有界的（即解不是 $-\infty$），并且 K 有顶点，那么其最优值一定会在 K 的某个顶点处取得。于是，为了求解线性规划，只须找到其所有顶点中的最小值即可。

事实证明，K 的每一个顶点 $\tilde{\boldsymbol{x}}$ 都可以被表示为 $\boldsymbol{A}'\boldsymbol{x} = \boldsymbol{b}$ 的一个解，其中 $\boldsymbol{A}'$ 是 $\boldsymbol{A}$ 的某个子方阵。特别地，这意味着只要输入数据都是有理数，就会有一个有理数最优解。此外，如果 $(\boldsymbol{A}, \boldsymbol{b})$ 的位复杂度是 L，那么最优解的位复杂度是关于 L（和 n）的多项式，因此是一个先验，有了先验，设计精确求解线性规划的高效算法（从位复杂度的角度来看）不再有障碍。

最优值的近似和与最优解的近似距离。考虑有唯一最优解 $\boldsymbol{x}^\star \in K$ 的凸规划。有人会问，下面两个关于 $\boldsymbol{x} \in K$ 的陈述之间有什么关系：

- 在取值上近似最优值，即 $f(\boldsymbol{x}) \leqslant f(\boldsymbol{x}^\star) + \varepsilon$；
- 在距离上接近最优解，即 $\|\boldsymbol{x} - \boldsymbol{x}^\star\| \leqslant \varepsilon$。

不难看出，一般而言（当 f 是一个任意凸函数时），这两个条件，即便是在近似的情况下，也互不包含。然而，在后面的几章我们能够发现，在某些条件下，如在 Lipschitz 性和强凸性下，可能存在某些蕴含关系。

函数表示

最后，我们要讨论当我们试图求解形如式(4.1)的凸规划问题时，目标函数 f 是如何给出的。下面我们讨论几种可能性。

函数的显式表示。我们经常关注几个重要的函数族，而非考虑一般的抽象情况。这些函数族有以下几种。

- **线性和仿射函数：**$f(\boldsymbol{x}) = \langle \boldsymbol{c}, \boldsymbol{x}\rangle + b$，其中向量 $\boldsymbol{c} \in \mathbb{Q}^n$ 和 $b \in \mathbb{Q}$。
- **二次函数：**$f(\boldsymbol{x}) = \boldsymbol{x}^\top \boldsymbol{A}\boldsymbol{x} + \langle \boldsymbol{b}, \boldsymbol{x}\rangle + c$，其中半正定矩阵 $\boldsymbol{A} \in \mathbb{Q}^n$，向量 $\boldsymbol{b} \in \mathbb{Q}^n$，$c \in \mathbb{Q}$。
- **线性矩阵函数：** $f(\boldsymbol{X}) = \mathrm{Tr}(\boldsymbol{X}\boldsymbol{A})$，其中 $\boldsymbol{A} \in \mathbb{Q}^{n\times n}$ 是一个固定的对称矩阵，$\boldsymbol{X} \in \mathbb{R}^{n\times n}$ 是对称的矩阵变量。

所有这些函数族都可以以简洁的形式描述。例如，线性函数可以由 $\boldsymbol{c}$ 和 b 描述，二次函数可以由 $\boldsymbol{A}, \boldsymbol{b}, c$ 描述。

黑箱模型。在上面提到的例子中 f 被“显式”地具象化，与此不同，现在我们考虑的可能是最原始的函数调用形式：**黑箱 (black box)**：

$$\text{给定}\boldsymbol{x} \in \mathbb{Q}^n\text{，输出}f(\boldsymbol{x})$$

注意，这样的黑箱，或称为**求值**反馈器，实际上是函数的一个完整描述，也就是说，它没有隐藏有关 f 的任何信息。然而，如果我们没有对 f 额外分析的手段，这样的描述或许很难处理。事实上，如果我们放弃凸性假设，仅假设 f 是连续的，我们能够证明没有任何算法可以高效地优化 f，相关提示见注记。在凸性的假设下，情况有所改善，但我们依然需要 f 在给定点处更多的局部性质以高效地优化 f。若函数 f 足够光滑，我们可以获得梯度、黑塞矩阵，或 f 的更高阶导数。我们在下面的定义中正式说明这一概念。

定义 4.5 (函数反馈器)　对一个函数 $f: \mathbb{R}^n \to \mathbb{R}$ 和 $k \in \mathbb{N}_{\geqslant 0}$，$f$ 的 k 阶反馈器是如下原型：

$$\text{给定}\boldsymbol{x} \in \mathbb{R}^n\text{，输出}\boldsymbol{\nabla}^k f(\boldsymbol{x})$$

即输出 f 的 k 阶导数。

特别地，0 阶反馈器（与函数求值反馈器相同）只不过是一个对给定 $\boldsymbol{x}$ 输出 $f(\boldsymbol{x})$ 的初级模型，1 阶反馈器对给定 $\boldsymbol{x}$ 输出梯度 $\boldsymbol{\nabla} f(\boldsymbol{x})$，2 阶反馈器输出 f 的黑塞矩阵。在某些情况下，我们不需要黑塞矩阵本身，而只须对一个向量 $\boldsymbol{v}$，得到 $(\boldsymbol{\nabla}^2 f(\boldsymbol{x}))^{-1}\boldsymbol{v}$ 即可。我们将会看到（在讨论梯度下降法时），即使只有一个 1 阶反馈器，有时也足以（非常）高效地近似最小化一个凸函数。

注 4.6　注意，在反馈器模型中，虽然我们不必考虑对给定 $\boldsymbol{x}$ 计算 $\boldsymbol{\nabla}^k f(\boldsymbol{x})$ 的时间，但我们必须考虑反馈器的输入 $\boldsymbol{x}$ 的位长度以及输出的位长度。

随机模型。另一种有趣的（且与实际相关的）表示函数的方式是提供一个随机化的黑箱程序来计算它们的值、梯度或更高阶的信息。为了理解这一点，考虑机器学习应用中常见的二次损失函数的例子。给定 $\boldsymbol{a}_1, \boldsymbol{a}_2, \cdots, \boldsymbol{a}_m \in \mathbb{R}^n$ 及 $b_1, b_2, \cdots, b_m \in \mathbb{R}$，我们定义

$$l(\boldsymbol{x}) := \frac{1}{m}\sum_{i=1}^{m} \|\langle \boldsymbol{a}_i, \boldsymbol{x}\rangle - b_i\|^2$$

现在假设 $F(x)$ 是一个随机程序，在给定 $\boldsymbol{x} \in \mathbb{Q}^n$ 时，它将随机输出 $\|\langle \boldsymbol{a}_1, \boldsymbol{x}\rangle - b_1\|^2, \|\langle \boldsymbol{a}_2,$

$\boldsymbol{x}\rangle - b_2\|^2, \cdots, \|\langle \boldsymbol{a}_m, \boldsymbol{x}\rangle - b_m\|^2$ 中的任意一个值，每个值被输出的概率为 $\frac{1}{m}$。则

$$\mathbb{E}[F(\boldsymbol{x})] = l(\boldsymbol{x})$$

因此，$F(\boldsymbol{x})$ 给出了 $l(\boldsymbol{x})$ 的一个“无偏估计”。同样地，我们也可以为梯度 $\boldsymbol{\nabla} l(\boldsymbol{x})$ 设计一个类似的无偏估计。注意，这种“随机反馈器”的优点是在计算 $l(\boldsymbol{x})$ 的值或梯度时更高效——事实上，它们比精确计算的其他方式快 m 倍。在很多情况下，人们仍然可以在给定这类反馈器的情况下执行最小化运算——例如，使用*随机梯度下降法*。

4.5 凸优化的多项式时间概念

对于判定问题——对输入的一串字符回答“是”或“否”的问题——定义 P 类为所有可以由算法（确定性图灵机）在关于输入所需位数的多项式时间内求解的问题。与 P 类相对应的随机化问题是 RP 类和 BPP 类。属于这些类的问题被认为可以高效求解。概言之，RP 类由存在随机化图灵机且其运行时间为输入位数的多项式的问题组成。特别地，如果该问题的正确答案是“否”，随机图灵机将总是返回“否”。如果正确答案是“是”，则随机化图灵机将以至少 2/3 的概率返回“是”，以其余概率返回“否”。

对于优化问题，我们可以定义一个类似于多项式时间算法的概念，为此需要把运行时间看作精度 ε 的函数。对一类形如 $\min_{x \in K} f(x)$ 的优化问题（K 是一族特定集合，f 是函数），我们称算法以**多项式时间**运行，如果它返回一个 ε 近似解 $\boldsymbol{x} \in K$，即满足

$$f(\boldsymbol{x}) \leqslant y^\star + \varepsilon$$

的解的时间是输入的位复杂度 L、维数 n 及 $\log \frac{1}{\varepsilon}$ 的多项式。类似地，我们可以讨论黑箱模型的多项式时间算法——此时依赖于 L 的那一部分不再呈现。作为替代，我们要求（对集合 K 和函数 f）调用反馈器的次数的某个上界是关于维数以及更重要地是关于 $\log \frac{1}{\varepsilon}$ 的多项式。

有人可能会问，为什么我们坚持要求对 $\frac{1}{\varepsilon}$ 的依赖是其对数多项式。在一些重要的应用中，对 $\frac{1}{\varepsilon}$ 的多项式依赖性是不够的。例如，考虑线性规划 $\min_{\boldsymbol{x} \in K}\langle \boldsymbol{c}, \boldsymbol{x}\rangle$，$K = \{\boldsymbol{x} \in \mathbb{R}^n : \boldsymbol{A}\boldsymbol{x} \leqslant \boldsymbol{b}\}$，其中 $\boldsymbol{A} \in \mathbb{Q}^{m \times n}$，$\boldsymbol{b} \in \mathbb{Q}^m$。为简单起见，假设恰有最优解（某个顶点）$\boldsymbol{v}^\star \in K$，对应值为 $\boldsymbol{y}^\star = \langle \boldsymbol{c}, \boldsymbol{v}^\star\rangle$。基于一个只提供近似最优解的算法，我们希望在多项式时间内找到 $\boldsymbol{v}^\star$。

需要多小的 $\varepsilon > 0$ 才能确保近似解 $\tilde{\boldsymbol{x}}$（满足 $\langle \boldsymbol{c}, \tilde{\boldsymbol{x}} \rangle \leqslant y^\star + \varepsilon$）可以被唯一地“舍入”到最优顶点 $\boldsymbol{v}^\star$？该问题的一个必要条件是，不存在非最优顶点 $\boldsymbol{v} \in K$ 满足

$$y^\star < \langle \boldsymbol{c}, \boldsymbol{v} \rangle \leqslant y^\star + \varepsilon$$

于是，我们会问：K 的不同顶点之间的非零最小距离是多少？根据 4.4 节中对线性规划的讨论，可以得出，每个顶点都是 $n \times n$ 线性方程组 $\boldsymbol{A}\boldsymbol{x} = \boldsymbol{b}$ 的一个解。于是能够推断出，这样的最小间隔至少是大约 2^{-L} 的；见习题 4.9。因此，我们选择的 ε 应不大于该值，以使舍入算法能够正确工作。[㊀] 假设这样的舍入算法是高效的，为了获得线性规划的多项式时间算法，我们需要近似算法时间是关于 $\log \frac{1}{\varepsilon}$ 的多项式，从而运行时间成为关于 L 的多项式。因此，在这个例子中，求解线性规划的近似多项式时间算法导出了求解线性规划的精确多项式时间算法。

最后，我们注意到，对数依赖于 $\frac{1}{\varepsilon}$ 的近似算法确实存在（并且我们将在本书中学习几种这样的算法）。

凸优化究竟是否为 P 问题？

在上一节给出了高效性的概念后，有人可能会问：

每个凸规划问题都能在多项式时间内得到解决吗？

尽管凸规划这类问题十分特殊，并且一般认为有高效的算法，但简单地说，答案是否定的。

出现这种情况的原因是多方面的。例如，不是所有凸集（甚至是自然的例子）都有多项式时间的分离反馈器，这使得在它们之上进行优化并不可行（见习题 4.10）。另外，有时很难在多项式时间内计算出函数值（见习题 4.11）。此外，从反馈信息的角度，也许设计一个对数依赖于误差 ε 的算法理论上并不可行（尤其是在黑箱模型中）。最后，关于输入的位复杂度 L 的多项式的要求通常也非常苛刻，因为对于某些凸规划问题而言，所有近似最优解的位复杂度都是关于 L 的指数形式，因而，输出这样一个解所需的空间大小已经是指数级的。

尽管有这些障碍，仍然有大量有趣的算法表明，（特定子类的）凸规划问题可以被高效地求解（也许不一定是指“在多项式时间内”）。我们将会在后续章节中见到一些这样的例子。

㊀ 这样的舍入算法并不平凡，需要用到格基归约算法 (lattice basis reduction)。

习题

4.1 当 $\boldsymbol{A}$ 是一个 $n \times n$ 的满秩矩阵且 $\boldsymbol{b} \in \mathbb{R}^n$ 时，证明对于所有 $\boldsymbol{x}$，函数 $\|\boldsymbol{Ax}-\boldsymbol{b}\|^2$ 的唯一最小解为 $\boldsymbol{A}^{-1}\boldsymbol{b}$。

4.2 设 $\mathcal{M}$ 是由 $\{1,2,\cdots,n\}$ 的子集组成的集合，给定 $\boldsymbol{\theta} \in \mathbb{R}^n$。对于集合 $M \in \mathcal{M}$，设 $\mathbf{1}_M \in \mathbb{R}^n$ 是集合 M 的示性向量，即当 $i \in M$ 时 $\mathbf{1}_M(i)=1$，否则 $\mathbf{1}_M(i)=0$。设

$$f(\boldsymbol{x}) := \sum_{i=1}^{n} \theta_i x_i + \ln \sum_{M \in \mathcal{M}} \mathrm{e}^{\langle \boldsymbol{x}, \mathbf{1}_M \rangle}$$

考虑如下优化问题：

$$\inf_{\boldsymbol{x} \in \mathbb{R}^n} f(\boldsymbol{x})$$

（1）证明：若对某个 i，$\theta_i > 0$，则上述优化问题的最优值为 $-\infty$，即它是下无界的。

（2）假设该优化问题的最优值是有限的。最优解是否必然唯一？

（3）计算 f 的梯度。

（4）这是一个凸优化问题吗？

4.3 在含 n 个顶点的完全图中，给出生成树个数的精确公式。

4.4 对任意的 n，构造一个含 2^n 个顶点，却能使用 $2n$ 个不等式来描述的多胞形。

4.5 证明：若 $\boldsymbol{A}$ 是一个 $n \times n$ 满秩矩阵，其元素均在 $\mathbb{Q}$ 中，$\boldsymbol{b} \in \mathbb{Q}^n$，则 $\boldsymbol{A}^{-1}\boldsymbol{b} \in \mathbb{Q}^n$。

4.6 当知道多胞形 $K \subseteq \mathbb{R}^n$ 的所有顶点 $\boldsymbol{v}_1, \boldsymbol{v}_2, \cdots, \boldsymbol{v}_N$ 时，证明求解线性规划的如下算法是正确的：对每个 $i \in [N]$ 计算 $\langle \boldsymbol{c}, \boldsymbol{v}_i \rangle$，然后输出对应值最小的顶点。

4.7 为形如 $\{\boldsymbol{x} \in \mathbb{R}^n : f(x) \leqslant y\}$ 的集合寻找一个多项式时间分离反馈器，其中 $f: \mathbb{R}^n \to \mathbb{R}$ 是一个凸函数且 $y \in \mathbb{R}$。假设我们已有 f 的零阶和一阶反馈器。

4.8 给出习题 2.1 中计算函数的梯度及黑塞矩阵所需时间复杂度的上界。

4.9 这个问题的目的是考虑线性规划相关量的位复杂度的上界。设矩阵 $\boldsymbol{A} \in \mathbb{Q}^{m \times n}$，向量 $\boldsymbol{b} \in \mathbb{Q}^m$，设 L 是 $(\boldsymbol{A}, \boldsymbol{b})$ 的位复杂度。（因此，特别地，$L \geqslant m$ 及 $L \geqslant n$。）假设 $K = \{\boldsymbol{x} \in \mathbb{R}^n : \boldsymbol{Ax} \leqslant \boldsymbol{b}\}$ 是 $\mathbb{R}^n$ 中一个有界且全维的多胞形。

（1）证明存在整数 $M \in \mathbb{Z}$ 及矩阵 $\boldsymbol{B} \in \mathbb{Z}^{m \times n}$ 使得 $\boldsymbol{A} = \dfrac{1}{M}\boldsymbol{B}$，且 M 的位复杂度及 $\boldsymbol{B}$ 中的每个元素都以 L 为上界。

（2）设 $\boldsymbol{C}$ 是 $\boldsymbol{A}$ 的任一可逆子方阵。考虑矩阵范数 $\|\boldsymbol{C}\|_2 := \max_{\boldsymbol{x} \neq 0} \dfrac{\|\boldsymbol{Cx}\|_2}{\|\boldsymbol{x}\|_2}$。证明存在一个常数 d 使得 $\|\boldsymbol{C}\|_2 \leqslant 2^{O\left(L \cdot [\log(nL)]^d\right)}$ 且 $\|\boldsymbol{C}^{-1}\|_2 \leqslant 2^{O\left(nL \cdot [\log(nL)]^d\right)}$。

（3）证明 K 的每个顶点的坐标值都在 $\mathbb{Q}$ 中，且位复杂度为 $O\left(nL\cdot[\log(nL)]^d\right)$，其中 d 是某个常数。

4.10 一个对称矩阵 $\boldsymbol{M}\in\mathbb{R}^{n\times n}$ 被称为是**协正的** (copositive)，若对所有 $\boldsymbol{x}\in\mathbb{R}^n_{\geqslant 0}$，有

$$\boldsymbol{x}^\top\boldsymbol{M}\boldsymbol{x}\geqslant 0$$

以 C_n 表示所有 $n\times n$ 协正矩阵的集合。

（1）证明集合 C_n 是闭且凸的。

（2）设 $G=(V,E)$ 是一个简单无向图。证明如下问题是一个凸规划：

$$\begin{aligned}\min_{t\in\mathbb{R}}\quad & t\\ \text{s.t.}\quad & \forall i\in V,\quad M_{ii}=t-1\\ & \forall(i,j)\notin E,\quad M_{ij}=-1\\ & \boldsymbol{M}\in C_n\end{aligned}$$

（3）证明上述凸规划的最优值为 $\alpha(G)$，其中 $\alpha(G)$ 是 G 中最大**独立集**的大小。独立集是由互不相邻的顶点构成的集合。

由于计算 G 中最大独立集的大小是 NP 难问题，我们在此得到了一个 NP 难的凸优化实例。

4.11 回顾一下，一个无向图 $G=(V,E)$ 被称为二分图，若顶点集 V 可分为两个互不相交的部分 L,R，且所有边都连接在 L 与 R 之间。考虑 $n:=|L|=|R|$ 且 $m:=|E|$ 的情形。在这样的图中，一个完美匹配是指一组 n 条边的集合，使得每个顶点恰有一条边与之相连。设 $\mathcal{M}$ 表示 G 中所有完美匹配的集合。令 $\mathbf{1}_M\in\{0,1\}^E$ 为完美匹配 $M\in\mathcal{M}$ 的示性向量。考虑函数

$$f(\boldsymbol{y}):=\ln\sum_{M\in\mathcal{M}}\mathrm{e}^{\langle\mathbf{1}_M,\boldsymbol{y}\rangle}$$

（1）证明 f 是凸的。

（2）考虑 G 的二分图完美匹配多胞形，其定义为

$$P:=\operatorname{conv}\{\mathbf{1}_M:M\in\mathcal{M}\}$$

为该多胞形给出一个多项式时间的分离反馈器。

（3）证明：如果存在一个输入图 G 能在多项式对数时间内求出 f 值的算法，则我们就可以在多项式对数时间内计算出 G 的完美匹配个数。

由于在一个二部图中计算完美匹配数的问题是 #P 难，我们便得到了一个 #P 难的凸优化实例。

注记

关于计算复杂度的详细背景，包括计算模型及如 P, NP, RP, BPP 和 #P 的计算复杂度类的正式定义，请读者参阅 Arora 和 Barak（2009）的教材。关于凸函数反馈器的正式而详细的处理，见 Nesterov（2014）的书。凸集算法方面的问题在 Grötschel 等（1988）的经典著作第 2 章中有详细的讨论。Grötschel 等（1988）的第 2 章中还介绍了衔接分离与优化的精细结果。

近似计算特征值的算法可参考 Pan 和 Chen（1999）的论文。有关协正规划（见习题 4.10）的更多内容，请读者参阅 Gärtner 和 Matousek （2014）的书的第 7 章。Valiant（1979）开创性地证明了二分图中完美匹配的计数问题是 #P 难问题。要了解最优值和最优解之间差异的更多的优化问题，请参见 Feige（2008）的论文。

一类有趣的非线性凸规划问题是所谓的**有理凸规划**。Vazirani（2012）在论文中定义的有理凸规划问题是一个所有参数均为有理数的非线性凸规划问题，且总存在一个有理数解，其分母有一个多项式上界。因此，尽管是非线性问题，有理凸规划问题与线性规划在解集上是相似的，并且能够使用椭球法（我们将在第 12 章和第 13 章中介绍）等算法精确求解。这种问题的一个具体例子是在均衡计算文献中出现的 Eisenberg-Gale 凸规划，见习题 5.18。

第 5 章　对偶性与最优性

我们引入 Lagrange 对偶的概念，并证明在 Slater 条件下，Lagrange 强对偶性成立。随后，我们介绍在 Lagrange 对偶和优化方法中经常用到的 Legendre-Fenchel 对偶定理。最后，我们给出 Kahn-Karush-Tucker(KKT) 最优性条件以及它与强对偶性的关系。

考虑一个具有下面形式的广义 (不一定是凸的) 优化问题，

$$\inf_{\boldsymbol{x} \in K} f(\boldsymbol{x}) \tag{5.1}$$

其中 $f : K \to \mathbb{R}$，$K \subseteq \mathbb{R}^n$。令 $y^\star$ 为它的一个最优值。在计算 $y^\star$ 的过程中，我们经常会尝试获得一个合适的上界 $y_U \in \mathbb{R}$ 和一个合适的下界 $y_L \in \mathbb{R}$，使得

$$y_L \leqslant y^\star \leqslant y_U$$

并且让 $|y_L - y_U|$ 尽可能小。然而，通过观察式 (5.1) 明显看出，计算 y_L 和 y_U 是不同的问题，它们并不对称。找到一个上界 y_U 可能会更简单，因为它可以归结为选择一个 $\boldsymbol{x} \in K$ 并取 $y_U = f(\boldsymbol{x})$，这总是一个平凡的正确上界。然而对 $y^\star$ 给出一个 (即便是平凡的) 下界并不容易。我们可以把对偶性看作一种工具，它能够自动地几乎与上文一样简单地构造 $y^\star$ 的下界——它把问题简化为寻找另一个不同的优化问题的可行输入，这个新的问题称为式 (5.1) 的 Lagrange 对偶。

5.1　Lagrange 对偶

定义 5.1 (原始问题)　考虑如下形式的问题：

$$\begin{aligned} \inf_{\boldsymbol{x} \in \mathbb{R}^n} \quad & f(\boldsymbol{x}) \\ \text{s.t.} \quad & f_j(\boldsymbol{x}) \leqslant 0, \quad j = 1, 2, \cdots, m \\ & h_i(\boldsymbol{x}) = 0, \quad i = 1, 2, \cdots, p \end{aligned} \tag{5.2}$$

这里 $f, f_1, \cdots, f_m, h_1, \cdots, h_p : \mathbb{R}^n \to \mathbb{R}$。暂时不假设它们是凸函数。㊀

注意，这个问题是式 (5.1) 的一种特殊情况，此时集合 K 由 m 个不等式和 p 个等式定义：

$$K := \{\boldsymbol{x} \in \mathbb{R}^n : f_j(\boldsymbol{x}) \leqslant 0, \quad j = 1, 2, \cdots, m$$
$$h_i(\boldsymbol{x}) = 0, \quad i = 1, 2, \cdots, p\}$$

假设我们想得到式(5.2) 最优值的一个下界。为此，我们可以用一般想法："将约束条件转移到目标函数上。"更准确地说，为 m 个不等式约束分别引入 m 个新的变量 $\lambda_1, \lambda_2, \cdots, \lambda_m \geqslant 0$，为 p 个等式约束引入 p 个新变量 $\mu_1, \mu_2, \cdots, \mu_p \in \mathbb{R}$，称之为 **Lagrange 乘子**。于是，考虑如下的 **Lagrange** 函数：

$$L(\boldsymbol{x}, \boldsymbol{\lambda}, \boldsymbol{\mu}) := f(\boldsymbol{x}) + \sum_{j=1}^{m} \lambda_j f_j(\boldsymbol{x}) + \sum_{i=1}^{p} \mu_i h_i(\boldsymbol{x}) \tag{5.3}$$

我们立即发现，因为 $\boldsymbol{\lambda} \geqslant \boldsymbol{0}$，所以只要 $\boldsymbol{x} \in K$，就有

$$L(\boldsymbol{x}, \boldsymbol{\lambda}, \boldsymbol{\mu}) \leqslant f(\boldsymbol{x})$$

和 $L(\boldsymbol{x}, \boldsymbol{0}, \boldsymbol{0}) = f(\boldsymbol{x})$。同时对于每一个 $\boldsymbol{x} \in \mathbb{R}^n$，

$$\sup_{\boldsymbol{\lambda} \geqslant \boldsymbol{0}, \boldsymbol{\mu}} L(\boldsymbol{x}, \boldsymbol{\lambda}, \boldsymbol{\mu}) = \begin{cases} f(\boldsymbol{x}), & \boldsymbol{x} \in K \\ +\infty, & \text{其他} \end{cases}$$

并且对于 $\boldsymbol{x} \in K$，上确界在 $\boldsymbol{\lambda} = \boldsymbol{0}$ 处取得。观察上面的第二个等式，注意当 $\boldsymbol{x} \notin K$ 时，要么对于某个 i，$h_i(\boldsymbol{x}) \neq 0$，要么对于某个 j，$f_j(\boldsymbol{x}) > 0$。因此，我们可以恰当地设定相应的 Lagrange 乘子 μ_i 或 λ_j(令其他的 Lagrange 乘子为 0)，使得 Lagrange 函数达到 $+\infty$。因此，式(5.2) 的最优值 $y^\star$ 可写成

$$y^\star := \inf_{\boldsymbol{x} \in K} \sup_{\boldsymbol{\lambda} \geqslant \boldsymbol{0}, \boldsymbol{\mu}} L(\boldsymbol{x}, \boldsymbol{\lambda}, \boldsymbol{\mu}) = \inf_{\boldsymbol{x} \in \mathbb{R}^n} \sup_{\boldsymbol{\lambda} \geqslant \boldsymbol{0}, \boldsymbol{\mu}} L(\boldsymbol{x}, \boldsymbol{\lambda}, \boldsymbol{\mu})$$

从而对于每一个固定的 $\boldsymbol{\lambda} \geqslant \boldsymbol{0}$ 和 $\boldsymbol{\mu}$，都有

$$\inf_{\boldsymbol{x} \in \mathbb{R}^n} L(\boldsymbol{x}, \boldsymbol{\lambda}, \boldsymbol{\mu}) \leqslant y^\star$$

因此，每个选定的 $\boldsymbol{\lambda} \geqslant \boldsymbol{0}$ 和 $\boldsymbol{\mu}$ 都提供了 $y^\star$ 的一个下界，而这正是我们想要的。此外，这样的下界对应一个优化问题的解，它未必比原始问题更容易计算。这是一个值得关

㊀ 我们也允许 f 取 $+\infty$，本节的讨论适用于这种情况。

注的问题，因为我们需要的是一个易于计算的下界。另外，我们现在需要解决的优化问题至少是无约束的，即函数 $L(\boldsymbol{x},\boldsymbol{\lambda},\boldsymbol{\mu})$ 在 $\boldsymbol{x}\in\mathbb{R}^n$ 上最小化。事实上，对于许多具有式(5.2)形式的重要问题，

$$g(\boldsymbol{\lambda},\boldsymbol{\mu}) := \inf_{\boldsymbol{x}\in\mathbb{R}^n} L(\boldsymbol{x},\boldsymbol{\lambda},\boldsymbol{\mu}) \tag{5.4}$$

的值有显式解 (作为 $\boldsymbol{\lambda},\boldsymbol{\mu}$ 的函数)，因此高效地计算 $y^\star$ 的下界是可行的。我们稍后会举一些例子。

到目前为止，我们已经构造了一个 $\boldsymbol{\lambda},\boldsymbol{\mu}$ 上的函数 $g(\boldsymbol{\lambda},\boldsymbol{\mu})$，使得对于每一个 $\boldsymbol{\lambda}\geqslant\boldsymbol{0}$，$g(\boldsymbol{\lambda},\boldsymbol{\mu})\leqslant y^\star$。这样产生了一个很自然的问题：这种方法所能达到的最优下界是什么？

定义 5.2 (Lagrange 对偶) 对于定义 5.1 中所考虑的原始优化问题，下面的问题被称为对偶规划或对偶优化问题，

$$\sup_{\boldsymbol{\lambda}\geqslant\boldsymbol{0},\boldsymbol{\mu}} g(\boldsymbol{\lambda},\boldsymbol{\mu}) \tag{5.5}$$

其中 $g(\boldsymbol{\lambda},\boldsymbol{\mu}) := \inf_{\boldsymbol{x}\in\mathbb{R}^n} L(\boldsymbol{x},\boldsymbol{\lambda},\boldsymbol{\mu})$。

根据这个定义可以推导出如下不等式。

定理 5.3 (弱对偶性)

$$\sup_{\boldsymbol{\lambda}\geqslant\boldsymbol{0},\boldsymbol{\mu}} g(\boldsymbol{\lambda},\boldsymbol{\mu}) \leqslant \inf_{\boldsymbol{x}\in K} f(\boldsymbol{x}) \tag{5.6}$$

一个重要的观察是，无论定义 5.1 中的原始问题是否凸，定义 5.2 中的对偶问题总是一个凸优化问题。这是因为 Lagrange 对偶函数 g 是凹的，它是线性函数的逐点下确界，见习题 5.1。

有人可能会问：式(5.6) 的不等式可能取等号吗？在一般情况下，不能保证取等号，但是存在使等式成立的充分条件，一个重要的例子就是 Slater 条件。

定义 5.4 (Slater 条件) Slater 条件是指存在一个点 $\overline{\boldsymbol{x}}\in K$，使得所有定义 K 的不等式约束在 $\overline{\boldsymbol{x}}$ 处都是严格的，即 $h_i(\overline{\boldsymbol{x}})=0$ 对所有的 $i=1,2,\cdots,p$ 成立，并且对于所有的 $j=1,2,\cdots,m$，$f_j(\overline{\boldsymbol{x}})<0$。

当一个凸优化问题满足 Slater 条件时，有下面的基本定理。

定理 5.5 (强对偶性) 假设函数 $f,f_1,f_2,\cdots,f_m$ 是凸函数，$h_1,h_2,\cdots,h_p$ 是仿射函数，满足 Slater 条件。那么

$$\sup_{\boldsymbol{\lambda}\geqslant\boldsymbol{0},\boldsymbol{\mu}} g(\boldsymbol{\lambda},\boldsymbol{\mu}) = \inf_{\boldsymbol{x}\in K} f(\boldsymbol{x})$$

换言之，**对偶间距**是 0。

我们推迟这个定理的证明。证明依赖于定理 3.11 以及 Slater 条件，这足以保证满足强对偶性的 Lagrange 乘子的存在性。与定理 3.12 的证明相似，需要首先构造与目标函数和约束相关的 (上境图型) 凸集，如下，

$$\left\{(w, \boldsymbol{u}) \in \mathbb{R} \times \mathbb{R}^m : f(x) \leqslant w, f_i(x) \leqslant u_i\ \forall i \in [m]，\text{某些 } x \in \mathcal{F}\right\}$$

其中 $\mathcal{F}$ 是满足所有等式约束的点集。只要有一个“非垂直”支撑超平面通过这个凸集边界上的点 $(y^\star, 0)$，Lagrange 乘子就存在。这里 $y^\star$ 是凸规划式 (5.2) 的最优值，非垂直是指超平面的第一个坐标对应的系数非零。只有当凸规划的约束只能在该凸集的极点上成立时，非垂直的超平面才不存在，而 Slater 条件保证了这种情况不会发生。

现在，我们举一些有趣的例子，其中一些具有强对偶性，而另一些则没有。本节末我们再提供两个例子：一个例子是，即使原规划问题是非凸的，强对偶性也成立；另一个是，即便原始问题是凸规划，强对偶性也不成立 (这意味着 Slater 条件不满足)。

例　线性规划标准型的对偶。考虑如下形式的线性规划：

$$\begin{aligned} \min_{\boldsymbol{x} \in \mathbb{R}^n} \quad & \langle \boldsymbol{c}, \boldsymbol{x} \rangle \\ \text{s.t.} \quad & \boldsymbol{A}\boldsymbol{x} \geqslant \boldsymbol{b} \end{aligned} \tag{5.7}$$

其中 $\boldsymbol{A}$ 是一个 $m \times n$ 矩阵，$\boldsymbol{b} \in \mathbb{R}^m$ 是一个向量。记号 $\boldsymbol{A}\boldsymbol{x} \geqslant \boldsymbol{b}$ 表示

$$\langle \boldsymbol{a}_i, \boldsymbol{x} \rangle \geqslant b_i,\ i = 1, 2, \cdots, m$$

其中 $\boldsymbol{a}_1, \boldsymbol{a}_2, \cdots, \boldsymbol{a}_m$ 对应 $\boldsymbol{A}$ 的行。

为了推导它的对偶，引入对偶向量 $\boldsymbol{\lambda} \in \mathbb{R}^m_{\geqslant 0}$，并考虑 Lagrange 函数

$$L(\boldsymbol{x}, \boldsymbol{\lambda}) = \langle \boldsymbol{c}, \boldsymbol{x} \rangle + \langle \boldsymbol{\lambda}, \boldsymbol{b} - \boldsymbol{A}\boldsymbol{x} \rangle$$

下一步推导 $g(\boldsymbol{\lambda}) := \inf_{\boldsymbol{x}} L(\boldsymbol{x}, \boldsymbol{\lambda})$。为此，首先把函数改写为

$$L(\boldsymbol{x}, \boldsymbol{\lambda}) = \langle \boldsymbol{x}, \boldsymbol{c} - \boldsymbol{A}^\top \boldsymbol{\lambda} \rangle + \langle \boldsymbol{b}, \boldsymbol{\lambda} \rangle$$

从这个形式很容易看出，除非 $\boldsymbol{c} - \boldsymbol{A}^\top \boldsymbol{\lambda} = \boldsymbol{0}$，否则当 $\boldsymbol{x} \in \mathbb{R}^n$ 时 $L(\boldsymbol{x}, \boldsymbol{\lambda})$ 的最小值是 $-\infty$。更准确地说，

$$g(\boldsymbol{\lambda}) = \begin{cases} \langle \boldsymbol{b}, \boldsymbol{\lambda} \rangle, & \boldsymbol{c} - \boldsymbol{A}^\top \boldsymbol{\lambda} = \boldsymbol{0} \\ -\infty, & \text{其他} \end{cases}$$

因此，对偶规划为

$$\begin{aligned}\max_{\boldsymbol{\lambda}\in\mathbb{R}^m}\quad & \langle \boldsymbol{b}, \boldsymbol{\lambda}\rangle \\ \text{s.t.}\quad & \boldsymbol{A}^\top\boldsymbol{\lambda} = \boldsymbol{c} \\ & \boldsymbol{\lambda} \geqslant \boldsymbol{0}\end{aligned} \tag{5.8}$$

线性规划强对偶性成立，也就是说，只要式(5.7)具有有限的最优值，则对偶问题式(5.8)的最优值也是有限的，并且二者相等。

例　一个非凸规划的强对偶性。考虑下面的单变量优化问题，其中 $\sqrt{\cdot}$ 指正平方根：

$$\begin{aligned}\inf\quad & \sqrt{x} \\ \text{s.t.}\quad & \frac{1}{x} - 1 \leqslant 0\end{aligned} \tag{5.9}$$

$x \longmapsto \sqrt{x}$ 不是凸函数，因此上面的问题为非凸规划。它的最优值等于 1，在边界 $x = 1$ 处取得。

能够验证该问题的对偶规划具有下面的形式：

$$\begin{aligned}\sup\quad & \frac{3}{2}\lambda - \frac{1}{2}\lambda^3 \\ \text{s.t.}\quad & \lambda \geqslant \boldsymbol{0}\end{aligned} \tag{5.10}$$

由于目标函数是凹的，这是一个凸规划。其最优值 1 在 $\lambda = 1$ 处取得。因此强对偶性成立。注意，如果我们将约束 $\dfrac{1}{x} - 1 \leqslant 0$ 替换为等价但是表述不同的约束 $x \geqslant 1$，我们将得到一个不同的对偶。

例　不具备强对偶性的凸规划。凸规划可能不具有强对偶性，这一事实有些令人遗憾，但这样的规划在实际中并不常见。产生这种现象的原因通常是对可行域的非自然或冗余的描述。

用于说明这一点的标准示例如下：考虑一个函数 $f: D \to \mathbb{R}$，它由表达式 $f(x) := \mathrm{e}^{-x}$ 和二维定义域

$$D = \{(x, y) : y > 0\} \subseteq \mathbb{R}^2$$

给出。考虑凸规划问题

$$
\begin{aligned}
\inf_{(x,y)\in D} \quad & \mathrm{e}^{-x} \\
\text{s.t.} \quad & \frac{x^2}{y} \leqslant 0
\end{aligned} \tag{5.11}
$$

由于 e^{-x} 和 $\dfrac{x^2}{y}$ 是 D 上的凸函数，这样的规划确实是凸的，但可以看出，约束的描述相当刻意：强行地约束了 $x=0$，所以变量 y 是冗余的。尽管如此，式(5.11) 的最优值仍是 1，而且我们可以推导出它的 Lagrange 对偶。为此，我们写下 Lagrange 函数

$$L(x,y,\lambda)=\mathrm{e}^{-x}+\lambda\frac{x^2}{y}$$

并推导出

$$g(\lambda)=\inf_{(x,y)\in D} L(x,y,\lambda)=0$$

对每一个 $\lambda \geqslant 0$ 成立。因此 $g(\lambda)$ 是式(5.11)的最优值的一个下界，但不存在 λ 使得 $g(\lambda)$ 等于 1。因此，强对偶性在这种情况中不成立。

5.2 共轭函数

现在引入一个与 Lagrange 对偶密切相关的概念，它在推导优化问题的对偶时经常用到。

定义 5.6 (共轭函数) 对于一个函数 $f:\mathbb{R}^n\to\mathbb{R}\cup\{+\infty\}$，它的共轭函数 $f^*:\mathbb{R}^n\to\mathbb{R}\cup\{+\infty\}$ 定义为

$$f^*(\boldsymbol{y}):=\sup_{\boldsymbol{x}\in\mathbb{R}^n}\langle\boldsymbol{y},\boldsymbol{x}\rangle-f(\boldsymbol{x})$$

其中 $\boldsymbol{y}\in\mathbb{R}^n$。

当 f 是一个单变量函数时，共轭函数具有特别直观的几何解释。假设 f 是严格凸的，并且 f 的导数能取到全部实数值。那么对于任意一个角度 θ，都存在唯一的斜率为 θ 的直线与 f 的图像相切。$f^*(\theta)$ 的值就是这条线与 y 轴的交点 (的负值)。因而，可以将 f^* 视为 f 在另一个不同的坐标系下的表示。

共轭函数的例子

(1) 如果 $f(x):=ax+b$，那么 $f^*(a)=-b, f^*(y)=\infty(y\neq a)$。

(2) 如果 $f(x):=\dfrac{1}{2}x^2$，那么 $f^*(y)=\dfrac{1}{2}y^2$。

(3) 如果 $f(x):=x\log x$，那么 $f^*(y)=\mathrm{e}^{y-1}$。

回顾一下，一个函数 $g:\mathbb{R}^n\to\mathbb{R}$ 被称为闭的，如果它将每个闭集 $K\subseteq\mathbb{R}^n$ 映射为闭集。例如，$g(x):=\mathrm{e}^x$ 不是闭的，因为 $g(\mathbb{R})=(0,+\infty)$，$\mathbb{R}$ 是一个闭集，而 $(0,+\infty)$ 不是。f^* 的一个性质是它是凸且闭的。

引理 5.7 (共轭函数是凸且闭的) 对于每个函数 f(无论其是否凸)，它的共轭函数 f^* 是凸且闭的。

证明 根据定义，f^* 是一组凸 (线性) 函数的逐点上确界，因此它是凸且闭的。 □

另一个根据定义得出的简单而有用的结论是如下的不等式。

引理 5.8 (Young-Fenchel 不等式) 设 $f:\mathbb{R}^n\to\mathbb{R}\cup\{+\infty\}$ 是任一函数，那么对于所有的 $\boldsymbol{x},\boldsymbol{y}\in\mathbb{R}^n$，我们有

$$f(\boldsymbol{x})+f^*(\boldsymbol{y})\geqslant\langle\boldsymbol{x},\boldsymbol{y}\rangle$$

下面的事实解释了“共轭”函数名称的由来——共轭操作实际上是一种对合，应用两次变回最初的函数。显然，在一般情况下这并不能成立，因为我们发现 f^* 总是凸的，但事实上，我们所需要的也仅是凸性。

引理 5.9 (共轭函数的共轭) 如果 $f:\mathbb{R}^n\to\mathbb{R}^n$ 是一个闭的凸函数，那么 $(f^*)^*=f$。

最后，我们给出一个引理，它将有助于我们将凸函数的梯度看作可逆映射。

引理 5.10 (梯度映射的逆) 假设 f 是闭的凸函数。那么 $\boldsymbol{y}\in\partial f(\boldsymbol{x})$ 当且仅当 $\boldsymbol{x}\in\partial f^*(\boldsymbol{y})$。

证明 给定一个 $\boldsymbol{y}\in\partial f(\boldsymbol{x})$，从定义 3.4 得出对于所有的 $\boldsymbol{u}$，

$$f(\boldsymbol{u})\geqslant f(\boldsymbol{x})+\langle\boldsymbol{y},\boldsymbol{u}-\boldsymbol{x}\rangle \tag{5.12}$$

因此

$$f^*(\boldsymbol{y})=\sup_{\boldsymbol{u}}(\langle\boldsymbol{y},\boldsymbol{u}\rangle-f(\boldsymbol{u}))=\max_{\boldsymbol{u}}(\langle\boldsymbol{y},\boldsymbol{u}\rangle-f(\boldsymbol{u}))\leqslant\langle\boldsymbol{y},\boldsymbol{x}\rangle-f(\boldsymbol{x}) \tag{5.13}$$

第一个等式是根据 f^* 的定义，第二个等式根据 f 是闭的，最后一个不等式根据式(5.12)(实际上，它是一个等式)。然而，对于任何 $\boldsymbol{v}$，

$$f^*(\boldsymbol{v})\geqslant\langle\boldsymbol{v},\boldsymbol{x}\rangle-f(\boldsymbol{x})=\langle\boldsymbol{v}-\boldsymbol{y},\boldsymbol{x}\rangle-f(\boldsymbol{x})+\langle\boldsymbol{y},\boldsymbol{x}\rangle\geqslant\langle\boldsymbol{v}-\boldsymbol{y},\boldsymbol{x}\rangle+f^*(\boldsymbol{y})$$

其中，第一个不等式根据 f^* 的定义，最后一个不等式根据式(5.13)。从定义 3.4 可知，这意味着 $\boldsymbol{x}\in\partial f^*(\boldsymbol{y})$。反之，记 $g:=f^*$。通过引理 5.7 可知，g 是闭且凸的。因此，我们将上述的结论应用于 g 可推导出：如果 $\boldsymbol{x}\in\partial g(\boldsymbol{y})$，那么 $\boldsymbol{y}\in\partial g^*(\boldsymbol{x})$。通过引理 5.9，$g^*=f$，由此获证。 □

共轭函数是凸分析和优化中的一个基本对象。例如，在一些习题中可以看到，Lagrange 对偶 $g(\boldsymbol{\lambda},\boldsymbol{\mu})$ 有时可以用原始目标函数的共轭表示。

5.3 KKT 最优条件

在定义 5.1 和定义 5.2 中我们引入了一组原始问题和对偶问题，现在我们介绍相应的 Kahn-Karush-Tucker(KKT) 最优条件。

定义 5.11 (KKT 条件) 设 $f,f_1,\cdots,f_m,h_1,\cdots,h_p:\mathbb{R}^n\to\mathbb{R}$ 是以 $x_1,\cdots,x_n$ 为变量的函数。设函数 $L(\boldsymbol{x},\boldsymbol{\lambda},\boldsymbol{\mu})$ 和 $g(\boldsymbol{\lambda},\boldsymbol{\mu})$ 由式(5.3)和式(5.4)定义，其中 $\lambda_1,\lambda_2,\cdots,\lambda_m$ 和 $\mu_1,\mu_2,\cdots,\mu_p$ 是对偶变量。那么，称 $\boldsymbol{x}^\star\in\mathbb{R}^n,\boldsymbol{\lambda}^\star\in\mathbb{R}^m,\boldsymbol{\mu}^\star\in\mathbb{R}^p$ 满足 KKT 最优条件，如果满足：

(1) **原始问题可行性**：$f_j(\boldsymbol{x}^\star)\leqslant 0$，$j=1,2,\cdots,m$；$h_i(\boldsymbol{x}^\star)=0$，$j=1,2,\cdots,p$；

(2) **对偶问题可行性**：$\boldsymbol{\lambda}^\star\geqslant\mathbf{0}$；

(3) **稳定性**：$\partial_{\boldsymbol{x}}L(\boldsymbol{x}^\star,\boldsymbol{\lambda}^\star,\boldsymbol{\mu}^\star)=0$，其中 $\partial_{\boldsymbol{x}}$ 表示关于 $\boldsymbol{x}$ 的次梯度集；

(4) **互补松弛**：对于 $j=1,2,\cdots,m$，$\lambda_j^\star f_j(\boldsymbol{x}^\star)=0$。

现在证明强对偶性配上原始问题和对偶问题可行性等价于 KKT 条件。这对求解凸优化问题有时很有用。

定理 5.12 (强对偶性和 KKT 条件等价) 设 $\boldsymbol{x}^\star$ 和 $(\boldsymbol{\lambda}^\star,\boldsymbol{\mu}^\star)$ 分别为原始可行点和对偶可行点。如果 $f(\boldsymbol{x}^\star)=g(\boldsymbol{\lambda}^\star,\boldsymbol{\mu}^\star)$，则它们满足其余的 KKT 条件。此外，如果函数 f 和 $f_1,f_2,\cdots,f_m$ 是凸的，且函数 $h_1,h_2,\cdots,h_p$ 是仿射的，逆命题也成立。

证明 假设强对偶性成立。那么

$$\begin{aligned}
f\left(\boldsymbol{x}^\star\right) &= g\left(\boldsymbol{\lambda}^\star,\boldsymbol{\mu}^\star\right)\\
&= \inf_{\boldsymbol{x}} L\left(\boldsymbol{x},\boldsymbol{\lambda}^\star,\boldsymbol{\mu}^\star\right)\\
&= \inf_{\boldsymbol{x}}\left(f(\boldsymbol{x})+\sum_{j=1}^{m}\lambda_i^\star f_i(\boldsymbol{x})+\sum_{i=1}^{p}\mu_i^\star h_i(\boldsymbol{x})\right)\\
&\leqslant f\left(\boldsymbol{x}^\star\right)+\sum_{j=1}^{m}\lambda_j^\star f_j\left(\boldsymbol{x}^\star\right)+\sum_{i=1}^{p}\mu_i^\star h_i\left(\boldsymbol{x}^\star\right)\\
&\leqslant f\left(\boldsymbol{x}^\star\right)
\end{aligned}$$

其中最后一个不等式由原始可行性和对偶可行性导出。因此，上述所有的不等式中等号成立。从而，第一个不等式的紧性可以推出稳定性，第二个不等式的紧性可以推出互补松弛条件。逆命题的推导留为习题（见习题 5.15）。 □

5.4 Slater 条件下的强对偶性证明

现在证明定理 5.5，假设凸规划式(5.2)满足 Slater 条件，并且 $y^\star$ 是有限的。为简单起见，假设没有等式约束 (即 $p=0$)。证明的关键是考虑下面的集合：

$$\mathcal{C}:=\{(w,\boldsymbol{u})\in\mathbb{R}\times\mathbb{R}^m : f(\boldsymbol{x})\leqslant w,\ f_i(\boldsymbol{x})\leqslant u_i \quad \forall i\in[m],\ \boldsymbol{x}\in\mathbb{R}^n\}$$

我们可以直接验证 $\mathcal{C}$ 是凸的、向上闭的：对于任意的 $(w,\boldsymbol{u})\in\mathcal{C}$ 和任意满足 $\boldsymbol{u}'\geqslant\boldsymbol{u}, w'\geqslant w$ 的 $(w',\boldsymbol{u}')$，$(w',\boldsymbol{u}')\in\mathcal{C}$。

设 $y^\star$ 是凸规划式(5.2)的最优值 (已假设它是有限的)。注意，$(y^\star,0)$ 不可能位于集合 $\mathcal{C}$ 内部，否则 $y^\star$ 不是最优的。因此 $(y^\star,0)$ 在 $\mathcal{C}$ 的边界上。因此，由定理 3.11 可得，存在 $(\lambda_0,\boldsymbol{\lambda})$ 使得

$$\langle(\lambda_0,\boldsymbol{\lambda}),(w,\boldsymbol{u})\rangle\geqslant\lambda_0 y^\star\ \forall(w,\boldsymbol{u})\in\mathcal{C} \tag{5.14}$$

由此可知 $\boldsymbol{\lambda}\geqslant\mathbf{0}$ 和 $\lambda_0\geqslant 0$，否则，不等式左侧可以取到任意负值，这与 $y^\star$ 是有限的假设相矛盾。现在有两个可能:

（1）$\lambda_0=0$：从而，$\boldsymbol{\lambda}\neq\mathbf{0}$，且一方面

$$\inf_{(w,\boldsymbol{u})\in\mathcal{C}}\langle\boldsymbol{\lambda},\boldsymbol{u}\rangle=0$$

另一方面，

$$\inf_{(w,\boldsymbol{u})\in\mathcal{C}}\langle\boldsymbol{\lambda},\boldsymbol{u}\rangle=\inf_{\boldsymbol{x}}\sum_{i=1}^{m}\lambda_i f_i(\boldsymbol{x})\leqslant\sum_{i=1}^{m}\lambda_i f_i(\bar{\boldsymbol{x}})<0$$

上式最后一个不等式利用了 $\boldsymbol{\lambda}\neq\mathbf{0}$ 的事实和满足 Slater 条件的点 $\bar{\boldsymbol{x}}$ 的存在性。这导致矛盾，因此 $\lambda_0>0$。

（2）$\lambda_0>0$：在这种情况下，式(5.14)两边同时除以 λ_0 得到

$$\inf_{(w,\boldsymbol{u})\in\mathcal{C}}\langle\boldsymbol{\lambda}/\lambda_0,\boldsymbol{u}\rangle+w\geqslant y^\star$$

令 $\hat{\boldsymbol{\lambda}}:=\boldsymbol{\lambda}/\lambda_0$，我们得到

$$g(\hat{\boldsymbol{\lambda}})=\inf_{\boldsymbol{x}}\left\{f(\boldsymbol{x})+\sum_i\hat{\lambda}_i f_i(\boldsymbol{x})\right\}\geqslant y^\star$$

对所有 $\hat{\boldsymbol{\lambda}}\geqslant\mathbf{0}$ 极大化上式左侧，得到强对偶性的非平凡情况，从而定理得证。

注意，Slater 条件对凸优化问题式(5.11)不成立。

习题

5.1 证明：无论原始问题是否是凸的，定义 5.2 中的对偶函数 g 总是凹的。

5.2 单变量对偶性。考虑如下的优化问题：

$$\begin{aligned}\min_{x\in\mathbb{R}} \quad & x^2+2x+4\\ \text{s.t.} \quad & x^2-4x\leqslant -3\end{aligned}$$

（1）求解该问题，即找到最优解。

（2）它是否为一个凸规划？

（3）推导对偶问题 $\max_{\lambda\geqslant 0} g(\lambda)$。找到 g 和它的定义域。

（4）证明弱对偶性成立。

（5）Slater 条件是否成立？强对偶性是否成立？

5.3 线性规划的对偶性。考虑线性规划标准型：

$$\begin{aligned}\min_{\boldsymbol{x}\in\mathbb{R}^n} \quad & \langle \boldsymbol{c},\boldsymbol{x}\rangle\\ \text{s.t.} \quad & \boldsymbol{Ax}=\boldsymbol{b}\\ & \boldsymbol{x}\geqslant \boldsymbol{0}\end{aligned}$$

推导出它的 Lagrange 对偶并尝试将其化为最简单的形式。

提示：可将等式约束 $\langle \boldsymbol{a}_i,\boldsymbol{x}\rangle=b_i$ 替换为 $\langle \boldsymbol{a}_i,\boldsymbol{x}\rangle\leqslant b_i$ 和 $-\langle \boldsymbol{a}_i,\boldsymbol{x}\rangle\leqslant -b_i$。

5.4 仿射空间中的最短向量。考虑如下的优化问题，

$$\min_{\boldsymbol{x}\in\mathbb{R}^n} \|\boldsymbol{x}\|^2 \tag{5.15}$$

$$\text{s.t.} \quad \langle \boldsymbol{a},\boldsymbol{x}\rangle=b \tag{5.16}$$

其中 $\boldsymbol{a}\in\mathbb{R}^n$ 是一个向量，$b\in\mathbb{R}$。上述问题即为计算原点到超平面 $\{\boldsymbol{x}:\langle \boldsymbol{a},\boldsymbol{x}\rangle=b\}$ 的 (平方) 距离。

（a）它是否为一个凸规划？

（b）推导其对偶问题。

（c）求解对偶规划，即推导其最优解的表达式。

5.5 验证下列函数的共轭函数。

（1）如果 $f(x) := ax + b$，那么 $f^*(a) = -b$，并且对于 $y \neq a$，$f^*(y) = \infty$。

（2）如果 $f(x) := \frac{1}{2}x^2$，那么 $f^*(y) = \frac{1}{2}y^2$。

（3）如果 $f(x) := x \log x$，那么 $f^*(y) = \mathrm{e}^{y-1}$。

5.6 详细证明引理 5.7。

5.7 证明引理 5.9。

5.8 定义 $f(\boldsymbol{x}) := \|\boldsymbol{x}\|$，其中范数 $\|\cdot\| : \mathbb{R}^n \to \mathbb{R}$。证明 $f^*(\boldsymbol{y}) = 0$，如果 $\|\boldsymbol{y}\|^* \leqslant 1$；其他情况下为 ∞。

5.9 写出下列函数的对偶共轭函数。

（1）$f(x) := |x|$。

（2）$f(\boldsymbol{X}) := \mathrm{Tr}(\boldsymbol{X} \log \boldsymbol{X})$，$\boldsymbol{X}$ 为一个正定矩阵。

5.10 给定函数 $f : \mathbb{R} \to \mathbb{R}$，$\eta, c$，且 $\eta \neq 0$，写出函数 $\eta f + c$ 的对偶共轭函数。

5.11 考虑式 (5.2) 中的原始问题，其中 $f_j(\boldsymbol{x}) := \langle \boldsymbol{a}_j, \boldsymbol{x} \rangle - b_j$，$\boldsymbol{a}_1, \boldsymbol{a}_2, \cdots, \boldsymbol{a}_m \in \mathbb{R}^n$ 是向量且 $b_1, b_2, \cdots, b_m \in \mathbb{R}$。证明它的对偶的目标函数是

$$g(\boldsymbol{\lambda}) = -\langle \boldsymbol{b}, \boldsymbol{\lambda} \rangle - f^*(-\boldsymbol{A}^\top \boldsymbol{\lambda})$$

其中 $\boldsymbol{A}$ 是一个 $m \times n$ 矩阵，它的行对应向量 $\boldsymbol{a}_j$。

5.12 写出如下原始问题的对偶：在 $n \times n$ 实正定矩阵上定义的凸优化问题，其目标函数 $f(\boldsymbol{X}) := -\log\det \boldsymbol{X}$，约束 $f_j(\boldsymbol{X}) := \boldsymbol{a}_j^\top \boldsymbol{X} \boldsymbol{a}_j \leqslant 1$ $(j = 1, 2, \cdots, m, \boldsymbol{a}_j \in \mathbb{R}^n)$。

5.13 **物理学中的 Lagrange-Hamilton 对偶性。** 考虑一维空间中的单位质量粒子，设 $V : \mathbb{R} \to \mathbb{R}$ 是一个势函数。在 Lagrange 动力学中，因为速率通常是位置关于时间的导数，所以通常用 q 及其 (广义) 速率 $\dot{q}$ 来表示粒子的位置。定义粒子的 Lagrange 函数为

$$L(q, \dot{q}) := \frac{1}{2}\dot{q}^2 - V(q)$$

将动量作为变量并用 p 表示，定义 **Hamilton 函数**为

$$H(q, p) := V(q) + \frac{1}{2}p^2$$

证明 Hamilton 函数是 Lagrange 函数的 Legendre-Fenchel 对偶：

$$H(q, p) = \max_{\dot{q}} \langle \dot{q}, p \rangle - L(q, \dot{q})$$

5.14 **极点和凸性。** 对于集合 $S \subseteq \mathbb{R}^n$，定义它的极点 S° 为

$$S^\circ := \{\boldsymbol{y} \in \mathbb{R}^n : \langle \boldsymbol{x}, \boldsymbol{y} \rangle \leqslant 1, \text{对于所有的}\boldsymbol{x} \in S\text{成立}\}$$

(a) 证明 $0 \in S^{\circ}$，而且无论 S 是否是凸的，S° 都是凸的。

(b) 写出半空间 $S = \{\boldsymbol{x} \in \mathbb{R}^n : \langle \boldsymbol{a}, \boldsymbol{x} \rangle \leqslant b\}$ 的极点。

(c) 写出 $S = \{\boldsymbol{x} \in \mathbb{R}^n : x_1, x_2, \cdots, x_n \geqslant 0\}$(非负象限) 的极点和由所有半正定矩阵组成的集合的极点。

(d) 多面体 $S = \mathrm{conv}\{\boldsymbol{x}_1, \boldsymbol{x}_2, \cdots, \boldsymbol{x}_m\}$ 的极点是什么? 这里 $\boldsymbol{x}_1, \boldsymbol{x}_2, \cdots, \boldsymbol{x}_m \in \mathbb{R}^n$。

(e) 证明如果 S 包含原点和一个半径为 $r > 0$ 的球，那么 S° 包含在一个半径为 $1/r$ 的球内。

(f) 设 S 是 $\mathbb{R}^n$ 的一个闭凸子集，假设我们有一个反馈器，在给定 $\boldsymbol{c} \in \mathbb{Q}^n$ 时输出㊀$\arg\min_{\boldsymbol{x}\in S}\langle \boldsymbol{c}, \boldsymbol{x} \rangle$。构建一个高效的 S° 的分离反馈器。㊁

5.15 证明定理 5.12 中的逆命题成立。

5.16 考虑一个原始问题，$f, f_1, \cdots, f_m : \mathbb{R}^n \to \mathbb{R}$ 是凸的并且不存在等式约束。假设 $\boldsymbol{x}^{\star}$ 和 $\lambda^{\star}$ 满足 KKT 条件。证明

$$\langle \boldsymbol{\nabla} f(\boldsymbol{x}), \boldsymbol{x} - \boldsymbol{x}^{\star} \rangle \geqslant 0$$

对所有可行的 $\boldsymbol{x}$ 均成立 (定理 3.14)。

5.17 **ℓ_1 最小化。** 对于矩阵 $\boldsymbol{A} \in \mathbb{R}^{m\times n}$ 和向量 $\boldsymbol{b} \in \mathbb{R}^m$，考虑如下的凸规划:

$$\min_{\boldsymbol{A}\boldsymbol{x}=\boldsymbol{b}} \|\boldsymbol{x}\|_1 \tag{5.17}$$

证明：对于一个可行解 $\boldsymbol{z} \in \mathbb{R}^n$(即 $\boldsymbol{A}\boldsymbol{z} = \boldsymbol{b}$)，如果存在 $\boldsymbol{\lambda} \in \mathbb{R}^m$ 满足

(a) 对于所有使 $z_i \neq 0$ 的 i，$(\boldsymbol{A}^{\top}\boldsymbol{\lambda})_i = \mathrm{sgn}(z_i)$，

(b) 对于所有使 $z_i = 0$ 的 i，$|(\boldsymbol{A}^{\top}\boldsymbol{\lambda})_i| \leqslant 1$，

那么 $\boldsymbol{z}$ 是规划式(5.17)的最优解。进一步证明，如果 $\boldsymbol{A}$ 中对应于 $\boldsymbol{z}$ 的非零分量的列是线性无关的且 (b) 中不等式严格成立，那么 $\boldsymbol{z}$ 是唯一的最优解。

5.18 **Eisenberg-Gale 凸规划。** 设 G 是一系列可分商品的有限集合，B 是买家的有限集合。对于 $j \in G$ 和 $i \in B$，设 $U_{ij} \geqslant 0$ 表示买方 i 在获得单位商品 j 时的效用。假设对每个 $i \in B$，都有一个 $j \in G$ 满足 $U_{ij} > 0$，类似地，对于每个 $j \in G$ 都有一个 $i \in B$ 满足 $U_{ij} > 0$。考虑以下关于 $i \in B, j \in G$ 的分配变量 $x_{ij} \geqslant 0$ 的非线性凸规划:

㊀ 我们假设这个反馈器的输出总是有理数向量，并且输出的位复杂度关于 $\boldsymbol{c}$ 的位复杂度是多项式的。这样的反馈器存在于某些具有有理数顶点的重要的多面体类中。

㊁ 本书后文将介绍：逆命题也是正确的。

$$\max_{x \in \mathbb{R}_{\geqslant 0}^{B \times G}} \quad \sum_{i \in B} \log \sum_{j \in G} U_{ij} x_{ij}$$
$$\text{s.t.} \quad \sum_{i \in B} x_{ij} \leqslant 1, \qquad \forall j \in G$$

对于 $j \in G$，令 $p_j \geqslant 0$ 表示上述规划中第 j 个不等式约束 (第 j 个商品的价格) 对应的 Lagrange 对偶变量。

（a）证明强对偶性适用于 Eisenberg-Gale 凸规划。

（b）证明相应的 KKT 条件如下：

1）$\forall i \in B, \forall j \in G, x_{ij} \geqslant 0$，

2）$\forall j \in G, p_j \geqslant 0$，

3）$\forall j \in G,$ 如果$p_j > 0$，那么 $\sum_{i \in B} x_{ij} = 1$，

4）$\forall i \in B, \forall j \in G, \dfrac{U_{ij}}{\sum_{k \in G} U_{ik} x_{ik}} \leqslant p_j$，并且

5）$\forall i \in B, \forall j \in G$，如果$x_{ij} > 0$，那么$\dfrac{U_{ij}}{\sum_{k \in G} U_{ik} x_{ik}} = p_j$。

（c）设 $x^\star$ 和 $p^\star$ 是满足 KKT 条件的点。证明

1）对于所有 $j \in G, p_j^\star > 0$，

2）对于所有 $i \in B, \sum_{j \in G} p_j^\star x_{ij}^\star = 1$。

（d）证明：如果对所有 $j \in G$ 和 $i \in B$，$U_{ij} \in \mathbb{Q}_{\geqslant 0}$，那么 $x^\star$ 和 $p^\star$ 的分量也都可以取到有理数。因此，Eisenberg-Gale 凸规划是有理凸规划的一个例子 (定义详见第 4 章中的注记)。

注记

Boyd 和 Vandenberghe（2004）的书提供了对 Lagrange 对偶性、共轭函数和 KKT 最优性条件的完整讲解。读者可以从这本书中找到更多例子和习题。Barvinok（2002）的书的第 4 章详细讨论了极点和凸性（习题 5.14 中有所讨论）。

习题 5.18 来自 Eisenberg 和 Gale（1959）的论文。要了解均衡计算领域中更广泛的一类非线性凸规划，可以参阅 Devanur 等（2016）和 Garg 等（2013）的论文。

第 6 章　梯度下降法

本书接下来主要介绍凸优化算法的设计和分析。我们首先介绍梯度下降法，并说明何时可将其视为最速下降法。然后，我们证明当函数的梯度 Lipschitz 连续时，梯度下降法具有收敛的时间复杂度。最后，我们用梯度下降法设计了一个离散优化问题的快速算法：计算无向图中的最大流。

6.1　预备

我们首先考虑无约束最小化问题

$$\min_{\boldsymbol{x}\in\mathbb{R}^n} f(\boldsymbol{x})$$

并假设凸函数 f 只存在一阶反馈器，即可以在任意点计算 f 的梯度，见定义 4.5。令 $y^\star$ 为该函数的最优值，并假定 $\boldsymbol{x}^\star$ 是可以取到该值的点：$f(\boldsymbol{x}^\star)=y^\star$。解可以理解成一种（可以随机化的）算法：给定 f 和 $\varepsilon>0$，输出一个点 $\boldsymbol{x}\in\mathbb{R}^n$，使得

$$f(\boldsymbol{x})\leqslant f(\boldsymbol{x}^\star)+\varepsilon$$

回想一下，衡量这样一个算法的运行时间用的是表示 ε 所需的位数和对 f 梯度的反馈器调用次数的函数。值得注意的是，虽然我们无须考虑对给定的 $\boldsymbol{x}$ 计算 $\nabla f(\boldsymbol{x})$ 的时间，但运行时间依赖于 $\boldsymbol{x}$ 和 $\nabla f(\boldsymbol{x})$ 的位长。尽管我们通常视总运行时间为 $\log\frac{1}{\varepsilon}$ 的某个多项式且高概率返回正确解的算法为多项式时间算法，本章我们也会介绍运行时间是 $\frac{1}{\varepsilon}$ 的某个多项式的算法。

6.2　梯度下降法概论

梯度下降法不是单纯的一个方法，而是一个具有许多可能实现方案的通用框架。我们介绍一些具体的变体，并分析它们的运行时间。性能依赖于我们对 f 的假设。我们首先介绍在无约束条件下，即 $K:=\mathbb{R}^n$ 时，梯度下降法的核心思想。在 6.3.2 节中，我们讨论有约束的情况。

梯度下降法的一般方案总结如下。

（1）选择初始点 $\boldsymbol{x}_0 \in \mathbb{R}^n$。

（2）对某些 $t \geqslant 0$，假设已经计算了 $\boldsymbol{x}_0, \boldsymbol{x}_1, \cdots, \boldsymbol{x}_t$。选择 $\boldsymbol{x}_{t+1}$ 为 $\boldsymbol{x}_t$ 和 $\nabla f(\boldsymbol{x}_t)$ 的线性组合。

（3）一旦满足某个特定的终止条件，算法终止并输出最后一次迭代。

记 $\boldsymbol{x}_t$ 为算法步骤（2）中第 t 次迭代中选择的点，令 T 为总迭代次数。T 通常作为输入的一部分给出，但它也可以由给定的终止条件确定。算法的运行时间为 $O(T \cdot M)$，其中 M 是每次更新所需时间的上界，包括找到初始点的时间。通常情况下，(对于一个固定的函数 f)M 低到一定水平无法继续优化，因此，主要目标是设计方法使得 T 尽可能小。

6.2.1　为什么要沿梯度下降

接下来，我们提出一种基于 $\boldsymbol{x}_t$ 选择下一个迭代点 $\boldsymbol{x}_{t+1}$ 的可能方法。因为我们将要描述的流程只能使用 f 的局部信息，所以选择一个使得函数值下降率局部达到最大的方向——最速下降方向是有意义的 (见图 6.1)。更正式地说，我们选择一个单位向量 $\boldsymbol{u}$，使 f 沿其方向下降率达到最大。这个方向由以下优化问题刻画:

$$\max_{\|\boldsymbol{u}\|=1} \left[\lim_{\delta \to 0} \frac{f(\boldsymbol{x}) - f(\boldsymbol{x} + \delta \boldsymbol{u})}{\delta}\right]$$

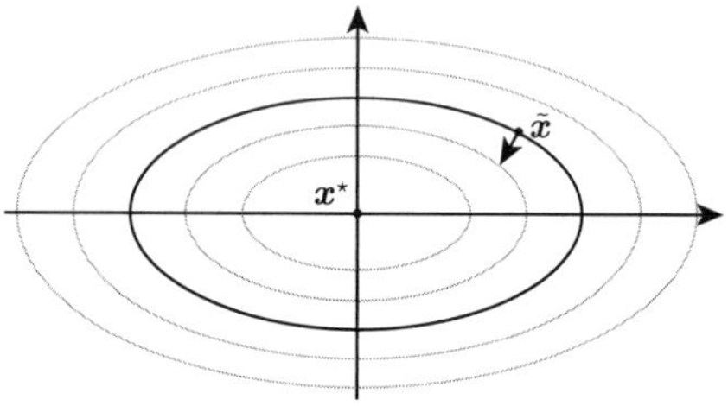

图 6.1　函数 $x_1^2 + 4x_2^2$ 在 $\tilde{\boldsymbol{x}} = (\sqrt{2}, \sqrt{2})$ 处的最速下降方向

上述极限内部的表达式是 f 在 $\boldsymbol{x}$ 处沿方向 $\boldsymbol{u}$ 的负方向导数，这样，我们得到

$$\max_{\|\boldsymbol{u}\|=1} (-Df(\boldsymbol{x})[\boldsymbol{u}]) = \max_{\|\boldsymbol{u}\|=1} (-\langle \nabla f(\boldsymbol{x}), \boldsymbol{u} \rangle) \tag{6.1}$$

我们可以证明上面的函数在

$$\boldsymbol{u}^\star := -\frac{\nabla f(\boldsymbol{x})}{\|\nabla f(\boldsymbol{x})\|}$$

处取到最大值。事实上，考虑任何范数为 1 的点 $\boldsymbol{u}$，根据柯西–施瓦茨不等式 (定理 2.15)，我们有

$$-\langle\nabla f(\boldsymbol{x}),\boldsymbol{u}\rangle \leqslant \|\nabla f(\boldsymbol{x})\|\|\boldsymbol{u}\| = \|\nabla f(\boldsymbol{x})\|$$

当 $\boldsymbol{u}=\boldsymbol{u}^{\star}$ 时，等号成立。因此，当前点的梯度的反方向就是最速下降方向。在每个点 $\boldsymbol{x}$ 处的瞬时方向都给出了一个连续时间动力系统 (定义 2.19)，称为 f 的 **梯度流**:

$$\frac{\mathrm{d}\boldsymbol{x}}{\mathrm{d}t} = -\frac{\nabla f(\boldsymbol{x})}{\|\nabla f(\boldsymbol{x})\|}$$

然而，为了通过算法实现这种想法，我们应该考虑上述微分方程的离散化。由于我们假设 f 一阶可导，一个自然的离散化是如下的欧拉离散化 (定义 2.19):

$$\boldsymbol{x}_{t+1}=\boldsymbol{x}_t-\alpha\frac{\nabla f\left(\boldsymbol{x}_t\right)}{\left\|\nabla f\left(\boldsymbol{x}_t\right)\right\|} \tag{6.2}$$

其中 $\alpha>0$ 是“步长”，即我们沿着 $\boldsymbol{u}^{\star}$ 移动的距离。由于 $\dfrac{1}{\left\|\nabla f\left(\boldsymbol{x}_t\right)\right\|}$ 只是一个标准化因子，省略它可得如下的梯度下降更新公式：

$$\boldsymbol{x}_{t+1}=\boldsymbol{x}_t-\eta\nabla f\left(\boldsymbol{x}_t\right) \tag{6.3}$$

同样地，这里 $\eta>0$ 也是一个参数——步长 (我们也可以使它依赖于时间 t 或 $\boldsymbol{x}_t$)。在机器学习中，η 通常称为**学习率**。

6.2.2　关于函数、梯度和初始点的假设

虽然沿负梯度方向移动是一个很好的瞬时策略，但要移动多少还远不清楚。在理想情况下，我们希望移动大的步长，以此希望迭代次数更少，但这也有风险。我们对函数在当前点的认知是局部的，并且隐含地假设函数是线性的。但是，函数可能会发生很大的变化或弯曲，移动较大的步长可能会导致很大的错误。这是可能出现的许多问题之一。

为了绕过上述以及相关问题，我们通常对函数的参数进行假设，如函数 f 或其梯度的 **Lipschitz 常数**。这些自然衡量了 f 是多么“复杂”，也反映了使用一阶反馈器优化 f 的难度有多大。因此，这些“正则化参数”经常体现在我们开发的优化算法的运行时间复杂度中。此外，当只使用 f 的零阶反馈器设计算法时，自然需要一个离最优解不“太远”的点 $\boldsymbol{x}_0\in\mathbb{R}^n$ 作为输入，否则甚至不清楚这样的算法应该从哪里开始搜索。更正式地，我们列出了下面的定理中出现的假设。我们从下面的定义开始。

定义 6.1 (Lipschitz 连续性) 对于分别定义在 $\mathbb{R}^n$ 和 $\mathbb{R}^m$ 上的一对范数 $\|\cdot\|_a$, $\|\cdot\|_b$ 以及 $L>0$，称函数 $g:\mathbb{R}^n\to\mathbb{R}^m$ 为 L-Lipschitz 连续，如果对于所有的 $x,y\in\mathbb{R}^n$，

$$\|g(\boldsymbol{x})-g(\boldsymbol{y})\|_b\leqslant L\|\boldsymbol{x}-\boldsymbol{y}\|_a$$

其中 L 称为相应的 Lipschitz 常数。

同一函数的 Lipschitz 常数会随着不同范数的选择而差异巨大。除非特别指定，我们总是假定两个范数都是 $\|\cdot\|_2$。

（1）**Lipschitz 连续梯度**。假设 f 是可微的，对于 $\boldsymbol{x},\boldsymbol{y}\in\mathbb{R}^n$, 我们有

$$\|\nabla f(\boldsymbol{x})-\nabla f(\boldsymbol{y})\|\leqslant L\|\boldsymbol{x}-\boldsymbol{y}\|$$

其中 $L>0$ 是一个可能很大但有限的常数。

这有时也被称为 f 的 L **光滑性**。这一条件保证了在 $\boldsymbol{x}$ 附近，梯度以可控的方式变化，因此，梯度流的轨迹只能以可控的方式“弯曲”。L 越小，我们所能采取的步长就越大。

（2）**有界梯度**。对于任意的 $\boldsymbol{x}\in\mathbb{R}^n$，我们有

$$\|\nabla f(\boldsymbol{x})\|\leqslant G$$

其中 $G\in\mathbb{Q}$ 是一个可能很大但有限的常数。㊀这一条件表明，f 是 G-Lipschitz 连续函数，证明留作习题 (习题 6.1)。本质上，它控制了函数趋于无穷的速度，G 越小，速度就越慢。

（3）**好的初始点**。需要提供一个点 $\boldsymbol{x}_0\in\mathbb{Q}^n$ 使得 $\|\boldsymbol{x}_0-\boldsymbol{x}^\star\|\leqslant D$，其中 $\boldsymbol{x}^\star$ 是式 (4.1) 的某个最优解㊁。

现在我们陈述本章主要结果及证明。

定理 6.2 (Lipschitz 连续梯度的梯度下降法保证) 存在这样一个算法，对给定凸函数 $f:\mathbb{R}^n\to\mathbb{R}$ 的一阶反馈器 (参见定义 4.5)，f 梯度的 Lipschitz 常数的界 L，初始点$\boldsymbol{x}_0\in\mathbb{R}^n$，使得 $\max\{\|\boldsymbol{x}-\boldsymbol{x}^\star\|:f(\boldsymbol{x})\leqslant f(\boldsymbol{x}_0)\}\leqslant D$(其中 $\boldsymbol{x}^\star$ 是 $\min_{\boldsymbol{x}\in\mathbb{R}^n}f(\boldsymbol{x})$ 的最优解) 的值 D，以及 $\varepsilon>0$，输出点 $\boldsymbol{x}\in\mathbb{R}^n$ 使得 $f(\boldsymbol{x})\leqslant f(\boldsymbol{x}^\star)+\varepsilon$。该算法调用 f 一阶反馈器的次数为 $T=O\left(\dfrac{LD^2}{\varepsilon}\right)$，并需要 $O(nT)$ 次算术运算。

㊀ 这里假设梯度的界适用于任意的 $\boldsymbol{x}\in\mathbb{R}^n$。实际上也可以把 $\boldsymbol{x}$ 限制到一个足够大的集合 $X\subseteq\mathbb{R}^n$，使其包含 $\boldsymbol{x}_0$ 和一个最优解 $\boldsymbol{x}^\star$。当然这需要证明算法在整个迭代过程中都“保持在 X”中。

㊁ 可能有不止一个最优解。这里任意一个最优解都可以。

我们注意到，虽然在本章只证明上述定理的变体，该结论的部分条件也可以弱化，如替换为 $\|\boldsymbol{x}_0-\boldsymbol{x}^\star\|\leqslant D$。在第 7 章中，我们将证明一个类似的结果，在梯度以 G 为界的条件下给出一个算法，能够通过 $T=O\left(\left(\frac{DG}{\varepsilon}\right)^2\right)$ 次调用 f 的一阶反馈器计算出一个 ε 近似解。

在进一步讨论之前，我们可能会关心定理 6.2 中函数 f 的参数假设 G, L 和 D 是否合理，特别是当对该函数采用黑箱调用方式时。对于 D，通常容易获得解的边界的合理估计，但获得 G 或 L 可能更困难。然而，我们通常可以尝试自适应地设置这些值。举个例子，可以以 G_0(L_0 类似) 为初始猜测，根据梯度下降的结果更新猜测。如果算法对 G_0 "失败" 了 (梯度下降法最后一点的梯度不够小)，我们可以将常数翻倍成 $G_1=2G_0$。否则，我们可以将常数减半为 $G_1=\frac{1}{2}G_0$，依此类推。

在实践中，特别是在机器学习的应用中，这些量通常在一定精度下是已知的，往往被认为是常数。基于这样的假设，执行算法所需的反馈器调用次数是 $O\left(\frac{1}{\varepsilon^2}\right)$ 和 $O\left(\frac{1}{\varepsilon}\right)$，不依赖于问题维数 n。因此，这样的算法通常称为是**维数无关的**，其以**迭代次数**来衡量 (稍后将阐明这一点) 的收敛速度不依赖于 n，而只依赖于 f 的某些正则化参数。在理论计算机科学应用中，重要的一点是找到这些量很小的公式，而这往往是挑战的关键。

6.3 梯度 Lipschitz 连续时的分析

本节证明定理 6.2。我们首先介绍梯度下降法的一个适当的变体，随后分析它。在算法 1 中，D 和 L 的取值同定理 6.2。

在给出定理 6.2 的证明之前，我们需要一个重要的引理来展示如何基于梯度 f 的假设估计 Bregman 散度的上界 (见定义 3.9)。

引理 6.3 (L 光滑函数的 Bregman 散度的上界) 设 $f:\mathbb{R}^n\to\mathbb{R}$ 是一个可微函数，使得对于任意 $\boldsymbol{x},\boldsymbol{y}\in\mathbb{R}^n$，$\|\nabla f(\boldsymbol{x})-\nabla f(\boldsymbol{y})\|\leqslant L\|\boldsymbol{x}-\boldsymbol{y}\|$ 成立。那么，对于任意 $\boldsymbol{x},\boldsymbol{y}\in\mathbb{R}^n$ 有

$$f(\boldsymbol{y})-f(\boldsymbol{x})-\langle\nabla f(\boldsymbol{x}),\boldsymbol{y}-\boldsymbol{x}\rangle\leqslant\frac{L}{2}\|\boldsymbol{y}-\boldsymbol{x}\|^2 \tag{6.4}$$

注意，这个引理不假设 f 的凸性。然而，如果 f 是凸的，则式(6.4)左边的距离是非负的，如图 6.2 所示。此外，当 f 为凸时，式(6.4)等价于 f 的梯度是 L-Lipschitz 连

续的，见习题 6.2。

算法 1 梯度 Lipschitz 连续时的最速下降法

输入:

- 凸函数 f 的一阶反馈器
- f 梯度的 Lipschitz 常数的一个上界 $L \in \mathbb{Q}_{>0}$
- 到最优解的距离的上界 $D \in \mathbb{Q} > 0$
- 初始点 $\boldsymbol{x}_0 \in \mathbb{Q}^n$
- $\varepsilon > 0$

输出: 使得 $f(\boldsymbol{x}) - f(\boldsymbol{x}^\star) \leqslant \varepsilon$ 成立的点 x

算法:

令 $T := O\left(\dfrac{LD^2}{\varepsilon}\right)$

令 $\eta := \dfrac{1}{L}$

for $t = 0, 1, \cdots, T-1$ **do**

　　$\boldsymbol{x}_{t+1} = \boldsymbol{x}_t - \eta \boldsymbol{\nabla} f(\boldsymbol{x}_t)$

end for

return $\boldsymbol{x}_T$

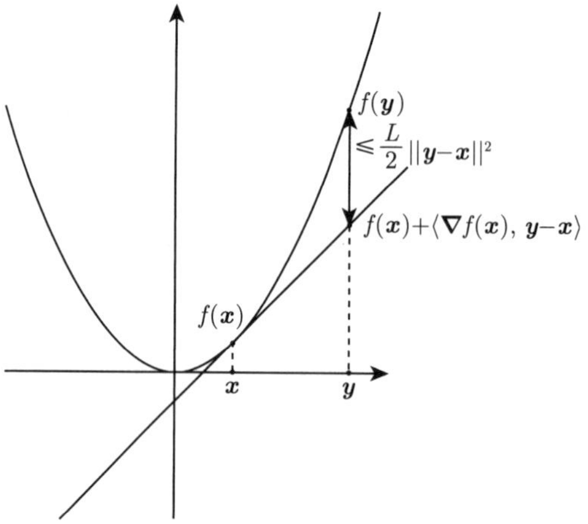

图 6.2　对于凸函数 f，当 f 的梯度 L-Lipschitz 连续时，f 与 f 在 $\boldsymbol{x}$ 处一阶近似函数在 $\boldsymbol{y}$ 点处的值差是非负的，并且以二次函数 $\dfrac{L}{2}\|\boldsymbol{y}-\boldsymbol{x}\|^2$ 为上界

证明　对于固定的 $\boldsymbol{x}$ 和 $\boldsymbol{y}$，考虑单变量函数

$$g(\lambda) := f((1-\lambda)\boldsymbol{x} + \lambda \boldsymbol{y})$$

其中 $\lambda \in [0,1]$。显然有 $g(0)=f(\boldsymbol{x})$，$g(1)=f(\boldsymbol{y})$。由于 g 是可微的，根据微积分基本定理，我们有

$$\int_0^1 \dot{g}(\lambda)\mathrm{d}\lambda = f(\boldsymbol{y}) - f(\boldsymbol{x})$$

因为 $\dot{g}(\lambda)=\langle \nabla f((1-\lambda)\boldsymbol{x}+\lambda\boldsymbol{y}), \boldsymbol{y}-\boldsymbol{x}\rangle$(这里使用了链式法则)，所以有

$$\begin{aligned}
& f(\boldsymbol{y}) - f(\boldsymbol{x}) \\
&= \int_0^1 \langle \nabla f((1-\lambda)\boldsymbol{x}+\lambda\boldsymbol{y}), \boldsymbol{y}-\boldsymbol{x}\rangle \mathrm{d}\lambda \\
&= \int_0^1 \langle \nabla f(\boldsymbol{x}), \boldsymbol{y}-\boldsymbol{x}\rangle \mathrm{d}\lambda + \int_0^1 \langle \nabla f((1-\lambda)\boldsymbol{x}+\lambda\boldsymbol{y}) - \nabla f(\boldsymbol{x}), \boldsymbol{y}-\boldsymbol{x}\rangle \mathrm{d}\lambda \\
&\leqslant \langle \nabla f(\boldsymbol{x}), \boldsymbol{y}-\boldsymbol{x}\rangle + \int_0^1 \|\nabla f((1-\lambda)\boldsymbol{x}+\lambda\boldsymbol{y}) - \nabla f(\boldsymbol{x})\| \|\boldsymbol{y}-\boldsymbol{x}\| \mathrm{d}\lambda \\
&\leqslant \langle \nabla f(\boldsymbol{x}), \boldsymbol{y}-\boldsymbol{x}\rangle + \|\boldsymbol{x}-\boldsymbol{y}\| \int_0^1 L\|\lambda(\boldsymbol{y}-\boldsymbol{x})\| \mathrm{d}\lambda \\
&= \langle \nabla f(\boldsymbol{x}), \boldsymbol{y}-\boldsymbol{x}\rangle + \frac{L}{2}\|\boldsymbol{x}-\boldsymbol{y}\|^2
\end{aligned}$$

这里我们使用了柯西–施瓦茨不等式和 f 的梯度的 L-Lipschitz 连续性。 □

定理 6.2 的证明 我们考虑迭代误差的变化。首先根据引理 6.3 可得

$$\begin{aligned}
f(\boldsymbol{x}_{t+1}) - f(\boldsymbol{x}_t) &\leqslant \langle \nabla f(\boldsymbol{x}_t), \boldsymbol{x}_{t+1}-\boldsymbol{x}_t\rangle + \frac{L}{2}\|\boldsymbol{x}_{t+1}-\boldsymbol{x}_t\|^2 \\
&= -\eta\|\nabla f(\boldsymbol{x}_t)\|^2 + \frac{L\eta^2}{2}\|\nabla f(\boldsymbol{x}_t)\|^2
\end{aligned}$$

为了最大化函数 $(f(\boldsymbol{x}_t)-f(\boldsymbol{x}_{t+1}))$ 的下降值，我们应该选择尽可能大的 η。注意，上式右侧是关于 η 的凸函数，简单推算，当 $\eta=\dfrac{1}{L}$ 时，函数值最小。代入该值，我们得到

$$f(\boldsymbol{x}_{t+1}) - f(\boldsymbol{x}_t) \leqslant -\frac{1}{2L}\|\nabla f(\boldsymbol{x}_t)\|^2 \tag{6.5}$$

直观上式(6.5)表明，如果梯度的范数 $\|\nabla f(\boldsymbol{x}_t)\|$ 很大，我们可以获得一个很大的下降量；如果 $\|\nabla f(\boldsymbol{x}_t)\|$ 很小，则我们已经接近了最优值。

记

$$R_t := f(\boldsymbol{x}_t) - f(\boldsymbol{x}^\star)$$

它度量了当前目标值距离最优值还有多远。注意 R_t 不是递增的，我们希望找到小于 ε 的最小 t。我们首先注意到 $R_0 \leqslant LD^2$。这是因为

$$R_0 \leqslant \|\nabla f(\boldsymbol{x}_0)\| \cdot \|\boldsymbol{x}_0 - \boldsymbol{x}^\star\| \leqslant D\|\nabla f(\boldsymbol{x}_0)\| \tag{6.6}$$

式(6.6)中的第一个不等式由 f 的凸性的一阶刻画可得，第二个不等式直接根据 D 的定义可得。由 $\boldsymbol{x}^\star$ 的最优性，有 $\nabla f(\boldsymbol{x}^\star) = \mathbf{0}$ (定理 3.13)。因此，根据 f 的 L 光滑性可得

$$\|\nabla f(\boldsymbol{x}_0)\| = \|\nabla f(\boldsymbol{x}_0) - \nabla f(\boldsymbol{x}^\star)\| \leqslant L\|\boldsymbol{x}_0 - \boldsymbol{x}^\star\| \leqslant LD \tag{6.7}$$

结合式(6.6)和式(6.7)，我们得到 $R_0 \leqslant LD^2$。

进一步，由式(6.5)可知

$$R_t - R_{t+1} \geqslant \frac{1}{2L}\|\nabla f(\boldsymbol{x}_t)\|^2$$

再次利用 f 的凸性和柯西–施瓦茨不等式，我们得到

$$R_t \leqslant f(\boldsymbol{x}_t) - f(\boldsymbol{x}^\star) \leqslant \langle \nabla f(\boldsymbol{x}_t), \boldsymbol{x}_t - \boldsymbol{x}^\star \rangle \leqslant \|\nabla f(\boldsymbol{x}_t)\| \cdot \|\boldsymbol{x}_t - \boldsymbol{x}^\star\|$$

注意，我们可以将 $\|\boldsymbol{x}_t - \boldsymbol{x}^\star\|$ 限制在 D 内 (根据定理中的假设)，这是因为 $f(\boldsymbol{x}_t)$ 是关于 t 的非递增序列，故其值至多不会超过 $f(\boldsymbol{x}_0)$。因此，我们得到

$$\|\nabla f(\boldsymbol{x}_t)\| \geqslant \frac{R_t}{D}$$

再由式(6.5) 得

$$R_t - R_{t+1} \geqslant \frac{R_t^2}{2LD^2} \tag{6.8}$$

因此，为了估计达到 ε 的迭代次数，我们需要解决下面的微积分问题：给定一系列数 $R_0 \geqslant R_1 \geqslant R_2 \geqslant \cdots \geqslant 0$，其中 $R_0 \leqslant LD^2$ 并且满足递归界式(6.8)，找使得 $R_T \leqslant \varepsilon$ 成立的 T 的上界。

在给出 T 可以被 $O\left(\frac{LD^2}{\varepsilon}\right)$ 界定的正式证明之前，我们通过分析递归式(6.8)的连续时间模拟来提供一些直觉——这产生了如下的动态系统：

$$\frac{\mathrm{d}}{\mathrm{d}t}R(t) = -\alpha R(t)^2$$

其中 $R:[0,\infty)\to\mathbb{R}$ 且 $R(0)=LD^2$，$\alpha=\dfrac{1}{LD^2}$。为了方便求解，首先将上式改写为

$$\frac{\mathrm{d}}{\mathrm{d}t}\left[\frac{1}{R(t)}\right]=\alpha$$

进而得到

$$R(t)=\frac{1}{R(0)^{-1}+\alpha t}$$

由此我们推断，要达到 $R(t)\leqslant\varepsilon$，我们需要取

$$t\geqslant\frac{1-\dfrac{\varepsilon}{R(0)}}{\varepsilon\alpha}\approx\Theta\left(\frac{LD^2}{\varepsilon}\right)$$

为了在离散情况（$t=0,1,2,\cdots$）下严格化这个论证，我们的想法是首先估计 R_0 下降到 $R_0/2$ 的步数，然后从 $R_0/2$ 到 $R_0/4$，再从 $R_0/4$ 到 $R_0/8$，依此类推，直到 ε。

给定式(6.8)，从 R_t 下降到 $R_t/2$ 需要进行 k 步，其中

$$k\cdot\frac{(R_t/2)^2}{2LD^2}\geqslant R_t/2$$

换言之，k 至少需要为 $\left\lceil\dfrac{4LD^2}{R_t}\right\rceil$。令 $r:=\left\lceil\log\dfrac{R_0}{\varepsilon}\right\rceil$。通过反复减半 r 次，我们可从 R_0 降到 ε，所需的步数最多为

$$\begin{aligned}\sum_{i=0}^{r}\left\lceil\frac{4LD^2}{R_0\cdot 2^{-i}}\right\rceil&\leqslant r+1+\sum_{i=0}^{r}2^i\frac{4LD^2}{R_0}\\&\leqslant(r+1)+2^{r+1}\frac{4LD^2}{R_0}\\&=O\left(\frac{LD^2}{\varepsilon}\right)\end{aligned}$$

□

6.3.1 下界

读者可能会问，上一节中提出的执行 $O\left(\varepsilon^{-1}\right)$ 次迭代的梯度下降法是不是最优的。现在考虑一个一阶黑箱优化的通用模型，它包括梯度下降法和许多相关的算法。考虑一个算法，给定 $\boldsymbol{x}_0\in\mathbb{R}^n$ 并能调用凸函数 $f:\mathbb{R}^n\to\mathbb{R}$ 的梯度反馈器，它产生一个点列 $\boldsymbol{x}_0,\boldsymbol{x}_1,\cdots,\boldsymbol{x}_T$，使得

$$\boldsymbol{x}_t\in\boldsymbol{x}_0+\operatorname{span}\left\{\boldsymbol{\nabla}f\left(\boldsymbol{x}_0\right),\cdots,\boldsymbol{\nabla}f\left(\boldsymbol{x}_{t-1}\right)\right\}\tag{6.9}$$

也就是说，该算法仅可以在由先前迭代中的梯度所张成的子空间中迭代。注意，梯度下降法显然遵循该方案，因为

$$\boldsymbol{x}_t=\boldsymbol{x}_0-\sum_{j=0}^{t-1}\eta\nabla f\left(\boldsymbol{x}_j\right)$$

我们不限制这种算法一次迭代的运行时间；实际上，我们允许它进行任意长时间的计算，以从 $\boldsymbol{x}_0,\boldsymbol{x}_1,\cdots,\boldsymbol{x}_{t-1}$ 及其相应的梯度中计算出 $\boldsymbol{x}_t$。在此模型中，我们仅对迭代次数感兴趣。

定理 6.4 (下界) *考虑在式(6.9)的模型中求解无约束最小化凸问题* $\min_{\boldsymbol{x}\in\mathbb{R}^n}f(\boldsymbol{x})$ *的任一算法，当* f *的梯度为（常数* L*）Lipschitz 连续的且初始点* $\boldsymbol{x}_0\in\mathbb{R}^n$ *满足* $\|\boldsymbol{x}_0-\boldsymbol{x}^\star\|\leqslant D$ *时，存在一个函数* f*，对于任何* $1\leqslant T\leqslant\dfrac{n}{2}$*，都成立*

$$\min_{0\leqslant t\leqslant T-1}f\left(\boldsymbol{x}_t\right)-\min_{\boldsymbol{x}\in\mathbb{R}^n}f(\boldsymbol{x})\geqslant\Omega\left(\frac{LD^2}{T^2}\right)$$

上述定理说明达到 ε 最优解至少需要 $\Omega\left(\dfrac{1}{\sqrt{\varepsilon}}\right)$ 次迭代。这个下界与定理 6.2中建立的 $\dfrac{1}{\varepsilon}$ 的上界不匹配。因此，有人会问：*有没有一种方法的迭代次数可以匹配上面的* $\dfrac{1}{\sqrt{\varepsilon}}$ 界？令人惊讶的是，答案是肯定的。这可以使用所谓的**加速梯度下降**来实现，第 8 章专题会介绍它。我们会在习题 8.4 中证明定理 6.4。

6.3.2 约束优化的投影梯度下降法

到目前为止，我们已经讨论了无约束优化问题，同样的方法也可以推广到有约束的情况。对于一个凸子集 $K\subseteq\mathbb{R}^n$，我们考虑

$$\min_{\boldsymbol{x}\in K}f(\boldsymbol{x})$$

在应用梯度下降法时，下一个迭代 $\boldsymbol{x}_{t+1}$ 可能落在凸集 K 之外。在这种情况下，我们需要将其投影回 K：在 K 中与 $\boldsymbol{x}$ 的欧氏距离达到最小的点，用 $\operatorname{proj}_K(\boldsymbol{x})$ 表示。正式地说，对于闭集 $K\subseteq\mathbb{R}^n$ 和点 $\boldsymbol{x}\in\mathbb{R}^n$，定义

$$\operatorname{proj}_K(\boldsymbol{x}):=\underset{\boldsymbol{y}\in K}{\operatorname{argmin}}\|\boldsymbol{x}-\boldsymbol{y}\|$$

我们将投影点作为新的迭代点，即

$$\boldsymbol{x}_{t+1}=\operatorname{proj}_K\left(\boldsymbol{x}_t-\eta_t \nabla f\left(\boldsymbol{x}_t\right)\right)$$

称之为**投影梯度下降法**。这种方法的收敛速度保持不变。(原证明可平移至此，需要注意，对于所有的 $\boldsymbol{x},\boldsymbol{y}\in\mathbb{R}^n$，均有 $\|\operatorname{proj}_K(\boldsymbol{x})-\operatorname{proj}_K(\boldsymbol{y})\|\leqslant\|\boldsymbol{x}-\boldsymbol{y}\|$。) 但是，根据 K 的不同，求解投影可能很难 (或计算成本高)，也可能不难。更确切地说，只要算法能够调用这样一个反馈器，它对给定的点 $\boldsymbol{x}$ 能返回 $\boldsymbol{x}$ 到 K 的投影 $\operatorname{proj}_K(\boldsymbol{x})$，就有以下类似定理 6.2 的定理。

定理 6.5 (Lipschitz 梯度的投影梯度下降法)　给定凸函数 $f:K\to\mathbb{R}$ 的一阶反馈器，投影算子 $\operatorname{proj}_K:\mathbb{R}^n\to K$，$f$ 梯度的 Lipschitz 常数界 L，初始点 $\boldsymbol{x}_0\in\mathbb{R}^n$，使得 $\max\{\|\boldsymbol{x}-\boldsymbol{x}^\star\|:f(\boldsymbol{x})\leqslant f(\boldsymbol{x}_0)\}\leqslant D$ (其中 $\boldsymbol{x}^\star$ 是 $\min_{\boldsymbol{x}\in K}f(\boldsymbol{x})$ 的最优解) 的值 D，以及 $\varepsilon>0$，存在一个算法，输出点 $\boldsymbol{x}\in K$ 满足 $f(\boldsymbol{x})\leqslant f(\boldsymbol{x}^\star)+\varepsilon$，该算法调用 f 的一阶反馈器和投影算子 proj_K 的次数为 $T=O\left(\frac{LD^2}{\varepsilon}\right)$，总算术运算复杂度为 $O(nT)$。

6.4　应用：最大流问题

作为本章算法的应用，我们提出一个计算无向图中 $s-t$ 最大流的算法。这是我们处理离散优化问题的第一个非平凡的例子：首先建模成线性规划，然后使用连续优化——在这里是梯度下降法——来求解问题。

6.4.1　$s-t$ 最大流问题

我们首先正式定义 $s-t$ 最大流问题。这个问题的输入包括一个不带权重的简单无向图 $G=(V,E)$，其中 $n:=|V|$ 且 $m:=|E|$，两个特殊的顶点 $s\neq t\in V$，其中 s 是“源点”，t 是“汇点”，以及“容量” $\boldsymbol{\rho}\in\mathbb{Q}^m_{\geqslant 0}$。用 $\boldsymbol{B}\in\mathbb{R}^{n\times m}$ 表示 2.9.2 节中介绍的图的点–边关联矩阵。

回顾 1.1 节和 2.9.1 节中 G 上 s–t 流的定义。G 中的 s–t 流是一个赋值 $\boldsymbol{x}:E\to\mathbb{R}$，它满足以下性质 ㊀。对于所有的顶点 $u\in V\backslash\{s,t\}$，我们要求“入”流等于“出”流：

$$\langle\boldsymbol{e}_u,\boldsymbol{Bx}\rangle=0$$

$s-t$ 流满足容量要求，即对于所有 $i\in[\mathrm{m}],|x_i|\leqslant\rho_i$ 都成立。我们的目标是在 G 中找到这样一个流，不仅是可行的，而且最大化 s 的“出”流：

$$\langle\boldsymbol{e}_s,\boldsymbol{Bx}\rangle$$

㊀ 正如前面提到的，我们将 x 从 E 扩展到 $V\times V$，作为边上的反对称函数。如果第 i 条边由 u 指向 v 且 $\boldsymbol{b}_i=\boldsymbol{e}_u-\boldsymbol{e}_v$，我们令 $x(v,u):=-x(u,v)$。如果不考虑第 i 条边的方向，我们使用记号 x_i。

以 $F^\star$ 表示这个最大流的值。

$s-t$ 最大流问题可建模成如下的线性规划：

$$\begin{aligned} \max_{\boldsymbol{x}\in\mathbb{R}^E, F\geqslant 0} \quad & F \\ \text{s.t.} \quad & \boldsymbol{B}\boldsymbol{x} = F\boldsymbol{b} \\ & |x_i| \leqslant \rho_i,\ \forall i \in [m] \end{aligned} \tag{6.10}$$

其中 $\boldsymbol{b} := \boldsymbol{e}_s - \boldsymbol{e}_t$。

从现在开始，我们假设所有的容量都是 1，即对于所有的 $i \in [m]$，$\rho_i = 1$，因此式(6.10)中最后一个约束可简化为 $\|\boldsymbol{x}\|_\infty \leqslant 1$。这里讨论的方法可以扩展到一般容量情况。

需要注意的是，如果 G 中有一条从 s 到 t 的路径，则 $F^\star \geqslant 1$；我们假设这一点成立（可以用广度优先搜索在 $\widetilde{O}(m)$ 时间内检查该性质）。此外，由于每条边的容量为 1，$F^\star \leqslant m$，因此，不仅可行性能够被保证，而且有 $1 \leqslant F^\star \leqslant m$。

6.4.2 主要结果

定理 6.6 ($s-t$ 最大流问题的算法) 给定一个具有单位容量的无向图 G，两个顶点 s,t 和 $\varepsilon > 0$，存在一个算法，在 $\widetilde{O}\left(\varepsilon^{-1}\dfrac{m^{5/2}}{F^\star}\right)$ 时间内，能够找到值至少为 $(1-\varepsilon)F^\star$ 的 $s-t$ 流。㊀

我们不给出该定理的详细证明，而是介绍主要步骤，并将某些步骤留作习题。

6.4.3 建模成无约束凸规划

第一个关键思想是将式(6.10)重新表述为无约束凸优化问题。注意，它已经是凸的（实际上是线性的），但是，我们希望避免例如“$\|\boldsymbol{x}\|_\infty \leqslant 1$”这种复杂的约束。为此，我们取代最大化 F 转而通过回答是否存在值为 F 的满足容量约束的流 x 去猜测 F。如果可以有效地解决这样的判定问题，那么我们可以通过对 F 执行二分搜索在一定精度范围内解决式(6.10)的问题。因此，对于给定的 $F \in \mathbb{Q}_{\geqslant 0}$，只需要考虑下面的问题：

$$\begin{aligned} & \text{找到}\boldsymbol{x} \in \mathbb{R}^m \\ \text{s.t.} \quad & \boldsymbol{B}\boldsymbol{x} = F\boldsymbol{b} \\ & \|\boldsymbol{x}\|_\infty \leqslant 1 \end{aligned} \tag{6.11}$$

㊀ 记号 $\widetilde{O}(f(n))$ 代表 $O\left(f(n)\cdot\log^k f(n)\right)$，其中 $k>0$ 是某个常数。

如果我们记

$$H_F := \{\boldsymbol{x} \in \mathbb{R}^m : \boldsymbol{B}\boldsymbol{x} = F\boldsymbol{b}\}$$

并且

$$B_{m,\infty} := \{\boldsymbol{x} \in \mathbb{R}^m : \|\boldsymbol{x}\|_\infty \leqslant 1\}$$

则上面的解集是这两个凸集的交集，因此这实际上问了一个关于凸集 $K := H_F \cap B_{m,\infty}$ 的如下问题：

$K \neq \varnothing$ 成立吗？如果成立，输出 K 中的一个点

我们想使用梯度下降法的框架，需要首先将上述问题表述为最小化问题。我们有如下两个选择：

（1）将 $\boldsymbol{x}$ 限制在 H_F 中，最小化 $\boldsymbol{x}$ 与 $B_{m,\infty}$ 的距离；

（2）将 $\boldsymbol{x}$ 限制在 $B_{m,\infty}$ 中，最小化 $\boldsymbol{x}$ 与 H_F 的距离。

结果表明，第一个方案具有第二个所没有的优点：选择一个恰当的距离函数后，目标函数是凸的，具有易于计算的一阶反馈器，更重要的是，其梯度的 Lipschitz 常数是 $O(1)$。因此，我们将式(6.11)重构为在 $\boldsymbol{x} \in H_F$ 约束下最小化 $\boldsymbol{x}$ 到 $B_{m,\infty}$ 的距离。为此，设 P 是正交投影算子，$P : \mathbb{R}^m \to B_{m,\infty}$，定义如下

$$P(\boldsymbol{x}) := \operatorname{argmin}\{\|\boldsymbol{x} - \boldsymbol{y}\| : \boldsymbol{y} \in B_{m,\infty}\}$$

我们要考虑的式(6.10)的最终形式是

$$\begin{aligned} &\min_{\boldsymbol{x} \in \mathbb{R}^E} \|\boldsymbol{x} - P(\boldsymbol{x})\|^2 \\ &\text{s.t. } \boldsymbol{B}\boldsymbol{x} = F\boldsymbol{b} \end{aligned} \tag{6.12}$$

有人可能会关注约束 $\boldsymbol{B}\boldsymbol{x} = F\boldsymbol{b}$，因为到目前为止，我们主要讨论了 $\mathbb{R}^m$ 上的无约束优化——然而，由于它是 $\mathbb{R}^m$ 的仿射子空间，很容易证明，只要我们在每一步中，将梯度投影到 $\{\boldsymbol{x} : \boldsymbol{B}\boldsymbol{x} = \boldsymbol{0}\}$，则定理 6.2 的结论仍然成立。㊀稍后我们将看到这个投影算子有一个快速的 $\widetilde{O}(m)$ 反馈器。

此外，由于我们期望近似求解式(6.12)，还需要说明如何处理这一步骤中可能出现的误差，以及在给定式(6.12)解的情况下，如何影响对式(6.10)的求解；详细讨论参见 6.4.6 节。

㊀ 为此，可以考虑投影梯度下降法——见定理 6.5，或者在线性子空间上重写一下定理 6.2的证明。

6.4.4 梯度下降法中的步骤

为了将梯度下降法应用于式(6.12)的问题，并估计其运行时间，我们需要执行下面的步骤。

（1）证明目标函数 $f(\boldsymbol{x}) := \|\boldsymbol{x} - P(\boldsymbol{x})\|^2$ 在 $\mathbb{R}^m$ 上是凸的。

（2）证明 f 具有 Lipschitz 连续梯度，并求出 Lipschitz 常数。

（3）找到一个“好的初始点” $\boldsymbol{x}_0 \in \mathbb{R}^m$。

（4）估计单次迭代的运行时间，即我们计算梯度有多快。

我们现在逐一讨论这些步骤。

第 1 步：凸性。一般来说，对于每个凸集 $S \subseteq \mathbb{R}^n$，函数 $\boldsymbol{x} \mapsto \operatorname{dist}^2(\boldsymbol{x}, S)$ 是凸的；见习题 6.9。这里，

$$\operatorname{dist}(\boldsymbol{x}, S) := \inf_{\boldsymbol{y} \in S} \|\boldsymbol{x} - \boldsymbol{y}\|$$

第 2 步：Lipschitz 连续梯度。首先要计算 f 的梯度以分析其性质。为此，我们首先观察到超立方体上的投影算子可简单地描述如下：

$$P(\boldsymbol{x})_i = \begin{cases} x_i, & x_i \in [-1,1] \\ -1, & x_i < -1 \\ 1, & x_i > 1 \end{cases} \tag{6.13}$$

因此，

$$f(\boldsymbol{x}) = \sum_{i=1}^{n} h\left(x_i\right)$$

其中 $h : \mathbb{R} \to \mathbb{R}$ 对应函数 $\operatorname{dist}^2(z, [-1,1])$，即

$$h(z) = \begin{cases} 0, & z \in [-1,1], \\ (z+1)^2, & z < -1 \\ (z-1)^2, & z > 1 \end{cases}$$

因此，特别地，我们有

$$[\boldsymbol{\nabla} f(\boldsymbol{x})]_i = \begin{cases} 0, & x_i \in [-1,1] \\ 2\left(x_i + 1\right), & x_i < -1 \\ 2\left(x_i - 1\right), & x_i > 1 \end{cases}$$

很容易看出这样的函数 $(\nabla f(\boldsymbol{x}))$ 是 Lipschitz 连续的，且在欧氏范数意义下的 Lipschitz 常数 $L=2$。

第 3 步：好的初始点。我们需要找到一个流 $\boldsymbol{g}\in H_F$，它尽可能地接近"立方体" $B_{m,\infty}$。为此，我们可以找到欧氏范数最小的流 $\boldsymbol{g}\in H_F$。换言之，我们可以将原点投影到仿射子空间 H_F 上，以获得一个流 $\boldsymbol{g}$ (我们在第 4 步中讨论其时间复杂度)。注意，如果 $\|\boldsymbol{g}\|^2>m$ 那么式(6.12)的最优值非零，这足以说明 $F^\star<F$。事实上，如果存在流 $\boldsymbol{x}\in B_{m,\infty}$ 使得 $\boldsymbol{B}\boldsymbol{x}=F\boldsymbol{b}$，则 $\boldsymbol{x}$ 是 H_F 中在欧氏范数意义下满足如下关系的点，

$$\|\boldsymbol{x}\|^2\leqslant m\|\boldsymbol{x}\|_\infty^2\leqslant m$$

这与 $\boldsymbol{g}$ 的选择相矛盾。$\boldsymbol{x}_0=\boldsymbol{g}$ 的这种选择意味着 $\|\boldsymbol{x}_0-\boldsymbol{x}^\star\|\leqslant 2\sqrt{m}$，由此我们有 $D=O(\sqrt{m})$。

第 4 步：计算梯度的复杂性。在第 2 步中，我们已经推导了 f 的梯度公式。然而，由于我们是在约束条件下进行的，这样一个向量 $\nabla f(\boldsymbol{x})$ 需要投影到线性子空间 $H:=\{\boldsymbol{x}\in\mathbb{R}^m:\boldsymbol{B}\boldsymbol{x}=\boldsymbol{0}\}$。在习题 6.10 中，我们将证明：如果令

$$\boldsymbol{\Pi}:=\boldsymbol{B}^\top\left(\boldsymbol{B}\boldsymbol{B}^\top\right)^+\boldsymbol{B}$$

其中 $\left(\boldsymbol{B}\boldsymbol{B}^\top\right)^+$ 是 $\boldsymbol{B}\boldsymbol{B}^\top$($G$ 的拉普拉斯算子) 的广义逆，则矩阵 $\boldsymbol{I}-\boldsymbol{\Pi}:\mathbb{R}^m\to\mathbb{R}^m$ 对应于算子 proj_H。因此，在投影梯度下降法第 t 步中，我们需要计算

$$(\boldsymbol{I}-\boldsymbol{\Pi})\nabla f\left(\boldsymbol{x}_t\right).$$

虽然 $\nabla f\left(\boldsymbol{x}_t\right)$ 如前面所推导的可在线性时间内完成计算，但投影的计算可能相当昂贵。事实上，即使我们预先计算了 $\boldsymbol{\Pi}$ (这大约需要 $O\left(m^3\right)$ 的时间)，将其作用于向量 $\nabla f\left(\boldsymbol{x}_t\right)$ 仍然需要 $O\left(m^2\right)$ 的时间。这里有一个重要且非平凡的结果，即这样的投影可以在 $\widetilde{O}(m)$ 时间内计算出。注意，该问题可以简化为求解形为 $\boldsymbol{B}\boldsymbol{B}^\top\boldsymbol{y}=\boldsymbol{a}$ 的拉普拉斯系统。

6.4.5　运行时间分析

基于上述讨论，我们可以建立梯度下降法找到 δ 近似最大流的运行时间上界。根据定理 6.5，在误差 δ 内求解式(6.12)的迭代次数为 $O\left(\frac{LD^2}{\delta}\right)=O\left(\frac{m}{\delta}\right)$，并且每次迭代 (以及找到 $\boldsymbol{x}_0$) 的时间成本是 $\widetilde{O}(m)$。因此，总共需要 $\widetilde{O}\left(\frac{m^2}{\delta}\right)$ 的计算时间。

为了从式(6.12)的解中恢复值为 $F^\star(1-\varepsilon)$ 的流，我们需要求解式(6.12)的精度满足 $\delta:=\frac{F^\star\varepsilon}{\sqrt{m}}$ (参见 6.4.6 节)。由此我们得到了 $\widetilde{O}\left(\varepsilon^{-1}\frac{m^{2.5}}{F^\star}\right)$ 的运行时间上界。在 F 上

进行二分搜索以找到满足精度要求的 $F^\star$，时间上只会增加 m 的一个对数因子（因为 $1 \leqslant F^\star \leqslant m$），因此，不会显著影响运行时间。这就完成了定理 6.6 的证明。

6.4.6 处理近似解

在处理式(6.12)时面临的一个问题是，为了求解式(6.11)需要精确求解式(6.12)，即误差 $\varepsilon = 0$（我们需要知道最优解是零还是非零），这在使用梯度下降法时不可能做到。我们用下面的引理来处理。

引理 6.7 (从近似流到精确流) *设 $\boldsymbol{g} \in \mathbb{R}^m$ 是图 G 上值为 F 的 $s-t$ 流，即 $\boldsymbol{B}\boldsymbol{g} = F\boldsymbol{b}$。假设 $\boldsymbol{g}$ 在所有边上溢出共计 F_{ov} 个单位流（正式地说，$F_{ov} := \|\boldsymbol{g} - P(\boldsymbol{g})\|_1$）。存在一个算法，给定 $\boldsymbol{g}$，能够找到一个任何边都不会溢出的流 $\boldsymbol{g}'$（即 $\boldsymbol{g}' \in B_{m,\infty}$ 并且它的流量 $F' \geqslant F - F_{ov}$。算法运行时间至多为 $O(m \log n)$。*

该引理指出，我们在求解式(6.12)时产生的任何误差都可以有效地转化为式(6.10)原始目标中的误差。更准确地说，如果求解式(6.12)时产生 $\delta > 0$ 的误差，那么我们可以有效地恢复一个流，其值至少为 $F - \sqrt{m}\delta$。因此，为了使流量至少为 $F(1-\varepsilon)$，我们需要设置 $\delta := \dfrac{\varepsilon F}{\sqrt{m}}$。

习题

6.1 设 $f : \mathbb{R}^n \to \mathbb{R}$ 为可微函数。证明如果 $\|\boldsymbol{\nabla} f(\boldsymbol{x})\| \leqslant G$ 对于所有 $\boldsymbol{x} \in \mathbb{R}^n$ 和某个 $G > 0$ 成立，则 f 是 G-Lipschitz 连续的，即

$$\forall \boldsymbol{x}, \boldsymbol{y} \in \mathbb{R}^n, |f(\boldsymbol{x}) - f(\boldsymbol{y})| \leqslant G$$

反之是否成立？（见习题 7.1。）

6.2 假设一个可微函数 $f : \mathbb{R}^n \to \mathbb{R}$ 具有如下性质：对于所有 $\boldsymbol{x}, \boldsymbol{y} \in \mathbb{R}^n$，

$$f(\boldsymbol{y}) \leqslant f(\boldsymbol{x}) + \langle \boldsymbol{y} - \boldsymbol{x}, \boldsymbol{\nabla} f(\boldsymbol{x}) \rangle + \frac{L}{2}\|\boldsymbol{x} - \boldsymbol{y}\|^2 \tag{6.14}$$

证明：如果 f 是二次可微的且具有连续的黑塞矩阵，则式(6.14)等价于 $\boldsymbol{\nabla}^2 f(\boldsymbol{x}) \preceq L\boldsymbol{I}$。进一步，证明如果 f 也是凸的，则式(6.14)等价于 f 的梯度是 L-Lipschitz 连续的，即

$$\forall \boldsymbol{x}, \boldsymbol{y} \in \mathbb{R}^n,\ \|\boldsymbol{\nabla} f(\boldsymbol{x}) - \boldsymbol{\nabla} f(\boldsymbol{y})\| \leqslant L\|\boldsymbol{x} - \boldsymbol{y}\|$$

6.3 设 $\mathcal{M}$ 是 $\{1, 2, \cdots, n\}$ 的非空真子集。对于集合 $M \in \mathcal{M}$，设 $\boldsymbol{1}_M \in \mathbb{R}^n$ 是 M 的示性向量，也就是说，如果 $i \in M$，则 $1_M(i) = 1$，否则 $1_M(i) = 0$。考虑一个函数 $f : \mathbb{R}^n \to \mathbb{R}$，定义如下

$$f(\boldsymbol{x}) := \log\left(\sum_{M\in\mathcal{M}} \mathrm{e}^{\langle \boldsymbol{x}, \mathbf{1}_M\rangle}\right)$$

证明 f 的梯度是 L-Lipschitz 连续的，其中常数 $L>0$ 在欧氏范数意义下是 n 的一个多项式。

6.4 证明定理 6.5。

6.5 强凸函数的梯度下降法。在这个问题中，我们分析一个最小化二次可微凸函数 $f:\mathbb{R}^n\to\mathbb{R}$ 的梯度下降法，该函数 f 满足对于任何 $\boldsymbol{x}\in\mathbb{R}^n$，有 $m\boldsymbol{I}\preceq\boldsymbol{\nabla}^2 f(\boldsymbol{x})\preceq M\boldsymbol{I}$，其中 $0<m\leqslant M$。

这个算法从某个 $\boldsymbol{x}_0\in\mathbb{R}^n$ 开始并且在每一步 $t=0,1,2,\cdots$ 选择下一个点

$$\boldsymbol{x}_{t+1} := \boldsymbol{x}_t - \alpha_t \boldsymbol{\nabla} f(\boldsymbol{x}_t)$$

其中，α_t 为当固定 $\boldsymbol{x}_t$ 时，在 $\alpha\in\mathbb{R}$ 中最小化 $f(\boldsymbol{x}_t-\alpha\boldsymbol{\nabla} f(\boldsymbol{x}_t))$ 取到的 α。设 $y^\star := \min\{f(\boldsymbol{x}):\boldsymbol{x}\in\mathbb{R}^n\}$。

（1）证明

$$\forall \boldsymbol{x},\boldsymbol{y}\in\mathbb{R}^n,\ \frac{m}{2}\|\boldsymbol{y}-\boldsymbol{x}\|^2 \leqslant f(\boldsymbol{y})-f(\boldsymbol{x})+\langle\boldsymbol{\nabla} f(\boldsymbol{x}),\boldsymbol{x}-\boldsymbol{y}\rangle \leqslant \frac{M}{2}\|\boldsymbol{y}-\boldsymbol{x}\|^2$$

（2）证明

$$\forall \boldsymbol{x}\in\mathbb{R}^n,\ f(\boldsymbol{x})-\frac{1}{2m}\|\boldsymbol{\nabla} f(\boldsymbol{x})\|^2 \leqslant y^\star \leqslant f(x)-\frac{1}{2M}\|\boldsymbol{\nabla} f(\boldsymbol{x})\|^2$$

（3）证明对于每个 $t=0,1,2,\cdots$

$$f(\boldsymbol{x}_{t+1}) \leqslant f(\boldsymbol{x}_t)-\frac{1}{2M}\|\boldsymbol{\nabla} f(\boldsymbol{x}_t)\|^2$$

（4）证明对于每个 $t=0,1,2,\cdots$

$$f(\boldsymbol{x}_t)-y^\star \leqslant \left(1-\frac{m}{M}\right)^t (f(\boldsymbol{x}_0)-y^\star)$$

达到 $f(\boldsymbol{x}_t)-y^\star\leqslant\varepsilon$ 所需的迭代次数 t 是多少？

（5）考虑线性方程组 $\boldsymbol{A}\boldsymbol{x}=\boldsymbol{b}$，其中 $\boldsymbol{b}\in\mathbb{R}^n$ 是一个向量，$\boldsymbol{A}\in\mathbb{R}^{n\times n}$ 是一个对称正定矩阵，使得 $\dfrac{\lambda_n(\boldsymbol{A})}{\lambda_1(\boldsymbol{A})}\leqslant\kappa$（$\lambda_1(\boldsymbol{A})$ 和 $\lambda_n(\boldsymbol{A})$ 分别是 $\boldsymbol{A}$ 的最小特征值和最大特

征值）。使用上述框架来设计算法近似求解系统 $\boldsymbol{A}\boldsymbol{x}=\boldsymbol{b}$，使得复杂度对数依赖于误差 $\varepsilon>0$ 且多项式依赖于 κ。这种算法的运行时间是多少？

6.6 非光滑函数的次梯度下降法。 考虑函数 $R:\mathbb{R}^n\to\mathbb{R}$ 其中 $R(\boldsymbol{x}):=\|\boldsymbol{x}\|_1$。

（1）证明 $R(\boldsymbol{x})$ 是凸函数。

（2）证明 $R(\boldsymbol{x})$ 不是处处可微的。

（3）作为回顾，我们称 $\boldsymbol{g}\in\mathbb{R}^n$ 是 $f:\mathbb{R}^n\to\mathbb{R}$ 在点 $\boldsymbol{x}\in\mathbb{R}^n$ 的次梯度，如果

$$\forall \boldsymbol{y}\in\mathbb{R}^n,\ f(\boldsymbol{y})\geqslant f(\boldsymbol{x})+\langle\boldsymbol{g},\boldsymbol{y}-\boldsymbol{x}\rangle$$

令 $\partial f(\boldsymbol{x})$ 为 f 在 $\boldsymbol{x}$ 处的所有次梯度的集合。对于所有的 $\boldsymbol{x}\in\mathbb{R}^n$，写出 $\partial R(\boldsymbol{x})$ 表达式。

（4）考虑以下优化问题：

$$\min\left\{\|\boldsymbol{A}\boldsymbol{x}-\boldsymbol{b}\|^2+\frac{1}{\eta}R(\boldsymbol{x}):\boldsymbol{x}\in\mathbb{R}^n\right\}$$

其中 $\boldsymbol{A}\in\mathbb{R}^{m\times n}$，$\boldsymbol{b}\in\mathbb{R}^m$，并且 $\eta>0$。由于目标函数是不可微的，我们不能直接应用梯度下降法。使用次梯度来处理 R 的不可微性。说明更新规则并推导相应的运行时间。

6.7 光滑函数的坐标下降。 设 $f:\mathbb{R}^n\to\mathbb{R}$ 是一个凸函数，具有 $\dfrac{\partial^2 f}{\partial^2 x_i}\leqslant\beta_i(i=1,2,\cdots,n)$ 的二次可微函数，并令 $B:=\sum_{i=1}^n\beta_i$。

（1）设 $\boldsymbol{x}\in\mathbb{R}^n$，并令

$$\boldsymbol{x}':=\boldsymbol{x}-\frac{1}{\beta_i}\frac{\partial f(\boldsymbol{x})}{\partial x_i}\boldsymbol{e}_i$$

其中 $i\in\{1,2,\cdots,n\}$ 是以概率 $p_i:=\dfrac{\beta_i}{B}$ 随机选择的。证明

$$\mathbb{E}\left[f\left(\boldsymbol{x}'\right)\right]\leqslant f(\boldsymbol{x})-\frac{1}{2B}\|\boldsymbol{\nabla}f(\boldsymbol{x})\|^2$$

（2）使用上面的随机更新规则来设计一个类似于随机梯度下降的算法，该算法在 T 步后满足

$$\mathbb{E}\left[f\left(\boldsymbol{x}_t\right)-f\left(\boldsymbol{x}^\star\right)\right]\leqslant\varepsilon$$

只要 $T=\Omega\left(\dfrac{BD^2}{\varepsilon}\right)$，其中 $D:=\max\left\{\|\boldsymbol{x}-\boldsymbol{x}_0\|:f(\boldsymbol{x})\leqslant f\left(\boldsymbol{x}_0\right)\right\}$。

6.8 Frank-Wolfe 方法。 考虑下面的用于在凸集 $K \subseteq \mathbb{R}^n$ 上最小化凸函数 $f: K \to \mathbb{R}$ 的算法。

- 初始化 $\boldsymbol{x}_0 \in K$
- 对于每次迭代 $t = 0, 1, 2, \cdots, T$:
  - 定义 $\boldsymbol{z}_t := \operatorname{argmin}_{\boldsymbol{x} \in K} \{f(\boldsymbol{x}_t) + \langle \nabla f(\boldsymbol{x}_t), \boldsymbol{x} - \boldsymbol{x}_t \rangle\}$
  - 对某个 $\gamma_t \in [0,1]$，令 $\boldsymbol{x}_{t+1} := (1-\gamma_t)\boldsymbol{x}_t + \gamma_t \boldsymbol{z}_t$
- 输出 $\boldsymbol{x}_T$

（1）证明：如果 f 的梯度在范数 $\|\cdot\|$ 意义下是 L-Lipschitz 连续的，$\max_{\boldsymbol{x},\boldsymbol{y}} \|x-y\| \leqslant D$，$\gamma_t$ 取为 $\Theta\left(\frac{1}{t}\right)$，那么

$$f(\boldsymbol{x}_T) - f(\boldsymbol{x}^\star) \leqslant O\left(\frac{LD^2}{T}\right)$$

其中 $\boldsymbol{x}^\star$ 是 $\min_{\boldsymbol{x} \in K} f(\boldsymbol{x})$ 的任一最小值点。

（2）证明在给定调用 f 的一阶反馈器时，并且集合 K 是以下任意一种：

- $K := \{\boldsymbol{x} \in \mathbb{R}^n : \|\boldsymbol{x}\|_\infty \leqslant 1\}$
- $K := \{\boldsymbol{x} \in \mathbb{R}^n : \|\boldsymbol{x}\|_1 \leqslant 1\}$
- $K := \{\boldsymbol{x} \in \mathbb{R}^n : \|\boldsymbol{x}\|_2 \leqslant 1\}$

该算法可以高效地实行迭代。

6.9 作为回顾，对于非空子集 $K \subseteq \mathbb{R}^n$，我们定义距离函数 $\operatorname{dist}(\cdot, K)$ 和投影算子 $\operatorname{proj}_K : \mathbb{R}^n \to K$，分别如下：

$$\operatorname{dist}(\boldsymbol{x}, K) := \inf_{\boldsymbol{y} \in K} \|\boldsymbol{x} - \boldsymbol{y}\| \text{ 和 } \operatorname{proj}_K(\boldsymbol{x}) := \arg\inf_{\boldsymbol{y} \in K} \|\boldsymbol{x} - \boldsymbol{y}\|$$

（1）证明当 K 是闭凸集时，proj_K 是良好定义的，即证明最小值在唯一一点处取到。

（2）证明对于所有 $\boldsymbol{x}, \boldsymbol{y} \in \mathbb{R}^n$,

$$\|\operatorname{proj}_K(\boldsymbol{x}) - \operatorname{proj}_K(\boldsymbol{y})\| \leqslant \|\boldsymbol{x} - \boldsymbol{y}\|$$

（3）证明对于任何集合 $K \subseteq \mathbb{R}^n$，函数 $\boldsymbol{x} \mapsto \operatorname{dist}^2(\boldsymbol{x}, K)$ 是凸函数。

（4）验证当 $K = B_{m,\infty} = \{\boldsymbol{x} \in \mathbb{R}^m : \|x\|_\infty \leqslant 1\}$ 时，投影算子 proj_K 显式公式［式(6.13)中给出的］的正确性。

（5）证明函数 $f(\boldsymbol{x}) := \operatorname{dist}^2(\boldsymbol{x}, K)$ 具有 Lipschitz 连续梯度，且 Lipschitz 常数等于 2。

6.10 设 $G=(V,E)$ 是具有 n 个顶点和 m 条边的无向图。设 $\boldsymbol{B}\in\mathbb{R}^{n\times m}$ 是 G 的点–边关联矩阵。假设 G 是连通的，令 $\boldsymbol{\Pi}:=\boldsymbol{B}^{\top}\left(\boldsymbol{B}\boldsymbol{B}^{\top}\right)^{+}\boldsymbol{B}$。证明：给定一个向量 $\boldsymbol{g}\in\mathbb{R}^{m}$，令 $\boldsymbol{x}^{\star}$ 为 $\boldsymbol{g}$ 在子空间 $\{\boldsymbol{x}\in\mathbb{R}^{m}:\boldsymbol{B}\boldsymbol{x}=\boldsymbol{0}\}$ 上的投影 (定义同习题 6.9)，则

$$\boldsymbol{x}^{\star}=\boldsymbol{g}-\boldsymbol{\Pi}\boldsymbol{g}$$

6.11 $\boldsymbol{s-t}$ **最小割问题。** 回顾本章中的 $s-t$ 最大流问题。

（1）证明式(6.11)的对偶问题等价于

$$\begin{aligned}\min_{\boldsymbol{y}\in\mathbb{R}^{n}}\ & \sum_{ij\in E}|y_i-y_j| \\ \text{s.t. } & y_s-y_t=1\end{aligned}\tag{6.15}$$

（2）证明式(6.15)的最优值等于 $\operatorname{Min\ Cut}_{s,t}(G)$：为使 s 与 t 不连通，需要从 G 中删除的最小边数。后一个问题称为 $s-t$ 最小割问题。

（3）将式(6.15)重新表述如下：

$$\begin{aligned}\min_{\boldsymbol{x}\in\mathbb{R}^{m}}\ & \|\boldsymbol{x}\|_1 \\ \text{s.t. } & \boldsymbol{x}\in\operatorname{Im}\left(\boldsymbol{B}^{\top}\right) \\ & \langle\boldsymbol{x},\boldsymbol{z}\rangle=1\end{aligned}\tag{6.16}$$

其中 $\boldsymbol{z}\in\mathbb{R}^{m}$ 依赖于 G 和 s,t。写出 $\boldsymbol{z}$ 的显式表达式。

（4）应用梯度下降法求解式(6.16)的规划问题。估计所有相关参数并提供一个完整的分析。达到一个值至大为 $\operatorname{Min\ Cut}_{s,t}(G)+\varepsilon$ 的点，所需运行时间是多少？

提示：为了使目标光滑 (具有 Lipschitz 连续梯度)，将 $\|\boldsymbol{x}\|_1$ 替换为 $\sum_{i=1}^{m}\sqrt{x_i^2+\mu^2}$。然后选择合适的 μ 使该近似产生的误差相对 ε 较小。

注记

虽然本章关注的是梯度下降法的一个版本，梯度下降法还有一些变体，读者可以参考著作如 Nesterov（2004）和 Bubeck（2015）。想要深入了解 Frank-Wolfe 方法（见习题 6.8），可参阅论文 Jaggi（2013）。复杂度下界（定理 6.4）最早是由论文 Nemirovski 和 Yudin （1983）确立的。

$s-t$ 最大流问题是组合优化问题中研究得最深入的问题之一。该问题的早期组合算法包括 Ford 和 Fulkerson（1956）、Dinic（1970）以及 Edmonds 和 Karp（1972）的算法，后

者引导了 Goldberg 和 Rao（1998）的算法，其运行时间为 $\widetilde{O}\left(m \min\left\{n^{2/3}, m^{1/2}\right\} \log U\right)$。

$s-t$ 最大流问题的基于凸优化的方法最早由 Christiano 等（2011）给出，时间复杂度为 $\widetilde{O}\left(mn^{1/3}\varepsilon^{-11/3}\right)$。6.4 节基于 Lee 等 (2013)。建议读者参考 Lee 等（2013）关于定理 6.6 的更强版本，与本章介绍的版本不同，他们通过加速梯度下降法（将在第 8 章中讨论）实现了 $\widetilde{O}\left(\frac{m^{1.75}}{\sqrt{\varepsilon F^\star}}\right)$ 的运行时间，另请参阅习题 8.5。通过进一步优化平衡这些参数，可以获得 $s-t$ 最大流问题的 $\widetilde{O}\left(mn^{1/3}\varepsilon^{-2/3}\right)$ 时间算法。Sherman（2013）、Kelner 等（2014）和 Peng （2016）开发了 $s-t$ 最大流问题的几乎线性时间的算法。所有这些算法都使用了凸优化技术。最大流问题的另一类不同的连续算法见第 11 章，那里关于 ε 的量级是 polylog(ε^{-1})。

上述所有结果都依赖于快速拉普拉斯求解器。Spielman 和 Teng（2004）开创性地发现了拉普拉斯求解器的几乎线性时间算法。要了解更多关于拉普拉斯系统及其在算法设计中的应用，请参阅 Spielman（2012）和 Teng（2010）的综述，以及 Vishnoi（2013）的专著。

第 7 章　镜像下降法和乘性权重更新法

基于正则化观点，我们推导凸优化的第二种算法——镜像下降法。镜像下降法首先是为求解概率单纯形上的凸函数优化问题而设计的，后面我们可以将它做进一步推广，重要的是，从中可以导出乘性权重更新（multiplicative weights update，MWU）法。MWU 法可以用来开发一种求解图论中二部图匹配问题的快速近似算法。

7.1　Lipschitz 梯度条件之外

考虑一个凸规划

$$\min_{\boldsymbol{x}\in K} f(\boldsymbol{x}) \tag{7.1}$$

其中 $f: K \to \mathbb{R}^n$ 是凸集上的凸函数。在第 6 章中，我们介绍了（投影）梯度下降法，并证明了当 f 满足 Lipschitz 梯度条件时，可以通过迭代大致与 $\frac{1}{\varepsilon}$ 成比例的次数后在误差 ε 范围内求解式(7.1)的问题。我们可以看到，有几类函数，例如二次函数 $f(\boldsymbol{x}) = \boldsymbol{x}^\top \boldsymbol{A}\boldsymbol{x} + \boldsymbol{x}^\top \boldsymbol{b}$ 以及到凸集的距离平方函数 $f(\boldsymbol{x}) = \mathrm{dist}^2(\boldsymbol{x}, K')$（对于某个凸的 $K' \subseteq \mathbb{R}^n$），满足有界 Lipschitz 梯度条件。

第 6 章介绍了**有界梯度**条件，即存在一个 $G > 0$，使得对于任意 $\boldsymbol{x} \in K$，

$$\|\nabla f(\boldsymbol{x})\|_2 \leqslant G \tag{7.2}$$

根据微积分基本定理（参考引理 6.3 的证明），可以证明该条件蕴含 f 满足 G-Lipschitz 性质，即对于任意 $\boldsymbol{x}, \boldsymbol{y} \in K$，

$$|f(\boldsymbol{x}) - f(\boldsymbol{y})| \leqslant G\|\boldsymbol{x} - \boldsymbol{y}\|_2$$

见习题 6.1。此外，如果 f 还是凸的，这两个条件是等价的，见习题 7.1。然而，注意，Lipschitz 连续梯度条件可能并不意味着有界梯度条件。例如，虽然 $G = O(1)$，但 f 的梯度的 Lipschitz 常数没有这样的界，见习题 7.2。在这种情况下，可以证明下面的定理。

定理 7.1 (梯度有界时的梯度下降保证) 假设允许调用凸函数 $f:\mathbb{R}^n\to\mathbb{R}$ 的一阶反馈器，存在数 G 使得 $\|\nabla f(\boldsymbol{x})\|_2\leqslant G$ 对于所有 $\boldsymbol{x}\in\mathbb{R}^n$ 成立，给定初始点 $\boldsymbol{x}^0\in\mathbb{R}^n$ 和 D 使得 $\|\boldsymbol{x}^0-\boldsymbol{x}^\star\|_2\leqslant D$，给定 $\varepsilon>0$，存在一种基于梯度下降的算法，输出点列 $\boldsymbol{x}^0,\boldsymbol{x}^1,\cdots,\boldsymbol{x}^{T-1}$ 使得

$$f\left(\frac{1}{T}\sum_{t=0}^{T-1}\boldsymbol{x}^t\right)-f\left(\boldsymbol{x}^\star\right)\leqslant\varepsilon$$

其中

$$T=\left(\frac{DG}{\varepsilon}\right)^2$$

注意，与梯度 Lipschitz 连续情形（定理 6.2）相比，关于 ε 的界变得很差：从 $\frac{1}{\varepsilon}$ 到了 $\frac{1}{\varepsilon^2}$。此外，注意，有界梯度式(7.2)的定义中使用的是欧氏范数。而 $\|\nabla f\|_\infty=O(1)$ 的情形在欧氏范数意义下变成 $\|\nabla f\|_2=O(\sqrt{n})$。在本章中，我们将看到如何通过推广梯度下降法来处理这种情况，从而可以利用不同范数下的有界梯度性质。

我们引入镜像梯度下降法这一强大的方法，一方面可以看作在“对偶”空间通过适当的共轭函数实现梯度下降，另一方面可以视之为“原始”空间中的一种**近端** (proximal) 方法。我们将证明二者事实上是等价的。

注 7.2 (本章记号变更) 本章使用上标来索引向量：$\boldsymbol{x}^0,\boldsymbol{x}^1,\cdots$，这是为了避免与这些向量的分量混淆，即用 $\boldsymbol{x}_i^t$ 表示向量 $\boldsymbol{x}^t$ 的第 i 个坐标。此外，由于本章的结果会推广到任意范数，我们对范数也会细加区分。特别地，$\|\cdot\|$ 表示一般的范数，欧氏范数用 $\|\cdot\|_2$ 明确表示。

7.2 局部优化原理与正则化项

为了构造一种优化梯度有界的函数的算法，我们首先介绍一种通用的思想——**正则化**。我们的算法是迭代进行的：给定 $\boldsymbol{x}^0,\boldsymbol{x}^1,\cdots,\boldsymbol{x}^t$，基于历史信息找到一个新的点 $\boldsymbol{x}^{t+1}$。我们如何选择下一个点 $\boldsymbol{x}^{t+1}$ 以快速收敛到最小值点 $\boldsymbol{x}^\star$？一个显然的选择是取

$$\boldsymbol{x}^{t+1}:=\underset{\boldsymbol{x}\in K}{\operatorname{argmin}}f(\boldsymbol{x})$$

这当然会很快地（在一步内）收敛到 $\boldsymbol{x}^\star$，但明显这没什么用，因为这样的 $\boldsymbol{x}^{t+1}$ **很难计算**。为了解决这个问题，可以尝试构造函数 f_t——f 的“简单模型”——在某种意义上

近似 f 并且**更容易做优化**。相应算法的迭代规则变为

$$\boldsymbol{x}^{t+1} := \underset{\boldsymbol{x}\in K}{\operatorname{argmin}} f_t(\boldsymbol{x})$$

如果在 $\boldsymbol{x}^t$ 附近，随着 t 的增加，f 的近似 f_t 变得越来越精确，那么从直观上讲，迭代点列应该收敛到最小值点 $\boldsymbol{x}^\star$。

第 6 章中介绍的梯度 Lipschitz 连续情形下的梯度下降法可以视为这类算法，其中

$$f_t(\boldsymbol{x}) := f\left(\boldsymbol{x}^t\right) + \left\langle \nabla f\left(\boldsymbol{x}^t\right), \boldsymbol{x} - \boldsymbol{x}^t \right\rangle + \frac{L}{2}\left\|\boldsymbol{x} - \boldsymbol{x}^t\right\|_2^2$$

我们现在说明这一点。由于 f_t 是凸的，其最小值点是满足 $\nabla f_t\left(\boldsymbol{x}^{t+1}\right) = \mathbf{0}$ 的 $\boldsymbol{x}^{t+1}$。而从

$$\mathbf{0} = \nabla f_t\left(\boldsymbol{x}^{t+1}\right) = \nabla f\left(\boldsymbol{x}^t\right) + L\left(\boldsymbol{x}^{t+1} - \boldsymbol{x}^t\right)$$

可以推出

$$\boldsymbol{x}^{t+1} = \boldsymbol{x}^t - \frac{1}{L}\nabla f\left(\boldsymbol{x}^t\right) \tag{7.3}$$

如果 f 的梯度 L-Lipschitz 连续，则对于所有的 $\boldsymbol{x} \in K$，$f(\boldsymbol{x}) \leqslant f_t(\boldsymbol{x})$，并且，对 $\boldsymbol{x}^t$ 一个小邻域内的 $\boldsymbol{x}$，$f_t(\boldsymbol{x})$ 是 $f(\boldsymbol{x})$ 的良好近似。在这种情况下（如第 6 章所证），上述迭代规则可保证 $\boldsymbol{x}^t$ 收敛到全局最优解。

一般情形下，当我们处理的函数不具有梯度 Lipschitz 连续性质时，我们可能无法构造这么好的二次近似。但是，我们仍然可以在 $\boldsymbol{x}^t$ 处使用 f 的一阶近似（必要时使用次梯度）：f 的凸性意味着，如果我们定义

$$f_t(\boldsymbol{x}) := f\left(\boldsymbol{x}^t\right) + \left\langle \nabla f\left(\boldsymbol{x}^t\right), \boldsymbol{x} - \boldsymbol{x}^t \right\rangle$$

那么

$$\forall \boldsymbol{x} \in K,\ f_t(\boldsymbol{x}) \leqslant f(\boldsymbol{x})$$

进一步，我们可以期待 f_t 是 f 在 $\boldsymbol{x}^t$ 附近一个小邻域中的下方近似。因此，我们可以尝试使用如下的迭代规则：

$$\boldsymbol{x}^{t+1} := \underset{\boldsymbol{x}\in K}{\operatorname{argmin}}\left\{f\left(\boldsymbol{x}^t\right) + \left\langle \nabla f\left(\boldsymbol{x}^t\right), \boldsymbol{x} - \boldsymbol{x}^t \right\rangle\right\} \tag{7.4}$$

这样做的一个缺点是过于激进——实际上，新点 $\boldsymbol{x}^{t+1}$ 可能与 $\boldsymbol{x}^t$ 相距甚远。我们可以很容易举一个一维的例子说明这一点：取 $K = [-1, 1]$ 和 $f(z) = z^2$。如果从 1 开始使

用式(7.4)进行迭代，算法将在 -1 和 1 之间无限循环跳跃，这是因为这两点中的任一个总是 K 上 f 线性下界的最小值点。因此，点列 $\{x^t\}_{t\geqslant 0}$ 永远不会收敛到 0——f 唯一的最小值点。读者可以自行验证细节。

当区域 K 无界时，情况甚至更糟：在任何有限点处都无法取到最小值，因此，迭代规则式(7.4)不是良好定义的。但当函数是 σ 强凸的（见定义 3.8，其中 $\sigma>0$）时，这个问题很容易解决，因为我们可以在 $\boldsymbol{x}^t$ 处使用 f 的一个更紧的二次下界，即

$$f_t(\boldsymbol{x})=f\left(\boldsymbol{x}^t\right)+\left\langle\boldsymbol{\nabla} f\left(\boldsymbol{x}^t\right), \boldsymbol{x}-\boldsymbol{x}^t\right\rangle+\frac{\sigma}{2}\left\|\boldsymbol{x}-\boldsymbol{x}^t\right\|_2^2$$

而 $f_t(\boldsymbol{x})$ 的最小值总是在以下点处取到（其计算与式(7.3)的推导一致）：

$$\boldsymbol{x}^{t+1}=\boldsymbol{x}^t-\frac{1}{\sigma}\boldsymbol{\nabla} f\left(\boldsymbol{x}^t\right)$$

通过选择一个较大的 σ 可以使其接近 $\boldsymbol{x}^t$。对于 $f(z)=z^2$ 在 $[-1,1]$ 的这个例子，我们有

$$x^{t+1}=\frac{\sigma-2}{\sigma}x^t$$

其显然收敛于 0。

上述观察导致如下想法：即使 f 的梯度不是 Lipschitz 连续的，我们依然可以向 f_t 添加一项使其更光滑。具体地，我们添加一个"距离"函数项 $D: K\times K\to\mathbb{R}$，以避免新点 $\boldsymbol{x}^{t+1}$ 远离前一个点 $\boldsymbol{x}^t$，我们称这样的 D 为**正则化项** (regularizer)[㊀]。更准确地说，不是最小化 $f_t(\boldsymbol{x})$，而是最小化 $D(\boldsymbol{x},\boldsymbol{x}^t)+f_t(\boldsymbol{x})$。为展示这两项重要性程度的差异，我们引入一个正参数 $\eta>0$，并修改迭代规则如下：

$$\boldsymbol{x}^{t+1}:=\underset{\boldsymbol{x}\in K}{\operatorname{argmin}}\left\{D\left(\boldsymbol{x},\boldsymbol{x}^t\right)+\eta\left(f\left(\boldsymbol{x}^t\right)+\left\langle\boldsymbol{\nabla} f\left(\boldsymbol{x}^t\right),\boldsymbol{x}-\boldsymbol{x}^t\right\rangle\right)\right\}$$

由于上式返回的是最小值点，我们可以忽略与 $\boldsymbol{x}^t$ 无关的项，故可简化为

$$\boldsymbol{x}^{t+1}=\underset{\boldsymbol{x}\in K}{\operatorname{argmin}}\left\{D\left(\boldsymbol{x},\boldsymbol{x}^t\right)+\eta\left\langle\boldsymbol{\nabla} f\left(\boldsymbol{x}^t\right),\boldsymbol{x}\right\rangle\right\} \tag{7.5}$$

注意，选取一个较大的 η 将减少正则化项 $D\left(x,x^t\right)$ 的占比，因此它在选择下一步时不会起很大的作用。但是，如果选取的 η 很小，我们就能强制 $\boldsymbol{x}^{t+1}$ 停留在 $\boldsymbol{x}^t$ 附近。[㊁]然

㊀ 读者不要将该 D 混淆于初始点到最优点距离的上界。

㊁ 确保下一个点 $\boldsymbol{x}^{t+1}$ 不会远离 $\boldsymbol{x}^t$ 的另一个稍微不同但相关的方法是，首先根据式(7.4)的规则计算一个候选点 $\tilde{\boldsymbol{x}}^{t+1}$，然后从 $\boldsymbol{x}^t$ 向 $\tilde{\boldsymbol{x}}^{t+1}$ 移动一小步，得到 $\boldsymbol{x}^{t+1}$。这就是 Frank-Wolfe 算法的主要思想，见习题 6.8。

而，与梯度下降法不同，函数值不一定会下降：$f\left(\boldsymbol{x}^{t}\right)$ 可能大于 $f\left(\boldsymbol{x}^{t+1}\right)$，因此，尚不清楚如何分析该方法，我们将在后面解释这一点。

在我们就这一般情形做深入讨论之前，先考虑一个重要的例子，在这个例子中，简单凸集的距离函数 $D(\cdot,\cdot)$ 的“正确”选择导致了一个非常有趣的算法——指数梯度下降法。该算法可以推广到任意凸集 K 的情形。

7.3 指数梯度下降法

考虑一个凸优化问题

$$\min_{\boldsymbol{p}\in\Delta_n} f(\boldsymbol{p}) \tag{7.6}$$

其中 $f:\Delta_n\to\mathbb{R}$ 是定义在 (闭且紧的)n 维**概率单纯形**上的一个凸函数，概率单纯形表示为

$$\Delta_n := \left\{\boldsymbol{p}\in[0,1]^n : \sum_{i=1}^{n} p_i = 1\right\}$$

即在 n 个元素上的所有概率分布的集合。根据上一节的讨论，我们想要构造的算法的一般形式是

$$\boldsymbol{p}^{t+1} := \underset{\boldsymbol{p}\in\Delta_n}{\operatorname{argmin}}\left\{D\left(\boldsymbol{p},\boldsymbol{p}^{t}\right)+\eta\left\langle\nabla f\left(\boldsymbol{p}^{t}\right),\boldsymbol{p}\right\rangle\right\} \tag{7.7}$$

其中 D 是 Δ_n 上的某个距离函数。虽然对 D 的选择比较自由，但在理想情况下，它应该使得在给定 $\boldsymbol{x}^{t}$ 和 $\nabla f\left(\boldsymbol{x}^{t}\right)$ 的情况下能高效地计算 $\boldsymbol{x}^{t+1}$，也应该是一个能与可行集 Δ_n 的几何性质相容的“自然”度量，从而保证快速收敛。对于概率单纯形，这种度量的一个选择是相对熵，称为 Kullback-Leibler（KL）散度。稍后将解释该度量的恰当性。

定义 7.3 (Δ_n上的 Kullback-Leibler 散度) *两个概率分布 $\boldsymbol{p},\boldsymbol{q}\in\Delta_n$ 的 Kullback-Leibler 散度定义为*

$$D_{KL}(\boldsymbol{p},\boldsymbol{q}) := -\sum_{i=1}^{n} p_i \log\frac{q_i}{p_i}$$

为了使该定义有意义，当 $q_i=0$ 时，要求 $p_i=0$，而当 $p_i=0$ 时，由 $\lim_{x\to 0^+} x\log x = 0$ 知对应的项值为 0。

虽然 D_{KL} 不对称，但它满足几个自然的类似度量的性质。例如，从凸性可以得出 $D_{KL}(\boldsymbol{p},\boldsymbol{q})\geqslant 0$。之所以称其为**散度**，是因为它也可以被看作函数

$$h(\boldsymbol{p}) := \sum_{i=1}^{n} p_i \log p_i$$

的 Bregman 散度（定义 3.9）。回顾一下，对于一个在凸集 $K \subset \mathbb{R}^n$ 上可微的凸函数 $F: K \to \mathbb{R}$，定义 F 在 $\boldsymbol{x}$ 处关于 $\boldsymbol{y}$ 的 Bregman 散度为

$$D_F(\boldsymbol{x}, \boldsymbol{y}) := F(\boldsymbol{x}) - F(\boldsymbol{y}) - \langle \nabla F(\boldsymbol{y}), \boldsymbol{x} - \boldsymbol{y} \rangle$$

它度量了用 F 在 $\boldsymbol{y}$ 处的一阶泰勒展开来近似$F(\boldsymbol{x})$ 的误差。特别地，$D_F(\boldsymbol{x}, \boldsymbol{y}) \geqslant 0$，当 $\boldsymbol{x}$ 固定且 $\boldsymbol{y} \to \boldsymbol{x}$ 时，$D_F(\boldsymbol{x}, \boldsymbol{y}) \to 0$。下一节将推导 D_{KL} 的其他几个性质。

基于这个特定的距离函数 D_{KL}，迭代规则具有以下形式，

$$\boldsymbol{p}^{t+1} := \underset{\boldsymbol{p} \in \Delta_n}{\operatorname{argmin}} \left\{ D_{KL}\left(\boldsymbol{p}, \boldsymbol{p}^t\right) + \eta \left\langle \nabla f\left(\boldsymbol{p}^t\right), \boldsymbol{p} \right\rangle \right\} \tag{7.8}$$

正如我们在下面的引理中所要证明的，向量 $\boldsymbol{p}^{t+1}$ 可以用仅涉及 $\boldsymbol{p}^t$ 和 $\nabla f\left(\boldsymbol{p}^t\right)$ 的显式公式计算。通过引入广义 KL 散度 D_H，将 KL 散度的概念扩展到 $\mathbb{R}^n_{\geqslant 0}$ 是有用的：它对应函数

$$H(\boldsymbol{x}) := \sum_{i=1}^{n} x_i \log x_i - x_i$$

的 Bregman 散度。因此，对于 $\boldsymbol{x}, \boldsymbol{y} \in \mathbb{R}^n_{\geqslant 0}$，

$$D_H(\boldsymbol{x}, \boldsymbol{y}) = -\sum_{i=1}^{n} x_i \log \frac{y_i}{x_i} + \sum_{i=1}^{n} (y_i - x_i)$$

如前所述，当 $y_i = 0$ 时要求 $x_i = 0$，并且当 $x_i = 0$ 时，由于 $\lim_{x \to 0^+} x \log x = 0$ 对应项值为 0。注意，当 $\boldsymbol{x}, \boldsymbol{y} \in \Delta_n$ 时，$D_H(\boldsymbol{x}, \boldsymbol{y}) = D_{KL}(\boldsymbol{x}, \boldsymbol{y})$。对于所有非负向量（即便在单纯形之外），我们也经常用 D_{KL} 来表示 D_H。

在选择 D_H 作为正则化项的情况下，下面的引理刻画了当 $D = D_H$，$K = \mathbb{R}^n_{\geqslant 0}$ 或 Δ_n 时，式(7.5)最小值点的特征。在下面的引理中，我们重新标记式(7.5)中的一些变量：$\boldsymbol{q} := \boldsymbol{x}^t, \boldsymbol{g} := \nabla f\left(\boldsymbol{x}^t\right)$ 和 $\boldsymbol{w} = \boldsymbol{x}$。

引理 7.4 (KL 散度下的投影) 考虑任意向量 $\boldsymbol{q} \in \mathbb{R}^n_{\geqslant 0}$ 和向量 $\boldsymbol{g} \in \mathbb{R}^n$。

(1) 设 $\boldsymbol{w}^\star := \operatorname{argmin}_{\boldsymbol{w} \geqslant 0} \{D_H(\boldsymbol{w}, \boldsymbol{q}) + \eta \langle \boldsymbol{g}, \boldsymbol{w} \rangle\}$，则对所有 $i = 1, 2, \cdots, n$，$w_i^\star = q_i \exp(-\eta g_i)$。

(2) 设 $\boldsymbol{p}^\star := \operatorname{argmin}_{\boldsymbol{p} \in \Delta_n} \{D_H(\boldsymbol{p}, \boldsymbol{q}) + \eta \langle \boldsymbol{g}, \boldsymbol{p} \rangle\}$，则 $\boldsymbol{p}^\star = \dfrac{\boldsymbol{w}^\star}{\|\boldsymbol{w}^\star\|_1}$。

证明 首先我们考虑优化问题

$$\min_{\boldsymbol{w} \geqslant 0} \sum_{i=1}^{n} w_i \log w_i + \sum_{i=1}^{n} w_i \left(\eta g_i - \log q_i - 1\right) + q_i \tag{7.9}$$

这个问题实际上是凸的，且关于 $\boldsymbol{w}$ 梯度为零的点就是最小值点。[⊖]通过计算梯度，我们得到了最优性条件，

$$\log w_i = -\eta g_i + \log q_i$$

从而，

$$w_i^\star = q_i \exp\left(-\eta g_i\right)$$

对于（2）部分的证明，我们使用在第 5 章中提出的思想，引入 Lagrange 乘子 $\mu \in \mathbb{R}$，将约束 $\sum_{i=1}^n p_i = 1$ 引进目标函数，从而得到

$$\min_{\boldsymbol{p} \geqslant 0} \sum_{i=1}^n p_i \log p_i + \sum_{i=1}^n p_i \left(\eta g_i - \log q_i\right) + \mu\left(\sum_{i=1}^n p_i - 1\right) \tag{7.10}$$

于是最优条件变为

$$p_i = q_i \exp\left(-\eta g_i - \mu\right)$$

因此，我们只需要选取 μ 使得 $\sum_{i=1}^n p_i = 1$，这就可以推导出

$$\boldsymbol{p}^\star = \frac{\boldsymbol{w}^\star}{\left\|\boldsymbol{w}^\star\right\|_1}$$

□

算法 2 指数梯度下降法 (EGD)

输入：

- 凸函数 $f: \Delta_n \to \mathbb{R}$ 的一阶反馈器
- $\eta > 0$
- 整数 $T > 0$

输出： 点 $\bar{\boldsymbol{p}} \in \Delta_n$

算法：

```
设 p^0 = (1/n) 1（均匀分布）
for t = 0, 1, ..., T-1 do
    计算 g^t := ∇f(p^t)
    w_i^{t+1} := p_i^t exp(-η g_i^t)
    p_i^{t+1} := w_i^{t+1} / Σ_{j=1}^n w_j^{t+1}
end for
return p̄ = (1/T) Σ_{t=0}^{T-1} p^t
```

[⊖] 此处由函数定义可知，约束 $\boldsymbol{w} \geqslant 0$ 实际上是多余的。——译者注

7.3.1 指数梯度下降法的主要定理

我们已经介绍了指数梯度下降法（算法 2）的相关背景。该算法每次迭代时引入一个辅助（权重）向量 $\boldsymbol{w}^t$。虽然没有必要在算法描述中说明，但在证明算法的收敛性时引入 $\boldsymbol{w}^t$ 是有用的。

注意指数梯度下降法和第 6 章中研究的梯度下降法的变体之间的一个有趣的区别：指数梯度下降法的输出是所有迭代 $\bar{\boldsymbol{p}}$ 的**平均值**，而不是**最后一次**迭代点 $\boldsymbol{p}^{T-1}$。寻找使得输出是 $\boldsymbol{p}^{T-1}$ 而不是 $\bar{\boldsymbol{p}}$ 时类似定理成立的条件是一个值得研究的问题。

为了说明这个问题，我们考虑 $f(x)=|x|$，每个点处的梯度要么是 1，要么是 -1。[⊖]因此，仅仅知道某个点 x 的梯度是 1，我们无法知道 x 是接近还是远离最小值点（0）。因此，不同于 Lipschitz 梯度情形，点 x 处的梯度无法提供 $f(x)$ 接近最优值的证据。自然地，我们需要通过检测多个点并以某种方式取平均值来收集更多信息。

定理 7.5 (指数梯度下降法的收敛性) 假设 $f:\Delta_n\to\mathbb{R}$ 是一个凸函数，对于所有的 $\boldsymbol{p}\in\Delta_n$，满足 $\|\nabla f(\boldsymbol{p})\|_\infty\leqslant G$。令 $\eta:=\Theta\left(\frac{\sqrt{\log n}}{\sqrt{TG}}\right)$，指数梯度下降法迭代 $T=\Theta\left(\frac{G^2\log n}{\varepsilon^2}\right)$ 次后，点 $\bar{\boldsymbol{p}}:=\frac{1}{T}\sum_{t=0}^{T-1}\boldsymbol{p}^t$ 满足

$$f(\bar{\boldsymbol{p}})-f\left(\boldsymbol{p}^{\star}\right)\leqslant\varepsilon$$

其中 $\boldsymbol{p}^{\star}$ 是 f 在 Δ_n 上的任一极小值点。

7.3.2 Bregman 散度的性质

我们给出 KL 散度的几个重要性质，它们可用于定理 7.5的证明。其中许多具有一般性，也适用于 Bregman 散度。

我们从 Bregman 散度的一个简单而有用的恒等式开始。

引理 7.6 (Bregman 散度的余弦定理) 设 $F:K\to\mathbb{R}$ 是一个凸的可微函数，$\boldsymbol{x},\boldsymbol{y},\boldsymbol{z}\in K$，

$$\langle\nabla F(\boldsymbol{y})-\nabla F(\boldsymbol{z}),\boldsymbol{y}-\boldsymbol{x}\rangle=D_F(\boldsymbol{x},\boldsymbol{y})+D_F(\boldsymbol{y},\boldsymbol{z})-D_F(\boldsymbol{x},\boldsymbol{z})$$

上述恒等式可以通过直接计算证明（习题 7.7）。考虑 $F(\boldsymbol{x})=\|\boldsymbol{x}\|_2^2$ 的情形，该结论说明，对于三个点 $\boldsymbol{a},\boldsymbol{b},\boldsymbol{c}\in\mathbb{R}^n$，我们有

$$2\langle\boldsymbol{a}-\boldsymbol{c},\boldsymbol{b}-\boldsymbol{c}\rangle=\|\boldsymbol{b}-\boldsymbol{c}\|_2^2+\|\boldsymbol{a}-\boldsymbol{c}\|_2^2-\|\boldsymbol{b}-\boldsymbol{a}\|_2^2$$

⊖ 点 $x=0$ 除外，它不太可能出现在算法迭代中，因此可以忽略。

这就是我们熟知的欧氏空间中的**余弦定理**。

D_F 的最简单的性质应该是它关于第一个自变量是严格凸的，即映射

$$\boldsymbol{x} \mapsto D_F(\boldsymbol{x}, \boldsymbol{y})$$

是严格凸的。这确保了对固定的 $\boldsymbol{x} \in S$，散度 $D_F(\boldsymbol{u}, \boldsymbol{x})$ 在闭凸集 S 上最小值点 $\boldsymbol{u} \in S$ 的存在唯一性。这对于下面的勾股定理的推广是很有用的。

定理 7.7 (Bregman 散度的勾股定理) 设 $F: K \to \mathbb{R}$ 是一个凸的可微函数，且 $S \subseteq K$ 是 K 的一个闭凸子集。令 $\boldsymbol{x}, \boldsymbol{y} \in S$ 和 $\boldsymbol{z} \in K$ 使得

$$\boldsymbol{y} := \underset{\boldsymbol{u} \in S}{\operatorname{argmin}} D_F(\boldsymbol{u}, \boldsymbol{z})$$

则

$$D_F(\boldsymbol{x}, \boldsymbol{y}) + D_F(\boldsymbol{y}, \boldsymbol{z}) \leqslant D_F(\boldsymbol{x}, \boldsymbol{z})$$

考虑 $F(\boldsymbol{x}) = \|\boldsymbol{x}\|_2^2$ 这一特例很有启发性。它说明，如果我们将 $\boldsymbol{z}$ 投影到凸集 S 上，并将投影点称为 $\boldsymbol{y}$，则向量 $\boldsymbol{x} - \boldsymbol{y}$ 和 $\boldsymbol{z} - \boldsymbol{y}$ 的夹度是钝角 (大于 90°)。

证明 令 $\boldsymbol{x}, \boldsymbol{y}, \boldsymbol{z}$ 同定理所定义。通过最优化问题 $\min_{\boldsymbol{u} \in S} D_F(\boldsymbol{u}, \boldsymbol{z})$ 在极小值点 $\boldsymbol{y}$ 处的最优性条件 (定理 3.14)，我们得到，对于每个点 $\boldsymbol{w} \in S$，如果令

$$g(\boldsymbol{u}) := D_F(\boldsymbol{u}, \boldsymbol{z})$$

那么

$$\langle \nabla g(\boldsymbol{y}), \boldsymbol{w} - \boldsymbol{y} \rangle \geqslant 0$$

等价地，

$$\langle \nabla F(\boldsymbol{y}) - \nabla F(\boldsymbol{z}), \boldsymbol{w} - \boldsymbol{y} \rangle \geqslant 0$$

代入 $\boldsymbol{w} = \boldsymbol{x}$，根据引理 7.6，我们得到

$$D_F(\boldsymbol{x}, \boldsymbol{y}) + D_F(\boldsymbol{y}, \boldsymbol{z}) - D_F(\boldsymbol{x}, \boldsymbol{z}) \leqslant 0$$

□

最后，我们陈述下面的不等式，它断言当限制于概率单纯形 Δ_n 时，负熵函数在 ℓ_1 范数意义下是 1-强凸的（习题 3.18)。

引理 7.8 (Pinsker 不等式) 任给 $\boldsymbol{x}, \boldsymbol{y} \in \Delta_n$，我们有

$$D_{KL}(\boldsymbol{x}, \boldsymbol{y}) \geqslant \frac{1}{2}\|\boldsymbol{x} - \boldsymbol{y}\|_1^2$$

7.3.3 指数梯度下降法的收敛性证明

基于上一节所述的 KL 散度的性质，我们继续证明定理 7.5。我们证明，当满足定理的前提条件时，对于任何 $\boldsymbol{p} \in \Delta_n$，都有

$$f(\bar{\boldsymbol{p}}) - f(\boldsymbol{p}) \leqslant \varepsilon$$

其中 $\bar{\boldsymbol{p}} = \frac{1}{T}\sum_{t=0}^{T-1} \boldsymbol{p}^t$，特别地，该结果适用于最小值点 $\boldsymbol{p}^\star$。

定理 7.5 的证明

步骤 1：通过梯度 $\frac{1}{T}\sum_{t=0}^{T-1} \langle \boldsymbol{g}^t, \boldsymbol{p}^t - \boldsymbol{p}\rangle$ 对 $f(\bar{\boldsymbol{p}}) - f(\boldsymbol{p})$ 估界。首先，由 f 的凸性（两次使用）可知，

$$\begin{aligned}
f(\bar{\boldsymbol{p}}) - f(\boldsymbol{p}) &\leqslant \left(\frac{1}{T}\sum_{t=0}^{T-1} f\left(\boldsymbol{p}^t\right)\right) - f(\boldsymbol{p}) \\
&= \frac{1}{T}\sum_{t=0}^{T-1}\left(f\left(\boldsymbol{p}^t\right) - f(\boldsymbol{p})\right) \\
&\leqslant \frac{1}{T}\sum_{t=0}^{T-1}\left\langle \nabla f\left(\boldsymbol{p}^t\right), \boldsymbol{p}^t - \boldsymbol{p}\right\rangle \\
&= \frac{1}{T}\sum_{t=0}^{T-1}\left\langle \boldsymbol{g}^t, \boldsymbol{p}^t - \boldsymbol{p}\right\rangle
\end{aligned} \tag{7.11}$$

因此，从现在开始，我们将重点放在估计和式 $\sum_{t=0}^{T-1} \langle \boldsymbol{g}^t, \boldsymbol{p}^t - \boldsymbol{p}\rangle$ 的上界。

步骤 2：以 KL 散度表示 $\langle \boldsymbol{g}^t, \boldsymbol{p}^t - \boldsymbol{p}\rangle$。固定 $t \in \{0, 1, \cdots, T-1\}$，首先，我们用 $\boldsymbol{w}^{t+1}$ 和 $\boldsymbol{p}^t$ 来表示 $\boldsymbol{g}^t$。由于对所有的 $i \in \{1, 2, \cdots, n\}$ 有

$$w_i^{t+1} = p_i^t \exp\left(-\eta g_i^t\right)$$

我们得到

$$g_i^t = \frac{1}{\eta}\left(\log p_i^t - \log w_i^{t+1}\right)$$

这也可以用广义负熵函数 $H(\boldsymbol{x}) = \sum_{i=1}^n x_i \log x_i - x_i$ 的梯度表示如下：

$$\boldsymbol{g}^t = \frac{1}{\eta}\left(\log \boldsymbol{p}^t - \log \boldsymbol{w}^{t+1}\right) = \frac{1}{\eta}\left(\nabla H\left(\boldsymbol{p}^t\right) - \nabla H\left(\boldsymbol{w}^{t+1}\right)\right) \tag{7.12}$$

其中，log 给向量的分量取对数。因此，使用引理 7.6（余弦定律）可得

$$\begin{aligned}\left\langle \boldsymbol{g}^t, \boldsymbol{p}^t-\boldsymbol{p}\right\rangle &= \frac{1}{\eta}\left\langle \nabla H\left(\boldsymbol{p}^t\right)-\nabla H\left(\boldsymbol{w}^{t+1}\right), \boldsymbol{p}^t-\boldsymbol{p}\right\rangle \\ &= \frac{1}{\eta}\left(D_H\left(\boldsymbol{p}, \boldsymbol{p}^t\right)+D_H\left(\boldsymbol{p}^t, \boldsymbol{w}^{t+1}\right)-D_H\left(\boldsymbol{p}, \boldsymbol{w}^{t+1}\right)\right)\end{aligned} \tag{7.13}$$

步骤 3：用勾股定理得到逐差和式上界。现在，由于 $\boldsymbol{p}^{t+1}$ 是 $\boldsymbol{w}^{t+1}$ 在 Δ_n 上关于 D_H 的投影（见引理 7.4），根据广义勾股定理（定理 7.7）有

$$D_H\left(\boldsymbol{p}, \boldsymbol{w}^{t+1}\right) \geqslant D_H\left(\boldsymbol{p}, \boldsymbol{p}^{t+1}\right)+D_H\left(\boldsymbol{p}^{t+1}, \boldsymbol{w}^{t+1}\right)$$

由此得到表达式 $\sum_{t=0}^{T-1}\left\langle g^t, p^t-p\right\rangle$ 的上界：

$$\begin{aligned}\eta \sum_{t=0}^{T-1}\left\langle \boldsymbol{g}^t, \boldsymbol{p}^t-\boldsymbol{p}\right\rangle &= \sum_{t=0}^{T-1} D_H\left(\boldsymbol{p}, \boldsymbol{p}^t\right)+D_H\left(\boldsymbol{p}^t, \boldsymbol{w}^{t+1}\right)-D_H\left(\boldsymbol{p}, \boldsymbol{w}^{t+1}\right) \\ &\leqslant \sum_{t=0}^{T-1} D_H\left(\boldsymbol{p}, \boldsymbol{p}^t\right)+D_H\left(\boldsymbol{p}^t, \boldsymbol{w}^{t+1}\right)- \\ &\quad \left[D_H\left(\boldsymbol{p}, \boldsymbol{p}^{t+1}\right)+D_H\left(\boldsymbol{p}^{t+1}, \boldsymbol{w}^{t+1}\right)\right] \\ &= \sum_{t=0}^{T-1}\left[D_H\left(\boldsymbol{p}, \boldsymbol{p}^t\right)-D_H\left(\boldsymbol{p}, \boldsymbol{p}^{t+1}\right)\right]+ \\ &\quad \left[D_H\left(\boldsymbol{p}^t, \boldsymbol{w}^{t+1}\right)-D_H\left(\boldsymbol{p}^{t+1}, \boldsymbol{w}^{t+1}\right)\right] \\ &\leqslant D_H\left(\boldsymbol{p}, \boldsymbol{p}^0\right)+\sum_{t=0}^{T-1}\left[D_H\left(\boldsymbol{p}^t, \boldsymbol{w}^{t+1}\right)-D_H\left(\boldsymbol{p}^{t+1}, \boldsymbol{w}^{t+1}\right)\right]\end{aligned} \tag{7.14}$$

最后一步用到了这样的事实：和式的第一项通过错项相消得到 $D_H\left(\boldsymbol{p}, \boldsymbol{p}^0\right)-D_H\left(\boldsymbol{p}, \boldsymbol{p}^T\right)$，再基于 $D_H\left(\boldsymbol{p}, \boldsymbol{p}^T\right) \geqslant 0$ 放缩。

步骤 4：利用 Pinsker 不等式和有界梯度估计剩余项的上界。为了上控第二项，我们首先应用余弦定理：

$$\begin{aligned}D_H\left(\boldsymbol{p}^t, \boldsymbol{w}^{t+1}\right)-D_H\left(\boldsymbol{p}^{t+1}, \boldsymbol{w}^{t+1}\right) &= \left\langle \nabla H\left(\boldsymbol{p}^t\right)-\nabla H\left(\boldsymbol{w}^{t+1}\right), \boldsymbol{p}^t-\boldsymbol{p}^{t+1}\right\rangle- \\ &\quad D_H\left(\boldsymbol{p}^{t+1}, \boldsymbol{p}^t\right) \\ &= \eta\left\langle \boldsymbol{g}^t, \boldsymbol{p}^t-\boldsymbol{p}^{t+1}\right\rangle-D_H\left(\boldsymbol{p}^{t+1}, \boldsymbol{p}^t\right)\end{aligned} \tag{7.15}$$

最后，我们应用 Pinsker 不等式（引理 7.8）得到

$$D_H\left(\boldsymbol{p}^t,\boldsymbol{w}^{t+1}\right)-D_H\left(\boldsymbol{p}^{t+1},\boldsymbol{w}^{t+1}\right)\leqslant\eta\left\langle\boldsymbol{g}^t,\boldsymbol{p}^t-\boldsymbol{p}^{t+1}\right\rangle-\frac{1}{2}\left\|\boldsymbol{p}^{t+1}-\boldsymbol{p}^t\right\|_1^2 \tag{7.16}$$

其中我们用到的事实是，限制 D_H 的两个自变量到 Δ_n 得 D_{KL}。此外，由于 $\langle\boldsymbol{g}^t,\boldsymbol{p}^t-\boldsymbol{p}^{t+1}\rangle\leqslant\|\boldsymbol{g}^t\|_\infty\|\boldsymbol{p}^t-\boldsymbol{p}^{t+1}\|_1$，我们有

$$\begin{aligned}D_H\left(\boldsymbol{p}^t,\boldsymbol{w}^{t+1}\right)-D_H\left(\boldsymbol{p}^{t+1},\boldsymbol{w}^{t+1}\right)&\leqslant\eta\left\|\boldsymbol{g}^t\right\|_\infty\left\|\boldsymbol{p}^t-\boldsymbol{p}^{t+1}\right\|_1-\frac{1}{2}\left\|\boldsymbol{p}^{t+1}-\boldsymbol{p}^t\right\|_1^2\\&\leqslant\eta G\left\|\boldsymbol{p}^{t+1}-\boldsymbol{p}^t\right\|_1-\frac{1}{2}\left\|\boldsymbol{p}^{t+1}-\boldsymbol{p}^t\right\|_1^2 \qquad (7.17)\\&\leqslant\frac{(\eta G)^2}{2}\end{aligned}$$

其中，最后一个不等式通过最大化二次函数 $z\mapsto\eta Gz-\frac{1}{2}z^2$ 得到。

步骤 5：证明结论。通过比较式(7.14)与式(7.17)对所有 t 的求和，我们得到

$$\sum_{t=0}^{T-1}\left\langle\boldsymbol{g}^t,\boldsymbol{p}^t-\boldsymbol{p}\right\rangle\leqslant\frac{1}{\eta}\left(D_H\left(\boldsymbol{p},\boldsymbol{p}^0\right)+T\frac{(\eta G)^2}{2}\right)$$

观察得出，

$$D_H\left(\boldsymbol{p},\boldsymbol{p}^0\right)=D_{KL}\left(\boldsymbol{p},\boldsymbol{p}^0\right)\leqslant\log n$$

并选取一个最优的 η，定理证明。 □

7.4 镜像下降法

在本节中，我们受指数梯度下降法启发，推导出一种称为镜像下降法的求解凸优化问题的通用方法。

7.4.1 指数梯度下降法的推广和近端视角

主要思想遵循本章开头提供的直觉。回顾一下，我们的迭代规则是式(7.5)，即在给定的 $\boldsymbol{x}^t$ 处，构造一个线性下界，

$$f\left(\boldsymbol{x}^t\right)+\left\langle\nabla f\left(\boldsymbol{x}^t\right),\boldsymbol{x}-\boldsymbol{x}^t\right\rangle\leqslant f(\boldsymbol{x})$$

并移动到下一个点，它是对距离函数 $D(\cdot,\cdot)$ “正则化”的下界的最小值点，因此我们得到式(7.5)，

$$\boldsymbol{x}^{t+1}:=\underset{\boldsymbol{x}\in K}{\operatorname{argmin}}\left\{D\left(\boldsymbol{x},\boldsymbol{x}^t\right)+\eta\left\langle\nabla f\left(\boldsymbol{x}^t\right),\boldsymbol{x}\right\rangle\right\}$$

在导出指数梯度下降法时，我们使用了广义 KL 散度 $D_H(\cdot,\cdot)$。

镜像下降法是根据 $D_R(\cdot,\cdot)$ 定义的，其中 R 是一般的凸正则化项 $R:\mathbb{R}^n\to\mathbb{R}$。一般地，用 $\boldsymbol{g}^t$ 表示第 t 步的梯度，则我们有

$$\begin{aligned}\boldsymbol{x}^{t+1}&=\underset{\boldsymbol{x}\in K}{\operatorname{argmin}}\left\{D_R\left(\boldsymbol{x},\boldsymbol{x}^t\right)+\eta\left\langle\boldsymbol{g}^t,\boldsymbol{x}\right\rangle\right\}\\&=\underset{\boldsymbol{x}\in K}{\operatorname{argmin}}\left\{\eta\left\langle\boldsymbol{g}^t,\boldsymbol{x}\right\rangle+R(\boldsymbol{x})-R\left(\boldsymbol{x}^t\right)-\left\langle\boldsymbol{\nabla}R\left(\boldsymbol{x}^t\right),\boldsymbol{x}-\boldsymbol{x}^t\right\rangle\right\}\\&=\underset{\boldsymbol{x}\in K}{\operatorname{argmin}}\left\{R(\boldsymbol{x})-\left\langle\boldsymbol{\nabla}R\left(\boldsymbol{x}^t\right)-\eta\boldsymbol{g}^t,\boldsymbol{x}\right\rangle\right\}\end{aligned}\tag{7.18}$$

在最后一步中，我们略去了不依赖于 $\boldsymbol{x}$ 的项。设 $\boldsymbol{w}^{t+1}$ 满足

$$\boldsymbol{\nabla}R\left(\boldsymbol{w}^{t+1}\right)=\boldsymbol{\nabla}R\left(\boldsymbol{x}^t\right)-\eta\boldsymbol{g}^t$$

目前还不清楚在什么条件下，$\boldsymbol{w}^{t+1}$ 这样的点应该存在，我们稍后会回答这个问题；现在，假设存在这样一个 $\boldsymbol{w}^{t+1}$。这与我们在指数梯度下降法中得到的 $\boldsymbol{w}^{t+1}$（$\boldsymbol{p}^{t+1}$ 的“未归一化”版本）相同。这样我们有

$$\begin{aligned}\boldsymbol{x}^{t+1}&=\underset{\boldsymbol{x}\in K}{\operatorname{argmin}}\left\{R(\boldsymbol{x})-\left\langle\boldsymbol{\nabla}R\left(\boldsymbol{w}^{t+1}\right),\boldsymbol{x}\right\rangle\right\}\\&=\underset{\boldsymbol{x}\in K}{\operatorname{argmin}}\left\{R(\boldsymbol{x})-R\left(\boldsymbol{w}^{t+1}\right)+\left\langle\boldsymbol{\nabla}R\left(\boldsymbol{w}^{t+1}\right),\boldsymbol{x}\right\rangle\right\}\\&=\underset{\boldsymbol{x}\in K}{\operatorname{argmin}}\left\{D_R\left(\boldsymbol{x},\boldsymbol{w}^{t+1}\right)\right\}\end{aligned}\tag{7.19}$$

当 $\boldsymbol{p}^{t+1}$ 取作 $\boldsymbol{w}^{t+1}$ 在单纯形 $\Delta_n=K$ 上的 KL 散度投影，该算法退化到指数梯度下降法。这也被称为镜像下降法的**近端视角**，上述计算建立了正则化和近端视角的等价性。

7.4.2 镜像下降法的算法表述

现在我们可以陈述一般的镜像下降法（算法 3）。为保证良好定义，我们要求 $\boldsymbol{w}^{t+1}$ 始终存在。正式地说，我们假设正则化项 $R:\Omega\to\mathbb{R}$ 的定义域 Ω 包含 K。此外，在熵函数情形下，我们假设映射 $\boldsymbol{\nabla}R:\Omega\to\mathbb{R}^n$ 是一个双射——这可能比我们真正需要的更苛刻，但这样的假设更能将问题描绘清楚。事实上，R 有时被称为**镜像映射**。

由第 5 章的共轭函数理论可知，如果 R 是闭且凸的，则 $\boldsymbol{\nabla}R$ 的逆是 $\boldsymbol{\nabla}R^*$，其中 R^* 是 R 的共轭，见引理 5.10。更确切地说，要使上面的表达式成立，我们需要 R 和 R^* 都是可微的。我们还可以修改镜像下降法来处理次梯度，具体细节省略。进一步，如

前所述，如果我们假设当 $\boldsymbol{x}$ 趋于 R 定义域的边界时，R 梯度的范数趋向于无穷，那么，由映射 $\boldsymbol{x} \mapsto D_R(\boldsymbol{x},\boldsymbol{y})$ 的严格凸性和定义域的紧性，我们可以确保上面投影 $\boldsymbol{x}^{t+1}$ 的存在唯一性。

注意，为使算法实用，镜像映射 ∇R(及其逆映射) 应该能够高效计算。类似地，投影步骤

$$\underset{\boldsymbol{x}\in K}{\operatorname{argmin}} D_R\left(\boldsymbol{x},\boldsymbol{w}^{t+1}\right)$$

在计算上也应该很容易执行。这两个操作的效率决定了镜像下降法迭代一次所需的时间。

算法 3 镜像下降法

输入：

- 凸函数 f 的一阶反馈器
- 映射 ∇R 和它的逆的反馈器
- 关于 $D_R(\cdot,\cdot)$ 的投影算子
- 初始点 $\boldsymbol{x}^0 \in K$
- 参数 $\eta > 0$
- 整数 $T > 0$

输出： 点 $\bar{\boldsymbol{x}} \in K$

算法：

1: **for** $t = 0,1,\cdots,T-1$ **do**
2: 　计算 $\boldsymbol{g}^t := \nabla f(\boldsymbol{p}^t)$
3: 　取 $\boldsymbol{w}^{t+1}$ 满足 $\nabla R(\boldsymbol{w}^{t+1}) = \nabla R(\boldsymbol{x}^t) - \eta\nabla f(\boldsymbol{x}^t)$
4: 　$\boldsymbol{x}^{t+1} := \operatorname{argmin}_{\boldsymbol{x}\in K} D_R(\boldsymbol{x},\boldsymbol{w}^{t+1})$
5: **end for**
6: **return** $\bar{\boldsymbol{x}} := \sum_{t=0}^{T-1} \boldsymbol{x}^t$

7.4.3 收敛性证明

我们现在陈述如算法 3所示的镜像下降法的迭代复杂度。

定理 7.9 (镜像下降法的收敛性) 设 $f: K \to \mathbb{R}$ 和 $R: \Omega \to \mathbb{R}$ 是凸函数，其中 $K \subseteq \Omega \subseteq \mathbb{R}^n$，并假设以下条件成立：

(1) 梯度映射 $\nabla R: \Omega \to \mathbb{R}^n$ 是一个双射。

(2) 在范数 $\|\cdot\|$ 意义下，函数 f 的梯度有界，即

$$\forall \boldsymbol{x} \in K,\ \|\nabla f(\boldsymbol{x})\| \leqslant G$$

(3) 在对偶范数$\|\cdot\|^*$ 意义下，R 是 σ 强凸的，即

$$\forall \boldsymbol{x} \in \Omega,\ D_R(\boldsymbol{x}, \boldsymbol{y}) \geqslant \frac{\sigma}{2}\|\boldsymbol{x}-\boldsymbol{y}\|^{*2}$$

令 $\eta := \Theta\left(\dfrac{\sqrt{\sigma D_R\left(\boldsymbol{x}^{\star}, \boldsymbol{x}^0\right)}}{\sqrt{T} G}\right)$，镜像下降法迭代 $T := \Theta\left(\dfrac{G^2 D_R\left(\boldsymbol{x}^{\star}, \boldsymbol{x}^0\right)}{\sigma \varepsilon^2}\right)$ 次后，点 $\bar{\boldsymbol{x}}$ 满足

$$f(\bar{\boldsymbol{x}})-f\left(\boldsymbol{x}^{\star}\right) \leqslant \varepsilon$$

其中 $\boldsymbol{x}^{\star}$ 是 $f(\boldsymbol{x})$ 的任一最小值点。

证明　将定理 7.5的证明中的广义负熵函数 H 替换为正则化项 R，并将 KL 散度项 D_H 替换为 D_R，便得到上述定理的证明。

现在，我们逐步回顾定理 7.5的证明，并重点说明使用了 R 和 D_R 的哪些性质。

在**步骤 1** 中，式(7.11)推得

$$f(\bar{\boldsymbol{x}})-f\left(\boldsymbol{x}^{\star}\right) \leqslant \frac{1}{T} \sum_{t=0}^{T-1}\left\langle\boldsymbol{g}^t, \boldsymbol{x}^t-\boldsymbol{x}^{\star}\right\rangle$$

的理由是一般性的，仅仅依赖于 f 的凸性。

在**步骤 2** 中，式(7.12)和式(7.13)中用于证明

$$\left\langle\boldsymbol{g}^t, \boldsymbol{x}^t-\boldsymbol{x}^{\star}\right\rangle=\frac{1}{\eta}\left(D_R\left(\boldsymbol{x}^{\star}, \boldsymbol{x}^t\right)+D_R\left(\boldsymbol{x}^t, \boldsymbol{w}^{t+1}\right)-D_R\left(\boldsymbol{x}^{\star}, \boldsymbol{w}^{t+1}\right)\right)$$

的事实是 $\boldsymbol{w}^{t+1}$ 的定义和余弦定理，它对任何 Bregman 散度都有效（见引理 7.6）。随后，在**步骤 3** 中，为了得到式(7.14)的结论，

$$\eta \sum_{t=0}^{T-1}\left\langle\boldsymbol{g}^t, \boldsymbol{x}^t-\boldsymbol{x}^{\star}\right\rangle \leqslant D_R\left(\boldsymbol{x}^{\star}, \boldsymbol{x}^0\right)+\sum_{t=0}^{T-1}\left[D_R\left(\boldsymbol{x}^t, \boldsymbol{w}^{t+1}\right)-D_R\left(\boldsymbol{x}^{t+1}, \boldsymbol{w}^{t+1}\right)\right]$$

我们只需要广义勾股定理（定理 7.7）。

最后在**步骤 4** 中，在我们当前的假设下，可以类比式(7.17)得到

$$D_R\left(\boldsymbol{x}^t, \boldsymbol{w}^{t+1}\right)-D_R\left(\boldsymbol{x}^{t+1}, \boldsymbol{w}^{t+1}\right) \leqslant\left\|\boldsymbol{g}^t\right\|\left\|\boldsymbol{x}^t-\boldsymbol{x}^{t+1}\right\|^*-\frac{\sigma}{2}\left\|\boldsymbol{x}^{t+1}-\boldsymbol{x}^t\right\|^{*2}$$

上面的式子基于 $\|\cdot\|$ 意义下的强凸性假设 (用来代替 Pinsker 不等式) 和对偶范数的柯西–施瓦茨不等式:

$$\langle\boldsymbol{u}, \boldsymbol{v}\rangle \leqslant\|\boldsymbol{u}\|\|\boldsymbol{v}\|^*$$

其余的证明是相同的，不依赖于 R 或 D_R 的任何特定性质。 □

7.5 乘性权重更新法

在定理 7.5的证明中，向量 $\boldsymbol{g}^t$ 是函数 f 在点 $\boldsymbol{p}^t$ 处的梯度 (其中 $t=0,1,\cdots,T$)，这一事实唯一被使用的地方是式 (7.11)中的有界性。因此，我们可将 $\boldsymbol{g}^t$ 视为任意向量，并证明为了得到

$$\frac{1}{T}\sum_{t=0}^{T-1}\left\langle \boldsymbol{g}^t,\boldsymbol{p}^t\right\rangle-\min_{\boldsymbol{p}\in\Delta_n}\frac{1}{T}\sum_{t=0}^{T-1}\left\langle \boldsymbol{g}^t,\boldsymbol{p}\right\rangle\leqslant\varepsilon$$

只须取 $T=O\left(\dfrac{G^2\log n}{\varepsilon^2}\right)$。我们将把这个观察表述为一个定理。这之前，我们首先陈述这样一个通用的元算法，称为**乘性权重更新** (Multiplicative weights update，MWU) **法**，见算法 4。在习题中，我们将开发 MWU 法更一般的变体，并证明它的收敛性。

算法 4 乘性权重更新算法

输入：

- 一个反馈器在每一步 $t=1,2,\cdots$ 提供向量 $\boldsymbol{g}^t\in\mathbb{R}^n$
- 参数 $\eta>0$
- 整数 $T>0$

输出： 概率分布点列 $\boldsymbol{p}^0,\boldsymbol{p}^1,\cdots,\boldsymbol{p}^{T-1}\in\Delta_n$

算法：

1: 初始化 $\boldsymbol{p}^0:=\dfrac{1}{n}\mathbf{1}$（均匀概率分布）

2: **for** $t=0,1,\cdots,T-1$ **do**

3: 从反馈器获得 $\boldsymbol{g}^t\in\mathbb{R}^n$

4: 更新 $\boldsymbol{w}^{t+1}\in\mathbb{R}^n$ 和 $\boldsymbol{p}^{t+1}\in\Delta_n$ 为

$$w_i^{t+1}:=p_i^t\exp(-\eta g_i^t)$$

$$p_i^{t+1}:=\frac{w_i^{t+1}}{\sum_{j=1}^n w_j^{t+1}}$$

5: **end for**

通过与定理 7.5的证明完全相同的推理，我们得到下面的定理。

定理 7.10 (MWU 算法的保证) 考虑算法 4所述的 MWU 算法。假设反馈器提供的所有向量 $\boldsymbol{g}^t$ 都满足 $\|\boldsymbol{g}^t\|_\infty\leqslant G$。令 $\eta=\Theta\left(\dfrac{\sqrt{\log n}}{\sqrt{T}G}\right)$，迭代 $T=\Theta\left(\dfrac{G^2\log n}{\varepsilon^2}\right)$ 次后，我们有

$$\frac{1}{T}\sum_{t=0}^{T-1}\left\langle \boldsymbol{g}^t,\boldsymbol{p}^t\right\rangle-\min_{\boldsymbol{p}\in\Delta_n}\frac{1}{T}\sum_{t=0}^{T-1}\left\langle \boldsymbol{g}^t,\boldsymbol{p}\right\rangle\leqslant\varepsilon$$

到目前为止，读者或许还不清楚陈述这样一个定理的目的。然而，我们将很快看到（包括在几个习题中），该定理说明了基于保持权重和乘性更新的思想，我们可以为许多不同的问题设计算法。在我们提供的例子中，我们设计了一个算法来检验二部图是否有完美匹配。这可以进一步扩展到线性规划甚至半正定规划。

7.6 应用：二部图的完美匹配

我们现在正式定义二部图的完美匹配问题。该问题的输入由无向且无权重的二部图 $G=(V=A\cup B,E)$ 组成，其中 A,B 是两个不相交的顶点集合，且 $A\cup B=V$，E 中每一条边在 A 和 B 各有一个端点。目标是在 G 中找到**完美匹配**：边子集 $M\subseteq E$，使得每个顶点 $v\in V$ 恰好与 M 中的一条边相关联。我们假设对二分集 (A,B) 有 $|A|=|B|=n$，因此总顶点数为 $2n$（注意，如果 A 和 B 的基数不同，则 G 中不存在完美匹配）。按照惯例，令 $m:=|E|$。我们解决该问题的方法基于求解完美匹配问题的如下重新表述的线性规划：

$$\begin{aligned}&\text{找到}\,\boldsymbol{x}\in\mathbb{R}^m\\ &\text{s.t.}\sum_{e\in E}x_e=n\\ \forall v\in V,\quad &\sum_{e:v\in e}x_e\leqslant 1\\ \forall e\in E,\quad &x_e\geqslant 0\end{aligned}\tag{7.20}$$

上述线性可行性问题的解称为**分式完美匹配**。非常自然的问题是，“分式”问题是否与原始问题等价。下面是组合优化中的一个经典习题（见习题 2.27）。它断言“分式”二部图匹配多胞形（上面的线性规划定义的）只有分量为整数的顶点。

定理 7.11 (二部图匹配多胞形的整性) *如果 G 是一个二部图，那么 G 有完美匹配当且仅当 G 有分式完美匹配。等价地，G 的二部图匹配多胞形，即所有完美匹配的示性向量的凸包，其顶点正是这些示性向量。*

该定理的必要性的证明是平凡的：如果在 G 中存在完美匹配 $M\subseteq E$，则其特征向量 $\boldsymbol{x}=\mathbf{1}_M$ 是分式完美匹配。充分性的证明较难，它依赖于二部图的结构。

在算法上，我们也可以在 $\widetilde{O}(|E|)$ 时间内将分式匹配转换为匹配，此处略去细节。因此，求解式(7.20)足以解决原始的完美匹配问题。

由于我们的算法自然地产生近似答案，对于 $\varepsilon>0$，我们定义 ε **近似分式完美匹配**为满足以下条件的 $\boldsymbol{x}\in\mathbb{R}^m$，

$$\sum_{e\in E}x_e=n$$

$$\forall v \in V, \ \sum_{e:v\in e} x_e \leqslant 1+\varepsilon$$
$$\forall e \in E, \ x_e \geqslant 0$$

对于这样的近似分式匹配,可以(根据上面讨论的思想)在 G 中构造基数至少为 $(1-\varepsilon)n$ 的匹配，因此，可以通过选取 $\varepsilon < \frac{1}{n}$ 来精确地解决完美匹配问题。

7.6.1 主要结果

我们设计一个基于 MWU 的算法来构造 ε 近似分式完美匹配。下面，我们正式陈述其运行时间。

定理 7.12 (分式二部图匹配问题算法) 给定由 $2n$ 个顶点和 m 条边组成且具有完美匹配的二分图 G 和 $\varepsilon > 0$，算法 5在 $\widetilde{O}(\varepsilon^{-2}n^2m)$ 时间内输出 G 的 ε 近似分式完美匹配。

算法 5 二部图的近似完美匹配

输入:
- 二部图 $G=(V,E)$
- $\eta > 0$
- 正整数 $T > 0$

输出: 一个近似的分式完美匹配 $\boldsymbol{x} \in [0,1]^m$

算法:

1: 初始化 $\boldsymbol{w}^0 := (1,1,\cdots,1) \in \mathbb{R}^{2n}$
2: **for** $t=0,1,\ldots,T-1$ **do**
3: 找到点 $\boldsymbol{x}^t \in \mathbb{R}^m$ 以满足

$$\sum_{v\in V} w_v^t \left(\sum_{e:v\in e} x_e^t\right) \leqslant \sum_{v\in V} w_v^t$$
$$\sum_{e\in E} x_e^t = n$$
$$x_e^t \geqslant 0, \text{ 对所有的} e \in E$$

4: 构造向量 $\boldsymbol{g}^t \in \mathbb{R}^{2n}$:

$$g_v^t := \frac{1-\sum_{e:v\in e} x_e^t}{n}$$

5: 更新权重:

$$w_v^{t+1} := w_v^t \cdot \exp(-\eta \cdot g_v^t) \text{ 对所有的} v \in V$$

6: **end for**
7: **return** $\boldsymbol{x} := \frac{1}{T}\sum_{t=0}^{T-1} \boldsymbol{x}^t$

上述算法的运行时间当然无法与该问题的最著名的算法相比，但其优势在于整体简单性。

7.6.2 算法

我们构造算法来寻找完美匹配问题式(7.20)的分式解。在算法的每一步中，我们想要构造点 $\boldsymbol{x}^t \in \mathbb{R}^m_{\geqslant 0}$ 以满足约束条件 $\sum_{e\in E} x_e^t = n$，但该点不一定是分式匹配（意味着对每个 v，不一定都满足 $\sum_{e:v\in e} x_e^t \leqslant 1+\varepsilon$）。然而，$\boldsymbol{x}^t$ 应该（在某种意义上）更接近于满足所有的约束。

更准确地说，我们在图 G 的顶点 V 上保持正的权重 $\boldsymbol{w}^t \in \mathbb{R}^{2n}$。分量 w_v^t 体现了不等式 $\sum_{e:v\in e} x_e \leqslant 1$ 在算法当前状态下的重要性。直观上讲，当我们的"当前解"（应该理解成到目前为止产生的所有 $\boldsymbol{x}^t$ 的平均值）违反这个不等式时，重要性就大，并且更一般地，对第 v 个约束的违反越大，w_v^t 就越大。

给定这样的权重，然后我们计算一个新点 $\boldsymbol{x}^t$，使其满足 $\sum_{e\in E} x_e^t = n$，并且满足所有不等式 $\sum_{e:v\in e} x_e^t \leqslant 1$ 的**加权平均**（关于 $\boldsymbol{w}^t$）。然后，我们基于新点 $\boldsymbol{x}^t$ 对不等式的违反程度来更新权重。

因为我们还没有提供寻找 $\boldsymbol{x}^t$ 的方法，算法 5不是完全具体的。在分析中，我们给出了一种寻找 $\boldsymbol{x}^t$ 的特定方法，并证明它给出了一个如定理 7.12所述的运行时间的算法。

7.6.3 分析

分析分为两个步骤：如何找到 $\boldsymbol{x}^t$，以及上一节中给出的算法的正确性（假设有寻找 $\boldsymbol{x}^t$ 的方法）。

步骤 1：一个寻找 $\boldsymbol{x}^t$ 的反馈器。在下面的引理 7.13 中，我们将证明总是可以高效地找到 $\boldsymbol{x}^t$，使得 $\boldsymbol{g}^t$ 的无穷范数以 1 为界。正如我们会很快看到的，$\|\boldsymbol{g}^t\|_\infty$ 的上界对于算法的效率是至关重要的。

引理 7.13 (反馈器) *如果 G 具有完美匹配，则*

(1) $\boldsymbol{x}^t$ 总是存在，并且可以在 $O(m)$ 时间内找到，

(2) 可以保证 $\|\boldsymbol{g}^t\|_\infty \leqslant 1$。

证明 如果 M 是完美匹配，则 $\boldsymbol{x}^t = \mathbf{1}_M$（$M$ 的示性向量）满足所有条件。然而，我们不知道 M，也不能很容易地计算出它，但我们仍然想找到这样一个点。我们把条件

$$\sum_{v\in V} w_v^t \left(\sum_{e:v\in e} x_e\right) \leqslant \sum_{v\in V} w_v^t$$

重写为

$$\sum_{e\in E}\alpha_e x_e \leqslant \beta \tag{7.21}$$

其中所有系数 α_e 和 β 都是非负的，并且有

$$\alpha_e := \sum_{v:e\in N(v)} w_v^t,\ \beta := \sum_{v\in V} w_v^t$$

如果 G 有一个完美匹配 M，那么 $e^1, e^2, \cdots, e^n$ 这些边没有公共顶点，因此，

$$\sum_{i=1}^{n}\alpha_{e^i} = \beta$$

进一步，设边 $e^\star$ 满足

$$e^\star := \arg\min_{e\in E}\alpha_e$$

则我们有

$$n\alpha_{e^\star} \leqslant \sum_{i=1}^{n}\alpha_{e^i} = \beta$$

因此，令

$$x_{e^\star}^t = n \text{ 且 } x_{e'}^t = 0\ \forall e' \neq e^\star$$

这就给出了式(7.21)的可行解。这样的 $\boldsymbol{x}^t$ 的选择也保证了对任一 $v \in V$ 有

$$-1 \leqslant \sum_{e\in N(v)} x_e^t - 1 \leqslant n-1$$

即 $\|\boldsymbol{g}^t\|_\infty \leqslant 1$。 □

步骤 2：定理 7.10的证明。我们现在借助定理 7.10来获得定理 7.12中声称的关于算法 5输出结果的收敛性。首先注意，如果我们令

$$\boldsymbol{p}^t := \frac{\boldsymbol{w}^t}{\sum_{v\in V} w_v^t}$$

则算法 5是 MWU 算法的特例，且 $\boldsymbol{g}^t$ 满足 $\|\boldsymbol{g}^t\|_\infty \leqslant 1$。

此外，对定理 7.10中任何固定的 $v \in V$，代入 $p := e_v$，得到

$$-\frac{1}{T}\sum_{t=0}^{T-1} g_v^t \leqslant -\frac{1}{T}\sum_{t=0}^{T-1}\langle \boldsymbol{p}^t, \boldsymbol{g}^t\rangle + \delta \tag{7.22}$$

其中 $T=\Theta\left(\frac{\log n}{\delta^2}\right)$(因为 $G=1$)。由于 $\boldsymbol{x}^t$ 满足

$$\sum_{v\in V} w_v^t\left(\sum_{e:v\in e} x_e^t\right)\leqslant\sum_{v\in V} w_v^t$$

这说明

$$\sum_{v\in V} w_v^t\left(1-\left(\sum_{e:v\in e} x_e^t\right)\right)\geqslant 0$$

上述不等式除以 n 和 $\|\boldsymbol{w}^t\|_1$，可以得到

$$\langle\boldsymbol{p}^t,\boldsymbol{g}^t\rangle\geqslant 0$$

因此，由式(7.22)，对于任一 $v\in V$，我们有

$$\frac{1}{T}\cdot\sum_{t=0}^{T-1}\frac{1}{n}\left(\sum_{e:v\in e} x_e^t-1\right)\leqslant\frac{1}{T}\cdot T\cdot 0+\delta$$

这意味着对于所有的 $v\in V$，

$$\sum_{e:v\in e} x_e\leqslant 1+n\delta$$

因此，为了使上述不等式右侧为 $1+\varepsilon$，我们选取 $\delta:=\frac{\varepsilon}{n}$，$T$ 变为 $\Theta\left(\frac{n^2\log n}{\varepsilon^2}\right)$。此外，由于 $\boldsymbol{x}$ 是 $\boldsymbol{x}^t$（$t=0,1,\cdots,T-1$）的凸组合，它还满足 $\sum_{e\in E} x_e=n$ 和 $\boldsymbol{x}\geqslant 0$。因此，如果 G 包含一个完美匹配，则反馈器输出点列 $\boldsymbol{x}^t$（$t=0,1,\cdots,T-1$），且最后的点 $\boldsymbol{x}$ 是 ε 近似分式完美匹配。

现在只需要讨论运行时间。总迭代次数为 $O\left(\frac{n^2\log n}{\varepsilon^2}\right)$，每次迭代的目标是找到 $\boldsymbol{x}^t$ 并更新权值，因为这只需要找到具有最小 $\sum_{e:v\in e} w_v^t$ 的边 e，故这可以在 $O(m)$ 时间内完成。这就完成了定理 7.12的证明。□

注 7.14　很容易看出，运行时间中出现因子 n^2 是因为界 $\left|\sum_{e:v\in e} x_e^t-1\right|\leqslant n$。如果我们总能找出一个点 $\boldsymbol{x}^t$ 满足

$$\forall v\in V,\quad\left|\sum_{e:v\in e} x_e^t-1\right|\leqslant\rho$$

则运行时间将变为 $O\left(\varepsilon^{-2} m \rho^2 \log n\right)$。注意，直观上讲，这是可能的，因为由 $\boldsymbol{x}^t = \mathbf{1}_M$（对于任何完美匹配 M）推出 $\rho = 1$。然而，我们同时希望可以高效地找到 $\boldsymbol{x}^t$，最好控制在几乎线性时间内。一个有趣的习题是在保证 $\rho = 2$ 的情况下，设计一个几乎线性时间算法寻找 $\boldsymbol{x}^t$，其运行时间只有 $O\left(\varepsilon^{-2} m \log^2 n\right)$。

习题

7.1 证明：如果 $f : \mathbb{R}^n \to \mathbb{R}$ 是一个凸函数，且是 G-Lipschitz 连续的，那么对于所有的 $\boldsymbol{x} \in \mathbb{R}^n$，$\|\nabla f(\boldsymbol{x})\| \leqslant G$。将这个结果推广到 $f : K \to \mathbb{R}$，其中 K 是某个凸集。

7.2 举一个函数 $f : \mathbb{R}^n \to \mathbb{R}$ 的例子，使得 $\|\nabla f(\boldsymbol{x})\|_2 \leqslant 1$ 对于所有的 $\boldsymbol{x} \in \mathbb{R}^n$ 都成立，但其梯度的 Lipschitz 常数是无界的。

7.3 **绝对值的光滑化**。考虑函数 $f(x) := \dfrac{x^2}{|x|+1}$（见图 7.1）。可以看出，函数 f 是 $x \mapsto |x|$ 的“光滑”变体：它处处可微，并且当 x 趋向于 $+\infty$ 或 $-\infty$ 时，$|f(x) - |x|| \to 0$。类似地，可以拓展 f 到由下式给出的多元函数 $F : \mathbb{R}^n \to \mathbb{R}$，

$$F(x) := \sum_{i=1}^{n} \frac{x_i^2}{|x_i| + 1}$$

这可以看作对 ℓ_1 范数 $\|\boldsymbol{x}\|_1$ 的光滑化。证明：对于所有的 $\boldsymbol{x} \in \mathbb{R}^n$，

$$\|\nabla F(\boldsymbol{x})\|_\infty \leqslant 1$$

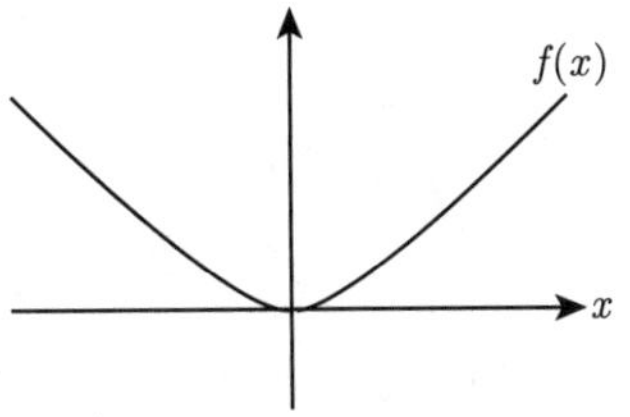

图 7.1　函数 $f(x) = \dfrac{x^2}{|x|+1}$ 的图像

7.4 **soft-max 函数**。由于函数 $\boldsymbol{x} \mapsto \max\{x_1, x_2, \cdots, x_n\}$ 是不可微的，作为替代，人们通常考虑所谓的 soft-max 函数

$$s_\alpha(\boldsymbol{x}) := \frac{1}{\alpha} \log\left(\sum_{i=1}^{n} \mathrm{e}^{\alpha x_i}\right)$$

其中 $\alpha > 0$。证明：

$$\max\{x_1, x_2, \cdots, x_n\} \leqslant s_\alpha(x) \leqslant \frac{\log n}{\alpha} + \max\{x_1, x_2, \cdots, x_n\}$$

因此，α 越大，我们得到的近似就越好。进一步，证明对于每个 $\boldsymbol{x} \in \mathbb{R}^n$，

$$\|\nabla s_\alpha(\boldsymbol{x})\|_\infty \leqslant 1$$

7.5 证明 KL 散度的下列性质：

（1）D_{KL} 是不对称的：对于所有的 $\boldsymbol{p}, \boldsymbol{q} \in \Delta_n$，有 $D_{KL}(\boldsymbol{p}, \boldsymbol{q}) \neq D_{KL}(\boldsymbol{q}, \boldsymbol{p})$。

（2）D_{KL} 是凸函数在 Δ_n 上的 Bregman 散度，并且 $D_{KL}(\boldsymbol{p}, \boldsymbol{q}) \geqslant 0$。

7.6 设 $F: \mathbb{R}^n \to \mathbb{R}$ 是凸函数。证明：固定 $\boldsymbol{y} \in \mathbb{R}^n$，映射 $\boldsymbol{x} \mapsto D_F(\boldsymbol{x}, \boldsymbol{y})$ 是严格凸的。

7.7 证明引理 7.6。

7.8 证明对于所有的 $\boldsymbol{p} \in \Delta_n$，$D_{KL}(\boldsymbol{p}, \boldsymbol{p}^0) \leqslant \log n$。这里，$\boldsymbol{p}^0$ 是均匀概率分布，即对 $1 \leqslant i \leqslant n$，有 $p_i^0 = \dfrac{1}{n}$。

7.9 证明：对定义在 $\mathbb{R}^n$ 上的 $F(\boldsymbol{x}) := \|\boldsymbol{x}\|_2^2$，

$$D_F(\boldsymbol{x}, \boldsymbol{y}) = \|\boldsymbol{x} - \boldsymbol{y}\|_2^2$$

7.10 **当梯度的欧氏范数有界时的梯度下降法**。用定理 7.9证明，给定凸可微函数 $f: \mathbb{R}^n \to \mathbb{R}$，其梯度的欧氏范数以 G 为上界，$\varepsilon > 0$，以及满足 $\|\boldsymbol{x}^0 - \boldsymbol{x}^\star\|_2 \leqslant D$ 的初始点 $\boldsymbol{x}^0$，存在一个算法，完成步长为 η 的 T 次迭代后输出满足

$$f(\boldsymbol{x}) - f(\boldsymbol{x}^\star) \leqslant \varepsilon$$

的 $\boldsymbol{x} \in \mathbb{R}^n$，其中

$$T := \left(\frac{DG}{\varepsilon}\right)^2 \text{ 且 } \eta := \frac{D}{G\sqrt{T}}$$

7.11 **随机梯度下降法**。在这个问题中我们研究，当梯度的信息相对较少时，梯度下降法的效果如何。在前面的问题中，假设对于一个可微凸函数 $f: \mathbb{R}^n \to \mathbb{R}$，我们有一个一阶反馈器：给定 $\boldsymbol{x}$，输出 $\nabla f(\boldsymbol{x})$。现在假设对给定的点 $\boldsymbol{x}$，我们从某个潜在的分布中得到一个随机向量 $g(\boldsymbol{x}) \in \mathbb{R}^n$，使得

$$\mathbb{E}[g(\boldsymbol{x})] = \nabla f(\boldsymbol{x})$$

[如果 $\boldsymbol{x}$ 本身选自某个随机分布，则 $\mathbb{E}[g(\boldsymbol{x}) | \boldsymbol{x}] = \nabla f(\boldsymbol{x})$。] 假设对于所有的 $\boldsymbol{x} \in \mathbb{R}^n$，$\mathbb{E}\left[\|g(x)\|_2^2\right] \leqslant G^2$ 均成立。随后，我们以下面的方式进行梯度下降。选

择某个 $\eta > 0$，并假设初始点 $\boldsymbol{x}^0$ 满足 $\|\boldsymbol{x}^0 - \boldsymbol{x}^\star\|_2 \leqslant D$。令

$$\boldsymbol{x}^{t+1} := \boldsymbol{x}^t - \eta g\left(\boldsymbol{x}^t\right)$$

现在请注意，由于 g 是一个随机变量，所以对于所有的 $t \geqslant 1$，$\boldsymbol{x}^t$ 也是随机变量。令

$$\boldsymbol{x} := \frac{1}{T}\sum_{t=0}^{T-1} \boldsymbol{x}^t$$

（1）证明：如果令

$$T := \left(\frac{DG}{\varepsilon}\right)^2, \ \eta := \frac{D}{G\sqrt{T}}$$

则

$$\mathbb{E}[f(\boldsymbol{x})] - f\left(\boldsymbol{x}^\star\right) \leqslant \varepsilon$$

（2）假设我们有一些带标签的例子，

$$(\boldsymbol{a}_1, l_1), (\boldsymbol{a}_2, l_2), \cdots, (\boldsymbol{a}_m, l_m)$$

其中 $\boldsymbol{a}_i \in \mathbb{R}^n$ 和 $l_i \in \mathbb{R}$。我们的目标是找到 $\boldsymbol{x}$ 使其最小化

$$f(\boldsymbol{x}) := \frac{1}{m}\sum_{i=1}^{m} |\langle \boldsymbol{x}, \boldsymbol{a}_i\rangle - l_i|^2$$

在这种情况下，对于给定的 $\boldsymbol{x}$，从 $\{1, 2, \cdots, m\}$ 中均匀地随机选出一个指标 i 并输出

$$g(\boldsymbol{x}) = 2\boldsymbol{a}_i\left(\langle \boldsymbol{x}, \boldsymbol{a}_i\rangle - l_i\right)$$

1）证明在本例中，$\mathbb{E}[g(\boldsymbol{x})] = \boldsymbol{\nabla} f(\boldsymbol{x})$。

2）上面证明的结果对这个例子来说意味着什么？

（3）与传统的梯度下降法相比，这种方法的优势是什么？

7.12 **$s-t$ 最小割问题。**回顾习题 6.11 中研究的由 n 个顶点和 m 条边组成的无向图 $G = (V, E)$ 中的 $s-t$ 最小割问题的模型，即

$$\operatorname{MinCut}_{s,t}(G) := \min_{\boldsymbol{x}\in\mathbb{R}^n, x_s - x_t = 1} \sum_{ij\in E} |x_i - x_j|$$

基于正则化项 $R(\boldsymbol{x}) = \|\boldsymbol{x}\|_2^2$ 和定理 7.9，应用镜像下降法精确地找到 $\operatorname{MinCut}_{s,t}(G)$（注意其值是一个最大为 m 的整数）。估计所有相关参数并建立运行时间的上界。解释如何处理（简单）约束 $x_s - x_t = 1$。

7.13 零和博弈的极小极大定理。在这个问题中，我们应用 MWU 算法来近似寻找双人零和博弈的均衡点。

设 $A \in \mathbb{R}^{n\times m}$ 是一个矩阵，对于所有的 $i \in [n]$ 和 $j \in [\mathrm{m}]$，有 $A(i,j) \in [0,1]$。我们考虑两个玩家间的博弈：一个行玩家和一个列玩家。博弈只有一轮，行玩家在 $i \in \{1,2,\cdots,n\}$ 中选择一行，列玩家在 $j \in \{1,2,\cdots,m\}$ 中选择一列。行玩家的目标是在一轮之后最小化他支付给列玩家的值 $A(i,j)$；列玩家的目标当然是相反的［最大化值 $A(i,j)$］。

极小极大定理断言：

$$\max_{\boldsymbol{q}\in\Delta_m}\min_{i\in\{1,2,\cdots,n\}}\mathbb{E}_{J\leftarrow\boldsymbol{q}}A(i,J)=\min_{\boldsymbol{p}\in\Delta_n}\max_{j\in\{1,2,\cdots,m\}}\mathbb{E}_{I\leftarrow\boldsymbol{p}}A(I,j) \tag{7.23}$$

这里，$\mathbb{E}_{I\leftarrow\boldsymbol{p}}A(I,j)$ 是使用随机策略 $\boldsymbol{p}\in\Delta_n$ 对抗列玩家的固定策略 $j \in \{1,2,\cdots,m\}$ 时，行玩家的预期损失。类似地定义 $\mathbb{E}_{J\leftarrow\boldsymbol{q}}A(i,J)$。正式表述为

$$\mathbb{E}_{I\leftarrow\boldsymbol{p}}A(I,j):=\sum_{i=1}^{n}p_iA(i,j),\ \mathbb{E}_{J\leftarrow\boldsymbol{q}}A(i,J):=\sum_{j=1}^{m}q_jA(i,j)$$

设 opt 是式(7.23)中分别对应于两个最优策略 $\boldsymbol{p}^\star\in\Delta_n$ 和 $\boldsymbol{q}^\star\in\Delta_m$ 的两个量的共同值。我们的目标是使用 MWU 法，对于任意的 $\varepsilon>0$，构造一对策略 $\boldsymbol{p}\in\Delta_n$ 和 $\boldsymbol{q}\in\Delta_m$，使得

$$\max_j \mathbb{E}_{I\leftarrow\boldsymbol{p}}A(I,j)\leqslant \mathrm{opt}+\varepsilon \text{ 和 } \min_i \mathbb{E}_{J\leftarrow\boldsymbol{q}}A(i,J)\geqslant \mathrm{opt}-\varepsilon$$

（1）证明冯·诺依曼 (von Neumann) 定理如下“更容易”的一个方向：

$$\max_{\boldsymbol{q}\in\Delta_m}\min_{i\in\{1,2,\cdots,n\}}\mathbb{E}_{J\leftarrow\boldsymbol{q}}A(i,J)\leqslant\min_{\boldsymbol{p}\in\Delta_n}\max_{j\in\{1,2,\cdots,m\}}\mathbb{E}_{I\leftarrow\boldsymbol{p}}A(I,j)$$

（2）给出一个算法，对给定的 $\boldsymbol{p}\in\Delta_n$，构造一个 $j\in\{1,2,\cdots,m\}$ 以最大化 $\mathbb{E}_{I\leftarrow\boldsymbol{p}}A(I,j)$。该算法的运行时间是多少？证明对于 j 的这种选择，我们有 $\mathbb{E}_{I\leftarrow\boldsymbol{p}}A(I,j)\geqslant$opt。

我们在 MWU 框架中置 $\boldsymbol{p}^0,\boldsymbol{p}^1\cdots,\boldsymbol{p}^{T-1}\in\Delta_n$，且在步骤 t 处的损失向量为 $\boldsymbol{g}^t:=\boldsymbol{A}\boldsymbol{q}^t$，其中 $\boldsymbol{q}^t:=\boldsymbol{e}_j$，$j$ 被选为最大化 $\mathbb{E}_{I\leftarrow\boldsymbol{p}^t}A(I,j)$ 的指标。（注意，$\boldsymbol{e}_j$ 是第 j 个分量为 1 其余为 0 的向量。）

（3）证明对于每个 $t=0,1,\cdots,T-1$，$\|\boldsymbol{g}^t\|_\infty\leqslant 1$ 和 $\langle\boldsymbol{p}^\star,\boldsymbol{g}^t\rangle\leqslant$opt。

（4）用定理 7.10证明，对于足够大的 T，

$$\text{opt} \leqslant \frac{1}{T}\sum_{t=0}^{T-1}\left\langle \boldsymbol{p}^t, \boldsymbol{g}^t\right\rangle \leqslant \text{opt} + \varepsilon$$

成立的 T 的最小值是多少？

证明存在某个 t，使得 $\max_j \mathbb{E}_{I\leftarrow \boldsymbol{p}^t} A(I,j) \leqslant$opt+$\varepsilon$。

（5）令

$$\boldsymbol{q} := \frac{1}{T}\sum_{t=0}^{T-1}\boldsymbol{q}^t$$

证明对于 (4) 中的 T，

$$\min_i \mathbb{E}_{J\leftarrow \boldsymbol{q}} A(i,J) \geqslant \text{opt} - \varepsilon$$

（6）在这个问题开始时，我们期望寻找到策略 $\boldsymbol{p}$ 和 $\boldsymbol{q}$ 的 ε 近似对的整个过程的总运行时间是多少？

7.14 分类的 Winnow 算法。假设给定 m 个带标签的例子，$(\boldsymbol{a}_1,l_1)$,$(\boldsymbol{a}_2,l_2)$,$\cdots$,$(\boldsymbol{a}_m,l_m)$，其中 $\boldsymbol{a}_i \in \mathbb{R}^n$ 是特征向量，$l_i \in \{-1,+1\}$ 是它们的标签。我们的目标是找到一个超平面，将标记为 +1 的点与标记为 −1 的点分开。假设分割超平面包含 0 并且其法线是非负的。因此，形式上，我们的目标是找到 $\boldsymbol{p} \in \mathbb{R}^n$，其中 $\boldsymbol{p} \geqslant 0$，使得

$$\text{sign}\left\langle \boldsymbol{a}_i, \boldsymbol{p}\right\rangle = l_i$$

对所有 $i \in \{1,2,\cdots,m\}$ 成立。通过缩放，我们可以假设 $\|\boldsymbol{a}_i\|_\infty \leqslant 1$ 对于每个 $i \in \{1,2,\cdots,m\}$ 成立，并且 $\langle \mathbf{1}, \boldsymbol{p}\rangle = 1$（注意，$\mathbf{1}$ 是由全 1 分量构成的向量）。为了方便表示，我们将 $\boldsymbol{a}_i$ 重新定义为 $l_i\boldsymbol{a}_i$。因此，该问题被简化为求解以下线性规划问题：找到一个 $\boldsymbol{p}$，使得

$$\langle \boldsymbol{a}_i, \boldsymbol{p}\rangle > 0 \text{ 对于任一} i \in \{1,2,\cdots,m\} \text{成立，其中} \boldsymbol{p} \in \Delta_n$$

证明下面的定理。

定理 7.15　给定 $\boldsymbol{a}_1,\boldsymbol{a}_2,\cdots,\boldsymbol{a}_m \in \mathbb{R}^n$ 和 $\varepsilon > 0$，如果存在 $\boldsymbol{p}^\star \in \Delta_n$ 使得 $\langle \boldsymbol{a}_i, \boldsymbol{p}^\star\rangle \geqslant \varepsilon$，$i \in \{1,2,\cdots,m\}$，则 Winnow 算法（算法 6）迭代 $T = \Theta\left(\dfrac{\ln n}{\varepsilon^2}\right)$ 次后输出点 $\boldsymbol{p} \in \Delta_n$，使得 $\langle \boldsymbol{a}_i, \boldsymbol{p}\rangle > 0$，$i \in \{1,2,\cdots,m\}$。

整个算法的运行时间是多少？

算法 6 Winnow 算法

输入：

- m 个点 $\boldsymbol{a}_1, \boldsymbol{a}_2, \cdots, \boldsymbol{a}_m$ 的集合，$\boldsymbol{a}_i \in \mathbb{R}^n$, $i = 1, 2, \cdots, m$
- $\varepsilon > 0$

输出： 点 $\boldsymbol{p} \in \Delta_n$ 满足定理 7.15

算法：

设 $T := \Theta\left(\frac{\ln n}{\varepsilon^2}\right)$

设 $w_i^0 = 1$，对所有 $i \in \{1, 2, \cdots, n\}$

for $t = 0, 1, \cdots, T-1$ **do**

  令 $p_j^t := \frac{w_j^t}{\|\boldsymbol{w}^t\|_1}$，对所有的 j

  验证 $\langle \boldsymbol{a}_i, \boldsymbol{p}^t \rangle \leqslant 0$ 是否对所有 $1 \leqslant i \leqslant m$ 成立

  如果不存在这样的 i，停止，返回 $\boldsymbol{p}^t$

  如果存在 i 使得 $\langle \boldsymbol{a}_i, \boldsymbol{p}^t \rangle \leqslant 0$：

  （1）令 $\boldsymbol{g}^t := -\boldsymbol{a}_i$

  （2）对所有 j，更新 $w_j^{t+1} := w_j^t \exp(-\varepsilon g_j^t)$

end for

return $\frac{1}{T}\sum_{t=0}^{T-1} \boldsymbol{p}^t$

7.15 线性不等式的可行性。 考虑一个一般的线性可行性问题，寻找点 $\boldsymbol{x}$ 使得不等式组

$$\langle \boldsymbol{a}_i, \boldsymbol{x} \rangle \geqslant b_i$$

对于 $i = 1, 2, \cdots, m$ 均成立，其中 $\boldsymbol{a}_1, \boldsymbol{a}_2, \cdots, \boldsymbol{a}_m \in \mathbb{R}^n$ 且 $b_1, b_2, \cdots, b_m \in \mathbb{R}$。这个问题的目标是对给定的误差参数 $\varepsilon > 0$，给出一个算法，输出点 $\boldsymbol{x}$，使得

$$\langle \boldsymbol{a}_i, \boldsymbol{x} \rangle \geqslant b_i - \varepsilon \tag{7.24}$$

对于所有的 i 都成立，只要上面的方程组有解。我们还假设存在一个反馈器，给定向量 $\boldsymbol{p} \in \Delta_m$，求解下列松弛问题：是否存在一个 $\boldsymbol{x}$，使得

$$\sum_{i=1}^{m}\sum_{j=1}^{n} p_i a_{ij} x_j \geqslant \sum_{i=1}^{m} p_i b_i \tag{7.25}$$

假设对于给定的 p 反馈器返回的可行解 $\boldsymbol{x}$ 不是任意的，而是具有以下性质：

$$\max_i |\langle \boldsymbol{a}_i, \boldsymbol{x} \rangle - b_i| \leqslant 1$$

证明下面的定理。

定理 7.16　如果存在一个 $\boldsymbol{x}$，使得对于所有 i，$\langle \boldsymbol{a}_i, \boldsymbol{x}\rangle \geqslant b_i$，则存在一个算法输出一个满足式 (7.24) 的 $\bar{\boldsymbol{x}}$。对于式(7.25)中提到的问题，该算法最多调用 $O\left(\frac{\ln m}{\varepsilon^2}\right)$ 次反馈器。

7.16 在线凸优化。给定凸可微函数序列 $f^0, f^1, \cdots : K \to \mathbb{R}$ 和 K 中点序列 $x^0, x^1, \cdots \in K$，定义到时间 T 的**遗憾值** (regret) 为

$$\text{Regret}_T := \sum_{t=0}^{T-1} f^t\left(\boldsymbol{x}^t\right) - \min_{\boldsymbol{x}\in K} \sum_{t=0}^{T-1} f^t(\boldsymbol{x})$$

考虑本章镜像下降法启发的以下策略（称为**跟随正则化项的引导**）：

$$\boldsymbol{x}^t := \underset{\boldsymbol{x}\in K}{\operatorname{argmin}} \sum_{i=0}^{t-1} f^i(\boldsymbol{x}) + R(\boldsymbol{x})$$

其中 $R : K \to \mathbb{R}$ 是凸正则化项且 $\boldsymbol{x}^0 := \operatorname{argmin}_{\boldsymbol{x}\in K} R(\boldsymbol{x})$。假设每个 f^i 的梯度处处以 G 为界，并且 K 的直径以 D 为界。
证明以下两点。
（1）

$$\text{Regret}_T \leqslant \sum_{t=0}^{T-1} \left(f^t\left(\boldsymbol{x}^t\right) - f^t\left(\boldsymbol{x}^{t+1}\right)\right) - R\left(\boldsymbol{x}^0\right) + R\left(\boldsymbol{x}^\star\right)$$

对 $T = 0, 1, \cdots$ 成立，其中

$$\boldsymbol{x}^\star := \underset{\boldsymbol{x}\in K}{\operatorname{argmin}} \sum_{t=0}^{T-1} f^t(\boldsymbol{x})$$

（2）给定 $\varepsilon > 0$，对

$$R(\boldsymbol{x}) := \frac{1}{\eta}\|\boldsymbol{x}\|_2^2$$

应用该方法，选取合适的 η 和 T 以得到

$$\frac{1}{T}\text{Regret}_T \leqslant \varepsilon$$

7.17 Bandit 优化。本题中的符号与 MWU 法中的相同。我们考虑 MWU 的一种变体，称为 **Bandit** 情形。与 MWU 不同，在 Bandit 情形的每次迭代中，向量 $\boldsymbol{g}^t$

不完全显示。而是在迭代 t 中，算法在 n 个**专家** (expert) 的集合上具有概率分布 $\boldsymbol{p}^t$，它从 $\boldsymbol{p}^t$ 中抽取一个专家（比如 i），并且只将 $\boldsymbol{g}^t$ 的第 i 个坐标作为反馈显示给算法。定义

$$\hat{g}_i^t := \begin{cases} \dfrac{g_i^t}{p_i^t}, & \text{如果专家}i\text{在时间}t\text{时被选中} \\ 0, & \text{否则} \end{cases} \tag{7.26}$$

这个习题的目的是证明算法 7可以保证定理 7.10中遗憾值的收敛性。

算法 7 EXP3 算法

输入：

- 在每一步 $t = 0, 1, \cdots$，对 $\boldsymbol{g}^t \in \mathbb{R}^n$ 的随机调用
- 参数 $\varepsilon > 0$
- 整数 $T > 0$

输出： 一个概率分布序列 $\boldsymbol{p}^0, \boldsymbol{p}^1, \cdots, \boldsymbol{p}^{T-1} \in \Delta_n$

算法：

初始化 $\boldsymbol{w}^0 := \mathbf{1}$（全 1 向量）
for $t = 0, 1, \cdots, T-1$ **do**
　令 $\phi^t := \sum_{j=1}^n w_j^t$
　对 i 进行抽样，概率为

$$p_i^t := (1 - n\varepsilon) \cdot \frac{w_i^t}{\phi^t} + \varepsilon$$

　从反馈器中获取 $g_i^t \in \mathbb{R}$
　令 $\hat{g}_i^t := \dfrac{g_i^t}{p_i^t}$
　更新专家 i 的权重为

$$w_i^{t+1} := w_i^t \exp(-\varepsilon \hat{g}_i^t)$$

end for

定理 7.17 (EXP3 算法的保证)　考虑算法 7 中展示的 EXP3 算法。假设反馈器提供的所有向量 $\boldsymbol{g}^t$ 都满足 $\|\boldsymbol{g}^t\|_\infty \leqslant 1$。设 $0 < \varepsilon \leqslant \dfrac{1}{n}$。那么，概率分布 $\boldsymbol{p}^0, \boldsymbol{p}^1, \cdots, \boldsymbol{p}^{T-1}$ 满足

$$\frac{1}{T} \sum_{t=0}^{T-1} \langle \boldsymbol{p}^t, \boldsymbol{g}^t \rangle - \frac{1}{T} \inf_{\boldsymbol{p} \in \Delta_n} \sum_{t=0}^{T-1} \langle \boldsymbol{p}, \boldsymbol{g}^t \rangle \leqslant \frac{\ln n}{T\varepsilon} + 2n\varepsilon \tag{7.27}$$

因此，通过选择 $\varepsilon := \min\left\{\frac{1}{n}, \sqrt{\frac{\ln n}{2nT}}\right\}$，我们可以证明遗憾值 [等式 (7.27) 的左侧] 有一个上界 $2\sqrt{\frac{2n\ln n}{T}}$。

(1) 证明对于所有的 t，下式总是成立，

$$\sum_{j=1}^{n} p_j^t \left(\hat{g}_j^t\right)^2 \leqslant \sum_{j=1}^{n} \hat{g}_j^t$$

(2) 令 $\phi^t := \sum_{j=1}^{n} w_j^t$。证明对于所有的 $T \geqslant 1$ 以及任意固定的 i，下式总是成立，

$$\ln \frac{\phi^T}{\phi^0} \geqslant -\varepsilon \sum_{t=0}^{T-1} \hat{g}_i^t - \ln n$$

(3) 结合 (1) 和等式

$$\ln \frac{\phi^{T-1}}{\phi^0} = \sum_{t=0}^{T-1} \ln \frac{\phi^{t+1}}{\phi^t}$$

以及不等式

$$\mathrm{e}^x \leqslant 1 + x + x^2, \quad x \leqslant 1$$

证明对于所有 $T \geqslant 1$，下式总是成立，

$$\ln \frac{\phi^T}{\phi^0} \leqslant -\frac{\varepsilon}{1-n\varepsilon} \sum_{t=0}^{T-1} \left\langle \boldsymbol{p}^t, \hat{\boldsymbol{g}}^t \right\rangle + \frac{2\varepsilon^2}{1-n\varepsilon} \sum_{t=0}^{T-1} \sum_{j=1}^{n} \hat{g}_j^t$$

(4) 使用 (2) 和 (3)，以及对所有的 t，$\|\boldsymbol{g}^t\|_\infty \leqslant 1$ 的假设，证明对任意固定的 i，下式总是成立，

$$-\varepsilon \sum_{t=0}^{T-1} \hat{g}_i^t - \ln n \leqslant -\frac{\varepsilon}{1-n\varepsilon} \sum_{t=0}^{T-1} \left\langle \boldsymbol{p}^t, \hat{\boldsymbol{g}}^t \right\rangle + \frac{2\varepsilon^2}{1-n\varepsilon} nT$$

(5) 完成定理 7.17的证明。

注：与定理 7.10相比，定理 7.17有一个额外的因子 n。该算法性能下降背后的直觉是，我们只能获得一个专家的损失，因此，要想赶上 MWU 的信息，我们必须通过 n 次迭代来探索所有的 n 个专家。这意味着 MWU 收集的信息 EXP3 至少需要一个线性时间才能收集到。

注记

镜像下降法由 Nemirovski 和 Yudin（1983）提出。Beck 和 Teboulle（2003）提出了镜像下降法的另一种推导和分析方法。特别地，他们证明了镜像下降法可以被看作一种非线性的投影梯度类型的方法，基于一般的类似距离的函数而不是 ℓ_2^2 距离。本章涵盖了这两种观点。

MWU 法早在 20 世纪 50 年代就出现了，此后在许多领域被重新发现。它可应用于优化（如习题 7.15）、博弈论（如习题 7.13）、机器学习（如习题 7.14）和理论计算机科学［Plotkin 等（1995）；Garg 和 Könemann（2007）；Barak 等（2009）］。我推荐感兴趣的读者参考 Arora 等（2012）的综述。注意，我介绍的 MWU 法的变体通常被称为“对冲”［见 Arora 等（2012）］。Christiano 等（2011）求解 $s-t$ 最大流问题的算法（在第 1 章中提到过）依赖于 MWU；见 Vishnoi(2013) 的介绍。

关于 MWU 法的矩阵变体的研究见 Arora 和 Kale（2016）、Arora 等（2005）、Orecchia 等（2008）和 Orecchia 等（2012）。MWU 法的这种变体用于设计求解半定规划的快速算法，而半定规划又用于建立诸如最大割和最稀疏割等问题的近似算法。

MWU 法是在线凸优化领域的一种方法（在习题 7.16 中介绍过）。在线凸优化的深入探讨可以参见 Hazan（2016）和 Shalev-Shwartz（2012）的专著，其中包含习题 7.17 中介绍的 Bandit 优化。

二部图的完美匹配问题在组合优化文献中得到了广泛的研究，见 Schrijver（2002a）。它可以简化为 $s-t$ 最大流问题，因此，用最多需要计算 n 条增广路径的算法可在 $O(nm)$ 时间内解决，其中每个这样的迭代需要的时间为 $O(m)$（因为它执行深度优先搜索）。Dinic（1970）、Karzanov（1973）以及 Hopcroft 和 Karp（1973）的论文提出了上述算法更精细的变体，其运行时间为 $O(m\sqrt{n})$。在这些结果出现四十年后，Madry（2013）的一篇论文做了部分改进［体现在稀疏状态，即当 $m=O(n)$ 时］。该算法的运行时间为 $\widetilde{O}\left(m^{10/7}\right)$，并且适用于具有单位容量的有向图的 $s-t$ 最大流问题。最近，van den Brand 等（2020）的论文中提出了 $\widetilde{O}\left(m+n^{1.5}\right)$ 时间内求解最大基数二部图匹配及相关问题的随机化算法。虽然我们没有介绍这些算法，但是我们注意到这两种算法都依赖于新颖的内点法（在第 10 章和第 11 章中将介绍）。

第 8 章　加速梯度下降法

本章介绍 Nesterov 加速梯度下降算法。该算法可以看作前面介绍的梯度下降法和镜像下降法的混合。我们还将给出加速梯度法在求解线性方程组中的应用。

8.1　预备

我们先回顾第 6 章中研究的无约束优化问题：

$$\min_{\boldsymbol{x}\in\mathbb{R}^n} f(\boldsymbol{x})$$

其中 f 是凸的，且梯度是 L-Lipschitz 连续的。虽然第 6 章的大多数结果都是针对欧氏范数的，但这里我们使用的是一般范数 $\|\cdot\|$ 及其对偶范数 $\|\cdot\|^*$。我们首先将 L-Lipschitz 连续梯度的概念推广到所有范数。

定义 8.1 (关于任意范数的 L-Lipschitz 连续梯度)　函数 $f:\mathbb{R}^n\to\mathbb{R}$ 称为范数 $\|\cdot\|$ 意义下的 L-Lipschitz 梯度，如果对于所有的 $\boldsymbol{x},\boldsymbol{y}\in\mathbb{R}^n$，

$$\|\nabla f(\boldsymbol{x})-\nabla f(\boldsymbol{y})\|^*\leqslant L\|\boldsymbol{x}-\boldsymbol{y}\|$$

对于凸函数，此条件与 L 光滑性相同：

$$\forall \boldsymbol{x},\boldsymbol{y}\in\mathbb{R}^n,\ f(\boldsymbol{y})\leqslant f(\boldsymbol{x})+\langle \boldsymbol{y}-\boldsymbol{x},\nabla f(\boldsymbol{x})\rangle+\frac{L}{2}\|\boldsymbol{x}-\boldsymbol{y}\|^2 \tag{8.1}$$

当 $\|\cdot\|$ 是欧氏范数时，我们介绍过类似的结论（见习题 6.2）。一般范数的情况可以类似证明，见习题 8.1。如第 7 章所述，设 $R:\mathbb{R}^n\to\mathbb{R}$ 是范数 $\|\cdot\|$ 意义下的 σ 强凸正则化项，即

$$D_R(\boldsymbol{x},\boldsymbol{y}):=R(\boldsymbol{x})-R(\boldsymbol{y})-\langle\nabla R(\boldsymbol{y}),\boldsymbol{x}-\boldsymbol{y}\rangle\geqslant\frac{\sigma}{2}\|\boldsymbol{x}-\boldsymbol{y}\|^2 \tag{8.2}$$

注意 $D_R(\boldsymbol{x},\boldsymbol{y})$ 称为 R 在 $\boldsymbol{x}$ 处关于 $\boldsymbol{y}$ 的 Bregman 散度。本章只考虑映射 $\nabla R:\mathbb{R}^n\to\mathbb{R}^n$ 是双射的正则化项。在阅读本章时，结合以下特殊情况考虑是很有益的：

$$R(\boldsymbol{x}):=\frac{1}{2}\|\boldsymbol{x}\|_2^2$$

此时 $D_R(\boldsymbol{x},\boldsymbol{y})=\frac{1}{2}\|\boldsymbol{x}-\boldsymbol{y}\|_2^2$，且 $\boldsymbol{\nabla} R$ 是恒等映射。

第 6 章介绍了优化 L 光滑函数的迭代复杂度为 $O\left(\varepsilon^{-1}\right)$ 的算法。本章的目标是给出一种新的算法，该算法结合了梯度下降法和镜像下降法的思想，并实现了 $O\left(\varepsilon^{-1/2}\right)$ 的迭代复杂度。在习题 8.4 中，我们证明在黑箱模型中，这是最优的。

8.2 加速梯度下降法的主要结果

本章的主要结果是下面的定理。我们先证明定理再给出基础算法的关键步骤，这是因为算法需要设置的参数的选择从证明中可以看得更清晰。我们也回到通常的符号，用下标 (x_t) 而不是上标 (x^t) 来表示算法中的迭代步。

定理 8.2 (加速梯度下降法的保证)　给定

- 凸函数 $f:\mathbb{R}^n\to\mathbb{R}$ 的一阶反馈器，
- f 的梯度在范数 $\|\cdot\|$ 意义下 L-Lipschitz 连续的常数 L，
- 凸正则化项 $R:\mathbb{R}^n\to\mathbb{R}$ 的梯度映射 $\boldsymbol{\nabla} R$ 及其逆 $(\boldsymbol{\nabla} R)^*$ 或 $(\boldsymbol{\nabla} R)^{-1}$ 的反馈器，
- R 在 $\|\cdot\|$ 意义下的强凸性参数 $\sigma>0$ 的上界，
- 初始点 $\boldsymbol{x}_0\in\mathbb{R}^n$ 满足 $D_R\left(\boldsymbol{x}^\star,\boldsymbol{x}_0\right)\leqslant D^2$（其中 $\boldsymbol{x}^\star$ 是 $\min_{\boldsymbol{x}\in\mathbb{R}^n} f(\boldsymbol{x})$ 的最优解），
- $\varepsilon>0$，

存在一种算法 (称为加速梯度下降法)，输出点 $\boldsymbol{x}\in\mathbb{R}^n$ 满足 $f(\boldsymbol{x})\leqslant f\left(\boldsymbol{x}^\star\right)+\varepsilon$。该算法调用 $T:=O\left(\sqrt{\frac{LD^2}{\sigma\varepsilon}}\right)$ 次相应的反馈器，共执行 $O(nT)$ 次算术运算。

注意，定理 6.2 中的算法需要 $O\left(\frac{LD^2}{\sigma\varepsilon}\right)$ 次迭代——正好是定理 8.2 迭代次数的平方。

8.3 证明策略：估计序列

在定理 8.2的证明中，我们不是先陈述算法，再证明其性质，而是以相反的顺序进行。我们首先阐明一个重要的定理，断言所谓的估计序列的存在性。在证明这个定理的过程中，我们一步步地推导出加速梯度下降法，以此证明定理 8.2。

在推导加速梯度下降法中使用的关键概念是**估计序列**。

定义 8.3 (估计序列)　序列 $(\phi_t,\boldsymbol{\lambda}_t,\boldsymbol{x}_t)_{t\in\mathbb{N}}$ 被称为函数 $f:\mathbb{R}^n\to\mathbb{R}$ 的估计序列，其中 $\phi_t:\mathbb{R}^n\to\mathbb{R}$ 是函数，$\boldsymbol{\lambda}_t\in[0,1]$，$\boldsymbol{x}_t\in\mathbb{R}^n$(对于所有的 $t\in\mathbb{N}$) 是向量，如果它满足以下性质：

(1) **下界**。对于所有的 $t \in \mathbb{N}$ 以及所有的 $\boldsymbol{x} \in \mathbb{R}^n$,

$$\phi_t(\boldsymbol{x}) \leqslant (1-\boldsymbol{\lambda}_t) f(\boldsymbol{x}) + \boldsymbol{\lambda}_t \phi_0(\boldsymbol{x})$$

(2) **上界**。对于所有的 $\boldsymbol{x} \in \mathbb{R}^n$,

$$f(\boldsymbol{x}_t) \leqslant \phi_t(\boldsymbol{x})$$

直观上，我们可以认为序列 $(\boldsymbol{x}_t)_{t\in\mathbb{N}}$ 收敛于 f 的极小值点。函数 $(\phi_t)_{t\in\mathbb{N}}$ 是 f 的近似，它为 $f(\boldsymbol{x}_t)-f(\boldsymbol{x}^\star)$ 提供（随着 t 的增加）越来越紧的上界。更确切地说，条件（1）表示 $\phi_t(\boldsymbol{x})$ 是 $f(\boldsymbol{x})$ 的近似下界，条件（2）表示 ϕ_t 的最小值大于 $f(\boldsymbol{x}_t)$。

为了说明这个定义，暂时假设对于估计序列中的某些 $t \in \mathbb{N}$，$\lambda_t = 0$。根据条件（2）和条件（1），我们得到

$$f(\boldsymbol{x}_t) \leqslant \phi_t(\boldsymbol{x}^\star) \leqslant f(\boldsymbol{x}^\star)$$

这意味着 $\boldsymbol{x}_t$ 是一个最优解。由于 $\lambda_t = 0$ 太苛刻了，所以 $\lambda_t \to 0$ 是我们的目标。事实上，加速梯度法构造了一个序列 λ_t，该序列以 $\frac{1}{t^2}$ 的速率趋于零，这是相对标准的梯度下降法的二次加速。我们正式证明下面的定理。

定理 8.4 (最优估计序列的存在性) 对每个（在 $\|\cdot\|$ 意义下）L 光滑的凸函数 $f:\mathbb{R}^n \to \mathbb{R}$，每个（同一范数 $\|\cdot\|$ 意义下）σ 强凸正则化项 R，每个 $\boldsymbol{x}_0 \in \mathbb{R}^n$，存在估计序列 $(\phi_t, \lambda_t, \boldsymbol{x}_t)_{t\in\mathbb{N}}$，其中

$$\phi_0(\boldsymbol{x}) := f(\boldsymbol{x}_0) + \frac{L}{2\sigma} D_R(\boldsymbol{x}, \boldsymbol{x}_0)$$

并且存在绝对常数 $c>0$ 使得

$$\lambda_t \leqslant \frac{c}{t^2}$$

现在假设 $D_R(\boldsymbol{x}^\star, \boldsymbol{x}_0) \leqslant D^2$。对于这样的序列，利用条件（2）和条件（1），且 $\boldsymbol{x} = \boldsymbol{x}^\star$，可以得到

$$f(\boldsymbol{x}_t) \overset{(\text{上界})}{\leqslant} \phi_t(\boldsymbol{x}^\star) \tag{8.3}$$

$$\overset{(\text{下界})}{\leqslant} (1-\lambda_t) f(\boldsymbol{x}^\star) + \lambda_t \phi_0(\boldsymbol{x}^\star) \tag{8.4}$$

$$= (1-\lambda_t) f(\boldsymbol{x}^\star) + \lambda_t f(\boldsymbol{x}_0) + \lambda_t \frac{L}{2\sigma} D_R(\boldsymbol{x}^\star, \boldsymbol{x}_0) \tag{8.5}$$

$$= f(\boldsymbol{x}^\star) + \lambda_t (f(\boldsymbol{x}_0) - f(\boldsymbol{x}^\star)) + \lambda_t \frac{L}{2\sigma} D_R(\boldsymbol{x}^\star, \boldsymbol{x}_0) \tag{8.6}$$

$$\overset{(L\text{光滑性})}{\leqslant} f(\boldsymbol{x}^\star)+\lambda_t\left(\langle\boldsymbol{x}_0-\boldsymbol{x}^\star,\nabla f(\boldsymbol{x}^\star)\rangle+\frac{L}{2}\|\boldsymbol{x}_0-\boldsymbol{x}^\star\|^2\right)+ \tag{8.7}$$

$$\lambda_t\frac{L}{2\sigma}D_R(\boldsymbol{x}^\star,\boldsymbol{x}_0) \tag{8.8}$$

$$=f(\boldsymbol{x}^\star)+\lambda_t L\left(\frac{1}{2}\|\boldsymbol{x}_0-\boldsymbol{x}^\star\|^2+\frac{1}{2\sigma}D_R(\boldsymbol{x}^\star,\boldsymbol{x}_0)\right) \tag{8.9}$$

$$\overset{(\lambda_t\leqslant\frac{c}{t^2})}{\leqslant} f(\boldsymbol{x}^\star)+\frac{cL}{t^2}\left(\frac{1}{2}\|\boldsymbol{x}_0-\boldsymbol{x}^\star\|^2+\frac{1}{2\sigma}D^2\right) \tag{8.10}$$

$$\overset{\text{式(8.2)}}{\leqslant} f(\boldsymbol{x}^\star)+\frac{cLD^2}{\sigma t^2} \tag{8.11}$$

因此，令 $t\approx\sqrt{\dfrac{LD^2}{\sigma\varepsilon}}$ 就足以保证 $f(\boldsymbol{x}_t)-f(\boldsymbol{x}^\star)\leqslant\varepsilon$。我们还不能从定理 8.4推导出定理 8.2，因为所述的形式不是算法的——我们还需要知道这样的序列可以仅通过调用 f 和 R 的一阶反馈器有效地计算出，而定理 8.4仅断言了存在性。正如我们期待的，定理 8.4 的证明提供了计算估计序列的有效算法。

8.4　估计序列的构造

本节致力于证明定理 8.4。首先，我们不妨简单地假设 $L=1$，否则我们用 $\dfrac{f}{L}$ 来替代 f。类似地，我们假设 R 是 1 强凸的，否则用 σ 对 R 进行缩放。

8.4.1　步骤 1: 迭代的构造

估计序列的构造是迭代的。设 $\boldsymbol{x}_0\in\mathbb{R}^n$ 为任意点。初始化

$$\phi_0(\boldsymbol{x}):=D_R(\boldsymbol{x},\boldsymbol{x}_0)+f(\boldsymbol{x}_0),\ \lambda_0=1$$

因此，定义 8.3中的下界条件显然满足。上界条件同样满足，因为

$$\phi_0^\star:=\min_{\boldsymbol{x}}\phi_0(\boldsymbol{x})=f(\boldsymbol{x}_0)$$

因此，

$$\phi_0(\boldsymbol{x})=\phi_0^\star+D_R(\boldsymbol{x},\boldsymbol{x}_0) \tag{8.12}$$

且在 $R(\boldsymbol{x}):=\dfrac{1}{2}\|\boldsymbol{x}\|_2^2$ 的情形下，这就是一条以 $\boldsymbol{x}_0$ 为中心的抛物线。

估计序列后续元素的构造是归纳的。假设给定 $(\phi_{t-1}, \boldsymbol{x}_{t-1}, \lambda_{t-1})$。那么 ϕ_t 将是 ϕ_{t-1} 和 f 在精心选择的点 $\boldsymbol{y}_{t-1} \in \mathbb{R}^n$（稍后定义）处的线性下界 L_{t-1} 的凸组合。更准确地说，我们令

$$L_{t-1}(\boldsymbol{x}) := f(\boldsymbol{y}_{t-1}) + \langle \boldsymbol{x} - \boldsymbol{y}_{t-1}, \boldsymbol{\nabla} f(\boldsymbol{y}_{t-1}) \rangle \tag{8.13}$$

根据凸函数的一阶性质，对于所有的 $\boldsymbol{x} \in \mathbb{R}^n$，有

$$L_{t-1}(\boldsymbol{x}) \leqslant f(\boldsymbol{x}) \tag{8.14}$$

我们定义新的估计为

$$\phi_t(\boldsymbol{x}) := (1 - \gamma_t)\, \phi_{t-1}(\boldsymbol{x}) + \gamma_t L_{t-1}(\boldsymbol{x}) \tag{8.15}$$

其中 $\gamma_t \in [0, 1]$ 将在后文确定。

我们现在想要观察 Bregman 散度的一个很好的性质：如果我们将形式为 $\boldsymbol{x} \mapsto D_R(\boldsymbol{x}, \boldsymbol{z})$ 的 Bregman 散度项平移一个线性函数 $\langle \boldsymbol{l}, \boldsymbol{x} \rangle$，得到的是另一个可能不同的点 $\boldsymbol{z}$ 处的 Bregman 散度。很容易验证 $R(\boldsymbol{x}) := \frac{1}{2}\|\boldsymbol{x}\|_2^2$ 的情形。

引理 8.5 (对 Bregman 散度平移一个线性项) 设 $\boldsymbol{z} \in \mathbb{R}^n$ 是任意点，$R : \mathbb{R}^n \to \mathbb{R}$ 是凸正则化项，其中 $\boldsymbol{\nabla} R : \mathbb{R}^n \to \mathbb{R}^n$ 是双射。那么，对于每个 $\boldsymbol{l} \in \mathbb{R}^n$，存在 $\boldsymbol{z}' \in \mathbb{R}^n$，使得

$$\forall \boldsymbol{x} \in \mathbb{R}^n,\ \langle \boldsymbol{l}, \boldsymbol{z} - \boldsymbol{x} \rangle = D_R(\boldsymbol{x}, \boldsymbol{z}) + D_R(\boldsymbol{z}, \boldsymbol{z}') - D_R(\boldsymbol{x}, \boldsymbol{z}')$$

此外，$\boldsymbol{z}'$ 由以下关系唯一确定：

$$\boldsymbol{l} = \boldsymbol{\nabla} R(\boldsymbol{z}) - \boldsymbol{\nabla} R(\boldsymbol{z}')$$

该引理的证明直接由广义勾股定理（定理 7.7）得出。

我们用 $\phi_t^\star$ 来表示 ϕ_t 的最小值，并用 $\boldsymbol{z}_t$ 来表示 ϕ_t 的全局最小值点，即

$$\phi_t^\star = \phi_t(\boldsymbol{z}_t)$$

通过归纳法可以证明，

$$\phi_t(\boldsymbol{x}) = \phi_t^\star + \lambda_t D_R(\boldsymbol{x}, \boldsymbol{z}_t) \tag{8.16}$$

当 $t = 0$ 时是成立的，根据式 (8.12)令 $\boldsymbol{z}_0 := \boldsymbol{x}_0$ 便可推知。假设 $t-1$ 时成立。根据归纳假设、式(8.15)、式 (8.13) 和 $\lambda_t = (1 - \gamma_t)\, \lambda_{t-1}$，我们知道

$$\phi_t(\boldsymbol{x}) \overset{\text{式(8.15)}}{=} (1 - \gamma_t)\left(\phi_{t-1}^\star + \lambda_{t-1} D_R(\boldsymbol{x}, \boldsymbol{z}_{t-1})\right) +$$

$$
\begin{aligned}
&\gamma_t\left(f\left(\boldsymbol{y}_{t-1}\right)+\left\langle\boldsymbol{x}-\boldsymbol{y}_{t-1}, \nabla f\left(\boldsymbol{y}_{t-1}\right)\right\rangle\right) \\
&\overset{(1-\gamma_t)\lambda_{t-1}=\lambda_t}{=}\left(1-\gamma_t\right) \phi_{t-1}^{\star}+\gamma_t\left(f\left(\boldsymbol{y}_{t-1}\right)-\left\langle\boldsymbol{y}_{t-1}, \nabla f\left(\boldsymbol{y}_{t-1}\right)\right\rangle\right)+ \\
&\gamma_t\left\langle\boldsymbol{x}, \nabla f\left(\boldsymbol{y}_{t-1}\right)\right\rangle+\lambda_t D_R\left(\boldsymbol{x}, \boldsymbol{z}_{t-1}\right) \\
&=\left(1-\gamma_t\right) \phi_{t-1}^{\star}+\gamma_t\left(f\left(\boldsymbol{y}_{t-1}\right)-\left\langle\boldsymbol{y}_{t-1}, \nabla f\left(\boldsymbol{y}_{t-1}\right)\right\rangle\right)+ \\
&\lambda_t\left(D_R\left(\boldsymbol{x}, \boldsymbol{z}_{t-1}\right)+\frac{\gamma_t}{\lambda_t}\left\langle\boldsymbol{x}, \nabla f\left(\boldsymbol{y}_{t-1}\right)\right\rangle\right) \\
&=\left(1-\gamma_t\right) \phi_{t-1}^{\star}+\gamma_t\left(f\left(\boldsymbol{y}_{t-1}\right)-\left\langle\boldsymbol{y}_{t-1}, \nabla f\left(\boldsymbol{y}_{t-1}\right)\right\rangle\right)+ \\
&\lambda_t\left(D_R\left(\boldsymbol{x}, \boldsymbol{z}_t\right)-D_R\left(\boldsymbol{z}_{t-1}, \boldsymbol{z}_t\right)+\frac{\gamma_t}{\lambda_t}\left\langle\boldsymbol{z}_{t-1}, \nabla f\left(\boldsymbol{y}_{t-1}\right)\right\rangle\right)
\end{aligned}
$$

在最后一个等式中，我们使用了引理 8.5$\left(\text{其中 } \boldsymbol{x}=\boldsymbol{x}, \boldsymbol{z}=\boldsymbol{z}_{t-1}, \boldsymbol{z}'=\boldsymbol{z}_t \text{ 和 } \boldsymbol{l}=\frac{\gamma_t}{\lambda_t}\nabla f\left(\boldsymbol{y}_{t-1}\right)\right)$。现在，当 $D_R(\boldsymbol{x}, \boldsymbol{z}_t)=0$ 时，$\phi_t(\boldsymbol{x})$ 取得最小值，此时 $\boldsymbol{x}=\boldsymbol{z}_t$（因为没有依赖于 $\boldsymbol{x}$ 的其他项）。这得到式 (8.16)。重要的是，引理 8.5 还给出了 $\boldsymbol{z}_t$ 的以下递归：对所有的 $t \geqslant 1$，

$$
\nabla R\left(\boldsymbol{z}_t\right)=\nabla R\left(\boldsymbol{z}_{t-1}\right)-\frac{\gamma_t}{\lambda_t} \nabla f\left(\boldsymbol{y}_{t-1}\right)
$$

在接下来的证明步骤中，我们使用上述框架来证明估计序列的条件（1）和条件（2）。这可通过归纳法证明，即假设 $t-1$ 时成立，证明 $t \in \mathbb{N}$ 也成立。在此过程中，我们陈述证明所必需的关于 $\boldsymbol{x}_t, \boldsymbol{y}_t, \gamma_t$ 和 λ_t 的一些约束。在证明的最后阶段，我们集齐所有这些约束，并证明它们可以同时满足，因此，我们可以用这种方法来设置这些参数以获得可行的估计序列。

8.4.2 步骤 2：确保下界条件

我们希望确保

$$
\phi_t(\boldsymbol{x}) \leqslant\left(1-\lambda_t\right) f(\boldsymbol{x})+\lambda_t \phi_0(\boldsymbol{x})
$$

根据归纳结构，我们有

$$
\begin{aligned}
\phi_t(\boldsymbol{x}) &=\left(1-\gamma_t\right) \phi_{t-1}(\boldsymbol{x})+\gamma_t L_{t-1}(\boldsymbol{x}) \\
&\qquad (\text{根据式 (8.15) 中}\phi_t\text{的定义}) \\
&\leqslant\left(1-\gamma_t\right)\left[\left(1-\lambda_{t-1}\right) f(\boldsymbol{x})+\lambda_{t-1} \phi_0(\boldsymbol{x})\right]+\gamma_t L_{t-1}(\boldsymbol{x})
\end{aligned}
$$

$$
\begin{aligned}
&\quad (\text{根据 } t-1 \text{ 时的归纳假设}) \qquad (8.17)\\
&\leqslant (1-\gamma_t)\left[(1-\lambda_{t-1}) f(\boldsymbol{x})+\lambda_{t-1}\phi_0(\boldsymbol{x})\right]+\gamma_t f(\boldsymbol{x})\\
&\quad (\text{通过式（8.14）中的} L_{t-1}(\boldsymbol{x}) \leqslant f(\boldsymbol{x}))\\
&\leqslant ((1-\gamma_t)(1-\lambda_{t-1})+\gamma_t) f(\boldsymbol{x})+(1-\gamma_t)\lambda_{t-1}\phi_0(\boldsymbol{x})\\
&\quad (\text{整理})
\end{aligned}
$$

回顾我们的设定，

$$\lambda_t := (1-\gamma_t)\lambda_{t-1} \tag{8.18}$$

因此，

$$\phi_t(\boldsymbol{x}) \leqslant (1-\lambda_t) f(\boldsymbol{x})+\lambda_t\phi_0(\boldsymbol{x})$$

所以，只要式 (8.18)成立，我们就得到下界的条件。另外注意，式 (8.18)可等价表述为

$$\lambda_t=\prod_{1\leqslant i\leqslant t}(1-\gamma_i)$$

8.4.3 步骤 3：确保上界和 $\boldsymbol{y}_t$ 的动态更新

为了满足上界条件，我们的目标是 $\boldsymbol{x}_t$ 的选择满足

$$f(\boldsymbol{x}_t) \leqslant \min_{\boldsymbol{x}\in\mathbb{R}^n}\phi_t(\boldsymbol{x})=\phi_t^{\star}=\phi_t(\boldsymbol{z}_t)$$

注意，这特别需要我们精心选择 $\boldsymbol{y}_{t-1}$，因为右侧依赖于 $\boldsymbol{y}_{t-1}$。为此，考虑任一 $\boldsymbol{x}\in\mathbb{R}^n$，有

$$
\begin{aligned}
\phi_t(\boldsymbol{x}) &= (1-\gamma_t)\phi_{t-1}(\boldsymbol{x})+\gamma_t L_{t-1}(\boldsymbol{x})\\
&\quad (\text{根据}\phi_t\text{在式(8.15)中的定义})\\
&=(1-\gamma_t)(\phi_{t-1}(\boldsymbol{z}_{t-1})+\lambda_{t-1}D_R(\boldsymbol{x},\boldsymbol{z}_{t-1}))+\gamma_t L_{t-1}(\boldsymbol{x})\\
&\quad (\text{根据式(8.16)})\\
&=(1-\gamma_t)(\phi_{t-1}(\boldsymbol{z}_{t-1})+\lambda_{t-1}D_R(\boldsymbol{x},\boldsymbol{z}_{t-1}))+\gamma_t(f(\boldsymbol{y}_{t-1})+\\
&\quad \langle\boldsymbol{x}-\boldsymbol{y}_{t-1},\boldsymbol{\nabla} f(\boldsymbol{y}_{t-1})\rangle)\\
&\quad (\text{根据}L_{t-1}\text{在式(8.13)中的定义})
\end{aligned}
$$

$$\geqslant (1-\gamma_t) f(\boldsymbol{x}_{t-1}) + \lambda_t D_R(\boldsymbol{x}, \boldsymbol{z}_{t-1}) + \gamma_t (f(\boldsymbol{y}_{t-1}) +$$

$$\langle \boldsymbol{x} - \boldsymbol{y}_{t-1}, \nabla f(\boldsymbol{y}_{t-1})\rangle)$$

(由 ϕ_{t-1} 的上界条件)

$$\geqslant (1-\gamma_t)(f(\boldsymbol{y}_{t-1}) + \langle \boldsymbol{x}_{t-1} - \boldsymbol{y}_{t-1}, \nabla f(\boldsymbol{y}_{t-1})\rangle +$$

$$\gamma_t (f(\boldsymbol{y}_{t-1}) + \langle \boldsymbol{x} - \boldsymbol{y}_{t-1}, \nabla f(\boldsymbol{y}_{t-1})\rangle) + \lambda_t D_R(\boldsymbol{x}, \boldsymbol{z}_{t-1})$$

(由 f 的凸性)

$$= f(\boldsymbol{y}_{t-1}) + \langle (1-\gamma_t)(\boldsymbol{x}_{t-1} - \boldsymbol{y}_{t-1}) + \gamma_t(\boldsymbol{x} - \boldsymbol{y}_{t-1}), \nabla f(\boldsymbol{y}_{t-1})\rangle +$$

$$\lambda_t D_R(\boldsymbol{x}, \boldsymbol{z}_{t-1})$$

(整理)

$$= f(\boldsymbol{y}_{t-1}) + \langle (1-\gamma_t)\boldsymbol{x}_{t-1} + \gamma_t \boldsymbol{z}_{t-1} - \boldsymbol{y}_{t-1}, \nabla f(\boldsymbol{y}_{t-1})\rangle +$$

$$\gamma_t \langle \boldsymbol{x} - \boldsymbol{z}_{t-1}, \nabla f(\boldsymbol{y}_{t-1})\rangle + \lambda_t D_R(\boldsymbol{x}, \boldsymbol{z}_{t-1})$$

(通过加上和减去$\gamma_t \langle \boldsymbol{x} - \boldsymbol{z}_{t-1}, \nabla f(\boldsymbol{y}_{t-1})\rangle$ 并且重新整理)

$$= f(\boldsymbol{y}_{t-1}) + \gamma_t \langle \boldsymbol{x} - \boldsymbol{z}_{t-1}, \nabla f(\boldsymbol{y}_{t-1})\rangle + \lambda_t D_R(\boldsymbol{x}, \boldsymbol{z}_{t-1})$$

最后一个等式成立是因为我们设

$$\boldsymbol{y}_{t-1} := (1-\gamma_t)\boldsymbol{x}_{t-1} + \gamma_t \boldsymbol{z}_{t-1}$$

为了给出我们这样选择 $\boldsymbol{y}_{t-1}$ 的一些直觉，考虑 $R(\boldsymbol{x}) = \|\boldsymbol{x}\|_2^2$ 的情形，此时 $D_R(\boldsymbol{x}, \boldsymbol{y})$ 是欧氏距离的平方。在上文中，我们想要获得一项，它看起来像 $f(\boldsymbol{y}_{t-1})$ 附近 $f(\tilde{\boldsymbol{x}})$ 的二阶（二次）上界（这里 $\tilde{\boldsymbol{x}}$ 是变量），即

$$f(\boldsymbol{y}_{t-1}) + \langle \tilde{\boldsymbol{x}} - \boldsymbol{y}_{t-1}, \nabla f(\boldsymbol{y}_{t-1})\rangle + \frac{1}{2}\|\tilde{\boldsymbol{x}} - \boldsymbol{y}_{t-1}\|^2 \tag{8.19}$$

这样选择的 $\boldsymbol{y}_{t-1}$ 可以消除我们不需要的线性项。我们没有完全成功地得到 (8.19)的形式——我们的表达式中几处出现了 $\boldsymbol{z}_{t-1}$ 而不是 $\boldsymbol{y}_{t-1}$，并且在线性和二次项前面有额外的常数。我们在下一步中处理这些问题，并相应地选择 $\boldsymbol{x}_t$。

8.4.4 步骤 4：确保条件（2）和 $\boldsymbol{x}_t$ 的动态更新

我们继续步骤 3 的推导。

$$\begin{aligned}\phi_t(\boldsymbol{x}) &\geqslant f(\boldsymbol{y}_{t-1})+\gamma_t\langle\boldsymbol{x}-\boldsymbol{z}_{t-1},\nabla f(\boldsymbol{y}_{t-1})\rangle+\lambda_t D_R(\boldsymbol{x},\boldsymbol{z}_{t-1})\\ &\quad(\text{在步骤 3 中已建立})\\ &\geqslant f(\boldsymbol{y}_{t-1})+\gamma_t\langle\boldsymbol{x}-\boldsymbol{z}_{t-1},\nabla f(\boldsymbol{y}_{t-1})\rangle+\frac{\lambda_t}{2}\|\boldsymbol{x}-\boldsymbol{z}_{t-1}\|^2\\ &\quad(\text{根据 } R \text{ 的 1 强凸性})\\ &= f(\boldsymbol{y}_{t-1})+\langle\tilde{\boldsymbol{x}}-\boldsymbol{y}_{t-1},\nabla f(\boldsymbol{y}_{t-1})\rangle+\frac{\lambda_t}{2\gamma_t^2}\|\tilde{\boldsymbol{x}}-\boldsymbol{y}_{t-1}\|^2\\ &\quad(\text{通过变量替换:}\tilde{\boldsymbol{x}}-\boldsymbol{y}_{t-1}:=\gamma_t(\boldsymbol{x}-\boldsymbol{z}_{t-1}))\\ &\geqslant f(\boldsymbol{y}_{t-1})+\langle\tilde{\boldsymbol{x}}-\boldsymbol{y}_{t-1},\nabla f(\boldsymbol{y}_{t-1})\rangle+\frac{1}{2}\|\tilde{\boldsymbol{x}}-\boldsymbol{y}_{t-1}\|^2\\ &\quad\left(\text{假定}\frac{\lambda_t}{\gamma_t^2}\geqslant 1\right)\\ &\geqslant f(\boldsymbol{x}_t)\end{aligned}$$

最后一步成立是因为

$$\boldsymbol{x}_t:=\underset{\tilde{\boldsymbol{x}}}{\operatorname{argmin}}\left\{\langle\tilde{\boldsymbol{x}},\nabla f(\boldsymbol{y}_{t-1})\rangle+\frac{1}{2}\|\tilde{\boldsymbol{x}}-\boldsymbol{y}_{t-1}\|^2\right\}$$

引入 $\tilde{\boldsymbol{x}}$ 重命名变量的原因与步骤 3 中选择 $\boldsymbol{y}_{t-1}$ 的直觉相同。我们希望得到 f 在 $\boldsymbol{y}_{t-1}$ 附近的二次函数上界表达式，自变量用 $\tilde{\boldsymbol{x}}$ 表示。选择一个合适的 $\tilde{\boldsymbol{x}}$ 是为了消去该上界的线性项系数中的 γ_t，从而在假设 $\frac{\lambda_t}{\gamma_t^2}\geqslant 1$ 下得到所需的表达式。正如我们将在后面看到的，这个约束实际上决定了算法的收敛速度。最后，$\boldsymbol{x}_t$ 的选择很简单：我们只须选一个 $\tilde{\boldsymbol{x}}$ 使得 f 的二次函数上界达到最小。

8.5 算法及其分析

我们现在集齐了所有的约束，并根据获得的新点总结更新规则。初始点 $\boldsymbol{x}_0\in\mathbb{R}^n$ 是任意的，且

$$\boldsymbol{z}_0=\boldsymbol{x}_0$$

$$\gamma_0=0,\ \lambda_0=1$$

此外，对于 $t \geqslant 1$，我们有

$$\lambda_t := \prod_{1\leqslant i\leqslant t}(1-\gamma_i)$$

并且

$$\begin{aligned}\boldsymbol{y}_{t-1} &:= (1-\gamma_t)\,\boldsymbol{x}_{t-1}+\gamma_t\boldsymbol{z}_{t-1}\\ \boldsymbol{\nabla} R(\boldsymbol{z}_t) &:= \boldsymbol{\nabla} R(\boldsymbol{z}_{t-1})-\frac{\gamma_t}{\lambda_t}\boldsymbol{\nabla} f(\boldsymbol{y}_{t-1})\\ \boldsymbol{x}_t &:= \operatorname*{argmin}_{\tilde{\boldsymbol{x}}}\langle\tilde{\boldsymbol{x}},\boldsymbol{\nabla} f(\boldsymbol{y}_{t-1})\rangle+\frac{1}{2}\|\tilde{\boldsymbol{x}}-\boldsymbol{y}_{t-1}\|^2\end{aligned}\tag{8.20}$$

例如，当 $\|\cdot\|$ 是 ℓ_2 范数时，我们有

$$\boldsymbol{x}_t = \boldsymbol{y}_{t-1}-\boldsymbol{\nabla} f(\boldsymbol{y}_{t-1})$$

注意，$\boldsymbol{y}_t$ 只是两个序列 $\{\boldsymbol{x}_t\}$ 和 $\{\boldsymbol{z}_t\}$ 的“混合”，这两个序列分别满足两个不同的优化原型。

（1）$\boldsymbol{x}_t$ 的更新规则是简单地从 $\boldsymbol{y}_{t-1}$ 出发执行一步梯度下降。

（2）$\boldsymbol{z}_t$ 只是执行关于 R 的镜像下降，取 $\boldsymbol{y}_{t-1}$ 处的梯度。

因此，加速梯度下降法就是梯度下降法与镜像下降法相结合的结果。特别注意，如果对所有 t，我们令 $\gamma_t=0$，则 $\boldsymbol{y}_t$ 来自第 6 章的梯度下降法；如果对所有 t，我们令 $\gamma_t=1$，则 $\boldsymbol{y}_t$ 来自第 7 章的镜像下降法。

式 (8.20)中算法的迭代顺序见图 8.1。

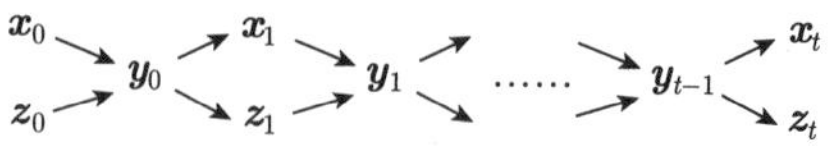

图 8.1　算法迭代顺序

定理 8.2的证明简单地遵循估计序列的构造。我们唯一还没有证明的部分是，可以取 $\gamma_t \approx \dfrac{1}{t}$ 和 $\lambda_t \approx \dfrac{1}{t^2}$——这可以通过直接计算得出，在下一节中予以证明。

根据式 (8.20)中的更新规则，为得到 $\boldsymbol{x}_t,\boldsymbol{y}_t,\boldsymbol{z}_t$，只需要常数次调用反馈器来访问 $\boldsymbol{\nabla} f,\boldsymbol{\nabla} R$ 和 $(\boldsymbol{\nabla} R)^{-1}$。此外，式 (8.3) 中已经证明过，

$$f(\boldsymbol{x}_t)\leqslant f(\boldsymbol{x}^\star)+O\left(\frac{LD^2}{\sigma t^2}\right)$$

因此，要使得 $f(\boldsymbol{x}_t) \leqslant f(\boldsymbol{x}^\star)+\varepsilon$，取 $t = O\left(\sqrt{\dfrac{LD^2}{\sigma\varepsilon}}\right)$ 就足够了。这就完成了定理 8.2的证明。

γ_t 的选取。估计序列的推导依赖于假设

$$\lambda_t \geqslant \gamma_t^2$$

这不允许我们任意选择 γ_t。以下引理提供了满足此约束的 γ_t 的示例。

引理 8.6 (γ_t 的选取) *令 $\gamma_0=\gamma_1=\gamma_2=\gamma_3=0$，且对于所有的 $i\geqslant 4$，$\gamma_i=\dfrac{2}{i}$。那么，*

$$\forall t\geqslant 0,\ \prod_{i=1}^{t}(1-\gamma_i)\geqslant \gamma_t^2$$

证明 对于 $t\leqslant 4$，可以直接验证。设 $t>4$，我们有

$$\prod_{i=1}^{t}(1-\gamma_i)=\frac{2}{4}\cdot\frac{3}{5}\cdot\frac{4}{6}\cdots\frac{t-2}{t}=\frac{2\cdot 3}{(t-1)t}$$

分子和分母中除了各自出现在最后结果中的两项，其他所有项均已约去。很容易验证，$\dfrac{6}{t(t-1)}\geqslant\dfrac{4}{t^2}=\gamma_t^2$。 □

8.6 强凸光滑函数的一种算法

根据定理 8.2，我们可以推导出许多其他算法。本节我们推导出一种最小化既 L 光滑又（欧氏范数意义下）β 强凸函数的方法，即对于所有的 $\boldsymbol{x},\boldsymbol{y}\in\mathbb{R}^n$，

$$\frac{\beta}{2}\|\boldsymbol{x}-\boldsymbol{y}\|_2^2\leqslant f(\boldsymbol{x})-f(\boldsymbol{y})-\langle\boldsymbol{x}-\boldsymbol{y},\boldsymbol{\nabla} f(\boldsymbol{y})\rangle\leqslant\frac{L}{2}\|\boldsymbol{x}-\boldsymbol{y}\|_2^2$$

定理 8.7 (强凸函数的加速梯度下降法) *对于任意一个既 β 强凸又（欧氏范数意义下）L 光滑的函数 $f:\mathbb{R}^n\to\mathbb{R}$，给定*

- *凸函数 f 的一阶反馈器，*
- *常数 $L,\beta\in R$，*
- *初始点 $\boldsymbol{x}_0\in\mathbb{R}^n$ 满足 $\|\boldsymbol{x}^\star-\boldsymbol{x}_0\|_2^2\leqslant D^2$(其中 $\boldsymbol{x}^\star$ 是 $\min_{\boldsymbol{x}\in\mathbb{R}^n} f(\boldsymbol{x})$ 的最优解)，*
- *$\varepsilon>0$，*

存在一个算法，输出点 $\boldsymbol{x}\in\mathbb{R}^n$，使得 $f(\boldsymbol{x})\leqslant f(\boldsymbol{x}^\star)+\varepsilon$。该算法对相应的反馈器执行 $T=O\left(\sqrt{\dfrac{L}{\beta}}\log\dfrac{LD^2}{\varepsilon}\right)$ 次调用，并执行 $O(nT)$ 次算术运算。

值得注意的是，上述方法的复杂度对数依赖于 $\frac{1}{\varepsilon}$。

证明　考虑 $R(\boldsymbol{x})=\|\boldsymbol{x}\|_2^2$，将其选作定理 8.2中的正则化项。注意 R 在欧氏范数意义下是 1 强凸的。因此，定理 8.2中的算法构造了一个点序列 $\boldsymbol{x}_0,\boldsymbol{x}_1,\boldsymbol{x}_2,\cdots$，满足

$$f\left(\boldsymbol{x}_t\right)-f\left(\boldsymbol{x}^{\star}\right)\leqslant O\left(\frac{LD^2}{t^2}\right)$$

记

$$E_t:=f\left(\boldsymbol{x}_t\right)-f\left(\boldsymbol{x}^{\star}\right)$$

对初始点，由 f 的强凸性，我们有

$$E_0\geqslant\frac{\beta}{2}\left\|\boldsymbol{x}_0-\boldsymbol{x}^{\star}\right\|_2^2=\frac{\beta}{2}D^2$$

因此，算法的收敛性可以改写为

$$E_t\leqslant O\left(\frac{LD^2}{t^2}\right)\leqslant O\left(\frac{LE_0}{\beta t^2}\right)$$

特别地，将误差从 E_0 缩小为 $E_0/2$ 所需的步数为 $O\left(\sqrt{\frac{L}{\beta}}\right)$。因此，要从 E_0 变为 ε，我们需要

$$O\left(\sqrt{\frac{L}{\beta}}\cdot\log\frac{E_0}{\varepsilon}\right)=O\left(\sqrt{\frac{L}{\beta}}\cdot\log\frac{LD^2}{\varepsilon}\right)$$

步。这里我们利用了 f 的 L 光滑性和 $\nabla f\left(\boldsymbol{x}^{\star}\right)=\mathbf{0}$ 来推得

$$E_0=f\left(\boldsymbol{x}_0\right)-f\left(\boldsymbol{x}^{\star}\right)\leqslant\frac{L}{2}\left\|\boldsymbol{x}-\boldsymbol{x}^{\star}\right\|_2^2\leqslant\frac{LD^2}{2}$$

在这种情况下，∇R 是恒等映射，不会由于 R 而产生额外的计算成本。□

8.7　应用：线性方程组

考虑求解线性方程组

$$\boldsymbol{A}\boldsymbol{x}=\boldsymbol{b}$$

其中 $\boldsymbol{A}\in\mathbb{R}^{n\times n}$，向量 $\boldsymbol{b}\in\mathbb{R}^n$。为简单起见，我们假设 $\boldsymbol{A}$ 非奇异，因此 $\boldsymbol{A}\boldsymbol{x}=\boldsymbol{b}$ 具有唯一解。因此，$\boldsymbol{A}^{\top}\boldsymbol{A}$ 正定。设 $\lambda_1\left(\boldsymbol{A}^{\top}\boldsymbol{A}\right)$ 和 $\lambda_n\left(\boldsymbol{A}^{\top}\boldsymbol{A}\right)$ 分别是 $\boldsymbol{A}^{\top}\boldsymbol{A}$ 的最小特征值和

最大特征值。我们将 $\boldsymbol{A}^\top\boldsymbol{A}$ 的条件数定义为

$$\kappa\left(\boldsymbol{A}^\top\boldsymbol{A}\right):=\frac{\lambda_n\left(\boldsymbol{A}^\top\boldsymbol{A}\right)}{\lambda_1\left(\boldsymbol{A}^\top\boldsymbol{A}\right)}$$

下面关于解线性方程组的定理现在可由定理 8.7得出。

定理 8.8 (在 $\sqrt{\kappa\left(\boldsymbol{A}^\top\boldsymbol{A}\right)}$ 次迭代内求解线性方程组) 给定可逆方阵 $\boldsymbol{A}\in\mathbb{R}^{n\times n}$、向量 $\boldsymbol{b}$ 和精度 $\varepsilon>0$，存在一个算法输出点 $\boldsymbol{y}\in\mathbb{R}^n$——线性方程组 $\boldsymbol{A}\boldsymbol{x}=\boldsymbol{b}$ 的近似解，满足

$$\|\boldsymbol{A}\boldsymbol{y}-\boldsymbol{b}\|_2^2\leqslant\varepsilon$$

该算法执行 $T:=O\left(\sqrt{\kappa\left(\boldsymbol{A}^\top\boldsymbol{A}\right)}\log\left(\frac{\lambda_n\left(\boldsymbol{A}^\top\boldsymbol{A}\right)\|\boldsymbol{x}^\star\|_2}{\varepsilon}\right)\right)$ 次迭代，其中 $\boldsymbol{x}^\star\in\mathbb{R}^n$ 满足 $\boldsymbol{A}\boldsymbol{x}^\star=\boldsymbol{b}$。每次迭代都需要计算常数个矩阵–向量乘法和内积运算。

证明 我们应用定理 8.7来求解优化问题

$$\min_{\boldsymbol{x}\in\mathbb{R}^n}\|\boldsymbol{A}\boldsymbol{x}-\boldsymbol{b}\|_2^2$$

记

$$f(\boldsymbol{x}):=\|\boldsymbol{A}\boldsymbol{x}-\boldsymbol{b}\|_2^2$$

注意上式的最优值为 0，并且在 $\boldsymbol{x}=\boldsymbol{x}^\star$ 取到，其中 $\boldsymbol{x}^\star$ 是该线性方程组的解。

我们现在推导应用定理 8.7所需的与 f 相关的所有参数。通过计算 f 的黑塞矩阵，我们有

$$\boldsymbol{\nabla}^2 f(\boldsymbol{x})=\boldsymbol{A}^\top\boldsymbol{A}$$

由于 $\lambda_1\left(\boldsymbol{A}^\top\boldsymbol{A}\right)\cdot\boldsymbol{I}\preceq\boldsymbol{A}^\top\boldsymbol{A}$，$\boldsymbol{A}^\top\boldsymbol{A}\preceq\lambda_n\left(\boldsymbol{A}^\top\boldsymbol{A}\right)\boldsymbol{I}$，我们可知 f 是 L 光滑的，其中 $L:=\lambda_n\left(\boldsymbol{A}^\top\boldsymbol{A}\right)$；$f$ 还是 β 强凸的，其中 $\beta:=\lambda_1\left(\boldsymbol{A}^\top\boldsymbol{A}\right)$。

我们可以选择

$$\boldsymbol{x}_0:=\boldsymbol{0}$$

作为初始点 $\boldsymbol{x}_0$。它与最优解的距离为

$$D:=\|\boldsymbol{x}_0-\boldsymbol{x}^\star\|_2=\|\boldsymbol{x}^\star\|_2$$

因此，根据定理 8.7，我们得到运行时间

$$O\left(\sqrt{\kappa\left(\boldsymbol{A}^\top\boldsymbol{A}\right)}\cdot\log\left(\frac{\lambda_n\left(\boldsymbol{A}^\top\boldsymbol{A}\right)\|\boldsymbol{x}^\star\|}{\varepsilon}\right)\right)$$

注意，$f(\boldsymbol{x})$ 的梯度是

$$\boldsymbol{\nabla} f(\boldsymbol{x})=\boldsymbol{A}^{\top}(\boldsymbol{A}x-\boldsymbol{b})$$

因此，它归结为执行两个矩阵–向量乘法。 □

习题

8.1 证明：对于凸函数，L 光滑性条件式 (8.1)在任何范数下都等价于 L-Lipschitz 连续梯度条件。

8.2 **共轭梯度**。考虑以下最小化凸函数 $f:\mathbb{R}^n\to\mathbb{R}$ 的策略。构造一个序列 $(\phi_t,L_t,\boldsymbol{x}_t)_{t\in\mathbb{N}}$，对于每个 $t\in\mathbb{N}$，都有一个函数 $\phi_t:\mathbb{R}^n\to\mathbb{R}$ 和一个线性子空间 L_t，使得 $\{0\}=L_0\subseteq L_1\subseteq L_2\subseteq\cdots$，以及点 $\boldsymbol{x}_t\in L_t$，它们共同满足以下条件：

- **下界**。$\forall t,\ \forall x\in L_t$，$\phi_t(\boldsymbol{x})\leqslant f(\boldsymbol{x})$，
- **共同最小值点**。$\forall t$，$\boldsymbol{x}_t=\operatorname{argmin}_{\boldsymbol{x}\in\mathbb{R}^n}\phi_t(\boldsymbol{x})=\operatorname{argmin}_{\boldsymbol{x}\in L_t}f(\boldsymbol{x})$。

将该想法应用于函数

$$f(\boldsymbol{x})=\|\boldsymbol{x}-\boldsymbol{x}^{\star}\|_{\boldsymbol{A}}^{2}$$

其中 $\boldsymbol{A}$ 是一个 $n\times n$ 正定矩阵，且 $\boldsymbol{x}^{\star}\in\mathbb{R}^n$ 是满足 $\boldsymbol{A}\boldsymbol{x}^{\star}=\boldsymbol{b}$ 的唯一向量。令

$$L_t:=\operatorname{span}\left\{\boldsymbol{b},\boldsymbol{A}\boldsymbol{b},\boldsymbol{A}^2\boldsymbol{b},\cdots,\boldsymbol{A}^{t-1}\boldsymbol{b}\right\}$$

$$\phi_t(\boldsymbol{x}):=\|\boldsymbol{x}-\boldsymbol{x}_t\|_{\boldsymbol{A}}^{2}+\|\boldsymbol{x}_t-\boldsymbol{x}^{\star}\|_{\boldsymbol{A}}^{2}$$

其中 $\boldsymbol{x}_t\in\mathbb{R}^n$ 是满足共同最小值点的唯一选择。

（1）证明：通过如上方式选择的 $(\phi_t,L_t,\boldsymbol{x}_t)_{t\in\mathbb{N}}$ 满足下界性质。

（2）证明：给定 $\boldsymbol{A}$ 和 $\boldsymbol{b}$，存在算法可以在时间 $O\left(t\cdot(T_{\boldsymbol{A}}+n)\right)$ 内计算 $\boldsymbol{x}_1,\boldsymbol{x}_2,\cdots,\boldsymbol{x}_t$，其中 $T_{\boldsymbol{A}}$ 是矩阵 $\boldsymbol{A}$ 乘以一个向量所需的时间。

（3）证明：如果 $\boldsymbol{A}$ 只有 k 个不同的特征值，则 $\boldsymbol{x}_{k+1}=\boldsymbol{x}^{\star}$。

8.3 **重球法**。给定一个 $n\times n$ 正定矩阵 $\boldsymbol{A}$ 和一个向量 $\boldsymbol{b}\in\mathbb{R}^n$，考虑优化问题

$$\min_{\boldsymbol{x}\in\mathbb{R}^n}\frac{1}{2}\boldsymbol{x}^{\top}\boldsymbol{A}\boldsymbol{x}-\langle\boldsymbol{b},\boldsymbol{x}\rangle$$

设 $\boldsymbol{x}^{\star}:=\boldsymbol{A}^{-1}\boldsymbol{b}$，注意它等同于求解问题

$$\min_{\boldsymbol{x}\in\mathbb{R}^n}\frac{1}{2}\left(\boldsymbol{x}-\boldsymbol{x}^{\star}\right)^{\top}\boldsymbol{A}\left(\boldsymbol{x}-\boldsymbol{x}^{\star}\right)$$

考虑用如下的方法来求解：

$$\boldsymbol{x}_{t+1}:=\boldsymbol{x}_t-\eta\boldsymbol{\nabla} f\left(\boldsymbol{x}_t\right)+\theta\left(\boldsymbol{x}_t-\boldsymbol{x}_{t-1}\right)$$

其中 $\boldsymbol{x}_t - \boldsymbol{x}_{t-1}$ 这一项可视为粒子的**动量**。

（1）证明：

$$\begin{bmatrix} \boldsymbol{x}_{t+1} - \boldsymbol{x}^\star \\ \boldsymbol{x}_t - \boldsymbol{x}^\star \end{bmatrix} = \begin{bmatrix} (1+\theta)\boldsymbol{I} - \eta\boldsymbol{A} & -\theta\boldsymbol{I} \\ \boldsymbol{I} & \boldsymbol{0} \end{bmatrix} \begin{bmatrix} \boldsymbol{x}_t - \boldsymbol{x}^\star \\ \boldsymbol{x}_{t-1} - \boldsymbol{x}^\star \end{bmatrix}$$

（2）设 λ_1 是 $\boldsymbol{A}$ 的最小特征值，λ_n 是 $\boldsymbol{A}$ 的最大特征值。令 $\eta := \dfrac{4}{\left(\sqrt{\lambda_n}+\sqrt{\lambda_1}\right)^2}$ 且 $\theta := \max\left\{\left|1-\sqrt{\eta\lambda_1}\right|, \left|1-\sqrt{\eta\lambda_n}\right|\right\}^2$，证明：

$$\|\boldsymbol{x}_{t+1} - \boldsymbol{x}^\star\| \leqslant \left(\frac{\sqrt{\kappa(\boldsymbol{A})}-1}{\sqrt{\kappa(\boldsymbol{A})}+1}\right)^t \|\boldsymbol{x}_0 - \boldsymbol{x}^\star\|_2$$

此处 $\kappa(\boldsymbol{A}) := \dfrac{\lambda_n}{\lambda_1}$。

（3）将该结果推广到 L 光滑和 σ 强凸的函数。

8.4 **下界**。在这个问题中，我们证明定理 6.4。考虑包括梯度下降法、镜像下降法和加速梯度下降法在内的一阶黑箱优化的一般模型。令 $\boldsymbol{x}_0 := \boldsymbol{0}$，该算法通过调用凸函数 $f : \mathbb{R}^n \to \mathbb{R}$ 的梯度反馈器，产生点序列 $\boldsymbol{x}_0, \boldsymbol{x}_1, \boldsymbol{x}_2, \cdots$，满足

$$\boldsymbol{x}_t \in \boldsymbol{x}_0 + \operatorname{span}\left\{\boldsymbol{\nabla} f(\boldsymbol{x}_0), \boldsymbol{\nabla} f(\boldsymbol{x}_1), \cdots, \boldsymbol{\nabla} f(\boldsymbol{x}_{t-1})\right\} \tag{8.21}$$

即该算法仅在由先前迭代中的梯度所张成的子空间中迭代。我们不限制这种算法的单次迭代的运行时间；事实上，我们允许它通过充分长时间从 $\boldsymbol{x}_0, \boldsymbol{x}_1, \cdots, \boldsymbol{x}_{t-1}$ 和相应的梯度中计算出 $\boldsymbol{x}_t$。我们只对迭代次数感兴趣。

考虑二次函数 $f : \mathbb{R}^n \to \mathbb{R} (n > 2t)$，

$$f(y_1, y_2, \cdots, y_n) := \frac{L}{4}\left(\frac{1}{2}y_1^2 + \frac{1}{2}\sum_{i=1}^{2t}(y_i - y_{i+1})^2 + \frac{1}{2}y_{2t+1}^2 - y_1\right)$$

其中 y_i 表示 $\boldsymbol{y}$ 的第 i 个坐标。

（1）证明 F 在欧氏范数意义下是 L 光滑的。

（2）证明 f 的最小值是 $\dfrac{L}{8}\left(\dfrac{1}{2t+2}-1\right)$，并且在点 $\boldsymbol{x}^\star$ 处取到，它的第 i 个坐标是 $1-\dfrac{i}{2t+2}$。

（3）证明由前 t 个点处的梯度张成的空间恰好是 $\{\boldsymbol{e}_1, \boldsymbol{e}_2, \cdots, \boldsymbol{e}_t\}$ 的张成空间。

（4）推导

$$\frac{f\left(\boldsymbol{x}_t\right)-f\left(\boldsymbol{x}^{\star}\right)}{\left\|\boldsymbol{x}_0-\boldsymbol{x}^{\star}\right\|_2^2} \geqslant \frac{3 L}{32(t+1)^2}$$

因此，除了常数系数外，加速梯度法是紧的。

8.5 $s-t$ 最大流问题的加速。使用本章介绍的加速梯度法将定理 6.6 中 $s-t$ 最大流的运行时间改进到 $\widetilde{O}\left(\frac{m^{1.75}}{\sqrt{\varepsilon F^{\star}}}\right)$。

8.6 $s-t$ 最小割问题的加速。回顾习题 6.11 中研究的具有 n 个顶点和 m 条边的无向图 $G=(V, E)$ 中的 $s-t$ 最小值问题模型：

$$\operatorname{MinCut}_{s, t}(G):=\min _{\boldsymbol{x} \in \mathbb{R}^n, x_s-x_t=1} \sum_{i j \in E}\left|x_i-x_j\right|$$

取正则化项为 $R(\boldsymbol{x})=\|\boldsymbol{x}\|_2^2$，应用定理 8.7精确地找到 $\operatorname{MinCut}_{s,t}(G)$，建立运行时间为 $O\left(m^{3/2} n^{1/2} \Delta^{1/2}\right)$ 的方法，其中 Δ 是 G 中顶点的最大度数。换言之，

$$\Delta:=\max _{v \in V}|N(v)|$$

提示：要使目标 L 光滑，对于适当选择的 $\delta>0$，使用向量 $\boldsymbol{y}$ 的 ℓ_1 范数的近似：$\boldsymbol{y} \in \mathbb{R}^m:\|\boldsymbol{y}\|_1 \approx \sum_{j=1}^m \sqrt{y_i^2+\delta^2}$。

注记

加速梯度下降法是 Nesterov（1983）发现的 [另见 Nesterov（2004）]。这种加速的思想随后被扩展到梯度下降的多种变体，并导致了如 Beck 和 Teboulle（2009）的 FISTA 等算法的引入。Allen-Zhu 和 Orecchia（2017）提出加速梯度法是梯度下降法和镜像下降法的组合。复杂度下界（定理 6.4）最早由 Nemirovski 和 Yudin（1983）建立。重球法（习题 8.3）由 Polyak（1964）提出。习题 8.5 和习题 8.6 改编自 Lee 等（2013）的论文。

求解线性方程组的算法有着悠久的历史。众所周知，高斯消元法在最坏情形下的时间复杂度为 $O\left(n^3\right)$。这可以通过使用快速矩阵乘法来改进至 $O\left(n^\omega\right) \approx O\left(n^{2.373}\right)$，参见 Trefethen 和 Bau（1997）、Saad（2003）以及 Golub 和 Van Loan（1996）的著作。定理 8.8 估计的界与共轭梯度法（在习题 8.2 中介绍的）相当，后者归功于 Hestenes 和 Stiefel（1952）；另见 Sachdeva 和 Vishnoi（2014）的专著。有关拉普拉斯求解器的线性求解器的参考资料，请参阅第 6 章中的注记。

第 9 章 牛 顿 法

我们现在开始设计迭代次数与误差呈对数多项式关系的凸优化算法。作为第一步，我们推导并分析经典的牛顿法，它是二阶方法的一个例子。我们将论证牛顿法可以看作黎曼流形上的最速下降法，这启发了对其收敛性的仿射不变分析。

9.1 求一元函数的根

牛顿法，也称为 Newton-Raphson 法，是一种通过迭代寻找实值函数的根或零点的更好近似值的方法。正式地说，给定一个充分可微的函数 $g:\mathbb{R}\to\mathbb{R}$，我们的目标是找到它的根（或某一个根），即使得 $g(r)=0$ 的点 r。该方法假设对 g 的零阶和一阶反馈器的调用以及充分接近 g 的某个根的点 x_0。我们不假设 g 是凸的。本章使用符号 g' 和 g'' 来表示 g 的一阶导数和二阶导数。

9.1.1 迭代规则的推导

与本书研究的所有方法一样，牛顿法也是迭代的，生成点序列 $x_0, x_1, \cdots$。为了直观地解释牛顿法，将 g 的图像视为 $\mathbb{R}\times\mathbb{R}$ 和点 $(x_0, g(x_0))$ 的子集。过该点画一条与 g 曲线相切的直线。记 x_1 为该直线与 x 轴的交点（见图 9.1）。如果我们愿意相信图像的话，我们希望通过将 x_0 移动到 x_1，获得近似 g 零点的改进。通过简单的计算，可以看到 x_1 由 x_0 产生：

$$x_1 := x_0 - \frac{g(x_0)}{g'(x_0)}$$

因此，计算 g 的根的迭代算法自然地从 $x_0\in\mathbb{R}$ 开始，使用下面的迭代来计算 $x_1, x_2, x_3, \cdots$：

$$x_{t+1} := x_t - \frac{g(x_t)}{g'(x_t)}, \text{ 对于所有的} t \geqslant 0 \tag{9.1}$$

显然，该方法需要 g 的可微性。事实上，在分析中要做更强的假设——g 二次连续可微。

我们现在提出一个简单的优化问题，看看我们如何尝试使用牛顿法来解决它。这个例子也说明牛顿法的收敛性可能严重依赖于初始点。

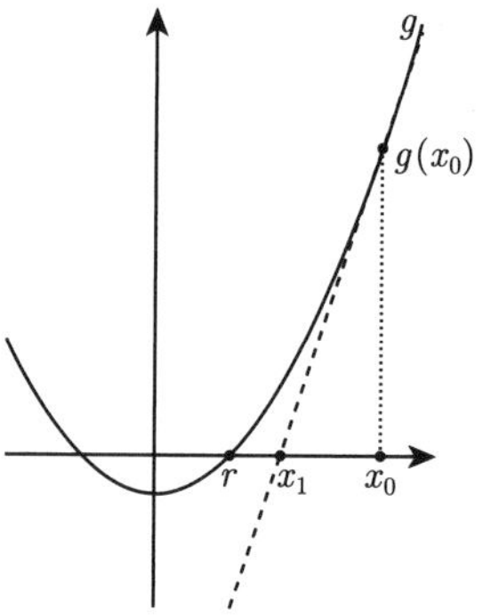

图 9.1 牛顿法的一步

例 假设对于某个 $a>0$，我们希望在所有 $x>0$ 上最小化函数

$$f(x):=ax-\log x$$

为了解决这个优化问题，我们可以先记 f 的导函数为 $g(x):=f'(x)$，然后试着找出 g 的一个根。由于 f 是凸的，我们通过一阶最优性条件知道，g 的根（如果存在）是 f 的最优点。我们有

$$g(x):=f'(x)=a-\frac{1}{x}$$

虽然很容易求得这个方程的精确解 $\frac{1}{a}$，但是我们仍然希望应用牛顿法来求解。原因之一是我们想用一个特别简单的例子来说明这个方法。另一个原因是历史的——早期的计算机使用牛顿法来计算倒数，因其只涉及加法、减法和乘法。

我们在任意点 $x_0>0$ 处初始化牛顿法，并进行如下迭代：

$$x_{t+1}=x_t-\frac{g\left(x_t\right)}{g'\left(x_t\right)}=2x_t-ax_t^2$$

注意，从 x_t 到 x_{t+1} 的计算实际上没有使用除法。

我们现在尝试分析序列 $\{x_t\}_{t\in\mathbb{N}}$，并观察它何时收敛到 $\frac{1}{a}$。记

$$e_t:=1-ax_t$$

我们得到以下关于 e_t 的递推关系：

$$e_{t+1}=e_t^2$$

因此，现在很容易看出，只要 $|e_0|<1$，则 $e_t\to 0$。此外，如果 $|e_0|=1$，则对于所有 $t\geqslant 1$，恒有 $e_t=1$，并且如果 $|e_0|>1$，则 $e_t\to\infty$。

就 x_0 而言，这意味着只要 $0 < x_0 < \frac{2}{a}$，则 $x_t \rightarrow \frac{1}{a}$。然而，如果我们在 $x_0 = \frac{2}{a}$ 或 $x_0 = 0$ 处初始化，则算法卡在 0 点。更糟糕的是，如果初始点满足 $x_0 > \frac{2}{a}$，那么 $x_t \rightarrow -\infty$。这个例子表明，选择正确的初始点对牛顿法的成败有至关重要的影响。

有趣的是，通过改写函数 g，例如通过取 $g(x) = x - \frac{1}{a}$，可以获得计算 $\frac{1}{a}$ 的不同算法。这些算法中有一些可能没有意义（例如，迭代 $x_{t+1} = \frac{1}{a}$ 不是我们现在想要的计算 $\frac{1}{a}$ 的方式），或者效率不高。

9.1.2 二次收敛

我们现在正式分析牛顿法。注意，对于上一节中的示例，我们遇到了一种现象：与根的“距离”在每次迭代中都被平方——将被证明这具有普遍性，有时被称为**二次收敛**。

定理 9.1 (牛顿法求根的二次收敛性) *假设 $g : \mathbb{R} \rightarrow \mathbb{R}$ 二次连续可微，$r \in \mathbb{R}$ 是 g 的根，$x_0 \in \mathbb{R}$ 是初始点，并且*

$$x_1 = x_0 - \frac{g(x_0)}{g'(x_0)}$$

则

$$|r - x_1| \leqslant M |r - x_0|^2$$

其中 $M := \sup_{\xi \in (r, x_0)} \left| \frac{g''(\xi)}{2g'(x_0)} \right|$。

这个定理的证明需要中值定理。

定理 9.2 (中值定理) *如果 $h : \mathbb{R} \rightarrow \mathbb{R}$ 是闭区间 $[a, b]$ 上的连续函数，并且在开区间 (a, b) 上可微，则存在一个点 $c \in (a, b)$，使得*

$$h'(c) = \frac{h(b) - h(a)}{b - a}$$

定理 9.1 的证明 根据 g'' 的中值定理（定理 9.2），在点 x_0 附近，我们有 g 的二次或二阶近似

$$g(r) = g(x_0) + (r - x_0) g'(x_0) + \frac{1}{2} (r - x_0)^2 g''(\xi)$$

其中 ξ 在区间 (r, x_0) 中。这里使用了 g'' 的连续性这一事实。根据 x_1 的定义，我们知道

$$g(x_0) = g'(x_0)(x_0 - x_1)$$

此外，$g(r)=0$。因此，我们得出

$$0=g'\left(x_0\right)\left(x_0-x_1\right)+\left(r-x_0\right)g'\left(x_0\right)+\frac{1}{2}\left(r-x_0\right)^2 g''(\xi)$$

这意味着

$$g'\left(x_0\right)\left(x_1-r\right)=\frac{1}{2}\left(r-x_0\right)^2 g''(\xi)$$

这给出了 x_1 到 r 的距离相对于 x_0 到 r 的距离的上界估计，

$$\left|r-x_1\right|=\left|\frac{g''(\xi)}{2g'\left(x_0\right)}\right|\left|r-x_0\right|^2 \leqslant M\left|r-x_0\right|^2$$

其中 M 与定理中陈述的相同。 □

假设 M 是一个小常数，例如 $M \leqslant 1$（且在该方法的整个迭代过程中均成立），并且 $\left|x_0-r\right|<\frac{1}{2}$，我们得到 x_t 到 r 的**二次快速收敛**。事实上，t 步之后，我们有

$$\left|x_t-r\right| \leqslant \left|x_0-r\right|^{2^t} \leqslant 2^{-2^t}$$

因此，要使误差 $\left|x_t-r\right|$ 小于 ε，只须

$$t \approx \log\log\frac{1}{\varepsilon}$$

可以想象，由于这个原因，牛顿法非常高效。此外，在实践中，即使没有 M 或 $\left|x_0-r\right|$ 的界估计，牛顿法也非常稳定，并且有时会快速收敛。

9.2 多元函数的牛顿法

现在，我们将牛顿法扩展到多元情形，希望找到函数 $g:\mathbb{R}^n \to \mathbb{R}^n$ 的“根”：

$$g_1(\boldsymbol{r})=0$$

$$g_2(\boldsymbol{r})=0$$

$$\vdots$$

$$g_n(\boldsymbol{r})=0$$

换言之，$g:\mathbb{R}^n \to \mathbb{R}^n$ 的形式为 $g(\boldsymbol{x})=\left(g_1(\boldsymbol{x}), g_2(\boldsymbol{x}), \cdots, g_n(\boldsymbol{x})\right)^{\top}$，我们要找 $\boldsymbol{x} \in \mathbb{R}^n$ 使得 $g(\boldsymbol{x})=0$。

为了在该情况中建立类似牛顿法的方法，我们模仿单变量情况下的迭代规则式 (9.1)，即

$$x_1 = x_0 - \frac{g\left(x_0\right)}{g'\left(x_0\right)}$$

$g\left(x_0\right)$ 和 $g'\left(x_0\right)$ 都是数，但是如果我们从 $n=1$ 变为 $n>1$，那么，$g\left(\boldsymbol{x}_0\right)$ 变为一个向量，我们可能不能立即弄清楚 $g'\left(\boldsymbol{x}_0\right)$ 是什么。事实上，在多变量情形中，$g'\left(\boldsymbol{x}_0\right)$ 是 g 在 $\boldsymbol{x}_0$ 处的 **Jacobi** 矩阵，即 $\boldsymbol{J}_g\left(\boldsymbol{x}_0\right)$ 是如下偏导数矩阵

$$\left[\frac{\partial g_i}{\partial x_j}\left(\boldsymbol{x}_0\right)\right]_{1\leqslant i,j\leqslant n}$$

因此，我们现在可以考虑将式 (9.1)拓展到多变量情形：

$$\boldsymbol{x}_{t+1} := \boldsymbol{x}_t - \boldsymbol{J}_g\left(\boldsymbol{x}_t\right)^{-1} g\left(\boldsymbol{x}_t\right), t \geqslant 0 \tag{9.2}$$

通过拓展定理 9.1的证明，我们可以对多变量情形建立类似牛顿法的局部二次收敛速度。我们不对这个变体单独陈述一个定理，但不出所料的是，相应的 M 包含以下两个量：g 的二阶导数“大小”的上界（或者换言之，$\boldsymbol{x} \mapsto \boldsymbol{J}_g(\boldsymbol{x})$ 的 Lipschitz 常数的上界）和 $\boldsymbol{J}_g(\boldsymbol{x})$“大小”的下界，下界大小的形式为

$$\frac{1}{\left\|\boldsymbol{J}_g(\boldsymbol{x})^{-1}\right\|_2}$$

其中 $\|\cdot\|_2$ 表示矩阵的谱范数（见定义 2.13）。更多详细信息请参阅 9.4 节，在那里我们提供了可适用于此情况的收敛结果。

9.3 无约束优化的牛顿法

如何用牛顿法求解凸规划？通过第 3 章的观察可知，最小化无约束可微凸函数等价于求其导数的根。在本节中，我们将上一节中的方法抽象出来，并介绍无约束优化的牛顿法。

9.3.1 从优化到求根

回顾一下，在无约束优化情况中，我们的问题是求解

$$\boldsymbol{x}^\star := \underset{\boldsymbol{x}\in\mathbb{R}^n}{\operatorname{argmin}} f(\boldsymbol{x})$$

其中 f 是凸函数。在本章中，我们假设 f 是充分可微的。f 的梯度 $\boldsymbol{\nabla} f$ 可以视为从 $\mathbb{R}^n$ 到 $\mathbb{R}^n$ 的函数，其 Jacobi 矩阵 $\boldsymbol{J}_{\boldsymbol{\nabla} f}$ 是黑塞矩阵 $\boldsymbol{\nabla}^2 f$。因此，求多元函数 g 的根的迭代规则式 (9.2) 应用到这里变成

$$\boldsymbol{x}_{t+1}:=\boldsymbol{x}_t-\left(\boldsymbol{\nabla}^2 f\left(\boldsymbol{x}_t\right)\right)^{-1} \boldsymbol{\nabla} f\left(\boldsymbol{x}_t\right)，对于所有的 t \geqslant 0 \tag{9.3}$$

为表述方便，我们将点 $\boldsymbol{x}$ 处的**牛顿步**定义为

$$\boldsymbol{n}(\boldsymbol{x}):=-\left(\boldsymbol{\nabla}^2 f(\boldsymbol{x})\right)^{-1} \boldsymbol{\nabla} f(\boldsymbol{x})$$

则式 (9.3)可以简洁地写为

$$\boldsymbol{x}_{t+1}:=\boldsymbol{x}_t+\boldsymbol{n}\left(\boldsymbol{x}_t\right)$$

9.3.2 作为二阶方法的牛顿法

现在我们从优化的角度推导牛顿法。假设我们想找 f 的全局最小值，而当前的近似解是 $\boldsymbol{x}_0$。令 $\tilde{f}(\boldsymbol{x})$ 表示 $f(\boldsymbol{x})$ 关于 $\boldsymbol{x}_0$ 的二次或二阶近似，即

$$\tilde{f}(\boldsymbol{x}):=f\left(\boldsymbol{x}_0\right)+\left\langle\boldsymbol{x}-\boldsymbol{x}_0, \boldsymbol{\nabla} f\left(\boldsymbol{x}_0\right)\right\rangle+\frac{1}{2}\left(\boldsymbol{x}-\boldsymbol{x}_0\right)^{\top} \boldsymbol{\nabla}^2 f\left(\boldsymbol{x}_0\right)\left(\boldsymbol{x}-\boldsymbol{x}_0\right)$$

计算 $\boldsymbol{x}_1$（以近似 f 的最小值点 $\boldsymbol{x}^{\star}$）的一个自然的想法是在 $\boldsymbol{x} \in \mathbb{R}^n$ 上最小化 $\tilde{f}(\boldsymbol{x})$。因为我们希望 $\tilde{f}$ 至少在局部近似于 f，所以这个新点应该更接近 $\boldsymbol{x}^{\star}$。

为了找到 $\boldsymbol{x}_1$，我们需要求解

$$\boldsymbol{x}_1:=\underset{\boldsymbol{x} \in \mathbb{R}^n}{\operatorname{argmin}} \tilde{f}(\boldsymbol{x})$$

假设 f 是严格凸的，或者更确切地说，f 在 $\boldsymbol{x}_0$ 处的黑塞矩阵是正定的，寻找这样的 $\boldsymbol{x}_1$ 等价于找到 $\boldsymbol{x}$ 使得 $\boldsymbol{\nabla} \tilde{f}(\boldsymbol{x})=0$，即

$$\boldsymbol{\nabla} f\left(\boldsymbol{x}_0\right)+\boldsymbol{\nabla}^2 f\left(\boldsymbol{x}_0\right)\left(\boldsymbol{x}-\boldsymbol{x}_0\right)=0$$

假设 $\boldsymbol{\nabla}^2 f\left(\boldsymbol{x}_0\right)$ 是可逆的，则上式等价为

$$\boldsymbol{x}-\boldsymbol{x}_0=-\left(\boldsymbol{\nabla}^2 f\left(\boldsymbol{x}_0\right)\right)^{-1} \boldsymbol{\nabla} f\left(\boldsymbol{x}_0\right)$$

因此

$$\boldsymbol{x}_1=\boldsymbol{x}_0-\left(\boldsymbol{\nabla}^2 f\left(\boldsymbol{x}_0\right)\right)^{-1} \boldsymbol{\nabla} f\left(\boldsymbol{x}_0\right)$$

这样，我们得到了牛顿法。因此，在每一步中，牛顿法都会最小化当前点附近的二阶近似，并将其最小值点作为下一个迭代点。我们有以下结论：当我们将牛顿法应用于严格凸二次函数，其形如 $h(\boldsymbol{x})=\frac{1}{2}\boldsymbol{x}^\top\boldsymbol{M}\boldsymbol{x}+\boldsymbol{b}^\top\boldsymbol{x}$，$\boldsymbol{M}\in\mathbb{R}^{n\times n}$ 正定且 $\boldsymbol{b}\in\mathbb{R}^n$，无论选哪一点作为初始点，一次迭代之后总能得到唯一的最小值点。

将牛顿法与前几章中学习的算法进行对比是有益的。前几章中都是一阶方法，需要多次迭代才能接近最小值点。这是否意味着牛顿法是一种更好的算法？一方面，牛顿法使用黑塞矩阵执行迭代，这使得它比一阶方法更强大。另一方面，这种强大要付出代价：因为我们需要函数的二阶反馈器，所以单次迭代的计算成本更高。更准确地说，在每一迭代步 t，为了计算 $\boldsymbol{x}_{t+1}$，我们需要求解如下具有 n 个变量 n 个方程的线性方程组

$$\left(\nabla^2 f\left(\boldsymbol{x}_t\right)\right)\boldsymbol{x}=\nabla f\left(\boldsymbol{x}_t\right)$$

在最坏的情况下，使用高斯消元法需要 $O\left(n^3\right)$ 时间（或者使用快速矩阵乘法需要 $O\left(n^\omega\right)$）。然而，如果黑塞矩阵具有特殊形式，例如，它对应于某个图的拉普拉斯算子，则基于近似线性时间可解的拉普拉斯求解器，牛顿法可以产生一个快速算法。

9.4 分析初探

在本节中，我们第一次尝试分析求解优化问题的牛顿法。我们陈述的定理类似于定理 9.1（对于单变量求根）——只要满足 NE（Newton-Euler）条件，牛顿法的一个迭代步就会产生到最优解距离的二次改进。

定义 9.3 (NE 条件) 设 $f:\mathbb{R}^n\to\mathbb{R}$ 是一个函数，$\boldsymbol{x}^\star$ 是它的一个极小值点，$\boldsymbol{x}_0$ 是一个任意点。用 $\boldsymbol{H}(\boldsymbol{x})$ 表示 f 在点 $\boldsymbol{x}\in\mathbb{R}^n$ 处的黑塞矩阵。我们称某个 $M>0$ 满足 NE(M) 条件，如果存在一个球心为 $\boldsymbol{x}^\star$ 半径为 R 且包含 $\boldsymbol{x}_0$ 的欧氏球 $B\left(\boldsymbol{x}^\star,R\right)$，且存在两个常数 $h,L>0$ 使得 $M\geqslant\frac{L}{2h}$，且

- 对于任意的 $\boldsymbol{x}\in B\left(\boldsymbol{x}^\star,R\right),\|\boldsymbol{H}(\boldsymbol{x})^{-1}\|\leqslant\frac{1}{h}$，
- 对于任意的 $\boldsymbol{x},\boldsymbol{y}\in B\left(\boldsymbol{x}^\star,R\right),\|\boldsymbol{H}(\boldsymbol{x})-\boldsymbol{H}(\boldsymbol{y})\|\leqslant L\|\boldsymbol{x}-\boldsymbol{y}\|_2$。

这里，矩阵的范数为谱范数。

定理 9.4 (欧氏范数意义下的二次收敛性) 设 $f:\mathbb{R}^n\to\mathbb{R}$ 且 $\boldsymbol{x}^\star$ 是一个最小值点。设 $\boldsymbol{x}_0$ 为任意初始点，定义

$$\boldsymbol{x}_1:=\boldsymbol{x}_0+n\left(\boldsymbol{x}_0\right)$$

如果它满足 NE(M) 条件，则

$$\left\|\boldsymbol{x}_1-\boldsymbol{x}^\star\right\|_2\leqslant M\left\|\boldsymbol{x}_0-\boldsymbol{x}^\star\right\|_2^2$$

我们可以粗略地对比定理 9.4和定理 9.1。在定理 9.1 中，为了使方法具有二次收敛性，$|g'(x)|$ 应该较大（相对于 $|g''(x)|$）。这里，g 的角色由 f 的梯度 $\boldsymbol{\nabla} f$ 扮演。在定义 9.3 中，关于 $\boldsymbol{H}(\boldsymbol{x})$ 的第一个条件基本上是说 f 的二阶导数是“大”的。第二个条件可能更难解读：它说明 $\boldsymbol{\nabla}^2 f(\boldsymbol{x})$ 是 Lipschitz 连续的，且给出了 Lipschitz 常数的上界。假设 f 是三阶连续可微的，这粗略地给出了 $\boldsymbol{D}^3 f$“大小”的一个上界。这种直观的解释并不十分正式；然而，我们只想强调定理 9.4的内涵与定理 9.1相同。

定理 9.4的证明也类似于定理 9.1的证明，因此，将其移到本章末尾，感兴趣的读者可以参考 9.7 节。

9.4.1 欧氏范数意义下的收敛问题

虽然定理 9.4（及其证明）似乎是定理 9.1的自然扩展，但事实上，它的相关条件、结论和参数是基于欧氏范数 $\|\cdot\|_2$ 来陈述的，这在很多情况下很难应用。我们在后面将看到，牛顿法有一个更自然的范数选择——**局部范数**。然而，在我们引入局部范数之前，我们首先用一个特殊的例子说明欧氏范数的使用确实存在问题，在这个例子中，定理 9.4未能给出合理的参数界。

对于 $K_1, K_2 > 0$（想象成很大的常数），考虑函数

$$
\begin{aligned}
f(x_1, x_2) := & -\log(K_1 - x_1) - \log(K_1 + x_1) \\
& -\log\left(\frac{1}{K_2} - x_2\right) - \log\left(\frac{1}{K_2} + x_2\right)
\end{aligned}
$$

只要 $(x_1, x_2) \in (-K_1, K_1) \times \left(-\frac{1}{K_2}, \frac{1}{K_2}\right) \subseteq \mathbb{R}^2$，$f$ 是良定义的。f 是凸的，且其黑塞矩阵是

$$
\boldsymbol{H}(x_1, x_2) = \begin{pmatrix} \dfrac{1}{(K_1 - x_1)^2} + \dfrac{1}{(K_1 + x_1)^2} & 0 \\ 0 & \dfrac{1}{\left(\dfrac{1}{K_2} - x_2\right)^2} + \dfrac{1}{\left(\dfrac{1}{K_2} + x_2\right)^2} \end{pmatrix}
$$

我们希望找到关于参数 h 和 L（从而得到 M）的估计，以使 $\mathrm{NE}(M)$ 条件在最优解 $(x_1^\star, x_2^\star) = (0, 0)$ 的一个闭邻域中成立。正如我们所展示的，参数 M 总是过大，因此在这种情况下，定理 9.4 不能应用于推导牛顿法的收敛性。然而，正如我们在后面的一节中所讨论的，无论 K_1 和 K_2 多大，牛顿法应用于 f 时都有效。

我们首先观察到 NE(M) 中第一个条件需要存在一个 $h>0$，使得在 $x^\star$ 附近有

$$h\boldsymbol{I} \preceq \boldsymbol{H}\left(x_1, x_2\right)$$

而即使在 $\boldsymbol{x}^\star$ 处，我们已有

$$h \leqslant \frac{2}{K_1^2}$$

也就是说，我们可以通过改变 K_1 来使 h 任意小。这是因为

$$\boldsymbol{H}\left(\boldsymbol{x}^\star\right)=\boldsymbol{H}((0,0))=\begin{pmatrix} \dfrac{2}{K_1^2} & 0 \\ 0 & 2K_2^2 \end{pmatrix}$$

第二个条件要求 $\boldsymbol{H}(\boldsymbol{x})$ 的黑塞矩阵的 Lipschitz 常数有界。为了让 L 很大，考虑点 $\widetilde{\boldsymbol{x}}:=\left(0, \dfrac{1}{K_2^2}\right)$。注意

$$\begin{aligned}
\|\boldsymbol{H}(\widetilde{\boldsymbol{x}})-\boldsymbol{H}\left(\boldsymbol{x}^\star\right)\| &= \left\|\begin{pmatrix} 0 & 1 \\ 0 & \dfrac{1}{\left(\dfrac{1}{K_2}-\dfrac{1}{K_2^2}\right)^2}+\dfrac{1}{\left(\dfrac{1}{K_2}-\dfrac{1}{K_2^2}\right)^2}-2K_2^2 \end{pmatrix}\right\| \\
&= \left\|\begin{pmatrix} 0 & 0 \\ 0 & \Theta(1) \end{pmatrix}\right\| \\
&= \Theta(1)
\end{aligned}$$

这就确立了关于 Lipschitz 常数 L 的下界：

$$\frac{\|\boldsymbol{H}(\widetilde{\boldsymbol{x}})-\boldsymbol{H}\left(\boldsymbol{x}^\star\right)\|}{\|\widetilde{\boldsymbol{x}}-\boldsymbol{x}^\star\|}=\Theta\left(K_2^2\right)$$

因此，决定牛顿法二次收敛的 $M:=\dfrac{L}{2h}$ 至少是 $\Omega\left(K_1^2 K_2^2\right)$，特别地，即使我们将初始点选为相对较接近 $\boldsymbol{x}^\star$ 的 $\widetilde{\boldsymbol{x}}$，定理 9.4的结论弱到不能说明一步迭代中到最优解的距离在下降。事实上，如果取 $\boldsymbol{x}_0=\widetilde{\boldsymbol{x}}$，那么下一个点 $\boldsymbol{x}_1$ 满足

$$\|\boldsymbol{x}_1\| \leqslant M\left\|\boldsymbol{x}_0\right\|^2 \leqslant M \frac{1}{K_2^4}=\Omega\left(\frac{K_1^2}{K_2^2}\right)$$

因此，只要 K_1 至少是常数，则定理 9.4就不能保证距离下降。然而，当初始点为 $\widetilde{\boldsymbol{x}}$ 时，牛顿法实际上快速收敛到 $\boldsymbol{x}^\star$（可以手动检验这个简单的二维示例）。

9.4.2 牛顿法的仿射不变性

牛顿法的一个重要特征是它的**仿射不变性**：如果我们考虑坐标的仿射变换

$$\boldsymbol{y} := \phi(\boldsymbol{x}) = \boldsymbol{A}\boldsymbol{x} + \boldsymbol{b}$$

其中 $\boldsymbol{A} \in \mathbb{R}^{n\times n}$ 是可逆矩阵，$\boldsymbol{b} \in \mathbb{R}^n$，则牛顿法在 $\boldsymbol{x}$ 和 $\boldsymbol{y}$ 坐标产生相同的点列。

正式地说，令 $f : \mathbb{R}^n \to \mathbb{R}$ 为关于 $\boldsymbol{y}$ 的函数，$\widetilde{f} : \mathbb{R}^n \to \mathbb{R}$ 为关于 $\boldsymbol{x}$ 的函数，即有对应

$$\widetilde{f}(\boldsymbol{x}) = f(A\boldsymbol{x} + \boldsymbol{b})$$

通过执行一步关于 $\widetilde{f}$ 的牛顿法，$\boldsymbol{x}_0 \in \mathbb{R}^n$ 移动到 $\boldsymbol{x}_1 \in \mathbb{R}^n$，则 $\boldsymbol{y}_0 = \phi(\boldsymbol{x}_0)$ 也通过执行一步关于 f 的牛顿法移动到 $\boldsymbol{y}_1 = \phi(\boldsymbol{x}_1)$。这一性质不适用于梯度下降法或镜像下降法，也不适用于迄今为止我们学习过的任何一阶方法。因此，有时可以通过**预处理**（即坐标变换）来提高梯度下降法的收敛速度，而牛顿法不适用于这种情况。

这就给出了定理 9.4建立的界不能令人满意的另一个原因：它依赖于不具有仿射不变性的量（例如矩阵范数）。因此，即使牛顿法在我们改变表示函数 f 的坐标后仍然迭代相同的轨迹，$\mathrm{NE}(M)$ 条件中的参数 L 和 h 也会改变，因而定理 9.4中的界也会改变。

为了克服这些问题，在下一节中，我们给出牛顿法的不同解释——作为关于黎曼度量的梯度流的离散化——这允许我们仅基于上面的仿射不变量来分析牛顿法。

9.5 视为最速下降的牛顿法

假设我们想要最小化由下式给出的凸二次函数 $f : \mathbb{R}^2 \to \mathbb{R}$：

$$f(x_1, x_2) := x_1^2 + Kx_2^2$$

其中 $K > 0$ 是一个很大的常数。可以看出，最小值点是 $\boldsymbol{x}^\star = (0, 0)$。我们针对该函数比较梯度下降法和牛顿法。

梯度下降法选取一个初始点，例如 $\widetilde{\boldsymbol{x}} := (1, 1)$，并对某个步长 $\eta > 0$ 执行

$$\boldsymbol{x}' := \widetilde{\boldsymbol{x}} - \eta \boldsymbol{\nabla} f(\widetilde{\boldsymbol{x}})$$

在这种情况下，

$$\boldsymbol{\nabla} f(\widetilde{\boldsymbol{x}}) = (2, 2K)^\top$$

因此，如果我们选取常数步长 η，则新点 $\boldsymbol{x}'$ 与最小值点的距离大约为 $\Omega(K)$，我们不仅没有更接近 $\boldsymbol{x}^\star$，反而离得更远。原因是我们的步长 η 太大了。实际上，当从 $\widetilde{\boldsymbol{x}}$ 迭代

到 $\boldsymbol{x}'$ 时，为了使它们与 $\boldsymbol{x}^\star$ 的距离下降，我们必须采用 $\eta \approx \dfrac{1}{K}$ 的步长。这就使得收敛较慢。

另外，$\widetilde{\boldsymbol{x}}$ 处的牛顿迭代是

$$-\left(\boldsymbol{\nabla}^2 f(\widetilde{\boldsymbol{x}})\right)^{-1} \boldsymbol{\nabla} f(\widetilde{\boldsymbol{x}}) = -(1,1) \tag{9.4}$$

这个方向直接指向 f 的最小值点 $\boldsymbol{x}^\star = (0,0)$，因此，我们不再被迫采取小步长（见图 9.2）。我们将如何平衡梯度下降法和牛顿法之间的这种差异？

回顾一下梯度下降法，我们选择负梯度方向下降，因为这是欧氏距离意义下的最速下降方向（见 6.2.1 节）。然而，由于坐标 x_1 和 x_2 在 f 中的作用是不对等的，所以欧氏范数不再适用，选择一种不同的范数来度量这样的向量是有意义的。考虑范数

$$\|(u_1, u_2)\|_\circ := \sqrt{u_1^2 + K u_2^2}$$

（可验证当 $K > 0$ 时，这确实是一个范数）。现在我们重新推导在这个新范数意义下第 6 章梯度下降法中的最速下降。这产生了下面的优化问题［类似于式（6.1）］：

$$\underset{\|\boldsymbol{u}\|_\circ = 1}{\operatorname{argmax}}(-Df(\boldsymbol{x})[\boldsymbol{u}]) \tag{9.5}$$

因为 $Df(\boldsymbol{x})[\boldsymbol{u}] = 2\,(x_1 u_1 + K x_2 u_2)$，式(9.5)等同于

$$\max_{u_1^2 + K u_2^2 = 1} -2\,(x_1 u_1 + K x_2 u_2)$$

根据柯西–施瓦茨不等式，我们得

$$-\,(x_1 u_1 + K x_2 u_2) \leqslant \sqrt{x_1^2 + K x_2^2}\sqrt{u_1^2 + K u_2^2} = \|x\|_\circ \|u\|_\circ$$

此外，当 $\boldsymbol{u}$ 与 $\boldsymbol{x}$ 方向相反时，上述不等式是紧的。因此，式(9.5)在 $\boldsymbol{x}$ 处的最优解是 $-\boldsymbol{x}$ 方向。对于 $\widetilde{\boldsymbol{x}} = (1,1)$，这个方向平行于 $(-1,-1)$——式(9.5)的牛顿步。

这个例子可以直接扩展到具有以下形式的凸二次函数，

$$h(\boldsymbol{x}) := \boldsymbol{x}^\top \boldsymbol{A} \boldsymbol{x}$$

其中 $\boldsymbol{A}$ 正定。我们不使用梯度方向 $\boldsymbol{\nabla} h(\boldsymbol{x}) = 2\boldsymbol{A}\boldsymbol{x}$，而是通过求解以下关于 $\|\cdot\|_{\boldsymbol{A}}$ 的优化问题来确定新的搜索方向：

$$\underset{\|\boldsymbol{u}\|_{\boldsymbol{A}} = 1}{\operatorname{argmax}}(-Dh(\boldsymbol{x})[\boldsymbol{u}]) = \underset{\boldsymbol{u}^\top \boldsymbol{A} \boldsymbol{u} = 1}{\operatorname{argmax}}(-\langle \boldsymbol{\nabla} h(\boldsymbol{x}), \boldsymbol{u} \rangle)$$

这里，使用 $\boldsymbol{A}$ 范数的基本原理（如上述二维例子所示）同样是为了抵消目标中二次项 $\boldsymbol{x}^\top\boldsymbol{A}\boldsymbol{x}$ 引起的拉伸效应。最优的向量 $\boldsymbol{u}$（通过伸缩）等于 $-\boldsymbol{x}$（习题 9.6），这说明范数为我们提供了正确的方向。从而迭代再次指向最优点 $\boldsymbol{x}^\star = 0$。此外，

$$-\boldsymbol{x} = -(2\boldsymbol{A})^{-1}(2\boldsymbol{A}\boldsymbol{x}) = -\left(\boldsymbol{\nabla}^2 h(\boldsymbol{x})\right)^{-1}\boldsymbol{\nabla} h(\boldsymbol{x})$$

这是 h 在 $\boldsymbol{x}$ 处的牛顿步。

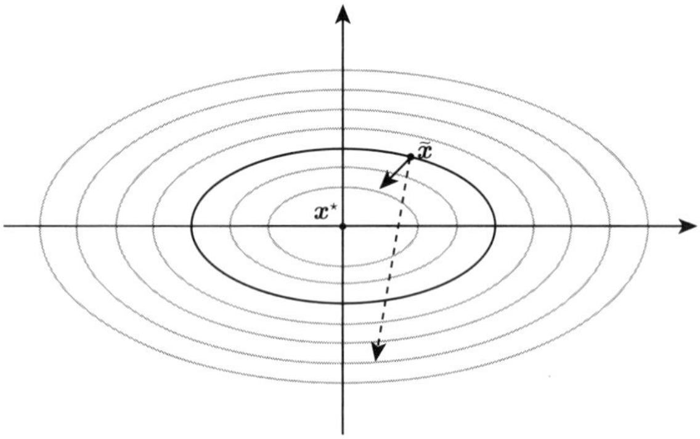

图 9.2　函数 $x_1^2+4x_2^2$ 的最优解为 $\boldsymbol{x}^\star=(0,0)$，展示其在 $\widetilde{\boldsymbol{x}}=(1,1)$ 处的一步梯度下降法和牛顿法的差异。实线箭头是沿 $(-1,-1)$ 方向移动 1/2 步长（牛顿步），虚线箭头是沿 $(-1,-4)$ 方向移动 1/2 步长（梯度步）

9.5.1　局部范数意义下的最速下降法

在本节中，我们给出一般凸函数 $f:\mathbb{R}^n\to\mathbb{R}$ 的新范数，使得牛顿方向与该范数意义下的最速下降方向一致。与二次函数情形范数取作 $\|\cdot\|_{\boldsymbol{A}}$ 不同，这个新范数将随 $\boldsymbol{x}$ 变化。然而，与二次函数情形一样，它将与 f 的黑塞矩阵相关。

设 $f:\mathbb{R}^n\to\mathbb{R}$ 是严格凸函数，即黑塞矩阵 $\boldsymbol{\nabla}^2 f(\boldsymbol{x})$ 在每个点 $\boldsymbol{x}\in\mathbb{R}^n$ 处正定。为简洁起见，我们用 $\boldsymbol{H}(\boldsymbol{x})$ 表示黑塞矩阵 $\boldsymbol{\nabla}^2 f(\boldsymbol{x})$。这样的严格凸函数 f 诱导出一个 $\mathbb{R}^n$ 上的内积，在每个点 $\boldsymbol{x}\in\mathbb{R}^n$，定义内积 $\langle\cdot,\cdot\rangle_{\boldsymbol{x}}$ 为

$$\forall \boldsymbol{u},\boldsymbol{v}\in\mathbb{R}^n,\ \langle\boldsymbol{u},\boldsymbol{v}\rangle_{\boldsymbol{x}} := \boldsymbol{u}^\top\boldsymbol{H}(\boldsymbol{x})\boldsymbol{v}$$

相应的范数是

$$\forall \boldsymbol{u}\in\mathbb{R}^n,\ \|\boldsymbol{u}\|_{\boldsymbol{x}} := \sqrt{\boldsymbol{u}^\top\boldsymbol{H}(\boldsymbol{x})\boldsymbol{u}}$$

这种内积和范数有时分别称为黑塞矩阵 $\boldsymbol{\nabla}^2 f(\cdot)$ 意义下的**局部内积**和**局部范数**，因为它们随 $\boldsymbol{x}$ 变化。有时，当函数 f 在语境中很清楚时，我们简称局部范数。它们可用于度

量每个 $\boldsymbol{x}$ 处的向量 $\boldsymbol{u},\boldsymbol{v}$ 之间的角度或距离，并在 $\mathbb{R}^n$ 上产生新的几何。我们现在回顾作为最速下降的梯度下降法的推导，它依赖于欧氏范数 $\|\cdot\|_2$ 的使用，我们可以观察这种新的几何将产生什么。

回想一下，在推导梯度下降算法时，最速下降方向通过以下优化问题的解确定：

$$\underset{\|\boldsymbol{u}\|=1}{\operatorname{argmax}}(-Df(\boldsymbol{x})[\boldsymbol{u}]) = \underset{\|\boldsymbol{u}\|=1}{\operatorname{argmax}}(-\langle \boldsymbol{\nabla} f(\boldsymbol{x}), \boldsymbol{u}\rangle) \tag{9.6}$$

通过选取欧氏范数意义下的最优方向 $\boldsymbol{u}^\star$，即 $\|\cdot\| = \|\cdot\|_2$，我们得到 $\boldsymbol{u}^\star$ 就是 $-\boldsymbol{\nabla} f(\boldsymbol{x})$ 的方向，并得到梯度流：

$$\frac{\mathrm{d}\boldsymbol{x}}{\mathrm{d}t} = -\boldsymbol{\nabla} f(\boldsymbol{x})$$

如果我们在局部范数为 1 的所有 $\boldsymbol{u}$ 上最大化呢？这样，式 (9.6)变为

$$\max_{\|\boldsymbol{u}\|_{\boldsymbol{x}}=1}(-\langle \boldsymbol{\nabla} f(\boldsymbol{x}), \boldsymbol{u}\rangle) = \max_{\boldsymbol{u}^\top \boldsymbol{H}(\boldsymbol{x})\boldsymbol{u}=1}(-\langle \boldsymbol{\nabla} f(\boldsymbol{x}), \boldsymbol{u}\rangle) \tag{9.7}$$

限制在二次函数情形，上式的基本原理是清楚的——我们希望通过选择范数来捕捉函数 f 在点 $\boldsymbol{x}$ 附近的“形状”。现在，我们对此的最佳猜测是 f 在 $\boldsymbol{x}$ 附近的二次项，它由黑塞矩阵给出。同样，使用柯西–施瓦茨不等式，我们看到式 (9.7)的最优解的方向为

$$-\boldsymbol{H}(\boldsymbol{x})^{-1}\boldsymbol{\nabla} f(\boldsymbol{x}) \tag{9.8}$$

这正是牛顿步。事实上，设 $\boldsymbol{v} := \boldsymbol{H}(\boldsymbol{x})^{-1}\boldsymbol{\nabla} f(\boldsymbol{x})$，可以观察到

$$\begin{aligned} -\langle \boldsymbol{\nabla} f(\boldsymbol{x}), \boldsymbol{u}\rangle &= -\left\langle \boldsymbol{H}(\boldsymbol{x})^{1/2}\boldsymbol{v}, \boldsymbol{H}(\boldsymbol{x})^{1/2}\boldsymbol{u}\right\rangle \\ &\leqslant \sqrt{\boldsymbol{v}^\top \boldsymbol{H}(\boldsymbol{x})\boldsymbol{v}}\sqrt{\boldsymbol{u}^\top \boldsymbol{H}(\boldsymbol{x})\boldsymbol{u}} \\ &= \|\boldsymbol{v}\|_{\boldsymbol{x}}\|\boldsymbol{u}\|_{\boldsymbol{x}} \end{aligned} \tag{9.9}$$

相等当且仅当 $\boldsymbol{H}(\boldsymbol{x})^{1/2}\boldsymbol{u} = -\boldsymbol{H}(\boldsymbol{x})^{1/2}\boldsymbol{v}$。如前所述，这正和

$$\boldsymbol{u} = -\boldsymbol{v} = -\boldsymbol{H}(\boldsymbol{x})^{-1}\boldsymbol{\nabla} f(\boldsymbol{x})$$

一致。相应的连续时间动力系统为

$$\frac{\mathrm{d}\boldsymbol{x}}{\mathrm{d}t} = -\boldsymbol{H}(\boldsymbol{x})^{-1}\boldsymbol{\nabla} f(\boldsymbol{x}) = -\left(\boldsymbol{\nabla}^2 f(\boldsymbol{x})\right)^{-1}\boldsymbol{\nabla} f(\boldsymbol{x})$$

9.5.2 局部范数是黎曼度量

上一节中介绍的局部范数 $\boldsymbol{H}(\boldsymbol{x})$ 是**黎曼度量**[㊀]的一个例子。粗略地说，$\mathbb{R}^n$ 上的黎曼度量是从 $\mathbb{R}^n$ 到 $n\times n$ 正定矩阵空间的映射 g。对于 $\boldsymbol{x}\in\mathbb{R}^n$，$g(\boldsymbol{x})$ 确定的任意 $\boldsymbol{u},\boldsymbol{v}\in\mathbb{R}^n$ 之间的局部内积为

$$\langle\boldsymbol{u},\boldsymbol{v}\rangle_{\boldsymbol{x}}:=\boldsymbol{u}^{\top}g(\boldsymbol{x})\boldsymbol{v}$$

这个内积 $g(\boldsymbol{x})$ 是 $\boldsymbol{x}$ 的“光滑”函数。黎曼度量诱导了范数 $\|\boldsymbol{u}\|_{\boldsymbol{x}}:=\sqrt{\langle\boldsymbol{u},\boldsymbol{u}\rangle_{\boldsymbol{x}}}$。具有黎曼度量$g$ 的空间 $\mathbb{R}^n$ 是**黎曼流形**的一个例子。正式定义黎曼流形会偏离本书主题，我们只提一点，流形 Ω 是在每个点附近类似于欧氏空间的拓扑空间。更准确地说，一个 n 维流形是具有如下性质的一个拓扑空间：每个点都有一个邻域，该邻域在拓扑上类似于维数为 n 的欧氏空间。值得注意的是，一般来说，在流形Ω 上的点 $\boldsymbol{x}$ 处，可能无法在所有可能的方向上移动且同时保持在 Ω 中（见图 9.3 ）。在点 $\boldsymbol{x}$ 处可以移动的所有方向的集合称为 $\boldsymbol{x}$ 处的切空间，用 $T_{\boldsymbol{x}}\Omega$ 表示。事实上，可以证明它是一个向量空间。在 $\boldsymbol{x}\in\Omega$ 处的内积为我们提供了一种度量 $T_{\boldsymbol{x}}\Omega$ 上的内积的方法：

$$g(\boldsymbol{x}):T_{\boldsymbol{x}}\Omega\times T_{\boldsymbol{x}}\Omega\rightarrow\mathbb{R}$$

因此，我们可以将上一节的结果重述为：牛顿法是关于黎曼度量的最速下降法。事实上，$\boldsymbol{H}(\boldsymbol{x})^{-1}\boldsymbol{\nabla}f(\boldsymbol{x})$ 这一项是 f 在 $\boldsymbol{x}$ 处在度量 $H(\cdot)$ 意义下的**黎曼梯度**。注意，这种类型的黎曼度量非常特殊：每个点的内积由严格凸函数的黑塞矩阵给出。这样的黎曼度量称为**黑塞度量**。

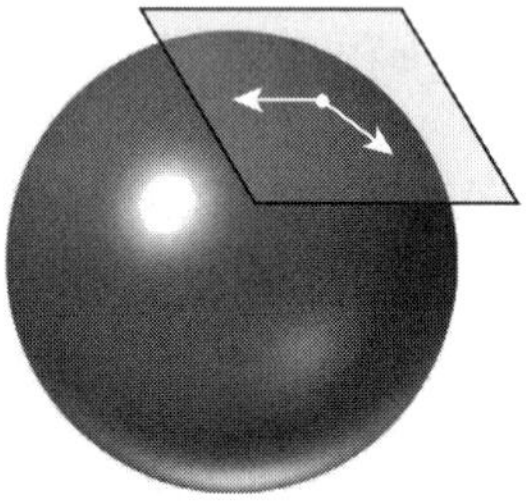

图 9.3　二维球面 S^2 上一点的切空间

9.6 基于局部范数的分析

定理 9.4中关于 M 的界是用当前迭代点 $\boldsymbol{x}_t$ 到最优解 $\boldsymbol{x}^{\star}$ 的欧氏距离来描述的。在本节中，我们使用前几节中介绍的局部范数来建立牛顿法的仿射不变分析，它跳出了我

㊀ 注意，此处使用的“度量”一词不应与距离度量混淆。

们使用欧氏范数这一限制，如定理 9.4所示。

9.6.1 一个新的势函数

因为我们处理的是凸函数，一个自然的可以告诉我们离最优值还有多远的量是梯度的范数 $\|\boldsymbol{\nabla} f(\boldsymbol{x})\|$。然而，正如前一节中所观察到的，牛顿法实际上是黑塞度量 $\boldsymbol{H}(\boldsymbol{x})$ 意义下的梯度下降法。因为 f 在 $\boldsymbol{x}$ 处关于这个度量的梯度是 $\boldsymbol{H}(\boldsymbol{x})^{-1}\boldsymbol{\nabla} f(\boldsymbol{x})$，所以我们应该使用这个梯度的局部范数。因此，我们得到下面的势函数：

$$\|\boldsymbol{n}(\boldsymbol{x})\|_{\boldsymbol{x}} := \left\|\boldsymbol{H}(\boldsymbol{x})^{-1}\boldsymbol{\nabla} f(\boldsymbol{x})\right\|_{\boldsymbol{x}} = \sqrt{(\boldsymbol{\nabla} f(\boldsymbol{x}))^{\top}\boldsymbol{H}(\boldsymbol{x})^{-1}\boldsymbol{\nabla} f(\boldsymbol{x})}$$

可以证明 $\|\boldsymbol{n}(\boldsymbol{x})\|_{\boldsymbol{x}}$ 确实是仿射不变的（习题 9.4）。

我们注意到，$\|\boldsymbol{n}(\boldsymbol{x})\|_{\boldsymbol{x}}$ 还有一个不同的解释：$\frac{1}{2}\|\boldsymbol{n}(\boldsymbol{x})\|_{\boldsymbol{x}}^2$ 是 f 的当前值与 f 在 $\boldsymbol{x}$ 处的二阶二次近似函数最小值之间的差。为了说明这一点，我们取一个任意点 $\boldsymbol{x}_0$ 并设

$$\boldsymbol{x}_1 := \boldsymbol{x}_0 + \boldsymbol{n}\left(\boldsymbol{x}_0\right)$$

考虑 f 在 $\boldsymbol{x}_0$ 处的二次近似 $\widetilde{f}$：

$$\widetilde{f}(\boldsymbol{x}) := f\left(\boldsymbol{x}_0\right) + \left\langle\boldsymbol{\nabla} f\left(\boldsymbol{x}_0\right), \boldsymbol{x}-\boldsymbol{x}_0\right\rangle + \frac{1}{2}\left(\boldsymbol{x}-\boldsymbol{x}_0\right)^{\top}\boldsymbol{\nabla}^2 f(\boldsymbol{x})\left(\boldsymbol{x}-\boldsymbol{x}_0\right)$$

根据前面几节的讨论，我们知道 $\boldsymbol{x}_1$ 是 $\widetilde{f}$ 的最小值点。因此，利用 $\boldsymbol{n}\left(\boldsymbol{x}_0\right) = -\left(\boldsymbol{\nabla}^2 f\left(\boldsymbol{x}_0\right)\right)^{-1}\boldsymbol{\nabla} f\left(\boldsymbol{x}_0\right)$，我们得到

$$\begin{aligned}
f\left(\boldsymbol{x}_0\right)-\widetilde{f}\left(\boldsymbol{x}_1\right) &= -\left\langle\boldsymbol{\nabla} f\left(\boldsymbol{x}_0\right), \boldsymbol{n}\left(\boldsymbol{x}_0\right)\right\rangle - \frac{1}{2}\boldsymbol{n}\left(\boldsymbol{x}_0\right)^{\top}\boldsymbol{\nabla}^2 f\left(\boldsymbol{x}_0\right)\boldsymbol{n}\left(\boldsymbol{x}_0\right) \\
&= \left\langle\boldsymbol{\nabla}^2 f\left(\boldsymbol{x}_0\right)\boldsymbol{n}\left(\boldsymbol{x}_0\right), \boldsymbol{n}\left(\boldsymbol{x}_0\right)\right\rangle - \frac{1}{2}\boldsymbol{n}\left(\boldsymbol{x}_0\right)^{\top}\boldsymbol{\nabla}^2 f\left(\boldsymbol{x}_0\right)\boldsymbol{n}\left(\boldsymbol{x}_0\right) \\
&= \frac{1}{2}\left\|\boldsymbol{n}\left(\boldsymbol{x}_0\right)\right\|_{\boldsymbol{x}_0}^2
\end{aligned}$$

现在重新考虑 9.4.1 节中研究的例子很有裨益。首先，我们观察到在点 $\widetilde{\boldsymbol{x}} = \left(0, \frac{1}{K_2^2}\right)$ 处新的势函数 $\|\boldsymbol{n}(\widetilde{\boldsymbol{x}})\|_{\widetilde{\boldsymbol{x}}}$ 很小。实际上，假设 K_2 相对低阶项很大，我们得到

$$\boldsymbol{n}(\widetilde{\boldsymbol{x}}) = -\boldsymbol{H}(\widetilde{\boldsymbol{x}})^{-1}\boldsymbol{\nabla} F(\widetilde{\boldsymbol{x}}) \approx -\begin{pmatrix} 0 & 0 \\ 0 & K_2^{-2} \end{pmatrix}\begin{pmatrix} 0 \\ 2 \end{pmatrix} = -\begin{pmatrix} 0 \\ 2K_2^{-2} \end{pmatrix}$$

更进一步，

$$\|\boldsymbol{n}(\widetilde{\boldsymbol{x}})\|_{\widetilde{\boldsymbol{x}}} \approx \Theta\left(\frac{1}{K_2}\right)$$

更一般地，$\|\boldsymbol{n}(\boldsymbol{x})\|_{\boldsymbol{x}}$ 对应于当多面体 P（连同 x 一起）缩放为正方形 $[-1,1]\times[-1,1]$ 时 $\boldsymbol{x}$ 到 $\mathbf{0}$ 的（欧氏）距离。如下一个定理所述，在牛顿法中，用 $\|\boldsymbol{n}(\boldsymbol{x})\|_{\boldsymbol{x}}$ 度量的误差以二阶速率衰减。

9.6.2 局部范数的界

我们首先定义一个更方便更自然的 **NL**(Newton-Local) 条件，而不是定理 9.4中使用的 NE 条件。

定义 9.5 (NL 条件) 设 $f:\mathbb{R}^n \to \mathbb{R}$。我们称 f 满足 $\delta_0 < 1$ 的 NL 条件，如果对于所有的 $0 < \delta \leqslant \delta_0 < 1$，并且对于所有满足

$$\|\boldsymbol{y}-\boldsymbol{x}\|_{\boldsymbol{x}} \leqslant \delta$$

的 $\boldsymbol{x},\boldsymbol{y}$，有

$$(1-3\delta)\boldsymbol{H}(\boldsymbol{x}) \preceq \boldsymbol{H}(\boldsymbol{y}) \preceq (1+3\delta)\boldsymbol{H}(\boldsymbol{x})$$

粗略地说，如果任意两个在局部范数意义下充分接近的点的黑塞矩阵也充分接近，则该函数满足 NL 条件。值得注意的是，NL 条件确实是仿射不变的（习题 9.4）。这意味着对于变量的任何仿射变换 ϕ，$\boldsymbol{x}\mapsto f(\boldsymbol{x})$ 满足该条件当且仅当 $\boldsymbol{x}\mapsto f(\phi(\boldsymbol{x}))$ 满足该条件。我们现在陈述本章的主要定理。

定理 9.6 (局部范数意义下的二次收敛性) 设 $f:\mathbb{R}^n \to \mathbb{R}$ 是满足 **NL** 条件的严格凸函数，其中 $\delta_0 = \dfrac{1}{6}, \boldsymbol{x}_0 \in \mathbb{R}^n$ 是任意点，并且

$$\boldsymbol{x}_1 := \boldsymbol{x}_0 + \boldsymbol{n}(\boldsymbol{x}_0)$$

如果 $\|\boldsymbol{n}(\boldsymbol{x}_0)\|_{\boldsymbol{x}_0} \leqslant \dfrac{1}{6}$，则

$$\|\boldsymbol{n}(\boldsymbol{x}_1)\|_{\boldsymbol{x}_1} \leqslant 3\|\boldsymbol{n}(\boldsymbol{x}_0)\|_{\boldsymbol{x}_0}^2$$

我们现在更详细地检查 NL 条件。为简单起见，假设 $f(x)$ 是一个单变量函数。因而，NL 条件大致可以这样描述，只要 $\|x-y\|_x$ 足够小，我们有

$$|H(x)-H(y)| \leqslant 3\|x-y\|_x|H(x)|$$

换言之，

$$\frac{|f''(x)-f''(y)|}{\|x-y\|_x}\cdot\frac{1}{|f''(x)|}\leqslant 3$$

注意，上式左侧的第一项大致对应于在局部范数中对 f 的三阶导数界的限制。因此，这非常类似于“$M\leqslant 3$”，其中 M 是定理 9.1用到的量［这里 $g(x)$ 对应于 $f'(x)$］。不同之处在于，我们在这里考虑的量是在局部范数而不是欧氏范数下计算的，如定理 9.1 或定理 9.4所示。常数“3”对于 NL 条件的定义并不重要，选择它只是为了将来的计算方便。

9.6.3 局部范数收敛性的证明

在证明定理 9.6之前，我们需要先建立一个简单而重要的引理。该引理说明，如果 NL 条件满足，那么附近点的局部范数也接近，或者更正式地说，它们相对于彼此具有较低的“失真”。如果 x 与 y 的局部距离是一个（小）常数，那么在 x 和 y 处的局部范数仅相差一个因子 2。

引理 9.7 (邻近范数的低失真性) 设 $f:\mathbb{R}^n\to\mathbb{R}$ 是一个严格凸函数，它满足 $\delta_0=1/6$ 的 NL 条件。那么，只要 $\boldsymbol{x},\boldsymbol{y}\in\mathbb{R}^n$ 使得 $\|\boldsymbol{y}-\boldsymbol{x}\|_{\boldsymbol{x}}\leqslant\dfrac{1}{6}$，则对于每个 $\boldsymbol{u}\in\mathbb{R}^n$，我们有

(1) $\dfrac{1}{2}\|\boldsymbol{u}\|_{\boldsymbol{x}}\leqslant\|\boldsymbol{u}\|_{\boldsymbol{y}}\leqslant 2\|\boldsymbol{u}\|_{\boldsymbol{x}}$，

(2) $\dfrac{1}{2}\|\boldsymbol{u}\|_{\boldsymbol{H}(\boldsymbol{x})^{-1}}\leqslant\|\boldsymbol{u}\|_{\boldsymbol{H}(\boldsymbol{y})^{-1}}\leqslant 2\|\boldsymbol{u}\|_{\boldsymbol{H}(\boldsymbol{x})^{-1}}$。

注意，上式中 $\|\cdot\|_{\boldsymbol{H}(\boldsymbol{x})^{-1}}$ 是局部范数 $\|\cdot\|_{\boldsymbol{x}}=\|\cdot\|_{\boldsymbol{H}(\boldsymbol{x})}$ 的对偶范数，即 $\|\cdot\|_{\boldsymbol{H}(\boldsymbol{x})^{-1}}=\|\cdot\|_{\boldsymbol{x}}^*$。

证明 根据 NL 条件，我们有

$$\frac{1}{2}\boldsymbol{H}(\boldsymbol{y})\preceq\boldsymbol{H}(\boldsymbol{x})\preceq 2\boldsymbol{H}(\boldsymbol{y})$$

因此

$$\frac{1}{2}\boldsymbol{H}(\boldsymbol{y})^{-1}\preceq\boldsymbol{H}(\boldsymbol{x})^{-1}\preceq 2\boldsymbol{H}(\boldsymbol{y})^{-1}$$

这里我们使用了以下事实：对于两个正定矩阵 $\boldsymbol{A}$ 和 $\boldsymbol{B},\boldsymbol{A}\preceq\boldsymbol{B}$ 当且仅当 $\boldsymbol{B}^{-1}\preceq\boldsymbol{A}^{-1}$。根据半正定矩阵序的定义，引理成立。 □

在证明定理 9.6 之前，我们先给出一个刻画对称矩阵的半正定序与谱范数之间关系的简单引理，这有助于我们的证明，其证明留作习题（习题 9.13）。

引理 9.8 假设 $\boldsymbol{A}\in\mathbb{R}^{n\times n}$ 是对称正定矩阵，$\boldsymbol{B}\in\mathbb{R}^{n\times n}$ 是对称且满足

$$-\alpha\boldsymbol{A}\preceq\boldsymbol{B}\preceq\alpha\boldsymbol{A}$$

对某些 $\alpha \geqslant 0$ 成立。则

$$\left\|\boldsymbol{A}^{-1/2}\boldsymbol{B}\boldsymbol{A}^{-1/2}\right\| \leqslant \alpha$$

现在我们继续证明定理 9.6。

定理 9.6 的证明 我们的目标是证明

$$\|\boldsymbol{n}(\boldsymbol{x}_1)\|_{\boldsymbol{x}_1} \leqslant 3\|\boldsymbol{n}(\boldsymbol{x}_0)\|_{\boldsymbol{x}_0}^2$$

注意，$\|\boldsymbol{n}(\boldsymbol{x}_1)\|_{\boldsymbol{x}_1}$ 也可以写成 $\|\nabla f(\boldsymbol{x}_1)\|_{\boldsymbol{H}(\boldsymbol{x}_1)^{-1}}$，类似地，$\|\boldsymbol{n}(\boldsymbol{x}_0)\|_{\boldsymbol{x}_0}=\|\nabla f(\boldsymbol{x}_0)\|_{\boldsymbol{H}(\boldsymbol{x}_0)^{-1}}$。因此，利用 $\boldsymbol{x}_1$ 和 $\boldsymbol{x}_0$ 的局部范数至多相差一个因子 2 这一事实（见引理 9.7），足以证明

$$\|\nabla f(\boldsymbol{x}_1)\|_{\boldsymbol{H}(\boldsymbol{x}_0)^{-1}} \leqslant \frac{3}{2}\|\nabla f(\boldsymbol{x}_0)\|_{\boldsymbol{H}(\boldsymbol{x}_0)^{-1}}^2 \tag{9.10}$$

为此，我们使用引理 9.7的第二部分，其中

$$\boldsymbol{x} := \boldsymbol{x}_1,\ \boldsymbol{y} := \boldsymbol{x}_0,\ \boldsymbol{u} := \nabla f(\boldsymbol{x}_1)$$

得到

$$\frac{1}{2}\|\nabla f(\boldsymbol{x}_1)\|_{\boldsymbol{H}^{-1}(\boldsymbol{x}_1)} \leqslant \|\nabla f(\boldsymbol{x}_1)\|_{\boldsymbol{H}^{-1}(\boldsymbol{x}_0)}$$

为了证明式 (9.10)，我们首先将梯度 $\nabla f(\boldsymbol{x}_1)$ 写成 $\boldsymbol{A}(\boldsymbol{x}_0)\nabla f(\boldsymbol{x}_0)$ 的形式，其中 $\boldsymbol{A}(\boldsymbol{x}_0)$ 是某个显式矩阵。随后我们证明 $\boldsymbol{A}(\boldsymbol{x}_0)$ 的范数（在某种意义上）较小，这便允许我们建立方程式(9.10)。

$$\begin{aligned}
\nabla f(\boldsymbol{x}_1) &= \nabla f(\boldsymbol{x}_0) + \int_0^1 \boldsymbol{H}(\boldsymbol{x}_0 + t(\boldsymbol{x}_1 - \boldsymbol{x}_0))(\boldsymbol{x}_1 - \boldsymbol{x}_0)\,\mathrm{d}t \\
&\quad (\text{通过将微积分基本定理应用于 } \nabla f) \\
&= \nabla f(\boldsymbol{x}_0) - \int_0^1 \boldsymbol{H}(\boldsymbol{x}_0 + t(\boldsymbol{x}_1 - \boldsymbol{x}_0))\boldsymbol{H}(\boldsymbol{x}_0)^{-1}\nabla f(\boldsymbol{x}_0)\,\mathrm{d}t \\
&\quad (\text{通过将 } \boldsymbol{x}_1 - \boldsymbol{x}_0 \text{ 改写为 } -\boldsymbol{H}(\boldsymbol{x}_0)^{-1}\nabla f(\boldsymbol{x}_0)) \\
&= \nabla f(\boldsymbol{x}_0) - \left[\int_0^1 \boldsymbol{H}(\boldsymbol{x}_0 + t(\boldsymbol{x}_1 - \boldsymbol{x}_0))\,\mathrm{d}t\right]\boldsymbol{H}(\boldsymbol{x}_0)^{-1}\nabla f(\boldsymbol{x}_0) \\
&\quad (\text{按积分的线性性质}) \\
&= \left[\boldsymbol{H}(\boldsymbol{x}_0) - \int_0^1 \boldsymbol{H}(\boldsymbol{x}_0 + t(\boldsymbol{x}_1 - \boldsymbol{x}_0))\,\mathrm{d}t\right]\boldsymbol{H}(\boldsymbol{x}_0)^{-1}\nabla f(\boldsymbol{x}_0)
\end{aligned}$$

$$\left(\text{通过将}\nabla f\left(\boldsymbol{x}_0\right)\text{写成}\boldsymbol{H}\left(\boldsymbol{x}_0\right)\boldsymbol{H}\left(\boldsymbol{x}_0\right)^{-1}\nabla f\left(\boldsymbol{x}_0\right)\right)$$

$$=\boldsymbol{M}\left(\boldsymbol{x}_0\right)\boldsymbol{H}\left(\boldsymbol{x}_0\right)^{-1}\nabla f\left(\boldsymbol{x}_0\right)$$

在最后一个等式中，我们记

$$\boldsymbol{M}\left(\boldsymbol{x}_0\right):=\boldsymbol{H}\left(\boldsymbol{x}_0\right)-\int_0^1\boldsymbol{H}\left(\boldsymbol{x}_0+t\left(\boldsymbol{x}_1-\boldsymbol{x}_0\right)\right)\mathrm{d}t$$

将上面导出的等式两边取 $\|\cdot\|_{\boldsymbol{H}(\boldsymbol{x}_0)^{-1}}$，得到

$$\begin{aligned}
\left\|\nabla f\left(\boldsymbol{x}_1\right)\right\|_{\boldsymbol{H}(\boldsymbol{x}_0)^{-1}} &= \left\|\boldsymbol{M}\left(\boldsymbol{x}_0\right)\boldsymbol{H}\left(\boldsymbol{x}_0\right)^{-1}\nabla f\left(\boldsymbol{x}_0\right)\right\|_{\boldsymbol{H}(\boldsymbol{x}_0)^{-1}}\\
&= \left\|\boldsymbol{H}\left(\boldsymbol{x}_0\right)^{-1/2}\boldsymbol{M}\left(\boldsymbol{x}_0\right)\boldsymbol{H}\left(\boldsymbol{x}_0\right)^{-1}\nabla f\left(\boldsymbol{x}_0\right)\right\|_2\\
&\quad \left(\text{基于}\|\boldsymbol{u}\|_{\boldsymbol{A}}=\left\|\boldsymbol{A}^{-1/2}\boldsymbol{u}\right\|_2\right)\\
&\leqslant \left\|\boldsymbol{H}\left(\boldsymbol{x}_0\right)^{-1/2}\boldsymbol{M}\left(\boldsymbol{x}_0\right)\boldsymbol{H}\left(\boldsymbol{x}_0\right)^{-1/2}\right\|_2\cdot\left\|\boldsymbol{H}\left(\boldsymbol{x}_0\right)^{-1/2}\nabla f\left(\boldsymbol{x}_0\right)\right\|_2\\
&\quad \left(\text{因为}\|\boldsymbol{A}\boldsymbol{u}\|_2\leqslant\|\boldsymbol{A}\|\|\boldsymbol{u}\|_2\right)\\
&= \left\|\boldsymbol{H}\left(\boldsymbol{x}_0\right)^{-1/2}\boldsymbol{M}\left(\boldsymbol{x}_0\right)\boldsymbol{H}\left(\boldsymbol{x}_0\right)^{-1/2}\right\|_1\cdot\left\|\nabla f\left(\boldsymbol{x}_0\right)\right\|_{\boldsymbol{H}(\boldsymbol{x}_0)^{-1}}.\\
&\quad \left(\text{基于}\|\boldsymbol{u}\|_{\boldsymbol{A}}=\left\|\boldsymbol{A}^{-1/2}\boldsymbol{u}\right\|_2\right)
\end{aligned}$$

因此，要完成证明还需要证明矩阵 $\boldsymbol{M}\left(\boldsymbol{x}_0\right)$ 在以下意义上是“小”的:

$$\left\|\boldsymbol{H}\left(\boldsymbol{x}_0\right)^{-1/2}\boldsymbol{M}\left(\boldsymbol{x}_0\right)\boldsymbol{H}\left(\boldsymbol{x}_0\right)^{-1/2}\right\|\leqslant\frac{3}{2}\left\|\nabla f\left(\boldsymbol{x}_0\right)\right\|_{\boldsymbol{H}(\boldsymbol{x}_0)^{-1}}$$

应用引理 9.8很容易证明

$$-\frac{3}{2}\delta\boldsymbol{H}\left(\boldsymbol{x}_0\right)\preceq\boldsymbol{M}\left(\boldsymbol{x}_0\right)\preceq\frac{3}{2}\delta\boldsymbol{H}\left(\boldsymbol{x}_0\right)\tag{9.11}$$

为简洁起见，根据定理的假设，$\delta:=\left\|\nabla f\left(\boldsymbol{x}_0\right)\right\|_{\boldsymbol{H}(\boldsymbol{x}_0)^{-1}}\leqslant\dfrac{1}{6}$。这可从 NL 条件推知。事实上，由于

$$\delta=\left\|\nabla f\left(\boldsymbol{x}_0\right)\right\|_{\boldsymbol{H}(\boldsymbol{x}_0)^{-1}}=\left\|\boldsymbol{x}_1-\boldsymbol{x}_0\right\|_{\boldsymbol{x}_0}$$

如果对 $t\in[0,1]$，定义

$$\boldsymbol{z}:=\boldsymbol{x}_0+t\left(\boldsymbol{x}_1-\boldsymbol{x}_0\right)$$

我们有

$$\|\boldsymbol{z}-\boldsymbol{x}_0\|_{\boldsymbol{x}_0}=t\,\|\boldsymbol{x}_1-\boldsymbol{x}_0\|_{\boldsymbol{x}_0}=t\delta\leqslant\delta$$

因此，根据 NL 条件，对于每个 $t\in[0,1]$，我们得到

$$-3t\delta\boldsymbol{H}\left(\boldsymbol{x}_0\right)\preceq\boldsymbol{H}\left(\boldsymbol{x}_0\right)-\boldsymbol{H}(\boldsymbol{z})=\boldsymbol{H}\left(\boldsymbol{x}_0\right)-\boldsymbol{H}\left(\boldsymbol{x}_0+t\left(\boldsymbol{x}_1-\boldsymbol{x}_0\right)\right)\preceq3t\delta\boldsymbol{H}\left(\boldsymbol{x}_0\right)$$

通过从 $t=0$ 到 $t=1$ 关于 $\mathrm{d}t$ 对该不等式积分得到式 (9.11)。这就完成了定理 9.6的证明。 □

9.7 基于欧氏范数的分析

定理 9.4 的证明 证明的基本思想与定理 9.1 的证明相同。我们考虑由 $\phi(t):=\nabla f(\boldsymbol{x}+t(\boldsymbol{y}-\boldsymbol{x}))$ 给出的函数 $\phi:[0,1]\rightarrow\mathbb{R}^n$。将微积分基本定理应用于 ϕ（分别应用于每个坐标）得到

$$\phi(1)-\phi(0)=\int_0^1\nabla\phi(t)\mathrm{d}t$$

$$\nabla f(\boldsymbol{y})-\nabla f(\boldsymbol{x})=\int_0^1\boldsymbol{H}(\boldsymbol{x}+t(\boldsymbol{y}-\boldsymbol{x}))(\boldsymbol{y}-\boldsymbol{x})\mathrm{d}t \tag{9.12}$$

我们首先把 $\boldsymbol{x}_1-\boldsymbol{x}^\star$ 改写成如下方便的形式：

$$\begin{aligned}
\boldsymbol{x}_1-\boldsymbol{x}^\star&=\boldsymbol{x}_0-\boldsymbol{x}^\star+\boldsymbol{n}\left(\boldsymbol{x}_0\right)\\
&=\boldsymbol{x}_0-\boldsymbol{x}^\star-\boldsymbol{H}\left(\boldsymbol{x}_0\right)^{-1}\nabla f\left(\boldsymbol{x}_0\right)\\
&=\boldsymbol{x}_0-\boldsymbol{x}^\star+\boldsymbol{H}\left(\boldsymbol{x}_0\right)^{-1}\left(\nabla f\left(\boldsymbol{x}^\star\right)-\nabla f\left(\boldsymbol{x}_0\right)\right)\\
&=\boldsymbol{x}_0-\boldsymbol{x}^\star+\boldsymbol{H}\left(\boldsymbol{x}_0\right)^{-1}\int_0^1\boldsymbol{H}\left(\boldsymbol{x}_0+t\left(\boldsymbol{x}^\star-\boldsymbol{x}_0\right)\right)\left(\boldsymbol{x}^\star-\boldsymbol{x}_0\right)\mathrm{d}t\\
&=\boldsymbol{H}\left(\boldsymbol{x}_0\right)^{-1}\int_0^1\left(\boldsymbol{H}\left(\boldsymbol{x}_0+t\left(\boldsymbol{x}^\star-\boldsymbol{x}_0\right)\right)-\boldsymbol{H}\left(\boldsymbol{x}_0\right)\right)\left(\boldsymbol{x}^\star-\boldsymbol{x}_0\right)\mathrm{d}t
\end{aligned}$$

两边取欧氏范数，得

$$\begin{aligned}
\|\boldsymbol{x}_1-\boldsymbol{x}^\star\|_2&\leqslant\left\|\boldsymbol{H}\left(\boldsymbol{x}_0\right)^{-1}\right\|\int_0^1\left\|\left(\boldsymbol{H}\left(\boldsymbol{x}_0+t\left(\boldsymbol{x}^\star-\boldsymbol{x}_0\right)\right)-\boldsymbol{H}\left(\boldsymbol{x}_0\right)\right)\left(\boldsymbol{x}^\star-\boldsymbol{x}_0\right)\right\|_2\mathrm{d}t\\
&\leqslant\left\|\boldsymbol{H}\left(\boldsymbol{x}_0\right)^{-1}\right\|\left\|\boldsymbol{x}^\star-\boldsymbol{x}_0\right\|_2\int_0^1\left\|\left(\boldsymbol{H}\left(\boldsymbol{x}_0+t\left(\boldsymbol{x}^\star-\boldsymbol{x}_0\right)\right)-\boldsymbol{H}\left(\boldsymbol{x}_0\right)\right)\right\|\mathrm{d}t
\end{aligned} \tag{9.13}$$

然后我们可以使用 $\boldsymbol{H}$ 的 Lipschitz 条件来估计该积分，如下所示：

$$\begin{aligned}\int_0^1 \|(\boldsymbol{H}(\boldsymbol{x}_0 + t(\boldsymbol{x}^\star - \boldsymbol{x}_0)) - \boldsymbol{H}(\boldsymbol{x}_0))\| \mathrm{d}t &\leqslant \int_0^1 L \|t(\boldsymbol{x}^\star - \boldsymbol{x}_0)\|_2 \mathrm{d}t \\ &\leqslant L\|\boldsymbol{x}^\star - \boldsymbol{x}_0\|_2 \int_0^1 t\mathrm{d}t \\ &= \frac{L}{2}\|\boldsymbol{x}^\star - \boldsymbol{x}_0\|_2\end{aligned}$$

结合式 (9.13)，推出

$$\|\boldsymbol{x}_1 - \boldsymbol{x}^\star\|_2 \leqslant \frac{L\left\|\boldsymbol{H}(\boldsymbol{x}_0)^{-1}\right\|}{2}\|\boldsymbol{x}^\star - \boldsymbol{x}_0\|_2^2 \tag{9.14}$$

我们取 $M = \dfrac{L\left\|\boldsymbol{H}(\boldsymbol{x}_0)^{-1}\right\|}{2} \leqslant \dfrac{L}{2h}$，完成了证明。 □

习题

9.1 考虑在 $x \in \mathbb{R}_{\geqslant 0}$ 条件下最小化函数 $f(x) = x\log x$。建立应用于最小化 f 的牛顿法的完整的收敛性分析——考虑所有初始点 $\boldsymbol{x}_0 \in \mathbb{R}_{\geqslant 0}$，并对每个初始点确定方法的收敛点。

9.2 **多项式求根的牛顿法**。考虑一个有实根的多项式$p \in \mathbb{R}[x]$。证明如果将牛顿法应用于寻找 p 的根，并且初始点满足 $x_0 > \lambda_{\max}(p)$（其中 $\lambda_{\max}(p)$ 是 p 的最大根），则它收敛到 p 的最大根。对于给定的 $\varepsilon > 0$，推导达到点 $\lambda_{\max} + \varepsilon$ 所需迭代次数的上界。

9.3 验证对于二次可微函数 $f : \mathbb{R}^n \to \mathbb{R}$，

$$\boldsymbol{J}_{\nabla f}(\boldsymbol{x}) = \nabla^2 f(\boldsymbol{x})$$

9.4 设 $f : \mathbb{R}^n \to \mathbb{R}$，设 $\boldsymbol{n}(\boldsymbol{x})$ 是 $\boldsymbol{x}$ 处关于 f 的牛顿步。

（1）证明牛顿法是仿射不变的。

（2）证明量 $\|\boldsymbol{n}(\boldsymbol{x})\|_{\boldsymbol{x}}$ 是仿射不变的，而 $\|\nabla f(\boldsymbol{x})\|_2$ 不是仿射不变的。

（3）证明 NL 条件是仿射不变的。

9.5 考虑以下函数 $f : K \to \mathbb{R}$。检查它们是否满足某个常量 $0 < \delta_0 < 1$ 的 NL 条件。

（1）$f(x) := -\log\cos x$，定义域 $K = \left(-\dfrac{\pi}{2}, \dfrac{\pi}{2}\right)$。

（2）$f(x) := x\log x + (1-x)\log(1-x)$，定义域 $K = (0,1)$。

（3）$f(x) := -\sum_{i=1}^{n}\log x_i$，定义域 $K = \mathbb{R}_{>0}^{n}$。

9.6 考虑函数

$$h(\boldsymbol{x}) := \boldsymbol{x}^{\top}\boldsymbol{A}\boldsymbol{x} - \langle \boldsymbol{b}, \boldsymbol{x}\rangle$$

其中 $\boldsymbol{A}$ 是正定矩阵。证明：

$$\underset{\|\boldsymbol{u}\|_{\boldsymbol{A}}=1}{\operatorname{argmax}}(-Dh(\boldsymbol{x})[\boldsymbol{u}]) = -\frac{\boldsymbol{x}}{\|\boldsymbol{x}\|_{\boldsymbol{A}}}$$

9.7 对于一个 $n \times m$ 的实矩阵 $\boldsymbol{A}$ 和一个向量 $\boldsymbol{b} \in \mathbb{R}^{n}$，考虑集合

$$\Omega := \{\boldsymbol{x} : \boldsymbol{A}\boldsymbol{x} = \boldsymbol{b}\}$$

证明：对于任意 $\boldsymbol{x} \in \Omega$，

$$\boldsymbol{T}_{\boldsymbol{x}}\Omega = \{\boldsymbol{y} : \boldsymbol{A}\boldsymbol{y} = \boldsymbol{0}\}$$

9.8 证明：对 $\boldsymbol{x} \in \mathbb{R}_{>0}^{n}$ 定义的黎曼度量 $\boldsymbol{x} \mapsto \mathrm{Diag}(\boldsymbol{x})^{-1}$ 是黑塞度量。

提示：考虑函数 $f(\boldsymbol{x}) := \sum_{i=1}^{n} x_i \log x_i$。

9.9 设 Ω 是由所有正定矩阵组成的 $\mathbb{R}^{n\times n}$ 的子集。证明在 Ω 的任意点处，切空间是所有 $n \times n$ 实对称矩阵的集合。进一步，证明对于任意正定矩阵 $\boldsymbol{X}$，关于 $n \times n$ 对称矩阵 $\boldsymbol{U}, \boldsymbol{V}$ 的内积

$$\langle \boldsymbol{U}, \boldsymbol{V}\rangle_{\boldsymbol{X}} := \mathrm{Tr}\left(\boldsymbol{X}^{-1}\boldsymbol{U}\boldsymbol{X}^{-1}\boldsymbol{V}\right)$$

是黑塞度量。

提示：考虑函数 $f(\boldsymbol{X}) := -\log\det \boldsymbol{X}$。

9.10 验证式 (9.9)。

9.11 **定向绒泡黏菌动力学**。对于 $n \times m$ 的满秩实矩阵 $\boldsymbol{A}$ 和向量 $\boldsymbol{b} \in \mathbb{R}^{n}$，考虑集合

$$\Omega := \{\boldsymbol{x} : \boldsymbol{A}\boldsymbol{x} = \boldsymbol{b}, \boldsymbol{x} > \boldsymbol{0}\}$$

在每个 $\boldsymbol{x} \in \Omega$ 处赋予黎曼度量

$$\langle \boldsymbol{u}, \boldsymbol{v}\rangle_{\boldsymbol{x}} := \boldsymbol{u}^{\top}\boldsymbol{X}^{-1}\boldsymbol{v}$$

这里 $\boldsymbol{X} := \mathrm{Diag}(\boldsymbol{x})$。证明：向量

$$\boldsymbol{P}(\boldsymbol{x}) := \boldsymbol{X}\left(\boldsymbol{A}^{\top}\left(\boldsymbol{A}\boldsymbol{X}\boldsymbol{A}^{\top}\right)^{-1}\boldsymbol{b} - \boldsymbol{1}\right)$$

是函数 $\sum_{i=1}^{m} x_i$ 在黎曼度量意义下的最速下降方向。

9.12 考虑具有严格正分量的矩阵 $\boldsymbol{A} \in \mathbb{R}^{n\times n}$。证明由下式给出的函数 $f:\mathbb{R}^{2n}\to\mathbb{R}$

$$f(\boldsymbol{x},\boldsymbol{y}) = \sum_{1\leqslant i,j\leqslant n} A_{i,j}\mathrm{e}^{x_i-y_j} - \sum_{i=1}^{n} x_i + \sum_{j=1}^{n} y_j$$

满足以下类似于 NL 条件的条件，其中局部范数替换为 ℓ_∞：

$$\forall \boldsymbol{w},\boldsymbol{v}\in\mathbb{R}^{2n}\text{使得}\|\boldsymbol{w}-\boldsymbol{v}\|_\infty \leqslant 1$$

$$\frac{1}{10}\boldsymbol{\nabla}^2 f(\boldsymbol{w}) \leqslant \boldsymbol{\nabla}^2 f(\boldsymbol{v}) \preceq 10\boldsymbol{\nabla}^2 f(\boldsymbol{w})$$

9.13 证明引理 9.8 。

注记

关于牛顿法的深入讨论，我们可以参考 Galántai（2000）和 Renegar（2001）的著作。习题 9.2 改编自 Louis 和 Vempala（2016）的论文。习题 9.11 来自 Straszak 和 Vishnoi（2016b）的论文。习题 9.12 摘自 Cohen 等（2017）和 Zhu 等（2017）的论文。关于黎曼流形的正式介绍，包括黎曼梯度和黑塞度量，读者可以参考 Vishnoi（2018）的综述文献。

第 10 章　线性规划的内点法

我们在牛顿法及其收敛性的基础上，推导出线性规划的一个多项式时间算法。这一算法的关键在于利用障碍函数及相应的中心路径，将约束优化问题简化为无约束优化问题。

10.1　线性规划

线性规划是在一个多面体上寻找点来最小化某个线性函数的问题。正式地说，它是以下优化问题。

定义 10.1 (线性规划–典范形式)　输入矩阵 $\boldsymbol{A} \in \mathbb{Q}^{m \times n}$ 和向量 $\boldsymbol{b} \in \mathbb{Q}^m$，它们共同决定了一个多面体

$$P := \{\boldsymbol{x} \in \mathbb{R}^n : \boldsymbol{A}\boldsymbol{x} \leqslant \boldsymbol{b}\}$$

以及一个成本向量 $\boldsymbol{c} \in \mathbb{Q}^n$。我们的目标是寻找

$$\boldsymbol{x}^\star \in \underset{\boldsymbol{x} \in P}{\operatorname{argmin}} \langle \boldsymbol{c}, \boldsymbol{x} \rangle$$

如果 $P \neq \varnothing$；否则如果 $P = \varnothing$，称其**不可行**。输入的位复杂度是编码 $(\boldsymbol{A}, \boldsymbol{b}, \boldsymbol{c})$ 所需的总位数，有时用 L 表示。

注意，在一般情况下，$\boldsymbol{x}^\star$ 可能不唯一。此外，这种使用线性不等式形式的线性规划称为**典范的**，可能还有其他方法来确定一个多面体。在后续几章中，我们还将学习线性规划的其他变体。需要注意的是，当我们将一种形式的线性规划问题变换为另一种形式时，我们应小心考虑变换的成本，譬如运行时间。

作为优化中的一个核心问题，线性规划已经在前面的几章中或隐式或显式地出现过。我们还为线性规划的一些特殊情形开发了各种近似算法，使用的方法包括梯度下降法、镜像下降法和乘性权重更新法。这些算法需要一个额外的参数 $\varepsilon > 0$，并保证能够在关于误差参数 ε 倒数的多项式时间内找到满足

$$\langle \boldsymbol{c}, \hat{\boldsymbol{x}} \rangle \leqslant \langle \boldsymbol{c}, \boldsymbol{x}^\star \rangle + \varepsilon$$

的 $\hat{\boldsymbol{x}}$。例如，我们在第 7 章中介绍的基于乘性权重更新方案的方法可以应用于一般的线性规划，并得到一种算法，使得对于给定 $\varepsilon>0$，能够计算出一个解 $\hat{\boldsymbol{x}}$，其值至多为 $\langle\boldsymbol{c},\boldsymbol{x}^{\star}\rangle+\varepsilon$（$\boldsymbol{x}^{\star}$ 为最优解），该解对所有约束条件的违反大小（累计）不超过 ε，且运行时间与 $\dfrac{1}{\varepsilon^2}$ 成正比。不仅仅是对 ε 的依赖令人难以满意，当对 $\boldsymbol{A},\boldsymbol{b}$ 或 $\boldsymbol{c}$ 不做额外假设时，这些方法的运行时间与输入的位复杂度呈指数关系。如第 4 章所述，对于一个被视为多项式时间的方法，我们要求其运行时间是关于 $\log\dfrac{1}{\varepsilon}$ 的多项式，其中 $\varepsilon>0$ 是误差参数；此外，运行时间也应该是关于位复杂度 L 的多项式。在本章中，我们将提出一种方法，它能同时满足线性规划的这两个要求。

定理 10.2 (求解线性规划问题的多项式时间算法) 给定一个如定义 10.1所述的线性规划问题 $(\boldsymbol{A},\boldsymbol{b},\boldsymbol{c})$，它包含 n 个变量和 m 个约束，位复杂度为 L。给定 $\varepsilon>0$，并假设 P 是全维 ㊀ 且非空的，则存在一种算法能够输出可行解 $\hat{\boldsymbol{x}}$，使其满足

$$\langle\boldsymbol{c},\hat{\boldsymbol{x}}\rangle\leqslant\langle\boldsymbol{c},\boldsymbol{x}^{\star}\rangle+\varepsilon$$

该算法的运行时间是关于 $\left(L,\log\dfrac{1}{\varepsilon}\right)$ 的多项式，记作 $\operatorname{poly}\left(L,\log\dfrac{1}{\varepsilon}\right)$。

此处，我们不讨论如何避免全维性和非空性假设。这一定理的证明并不难，但很烦琐，我们在此省略。另外请注意，上述定理并不能解决定义 10.1中提到的线性规划问题，因为它不能输出 $\boldsymbol{x}^{\star}$，只能输出一个近似解。然而，只须稍加改进，就可以将上述算法转化为一个可以输出 $\boldsymbol{x}^{\star}$ 的算法。粗略地讲，就是通过选取足够小（约 $2^{-\operatorname{poly}(L)}$）的 $\varepsilon>0$，将 $\hat{\boldsymbol{x}}$ 四舍五入到 $\boldsymbol{x}^{\star}$［必为有理数且位复杂度控制在 $O(L)$ 内］。因此对 $\dfrac{1}{\varepsilon}$ 的对数多项式依赖是至关重要的。

10.2 利用障碍函数求解约束优化问题

求解线性规划的困难之处在于约束集合 P 为一个多面体。然而，到目前为止我们主要讨论的是无约束优化问题。基于投影及其变体的这些优化方法（比如第 6 章所介绍的投影梯度下降法）可以通过第 12、13 章中讨论的分离和优化之间的等价性简化为线性规划。简言之，我们需要一种全新的方法来求解约束优化问题。本节的主要目标是提出一种不同的通用方法——利用**障碍函数**将约束优化问题简化为无约束优化问题。

考虑约束凸优化问题

$$\min_{\boldsymbol{x}\in K} f(x) \tag{10.1}$$

㊀ 若 $\boldsymbol{Ax}\leqslant\boldsymbol{b}$ 的解不在 $\mathbb{R}^n$ 的一个适当的仿射子空间中，则该多胞形是全维的。

其中 f 是实值凸函数且 $K \subseteq \mathbb{R}^n$ 是凸集。为了简化讨论，假设目标函数是线性的，即 $f(\boldsymbol{x}) = \langle \boldsymbol{c}, \boldsymbol{x} \rangle$，凸集 K 是有界和全维的。

设有一点 $\boldsymbol{x}_0 \in K$，我们想在保持迭代点仍在 K 内的同时改进目标值 $\langle \boldsymbol{c}, \boldsymbol{x} \rangle$。一个最简单的想法是继续沿着 $-\boldsymbol{c}$ 方向尽可能地减小目标函数值，最终到达 K 的边界。此时，第二步及随后的迭代点将位于边界上，这可能迫使步长变短，从而使得这一方法效率低下。实际上，（当应用于多胞形时，）这样的方法等价于**单纯形法**的一个变体，其最坏情况的运行时间是指数级的，我们因此不再进一步探究。

换一个思路，我们研究是否有可能将约束条件 K 转移到目标函数上。考虑优化问题

$$\min_{\boldsymbol{x} \in \mathbb{R}^n} \langle \boldsymbol{c}, \boldsymbol{x} \rangle + F(\boldsymbol{x}) \tag{10.2}$$

其中 $F(\boldsymbol{x})$ 可以视为对违反约束条件的惩罚。因而，当 $\boldsymbol{x}$ 靠近凸集 K 的边界 (∂K) 时，$F(\boldsymbol{x})$ 应当较大。F 的一个看起来比较完美的选择是在 K 的内部取值为 0，在 K 的补集上取值为 $+\infty$。不过，这样的函数不再连续。

如果希望前几章中建立的无约束优化方法在这里也能适用，那么 F 应该满足某些性质，至少应满足凸性。我们不是给出 K 上的障碍函数F 的精确定义，而是列出一些期望有的性质。

（1）F 定义在 K 的内部，即 F 的定义域为 $\operatorname{int}(K)$。

（2）对每个点 $\boldsymbol{q} \in \partial K$：$\lim_{\boldsymbol{x} \in K \to \boldsymbol{q}} F(\boldsymbol{x}) = +\infty$ 均成立。

（3）F 严格凸。

假定 F 是满足上述条件的障碍函数。注意，求解求 (10.2)可能会给我们提供一些关于 $\min_{\boldsymbol{x} \in K} \langle \boldsymbol{c}, \boldsymbol{x} \rangle$ 的认识，但并不能给出正确解，因为目标函数加上 $F(\boldsymbol{x})$ 后，我们所寻找的最优点的位置也改变了。因此，通常考虑一族带参数 $\eta > 0$ 的扰动的目标函数 f_η：

$$f_\eta(\boldsymbol{x}) := \eta \langle \boldsymbol{c}, \boldsymbol{x} \rangle + F(\boldsymbol{x}) \tag{10.3}$$

为了数学上的方便，我们可以认为 f_η 是在整个 $\mathbb{R}^n$ 上定义的，但仅在 $\operatorname{int}(K)$ 内取得有限值。直观而言，选择越来越大的 η 会减少 $F(\boldsymbol{x})$ 对 $f_\eta(\boldsymbol{x})$ 的最优值的影响。我们现在聚焦于当前具体问题——线性规划。

10.3 对数障碍函数

回顾前面介绍的，在下面的多面体上最小化线性函数 $\langle \boldsymbol{c}, \boldsymbol{x} \rangle$ 的线性规划问题：

$$P := \{\boldsymbol{x} \in \mathbb{R}^n : \langle \boldsymbol{a}_i, \boldsymbol{x} \rangle \leqslant b_i, \quad i = 1, 2, \cdots, m\} \tag{10.4}$$

其中 $\boldsymbol{a}_1, \boldsymbol{a}_2, \cdots, \boldsymbol{a}_m$ 是 $\boldsymbol{A}$ 的各行向量（将其作为列向量进行处理）。为了实现上一节中概述的高层次思想，我们使用下面的障碍函数。

定义 10.3 (对数障碍函数) 对于矩阵 $\boldsymbol{A} \in \mathbb{R}^{m\times n}$（以 $\boldsymbol{a}_1, \boldsymbol{a}_2, \cdots, \boldsymbol{a}_m \in \mathbb{R}^n$ 为行向量）和向量 $\boldsymbol{b} \in \mathbb{R}^m$，我们定义对数障碍函数 $F : \mathrm{int}(P) \to \mathbb{R}$ 为

$$F(\boldsymbol{x}) := -\sum_{i=1}^{m} \log\left(b_i - \langle \boldsymbol{a}_i, \boldsymbol{x}\rangle\right)$$

该函数的定义域为 P 的**内部**，其定义为

$$\mathrm{int}(P) := \{\boldsymbol{x} \in P : \langle \boldsymbol{a}_i, \boldsymbol{x}\rangle < b_i, \quad i = 1, 2, \cdots, m\}$$

为了使这个定义有意义，我们假设 P 是有界的（多胞形），并且在 $\mathbb{R}^n$ 中是全维的。[㊀]注意，$F(\boldsymbol{x})$ 在 $\mathrm{int}(P)$ 上是严格凸的，并且在靠近 P 的边界时趋向无穷大（习题 10.1）。直观地说，可以把每项 $-\log(b_i - \langle \boldsymbol{a}_i, \boldsymbol{x}\rangle)$ 看作对约束 $\langle \boldsymbol{a}_i, \boldsymbol{x}\rangle \leqslant b_i$ 施加一个力，当点 $\boldsymbol{x}$ 越接近超平面 $\{\boldsymbol{y} : \langle \boldsymbol{a}_i, \boldsymbol{y}\rangle = b_i\}$ 时，这个力就越大，当 $\boldsymbol{x}$ 位于这一超平面上或错误的一侧时，变为 $+\infty$。

10.4 中心路径

在得到对数障碍函数后，我们回到式(10.3)中介绍的带扰动的含参目标函数族 $\{f_\eta\}_{\eta\geqslant 0}$。可以发现，由于 $\langle \boldsymbol{c}, \boldsymbol{x}\rangle$ 是线性函数，f_η 的二阶信息完全取决于 F，即

$$\boldsymbol{\nabla}^2 f_\eta = \boldsymbol{\nabla}^2 F$$

特别地，f_η 也是严格凸的，从而有唯一最小值点。这启发了以下概念的产生：

定义 10.4 (中心路径) 对于 $\eta \geqslant 0$，记 $\boldsymbol{x}_\eta^\star$ 为 $f_\eta(\boldsymbol{x})$ 在 $\boldsymbol{x} \in \mathrm{int}(P)$ 上的唯一最小值点。我们称 $\boldsymbol{x}_0^\star$ 为 P 的**解析中心**。所有这些最小值点组成的集合称为（关于成本向量 $\boldsymbol{c}$ 的）中心路径，表示为

$$\Gamma_{\boldsymbol{c}} := \left\{\boldsymbol{x}_\eta^\star : \eta \geqslant 0\right\}$$

尽管在这里没有用到，但可以证明中心路径 $\Gamma_{\boldsymbol{c}}$ 是连续的。它从 P 的解析中心 $\boldsymbol{x}_0^\star$ 出发，并在 $\eta \to \infty$ 时趋近于 $\boldsymbol{x}^\star$（见图 10.1）。换言之，

$$\lim_{\eta\to\infty} \boldsymbol{x}_\eta^\star = \boldsymbol{x}^\star$$

㊀ 当然，对于一般的线性规划问题而言，情况并不总是如此。然而，如果多面体有可行点，那么我们可以用一个指数级的小量来扰动每个约束条件的系数，使可行集成为全维的。

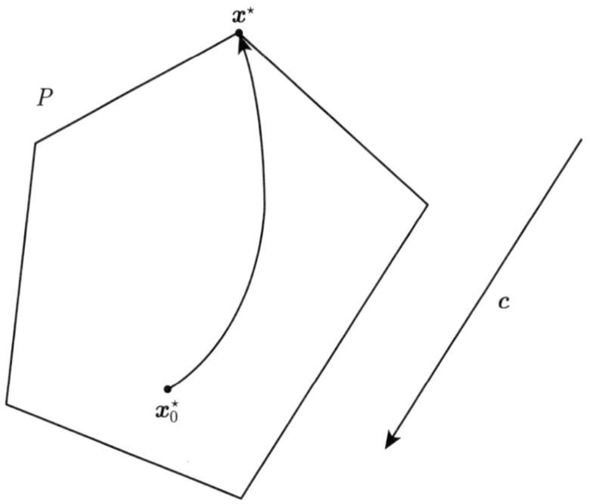

图 10.1　成本向量 c 的中心路径示例

现在的想法是，从中心路径上的某点开始，例如 $x_1^\star$（即 $\eta = 1$ 对应的点），沿着路径逐渐让 η 趋于无穷。遵循这种一般思路的方法被称为**路径跟踪内点法**。从算法的角度有如下几个关键问题。

（1）**初始化**：如何找到 P 的解析中心？

（2）**跟踪中心路径**：如何用离散的步骤跟踪中心路径？

（3）**终止**：如何决定何时停止跟踪中心路径（目标是达到 $x^\star$ 的足够近的邻域）？

我们将在下一节中对这一方法进行详细说明，并将在 10.6 节对路径跟踪内点法的分析中，回答上述全部问题。

10.5　线性规划的路径跟踪算法

虽然前一节末尾列出的（1）和（3）所述的初始化和终止问题很重要，但我们首先关注（2），并解释算法如何沿着这条路径前进。这就是前一章的牛顿法的作用所在。

假设我们已得到了一个点 $x_0 \in P$，它比较靠近中心路径，即靠近某个 $\eta_0 > 0$ 的点 $x^\star_{\eta_0}$。再假设函数 f_{η_0} 满足第 9 章中的 NL 条件（稍后我们将证明这一点）。那么，每执行一次牛顿法迭代

$$x_1 := x_0 + n_{\eta_0}(x_0)$$

其中，对任意 x 及 $\eta > 0$，我们定义

$$n_\eta(x) := -\left(\nabla^2 f_\eta(x)\right)^{-1} \nabla f_\eta(x) = -\left(\nabla^2 F(x)\right)^{-1} \nabla f_\eta(x)$$

我们就更近一步地逼近 $x^\star_{\eta_0}$。注意，由于 F 是严格凸的，对全部的 $x \in \mathrm{int}(P)$，$(\nabla^2 F(x))^{-1}$

均存在。这里的主要想法是通过利用这一过程以及它所呈现的机会，将 η_0 的值增大为

$$\eta_1 := \eta_0 \cdot (1+\gamma)$$

其中 $\gamma > 0$ 是某个待定值，使得 $\boldsymbol{x}_1$ 足够接近 $\boldsymbol{x}^{\star}_{\eta_1}$，从而再次满足 NL 条件，使我们能够重复这一操作并继续迭代。

关键的问题是，我们应选择多大的 γ 来确保这个方案有效，并产生序列 $(\boldsymbol{x}_0, \eta_0)$，$(\boldsymbol{x}_1, \eta_1), \cdots$，使得 η_t 以 $1+\gamma$ 的速率增大，同时保证 $\boldsymbol{x}_t$ 在 f_{η_t} 的二阶收敛域之内。在 10.6 节中我们将说明，γ 合适的取值大概是 $\frac{1}{\sqrt{m}}$。对这一算法更确切的描述详见算法 8。这个算法的描述并不十分完整，我们将在接下来的几节中解释如何设置 η_0，为何取 $\eta_T > m/\varepsilon$ 已然足够充分，如何计算牛顿步，以及如何终止。

算法 8 线性规划的路径跟踪内点法

输入:

- $\boldsymbol{A} \in \mathbb{Q}^{m\times n}, \boldsymbol{b} \in \mathbb{Q}^m, \boldsymbol{c} \in \mathbb{Q}^n$
- $\varepsilon > 0$

输出: 满足 $\boldsymbol{A}\hat{\boldsymbol{x}} \leqslant \boldsymbol{b}$ 及 $\langle \boldsymbol{c}, \hat{\boldsymbol{x}}\rangle - \langle \boldsymbol{c}, \boldsymbol{x}^{\star}\rangle \leqslant \varepsilon$ 的点 $\hat{\boldsymbol{x}}$

算法:

1: **初始化:** 找到初始的 $\eta_0 > 0$ 及 $\boldsymbol{x}_0$ 使得 $\|\boldsymbol{n}_{\eta_0}(\boldsymbol{x}_0)\|_{\boldsymbol{x}_0} < \frac{1}{6}$
2: 取 T 使得 $\eta_T := \eta_0 \left(1 + \frac{1}{20\sqrt{m}}\right)^T > \frac{m}{\varepsilon}$
3: **for** $t = 0, 1, \cdots, T$ **do**
4: 　**牛顿步:** $\boldsymbol{x}_{t+1} := \boldsymbol{x}_t + \boldsymbol{n}_{\eta_t}(\boldsymbol{x}_t)$
5: 　**更新** η**:** $\eta_{t+1} := \eta_t \left(1 + \frac{1}{20\sqrt{m}}\right)$
6: **end for**
7: **终止:** 以 $\boldsymbol{x}_T$ 为起始点，对 f_{η_T} 执行两步牛顿迭代，计算得 $\hat{\boldsymbol{x}}$
8: **return** $\hat{\boldsymbol{x}}$

在这里，我们使用的点 $\boldsymbol{x}_t$ 与中心路径（即与 $\boldsymbol{x}^{\star}_{\eta_t}$）的接近程度为

$$\|\boldsymbol{n}_{\eta_t}(\boldsymbol{x}_t)\|_{\boldsymbol{x}_t} \leqslant \frac{1}{6}$$

这可由第 9 章中牛顿法的收敛性直接推出——这一条件精确地说明了 $\boldsymbol{x}_t$ 位于 f_{η_t} 的二次收敛域。

定理 10.2 的证明结构

在本节中，我们将概述定理 10.2的证明过程。下面我们说明，恰当地使用算法 8 所示的路径跟踪内点法，会产生求解线性规划问题的多项式时间算法。这需要我们把这一方案更加具体化（解释算法中第 1 步该如何实施）。然而，分析的关键部分在于说明算法的第 4 步和第 5 步确实保证了对中心路径的紧密跟踪。为此，我们证明接近度保持不变。

引理 10.5 (接近度不变性)　对每个 $t=0,1,2,\cdots,T$，都有

$$\left\|\boldsymbol{n}_{\eta_t}(\boldsymbol{x}_t)\right\|_{\boldsymbol{x}_t} \leqslant \frac{1}{6}$$

为了证明这一不变性成立，考虑一次迭代过程，并表明如果不变性对 t 成立，则其也对 $t+1$ 成立。首先我们要保证接近度不变性对 $t=0$ 成立。每一次迭代包含两个步骤：关于 f_{η_t} 的牛顿步，以及将 η_t 增大为 η_{t+1} 的步骤。我们又准备了两个引理以研究在执行这些步骤时发生的情况。第一个引理用到了定理 9.6。

引理 10.6 (牛顿步对中心性的影响)　对数障碍函数 F 满足 $\delta_0=\dfrac{1}{6}$ 时的 NL 条件。所以，对每个 $\boldsymbol{x}\in\operatorname{int}(P)$ 及所有满足 $\|\boldsymbol{n}_\eta(\boldsymbol{x})\|_{\boldsymbol{x}}\leqslant\dfrac{1}{6}$ 的 $\eta>0$，都有

$$\left\|\boldsymbol{n}_\eta(\boldsymbol{x}')\right\|_{\boldsymbol{x}'} \leqslant 3\left\|\boldsymbol{n}_\eta(\boldsymbol{x})\right\|_x^2$$

其中 $\boldsymbol{x}':=\boldsymbol{x}+\boldsymbol{n}_\eta(\boldsymbol{x})$。

这意味着每一个牛顿步都使我们更接近中心路径。下面的引理告诉我们，如果我们已经十分接近中心路径，那么就可以保险地以大约 $1+\dfrac{1}{\sqrt{m}}$ 的因子来增大 η_t，从而中心性仍得以保证。

引理 10.7 (重新中心化对中心性的影响)　对每个 $\boldsymbol{x}\in\operatorname{int}(P)$ 和任意的两个正数 $\eta,\eta'>0$，有

$$\|\boldsymbol{n}_{\eta'}(\boldsymbol{x})\|_{\boldsymbol{x}} \leqslant \frac{\eta'}{\eta}\|\boldsymbol{n}_\eta(\boldsymbol{x})\|_{\boldsymbol{x}}+\sqrt{m}\left|\frac{\eta'}{\eta}-1\right|$$

因此，如果算法在 η_0 处初始化，并在 η_T 处终止，则经过 $O\left(\sqrt{m}\log\dfrac{\eta_T}{\eta_0}\right)$ 次迭代后，由于每一步迭代都是在求解一个 $m\times m$ 线性方程组（对应于 $\nabla^2F(\boldsymbol{x})\boldsymbol{y}=\boldsymbol{z}$，其中向量 $\boldsymbol{x}\in P$ 和 $\boldsymbol{v}$ 给定），我们能够恢复一个 ε 近似最优解。这就总结了步骤 3 中有关迭代的分析和中心性问题。我们现在转到有关初始化的部分。

我们希望有一种算法能够找到一个好的初始点，即在这种算法中 η_0 不太小，且相应的牛顿步不长。

引理 10.8 (高效初始化) 算法 8的第 1 步可以在多项式时间内得到

$$\eta_0 = 2^{-\widetilde{O}(nL)}$$

及 $\boldsymbol{x}_0 \in \mathrm{int}(P)$，使得

$$\|\boldsymbol{n}_{\eta_0}(\boldsymbol{x}_0)\|_{\boldsymbol{x}_0} \leqslant \frac{1}{6}$$

这里 n 是 P 的维数，L 是 $(\boldsymbol{A}, \boldsymbol{b}, \boldsymbol{c})$ 的位复杂度。

注意，上述引理为 η_0 给出了一个下界，这是至关重要的。这使得我们可以推断出算法 8的迭代次数 T 的多项式上界，因而导出求解线性规划的多项式时间算法。还值得注意的是，对于结构良好的线性规划问题，有时可以找到 η_0 值较大的起始点，例如 $\eta_0 = \dfrac{1}{m}$，这会影响迭代次数，见第 11 章。

最后，我们考虑算法的第 7 步——终止。这就是说，对点 $\boldsymbol{x}_T$ 略做调整，就能得到一个 $\boldsymbol{x}^\star$ 的目标函数值非常接近的点 $\hat{\boldsymbol{x}}$。更准确地说，我们证明了以下内容。

引理 10.9 (高效终止) 设 $\boldsymbol{x}_T$ 及 η_T 是由算法 8定义的变量，其中 T 满足 $\eta_T \geqslant m/\varepsilon$。以 $\boldsymbol{x}_T$ 为初始点，执行两次牛顿迭代得到点 $\hat{\boldsymbol{x}}$，它满足

$$\langle \boldsymbol{c}, \hat{\boldsymbol{x}} \rangle \leqslant \langle \boldsymbol{c}, \boldsymbol{x}^\star \rangle + 2\varepsilon$$

下面我们陈述刻画算法 8性能的主要定理。

定理 10.10 (路径跟踪内点法的收敛性) 算法 8在经过 $T = O\left(\sqrt{m}\log\dfrac{m}{\varepsilon\eta_0}\right)$ 次迭代后，将输出一个点 $\hat{\boldsymbol{x}} \in \mathrm{int}(P)$，满足

$$\langle \boldsymbol{c}, \hat{\boldsymbol{x}} \rangle \leqslant \langle \boldsymbol{c}, \boldsymbol{x}^\star \rangle + 2\varepsilon$$

此外，每一次迭代（第 4 步）需要求解形为 $\nabla^2 F(\boldsymbol{x})\boldsymbol{y} = \boldsymbol{z}$ 的线性方程组，其中 $\boldsymbol{x} \in \mathrm{int}(P), \boldsymbol{z} \in \mathbb{R}^n$ 是由 $\boldsymbol{x}$ 确定的，需求解的是变量 $\boldsymbol{y}$。因此，算法可以在多项式时间内实现。

注意，结合定理 10.10和引理 10.8，很容易证明定理 10.2。

10.6 路径跟踪算法的分析

本节的目的是证明引理 10.5，即不变性

$$\|\boldsymbol{n}_{\eta_t}(\boldsymbol{x}_t)\|_{\boldsymbol{x}_t} \leqslant \frac{1}{6}$$

对所有 $t=1,2,\cdots,T$ 成立。上一节中解释过，这可以从引理 10.6和引理 10.7推出，现在我们给出证明。

牛顿步对中心性的影响。我们回忆第 9 章中引入的 NL 条件。

定义 10.11 (NL 条件) 设 $f:\mathbb{R}^n\to\mathbb{R}$。称 f 满足 $\delta_0<1$ 的 NL 条件，如果对任意 $0<\delta\leqslant\delta_0<1$，以及任意满足

$$\|\boldsymbol{y}-\boldsymbol{x}\|_{\boldsymbol{x}}\leqslant\delta$$

的 $\boldsymbol{x},\boldsymbol{y}$，都有

$$(1-3\delta)\boldsymbol{H}(\boldsymbol{x})\preceq\boldsymbol{H}(\boldsymbol{y})\preceq(1+3\delta)\boldsymbol{H}(\boldsymbol{x})$$

引理 10.6 的证明 我们需要证明 f_η（或者等价地，F）满足 $\delta=\dfrac{1}{6}$ 的 NL 条件。实际上，我们将证明 F 对任意 $\delta<1$ 均满足 NL 条件。为此，首先验证黑塞矩阵

$$\boldsymbol{H}(\boldsymbol{x})=\boldsymbol{\nabla}^2f_\eta(\boldsymbol{x})=\boldsymbol{\nabla}^2F(\boldsymbol{x})$$

可表示为

$$\boldsymbol{H}(\boldsymbol{x})=\sum_{i=1}^{m}\frac{\boldsymbol{a}_i\boldsymbol{a}_i^\top}{s_i(\boldsymbol{x})^2}$$

其中

$$s_i(\boldsymbol{x}):=b_i-\langle\boldsymbol{a}_i,\boldsymbol{x}\rangle$$

见习题 10.1(2)。考虑任意满足 $\|\boldsymbol{y}-\boldsymbol{x}\|_{\boldsymbol{x}}=\delta<1$ 的两点 $\boldsymbol{x},\boldsymbol{y}$，则有

$$\delta^2=(\boldsymbol{y}-\boldsymbol{x})^\top\boldsymbol{H}(\boldsymbol{x})(\boldsymbol{y}-\boldsymbol{x})=\sum_{i=1}^{m}\left|\frac{\langle\boldsymbol{a}_i,\boldsymbol{y}-\boldsymbol{x}\rangle}{s_i(\boldsymbol{x})}\right|^2$$

特别地，这个求和式中的每一项都有上界 δ^2。因此，对每个 $i=1,2,\cdots,m$，有

$$\left|\frac{s_i(\boldsymbol{x})-s_i(\boldsymbol{y})}{s_i(\boldsymbol{x})}\right|=\left|\frac{\langle\boldsymbol{a}_i,\boldsymbol{y}-\boldsymbol{x}\rangle}{s_i(\boldsymbol{x})}\right|\leqslant\delta$$

因此，对每个 $i=1,2,\cdots,m$，我们有

$$(1-\delta)s_i(\boldsymbol{x})\leqslant s_i(\boldsymbol{y})\leqslant(1+\delta)s_i(\boldsymbol{x})$$

于是

$$\frac{(1+\delta)^{-2}}{s_i(\boldsymbol{x})^2}\leqslant\frac{1}{s_i(\boldsymbol{y})^2}\leqslant\frac{(1-\delta)^{-2}}{s_i(\boldsymbol{x})^2}$$

现在得到

$$\frac{(1+\delta)^{-2}\boldsymbol{a}_i\boldsymbol{a}_i^\top}{s_i(\boldsymbol{x})^2} \preceq \frac{\boldsymbol{a}_i\boldsymbol{a}_i^\top}{s_i(\boldsymbol{y})^2} \preceq \frac{(1-\delta)^{-2}\boldsymbol{a}_i\boldsymbol{a}_i^\top}{s_i(\boldsymbol{x})^2}$$

上式对所有 i 求和，可得

$$(1+\delta)^{-2}\boldsymbol{H}(\boldsymbol{x}) \preceq \boldsymbol{H}(\boldsymbol{y}) \preceq (1-\delta)^{-2}\boldsymbol{H}(\boldsymbol{x})$$

为了导出 NL 条件，只须注意对每个 $\delta \in (0, 0.23)$，都有

$$1-3\delta \leqslant (1+\delta)^{-2}\text{，并且 } (1-\delta)^{-2} \leqslant 1+3\delta \qquad \square$$

改变 η 对中心性的影响。 我们接着证明引理 10.7，引理 10.7 断言，对一个固定的点 $\boldsymbol{x}$，略微改变 η 的值并不会使 $\|\boldsymbol{n}_\eta(\boldsymbol{x})\|_{\boldsymbol{x}}$ 增加很多。设

$$g(\boldsymbol{x}) := \boldsymbol{\nabla} F(\boldsymbol{x})$$

引理 10.7 的证明 我们有

$$\begin{aligned}
-\boldsymbol{n}_{\eta'}(\boldsymbol{x}) &= \boldsymbol{H}(\boldsymbol{x})^{-1}\boldsymbol{\nabla} f_{\eta'}(\boldsymbol{x}) \\
&= \boldsymbol{H}(\boldsymbol{x})^{-1}\left(\eta'\boldsymbol{c} + g(\boldsymbol{x})\right) \\
&= \frac{\eta'}{\eta}\boldsymbol{H}(\boldsymbol{x})^{-1}(\eta\boldsymbol{c} + g(\boldsymbol{x})) + \left(1-\frac{\eta'}{\eta}\right)\boldsymbol{H}(\boldsymbol{x})^{-1}g(\boldsymbol{x}) \\
&= \frac{\eta'}{\eta}\boldsymbol{H}(\boldsymbol{x})^{-1}\boldsymbol{\nabla} f_\eta(\boldsymbol{x}) + \left(1-\frac{\eta'}{\eta}\right)\boldsymbol{H}(\boldsymbol{x})^{-1}g(\boldsymbol{x})
\end{aligned}$$

对上式两边取范数，并对 $\|\cdot\|_{\boldsymbol{x}}$ 应用三角不等式，得到

$$\left\|\boldsymbol{H}(\boldsymbol{x})^{-1}\boldsymbol{\nabla} f_{\eta'}(\boldsymbol{x})\right\|_{\boldsymbol{x}} \leqslant \frac{\eta'}{\eta}\left\|\boldsymbol{H}(\boldsymbol{x})^{-1}\boldsymbol{\nabla} f_\eta(\boldsymbol{x})\right\|_{\boldsymbol{x}} + \left|1-\frac{\eta'}{\eta}\right|\left\|\boldsymbol{H}(\boldsymbol{x})^{-1}g(\boldsymbol{x})\right\|_{\boldsymbol{x}}$$

我们暂停一下证明，先尝试理解一下上述不等式右侧项的具体意义。由跟踪不变性，$\|\boldsymbol{H}(\boldsymbol{x})^{-1}\boldsymbol{\nabla} f_\eta(\boldsymbol{x})\|_{\boldsymbol{x}}$ 是一个小的常数。我们的目标是证明整个右侧项也被一个小的常数所界定。我们应当将 η' 视为 $\eta(1+\gamma)$，其中 $\gamma > 0$ 是某个较小的数。因此，$\frac{\eta'}{\eta}\|\boldsymbol{H}(\boldsymbol{x})^{-1}\boldsymbol{\nabla} f_\eta(\boldsymbol{x})\|_{\boldsymbol{x}}$ 仍是一个小常数，而阻止我们选择较大的 γ 的是第二项 $\left|1-\frac{\eta'}{\eta}\right|$ $\|\boldsymbol{H}(\boldsymbol{x})^{-1}g(\boldsymbol{x})\|_{\boldsymbol{x}}$。因此，剩下要做的就是推导出 $\|\boldsymbol{H}(\boldsymbol{x})^{-1}g(\boldsymbol{x})\|_{\boldsymbol{x}}$ 的一个上界。为此，我们给出一个更强的结论：

$$\sup_{\boldsymbol{y}\in \mathrm{int}(P)} \left\|\boldsymbol{H}(\boldsymbol{y})^{-1}\boldsymbol{g}(\boldsymbol{y})\right\|_{\boldsymbol{y}} \leqslant \sqrt{m}$$

要证明这一点，选取任意的 $\boldsymbol{y} \in \mathrm{int}(P)$，并记 $\boldsymbol{z} := \boldsymbol{H}^{-1}(\boldsymbol{y})g(\boldsymbol{y})$。由柯西–施瓦茨不等式，我们得到

$$\|\boldsymbol{z}\|_{\boldsymbol{y}}^2 = g(\boldsymbol{y})^\top \boldsymbol{H}(\boldsymbol{y})^{-1} g(\boldsymbol{y}) = \langle \boldsymbol{z}, g(\boldsymbol{y})\rangle = \sum_{i=1}^m \frac{\langle \boldsymbol{z}, \boldsymbol{a}_i\rangle}{s_i(\boldsymbol{y})} \leqslant \sqrt{m}\sqrt{\sum_{i=1}^m \frac{\langle \boldsymbol{z}, \boldsymbol{a}_i\rangle^2}{s_i(\boldsymbol{y})^2}} \tag{10.5}$$

通过观察上述不等式的最右端一项，我们得到

$$\sum_{i=1}^m \frac{\langle \boldsymbol{z}, \boldsymbol{a}_i\rangle^2}{s_i(\boldsymbol{y})^2} = \boldsymbol{z}^\top \left(\sum_{i=1}^m \frac{\boldsymbol{a}_i \boldsymbol{a}_i^\top}{s_i(\boldsymbol{y})^2}\right) \boldsymbol{z} = \boldsymbol{z}^\top \boldsymbol{H}(\boldsymbol{y}) \boldsymbol{z} = \|\boldsymbol{z}\|_{\boldsymbol{y}}^2 \tag{10.6}$$

结合式(10.5)和式(10.6)，得到

$$\|\boldsymbol{z}\|_{\boldsymbol{y}}^2 \leqslant \sqrt{m}\|\boldsymbol{z}\|_{\boldsymbol{y}}$$

因此

$$\|\boldsymbol{z}\|_{\boldsymbol{y}} \leqslant \sqrt{m}$$

□

不变性的推导

引理 10.5的证明 假设对 $t \geqslant 0$ 有

$$\|\boldsymbol{n}_{\eta_t}(\boldsymbol{x}_t)\|_{\boldsymbol{x}_t} \leqslant \frac{1}{6}$$

根据牛顿法的二次收敛性——引理 10.6，$\boldsymbol{x}_{t+1}$ 满足

$$\|\boldsymbol{n}_{\eta_t}(\boldsymbol{x}_{t+1})\|_{\boldsymbol{x}_{t+1}} \leqslant 3\|\boldsymbol{n}_{\eta_t}(\boldsymbol{x}_t)\|_{\boldsymbol{x}_t}^2 \leqslant \frac{1}{12}$$

此外，根据引理 10.7可知

$$\begin{aligned}
\|\boldsymbol{n}_{\eta_{t+1}}(\boldsymbol{x}_{t+1})\|_{\boldsymbol{x}_{t+1}} &\leqslant \frac{\eta_{t+1}}{\eta_t}\|\boldsymbol{n}_{\eta_t}(\boldsymbol{x}_{t+1})\|_{\boldsymbol{x}_{t+1}} + \sqrt{m}\left|\frac{\eta_{t+1}}{\eta_t} - 1\right| \\
&< (1 + o(1)) \cdot \frac{1}{12} + \frac{1}{20} \\
&\leqslant \frac{1}{6}
\end{aligned}$$

□

10.6.1 终止条件

首先，我们给出在算法 8终止步骤的“理想假设”下，引理 10.9的一个证明。这个“理想假设”就是我们真正到达了 $\boldsymbol{x}_{\eta_T}^\star$（而不是其附近的某点）。随后，我们将加强这一

结论，证明 f_{η_T} 的一个近似最小值（也就是我们从算法中得到的结果）也给出了一个合适的近似保证。

“理想假设”下的终止。假设算法 8输出的点确实是

$$\hat{\boldsymbol{x}} := \boldsymbol{x}^{\star}_{\eta_T}$$

下面的引理解释了我们选择 $\eta_T \approx \dfrac{m}{\varepsilon}$ 的理由。

引理 10.12 (近似程度对 η 的依赖性)　对每个 $\eta > 0$，

$$\langle \boldsymbol{c}, \boldsymbol{x}^{\star}_{\eta} \rangle - \langle \boldsymbol{c}, \boldsymbol{x}^{\star} \rangle < \frac{m}{\eta}$$

证明　回顾一下，

$$\nabla f_{\eta}(\boldsymbol{x}) = \nabla(\eta\langle \boldsymbol{c}, \boldsymbol{x}\rangle + F(\boldsymbol{x})) = \eta \boldsymbol{c} + \nabla F(\boldsymbol{x}) = \eta \boldsymbol{c} + g(\boldsymbol{x})$$

点 $\boldsymbol{x}^{\star}_{\eta}$ 是 f_{η} 的最小值点，因此，由一阶最优性条件，

$$\nabla f_{\eta}\left(\boldsymbol{x}^{\star}_{\eta}\right) = 0$$

于是有

$$g\left(\boldsymbol{x}^{\star}_{\eta}\right) = -\eta \boldsymbol{c} \tag{10.7}$$

利用这一结论，我们得到

$$\left\langle \boldsymbol{c}, \boldsymbol{x}^{\star}_{\eta}\right\rangle - \left\langle \boldsymbol{c}, \boldsymbol{x}^{\star}\right\rangle = -\left\langle \boldsymbol{c}, \boldsymbol{x}^{\star} - \boldsymbol{x}^{\star}_{\eta}\right\rangle = \frac{1}{\eta}\left\langle g\left(\boldsymbol{x}^{\star}_{\eta}\right), \boldsymbol{x}^{\star} - \boldsymbol{x}^{\star}_{\eta}\right\rangle$$

为了完成证明，只须说明 $\left\langle g\left(\boldsymbol{x}^{\star}_{\eta}\right), \boldsymbol{x}^{\star} - \boldsymbol{x}^{\star}_{\eta}\right\rangle < m$。我们证明更强的结论：对位于 P 内部的任意两点 $\boldsymbol{x}, \boldsymbol{y}$，均有

$$\langle g(\boldsymbol{x}), \boldsymbol{y} - \boldsymbol{x}\rangle < m$$

这可以通过如下简单的计算得出，

$$\begin{aligned}
\langle g(\boldsymbol{x}), \boldsymbol{y} - \boldsymbol{x}\rangle &= \sum_{i=1}^{m} \frac{\langle \boldsymbol{a}_i, \boldsymbol{y} - \boldsymbol{x}\rangle}{s_i(\boldsymbol{x})} \\
&= \sum_{i=1}^{m} \frac{s_i(\boldsymbol{x}) - s_i(\boldsymbol{y})}{s_i(\boldsymbol{x})} \\
&= m - \sum_{i=1}^{m} \frac{s_i(\boldsymbol{y})}{s_i(\boldsymbol{x})} \\
&< m
\end{aligned}$$

最后一步的不等式利用了 $\boldsymbol{x},\boldsymbol{y}$ 都是严格可行的这一事实，即 $s_i(\boldsymbol{x}),s_i(\boldsymbol{y})>0$ 对所有的 i 均成立。 □

剔除“理想假设”。我们现在说明，即使剔除了理想假设，我们仍然会得到一个大小为 $O(\varepsilon)$ 的误差。为此，我们从 $\boldsymbol{x}_T$ 开始执行常数步的牛顿迭代，以使输出的 $\hat{\boldsymbol{x}}$ 的局部范数 $\|n_{\eta_T}(\hat{\boldsymbol{x}})\|_{\hat{\boldsymbol{x}}}$ 变得很小。

我们推导在点 $\boldsymbol{x}$ 处（关于函数 f_η）的牛顿步和到最优点 $\boldsymbol{x}_\eta^\star$ 距离的关系。我们证明，当 $\|n(\boldsymbol{x})\|_{\boldsymbol{x}}$ 足够小时，$\left\|\boldsymbol{x}-\boldsymbol{x}_\eta^\star\right\|_{\boldsymbol{x}}$ 也很小。这一事实与引理 10.12的加强版一起表明，在算法 8的最后一步中，再有两个牛顿步，我们就能到达最优点的 2ε 邻域内。

我们先给出引理 10.12的一个拓展，它表明要想得到最优值的一个好的近似，不一定要保持在中心路径上，而只要与其足够接近。

引理 10.13 (靠近中心路径的点的近似程度保证) *对每个 $\boldsymbol{x}\in\operatorname{int}(P)$ 及 $\eta>0$，若 $\left\|\boldsymbol{x}-\boldsymbol{x}_\eta^\star\right\|_{\boldsymbol{x}}<1$，则有*

$$\langle\boldsymbol{c},\boldsymbol{x}\rangle-\langle\boldsymbol{c},\boldsymbol{x}^\star\rangle\leqslant\frac{m}{\eta}\left(1-\left\|\boldsymbol{x}-\boldsymbol{x}_\eta^\star\right\|_{\boldsymbol{x}}\right)^{-1}$$

证明 对每个点 $\boldsymbol{y}\in\operatorname{int}(P)$，我们有

$$\begin{aligned}\langle\boldsymbol{c},\boldsymbol{x}-\boldsymbol{y}\rangle&=\left\langle\boldsymbol{H}(\boldsymbol{x})^{-1/2}\boldsymbol{c},\boldsymbol{H}^{1/2}(\boldsymbol{x})(\boldsymbol{x}-\boldsymbol{y})\right\rangle\\&\leqslant\left\|\boldsymbol{H}(\boldsymbol{x})^{-1/2}\boldsymbol{c}\right\|_2\left\|\boldsymbol{H}^{1/2}(\boldsymbol{x})(\boldsymbol{x}-\boldsymbol{y})\right\|_2\\&=\left\|\boldsymbol{H}(\boldsymbol{x})^{-1}\boldsymbol{c}\right\|_{\boldsymbol{x}}\|\boldsymbol{x}-\boldsymbol{y}\|_{\boldsymbol{x}}\end{aligned}$$

其中的不等式使用了柯西–施瓦茨不等式。令

$$\boldsymbol{c}_{\boldsymbol{x}}:=\boldsymbol{H}(\boldsymbol{x})^{-1}\boldsymbol{c}$$

这一项也是目标函数 $\langle\boldsymbol{c},\boldsymbol{x}\rangle$ 在 $\boldsymbol{x}$ 处关于黑塞度量的黎曼梯度。现在，我们给出 $\|\boldsymbol{c}_{\boldsymbol{x}}\|_{\boldsymbol{x}}$ 的一个上界。假设我们在点 $\boldsymbol{x}$ 处，并向 $-\boldsymbol{c}_{\boldsymbol{x}}$ 方向移动，直至我们达到以 $\boldsymbol{x}$ 为球心的（局部范数意义下的）单位球的边界。这样得到点 $\boldsymbol{x}-\dfrac{\boldsymbol{c}_{\boldsymbol{x}}}{\|\boldsymbol{c}_{\boldsymbol{x}}\|_{\boldsymbol{x}}}$，这个点仍在 P 内（证明见习题 10.4）。因此

$$\left\langle\boldsymbol{c},\boldsymbol{x}-\frac{\boldsymbol{c}_{\boldsymbol{x}}}{\|\boldsymbol{c}_{\boldsymbol{x}}\|_{\boldsymbol{x}}}\right\rangle\geqslant\langle\boldsymbol{c},\boldsymbol{x}^\star\rangle$$

由于 $\langle\boldsymbol{c},\boldsymbol{c}_{\boldsymbol{x}}\rangle=\|\boldsymbol{c}_{\boldsymbol{x}}\|_{\boldsymbol{x}}^2$，将其代入并整理上面的不等式，我们得到

$$\|\boldsymbol{c}_{\boldsymbol{x}}\|_{\boldsymbol{x}}\leqslant\langle\boldsymbol{c},\boldsymbol{x}\rangle-\langle\boldsymbol{c},\boldsymbol{x}^\star\rangle$$

于是，

$$\langle \boldsymbol{c}, \boldsymbol{x}-\boldsymbol{y}\rangle \leqslant \|\boldsymbol{x}-\boldsymbol{y}\|_{\boldsymbol{x}}(\langle \boldsymbol{c}, \boldsymbol{x}\rangle - \langle \boldsymbol{c}, \boldsymbol{x}^\star\rangle) \tag{10.8}$$

现在，注意

$$\langle \boldsymbol{c}, \boldsymbol{x}\rangle - \langle \boldsymbol{c}, \boldsymbol{x}^\star\rangle = \langle \boldsymbol{c}, \boldsymbol{x}\rangle - \left\langle \boldsymbol{c}, \boldsymbol{x}_\eta^\star\right\rangle + \left\langle \boldsymbol{c}, \boldsymbol{x}_\eta^\star\right\rangle - \langle \boldsymbol{c}, \boldsymbol{x}^\star\rangle$$

运用式(10.8)，并 $\boldsymbol{y}=\boldsymbol{x}_\eta^\star$，得到

$$\langle \boldsymbol{c}, \boldsymbol{x}\rangle - \langle \boldsymbol{c}, \boldsymbol{x}^\star\rangle \leqslant (\langle \boldsymbol{c}, \boldsymbol{x}\rangle - \langle \boldsymbol{c}, \boldsymbol{x}^\star\rangle)\left\|\boldsymbol{x}-\boldsymbol{x}_\eta^\star\right\|_{\boldsymbol{x}} + \left(\left\langle \boldsymbol{c}, \boldsymbol{x}_\eta^\star\right\rangle - \langle \boldsymbol{c}, \boldsymbol{x}^\star\rangle\right)$$

因此

$$(\langle \boldsymbol{c}, \boldsymbol{x}\rangle - \langle \boldsymbol{c}, \boldsymbol{x}^\star\rangle)\left(1-\left\|\boldsymbol{x}-\boldsymbol{x}_\eta^\star\right\|_{\boldsymbol{x}}\right) \leqslant \left\langle \boldsymbol{c}, \boldsymbol{x}_\eta^\star\right\rangle - \langle \boldsymbol{c}, \boldsymbol{x}^\star\rangle$$

再利用引理 10.12，便可得出结论。 □

注意，在算法 8中，我们从未提到 $\left\|\boldsymbol{x}-\boldsymbol{x}_\eta^\star\right\|_{\boldsymbol{x}}$ 很小这一条件。不过，可以证明这是由于 $\|n_\eta(\boldsymbol{x})\|_{\boldsymbol{x}}$ 很小。事实上，我们证明下面这个更一般的引理，它对任何满足 NL 条件的函数 f 均成立。

引理 10.14 (到最优点的距离与牛顿步) *$f:\mathbb{R}^n\to\mathbb{R}$ 是任意满足 $\delta_0=\dfrac{1}{6}$ 的 NL 条件的严格凸函数。设 $\boldsymbol{x}$ 是 f 定义域内的任一点。考虑点 $\boldsymbol{x}$ 处的牛顿步 $\boldsymbol{n}(\boldsymbol{x})$。若*

$$\|\boldsymbol{n}(\boldsymbol{x})\|_{\boldsymbol{x}} < \frac{1}{24}$$

则

$$\|\boldsymbol{x}-\boldsymbol{z}\|_{\boldsymbol{x}} \leqslant 4\|\boldsymbol{n}(\boldsymbol{x})\|_{\boldsymbol{x}}$$

其中 $\boldsymbol{z}$ 是 f 的最小值点。

证明 选取任意满足 $\|\boldsymbol{h}\|_{\boldsymbol{x}} \leqslant \dfrac{1}{6}$ 的 $\boldsymbol{h}$。对 $f(\boldsymbol{x}+\boldsymbol{h})$ 在 $\boldsymbol{x}$ 附近做泰勒展开，并使用中值定理（定理 9.2）得到

$$f(\boldsymbol{x}+\boldsymbol{h}) = f(\boldsymbol{x}) + \langle \boldsymbol{h}, \nabla f(\boldsymbol{x})\rangle + \frac{1}{2}\boldsymbol{h}^\top \nabla^2 f(\boldsymbol{\theta})\boldsymbol{h} \tag{10.9}$$

其中 $\boldsymbol{\theta}$ 是区间 $(\boldsymbol{x}, \boldsymbol{x}+\boldsymbol{h})$ 中的某一点。接下来我们给出线性项的一个下界。注意，由柯西–施瓦茨不等式有

$$|\langle \boldsymbol{h}, \nabla f(\boldsymbol{x})\rangle| = |\langle \boldsymbol{h}, \boldsymbol{n}(\boldsymbol{x})\rangle_{\boldsymbol{x}}| \leqslant \|\boldsymbol{h}\|_{\boldsymbol{x}}\|\boldsymbol{n}(\boldsymbol{x})\|_{\boldsymbol{x}} \tag{10.10}$$

然后，注意，

$$\boldsymbol{h}^\top \nabla^2 f(\boldsymbol{\theta})\boldsymbol{h} = \boldsymbol{h}^\top \boldsymbol{H}(\boldsymbol{\theta})\boldsymbol{h} \geqslant \frac{1}{2}\boldsymbol{h}^\top \boldsymbol{H}(\boldsymbol{x})\boldsymbol{h} = \frac{1}{2}\|\boldsymbol{h}\|_{\boldsymbol{x}}^2 \tag{10.11}$$

这里我们使用了 $\delta=\dfrac{1}{6}$ 的 NL 条件（取 $\boldsymbol{y}:=\boldsymbol{\theta}$），此时 $1-3\delta=\dfrac{1}{2}$。将式 (10.10)及式 (10.11)中的下界代入展开式(10.9)中，得到

$$f(\boldsymbol{x}+\boldsymbol{h}) \geqslant f(\boldsymbol{x})-\|\boldsymbol{h}\|_{\boldsymbol{x}}\|\boldsymbol{n}(\boldsymbol{x})\|_{\boldsymbol{x}}+\frac{1}{4}\|\boldsymbol{h}\|_{\boldsymbol{x}}^{2} \tag{10.12}$$

设 $r:=4\|\boldsymbol{n}(\boldsymbol{x})\|_{\boldsymbol{x}}$，考虑满足

$$\|\boldsymbol{y}\|_{\boldsymbol{x}}=r$$

的点 $\boldsymbol{y}$，即在以 $\boldsymbol{x}$ 为中心，以 r 为半径的局部范数球边界上的点。对这样的点 $\boldsymbol{y}$，有

$$\|\boldsymbol{y}\|_{\boldsymbol{x}}=4\|\boldsymbol{n}(\boldsymbol{x})\|_{\boldsymbol{x}} \leqslant \frac{4}{24}=\frac{1}{6}$$

于是，式(10.12)成立。进一步，式(10.12)简化为

$$\begin{aligned} f(\boldsymbol{x}+\boldsymbol{y}) &\geqslant f(\boldsymbol{x})-\|\boldsymbol{y}\|_{\boldsymbol{x}}\|\boldsymbol{n}(\boldsymbol{x})\|_{\boldsymbol{x}}+\frac{1}{4}\|\boldsymbol{y}\|_{\boldsymbol{x}}^{2} \\ &=f(\boldsymbol{x})-4\|\boldsymbol{n}(\boldsymbol{x})\|_{\boldsymbol{x}}^{2}+4\|\boldsymbol{n}(\boldsymbol{x})\|_{\boldsymbol{x}}^{2} \\ &\geqslant f(\boldsymbol{x}) \end{aligned}$$

由于 f 是严格凸的，且其在球心 $\boldsymbol{x}$ 处的值不大于其在边界上的值，所以 f 的唯一最小值点 $\boldsymbol{z}$ 一定位于上述球中，这样就完成了引理的证明。 □

引理 10.9的证明 以 $\boldsymbol{x}_T$ 为起始点，对固定的 η_T，执行两次牛顿步后得到点 $\hat{\boldsymbol{x}}$。由于

$$\|\boldsymbol{n}_{\eta_T}(\boldsymbol{x}_T)\|_{\boldsymbol{x}_T} \leqslant \frac{1}{6}$$

我们知道

$$\|\boldsymbol{n}_{\eta_T}(\hat{\boldsymbol{x}})\|_{\hat{\boldsymbol{x}}} \leqslant \frac{1}{48}$$

对这样的 $\hat{\boldsymbol{x}}$ 应用引理 10.13和引理 10.14，我们得到，若 $\eta \geqslant \dfrac{m}{\varepsilon}$，则有

$$\langle\boldsymbol{c}, \hat{\boldsymbol{x}}\rangle-\langle\boldsymbol{c}, \boldsymbol{x}^{\star}\rangle \leqslant \varepsilon \frac{1}{1-4\|\boldsymbol{n}_{\eta_T}(\hat{\boldsymbol{x}})\|_{\hat{\boldsymbol{x}}}}<2 \varepsilon$$ □

10.6.2 初始化

在这一节中，我们提出了一种寻找合适的起始点的方法。更确切地说，我们将展示如何高效地找到某个 $\eta_0>0$ 和 $\boldsymbol{x}_0$ 使得 $\|\boldsymbol{n}_{\eta_0}(\boldsymbol{x}_0)\|_{\boldsymbol{x}_0} \leqslant \dfrac{1}{6}$。首先注意，我们提供了一个

非常小的 η_0——阶数为 $2^{-\mathrm{poly}\,(L)}$。虽然这使我们能够证明算法 8能在多项式时间内求解线性规划问题，但当我们试图应用内点法来设计求解组合问题的快速算法时，它似乎并不那么乐观。事实上，在迭代次数的上界中有一个 $\log \eta_0^{-1}$ 的系数，它能够转化为 L。为使算法能够快速运行，在理想情况下，我们需要 $\eta_0 = \Omega(1/\mathrm{poly}(m))$。事实证明，对于特定的问题（如最大流问题），我们可以设计一些专门的方法来找到这样的 η_0 和 $\boldsymbol{x}_0$，详见第 11 章。

给定 P 的一个内点，寻找 $(\boldsymbol{\eta}_0, \boldsymbol{x}_0)$。首先我们证明，给定点 $\boldsymbol{x}' \in \mathrm{int}(P)$，我们可以找到具有所需性质的起始点对 $(\eta_0, \boldsymbol{x}_0)$。事实上，我们假设了更强的条件：在 $\boldsymbol{x}'$ 处，每个约束条件都能在至少 $2^{-\widetilde{O}(nL)}$ 的松弛下得到满足，即

$$b_i - \langle a_i, \boldsymbol{x}' \rangle \geqslant 2^{-\widetilde{O}(nL)}$$

假设 P 是全维且非空的，我们在 P 中寻找点的程序提供了这样的一个 $\boldsymbol{x}'$。在这里，我们不讨论如何去掉全维假设。这是能够实现的，但十分烦琐。

回顾一下，我们想要找到一个点 $\boldsymbol{x}_0$，它接近对应于目标函数 $\langle \boldsymbol{c}, \boldsymbol{x} \rangle$ 的中心路径

$$\Gamma_{\boldsymbol{c}} := \left\{ \boldsymbol{x}_\eta^\star : \eta \geqslant 0 \right\}$$

注意，随着 $\eta \to 0$，有 $\boldsymbol{x}_\eta^\star \to \boldsymbol{x}_0^\star$，即 P 的解析中心。因此，寻找一个接近解析中心的点 $\boldsymbol{x}_0$，并选择某个较小的 η_0 应该是一个好策略。但是，我们该如何找到一个接近 $\boldsymbol{x}_0^\star$ 的点？

虽然我们关心的是路径 $\Gamma_{\boldsymbol{c}}$，但一般来说，我们也可以定义其他的中心路径。设 $\boldsymbol{d} \in \mathbb{R}^n$ 是任意向量，定义

$$\Gamma_{\boldsymbol{d}} := \{ \underset{\boldsymbol{x} \in \mathrm{int}(P)}{\operatorname{argmin}} (\eta \langle \boldsymbol{d}, \boldsymbol{x} \rangle + F(\boldsymbol{x})) : \eta \geqslant 0 \}$$

当 $\boldsymbol{d}$ 变化时，路径 $\Gamma_{\boldsymbol{d}}$ 有何共同点？初始点。它们都起始于同一点：P 的解析中心，见图 10.2。现在的想法是选择初始点 $\boldsymbol{x}'$ 所在的一条路径，然后沿着它**反向**移动，到达接近该路径的解析中心，这便得到 $\boldsymbol{x}_0$。

回顾一下，我们用 $\boldsymbol{g}$ 来表示对数障碍函数 F 的梯度。如果我们定义

$$\boldsymbol{d} := -\boldsymbol{g}(\boldsymbol{x}')$$

那么对 $\eta = 1$ 有 $\boldsymbol{x}' \in \Gamma_{\boldsymbol{d}}$。为了证明这一点，记

$$f_\eta'(\boldsymbol{x}) := \eta \langle \boldsymbol{d}, \boldsymbol{x} \rangle + F(\boldsymbol{x})$$

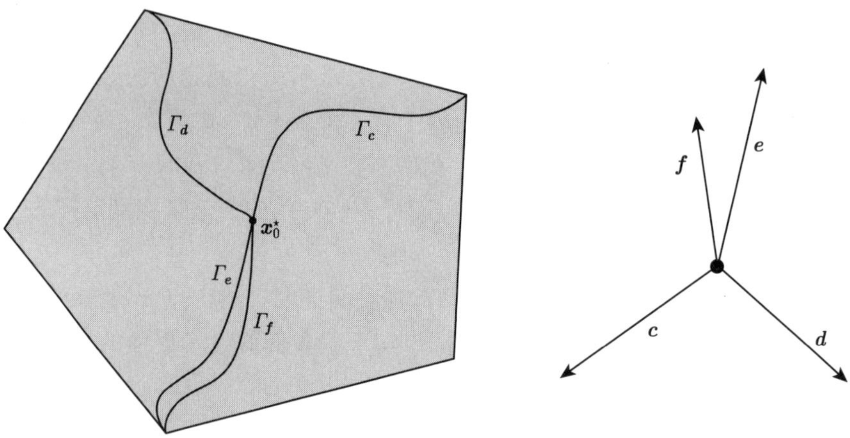

图 10.2　对应于四个不同的目标向量 $\boldsymbol{c}, \boldsymbol{d}, \boldsymbol{e}, \boldsymbol{f}$ 的中心路径 $\Gamma_{\boldsymbol{c}}, \Gamma_{\boldsymbol{d}}, \Gamma_{\boldsymbol{e}}, \Gamma_{\boldsymbol{f}}$ 的示意图。所有中心路径都起源于解析中心 $\boldsymbol{x}_0^\star$，并收敛于 P 边界上的某点。注意，由于我们要最小化线性目标函数，所以成本向量的指向与相应的中心路径所穿过的方向"相反"

并令 $\boldsymbol{x}_\eta'^\star$ 为 f_η' 的最小值点。那么，由于 $\nabla f_1'(\boldsymbol{x}') = 0$，有 $\boldsymbol{x}_1'^\star = \boldsymbol{x}'$。若我们用 $\boldsymbol{n}_\eta'(\boldsymbol{x})$ 表示在 $\boldsymbol{x}$ 处关于 f_η' 的牛顿步，则

$$\boldsymbol{n}_1'(\boldsymbol{x}') = 0$$

如上所述，我们的策略是沿着 η 下降的方向在路径 $\Gamma_{\boldsymbol{d}}$ 上移动。使用类似于算法8的方法，在每次迭代中，我们关于当前的 η 先执行一次牛顿步，然后在中心步中将 η 按比例减小 $1-\dfrac{1}{20\sqrt{m}}$。在每一步中，根据与引理 10.5的证明相同的论证，$\left\|\boldsymbol{n}_\eta'(\boldsymbol{x})\right\|_{\boldsymbol{x}} \leqslant \dfrac{1}{6}$ 始终成立。现在只需要说明 η 需要多小（这决定了我们需要进行的迭代次数）以使我们能够从 $\Gamma_{\boldsymbol{d}}$ "跳跃" 到 $\Gamma_{\boldsymbol{c}}$。

为此，我们首先证明，通过选取充分小的 η，我们能达到一个非常接近解析中心的点 $\boldsymbol{x}$，也就是说 $\|\boldsymbol{H}(\boldsymbol{x})^{-1}\boldsymbol{g}(\boldsymbol{x})\|_{\boldsymbol{x}}$ 很小。接着我们证明这样的点 $\boldsymbol{x}$ 有一个适当的 η_0 满足

$$\|\boldsymbol{n}_{\eta_0}(\boldsymbol{x})\|_{\boldsymbol{x}} \leqslant \frac{1}{6}$$

第一部分由下面的引理给出正式的阐述。

引理 10.15 (反向跟踪中心路径)　设 $\boldsymbol{x}'$ 对所有的 $i = 1, 2, \cdots, m$ 满足

$$s_i(\boldsymbol{x}') \geqslant \beta \cdot \max_{\boldsymbol{x} \in P} s_i(\boldsymbol{x})$$

对任意 $\eta>0$ 及 $\boldsymbol{x}\in\mathbb{R}^n$，记牛顿步 $\boldsymbol{n}_\eta'(\boldsymbol{x})$ 为

$$\boldsymbol{n}_\eta'(\boldsymbol{x}) := -\boldsymbol{H}(\boldsymbol{x})^{-1}\left(-\eta\boldsymbol{g}\left(\boldsymbol{x}'\right)+\boldsymbol{g}(\boldsymbol{x})\right)$$

那么，只要 $\eta\leqslant\dfrac{\beta}{24\sqrt{m}}$ 且 $\left\|\boldsymbol{n}_\eta'(\boldsymbol{x})\right\|_{\boldsymbol{x}}\leqslant\dfrac{1}{24}$，则有

$$\left\|\boldsymbol{H}(\boldsymbol{x})^{-1}\boldsymbol{g}(\boldsymbol{x})\right\|_{\boldsymbol{x}}\leqslant\frac{1}{12}$$

证明 由局部范数的三角不等式，我们有

$$\left\|\boldsymbol{H}(\boldsymbol{x})^{-1}\boldsymbol{g}(\boldsymbol{x})\right\|_{\boldsymbol{x}}\leqslant\left\|\boldsymbol{n}_\eta'(\boldsymbol{x})\right\|_{\boldsymbol{x}}+\eta\left\|\boldsymbol{H}(\boldsymbol{x})^{-1}\boldsymbol{g}\left(\boldsymbol{x}'\right)\right\|_{\boldsymbol{x}}$$

于是，只须给出 $\|\boldsymbol{H}(\boldsymbol{x})^{-1}\boldsymbol{g}(\boldsymbol{x}')\|_{\boldsymbol{x}}$ 的一个合适的上界。记对角元为 $\boldsymbol{s}(\boldsymbol{x})$ 及 $\boldsymbol{s}(\boldsymbol{x}')$（分别是 $\boldsymbol{x}$ 和 $\boldsymbol{x}'$ 处的松弛向量）的对角矩阵分别为 $\boldsymbol{S}_{\boldsymbol{x}}$ 及 $\boldsymbol{S}_{\boldsymbol{x}'}$。采用下面的紧凑表示

$$\boldsymbol{H}(\boldsymbol{x})=\boldsymbol{A}^\top\boldsymbol{S}_{\boldsymbol{x}}^{-2}\boldsymbol{A},\quad g(\boldsymbol{x})=\boldsymbol{A}^\top\boldsymbol{S}_{\boldsymbol{x}}^{-1}\mathbf{1},\quad g\left(\boldsymbol{x}'\right)=\boldsymbol{A}^\top\boldsymbol{S}_{\boldsymbol{x}'}^{-1}\mathbf{1}$$

其中 $\mathbf{1}\in\mathbb{R}^m$ 是所有分量均为 1 的向量。因此

$$\left\|\boldsymbol{H}(\boldsymbol{x})^{-1}\boldsymbol{g}\left(\boldsymbol{x}'\right)\right\|_{\boldsymbol{x}}^2=\boldsymbol{g}\left(\boldsymbol{x}'\right)^\top\boldsymbol{H}(\boldsymbol{x})^{-1}\boldsymbol{g}\left(\boldsymbol{x}'\right)=\mathbf{1}^\top\boldsymbol{S}_{\boldsymbol{x}'}^{-1}\boldsymbol{A}\left(\boldsymbol{A}^\top\boldsymbol{S}_{\boldsymbol{x}}^{-2}\boldsymbol{A}\right)^{-1}\boldsymbol{A}^\top\boldsymbol{S}_{\boldsymbol{x}'}^{-1}\mathbf{1}$$

此式也可写为

$$\left\|\boldsymbol{H}(\boldsymbol{x})^{-1}\boldsymbol{g}\left(\boldsymbol{x}'\right)\right\|_{\boldsymbol{x}}^2=\boldsymbol{v}^\top\boldsymbol{\Pi}\boldsymbol{v} \tag{10.13}$$

其中 $\boldsymbol{\Pi}:=\boldsymbol{S}_{\boldsymbol{x}}^{-1}\boldsymbol{A}\left(\boldsymbol{A}^\top\boldsymbol{S}_{\boldsymbol{x}}^{-2}\boldsymbol{A}\right)^{-1}\boldsymbol{A}^\top\boldsymbol{S}_{\boldsymbol{x}}^{-1}$，$\boldsymbol{v}:=\boldsymbol{S}_{\boldsymbol{x}}\boldsymbol{S}_{\boldsymbol{x}'}^{-1}\mathbf{1}$。可以看出 $\boldsymbol{\Pi}$ 是一个正交投影矩阵，事实上，$\boldsymbol{\Pi}$ 是对称的且 $\boldsymbol{\Pi}^2=\boldsymbol{\Pi}$，所以有

$$\boldsymbol{v}^\top\boldsymbol{\Pi}\boldsymbol{v}=\|\boldsymbol{\Pi}\boldsymbol{v}\|_2^2\leqslant\|\boldsymbol{v}\|_2^2 \tag{10.14}$$

进一步有

$$\|\boldsymbol{v}\|_2^2=\sum_{i=1}^m\frac{s_i(\boldsymbol{x})^2}{s_i\left(\boldsymbol{x}'\right)^2}\leqslant\frac{m}{\beta^2} \tag{10.15}$$

因此综合式(10.13)、式(10.14)和式(10.15)，我们得到

$$\left\|\boldsymbol{H}(\boldsymbol{x})^{-1}\boldsymbol{g}\left(\boldsymbol{x}'\right)\right\|_{\boldsymbol{x}}\leqslant\frac{\sqrt{m}}{\beta}$$

引理获证。 □

下面的引理表明，给定一个接近解析中心的点，可以将其用于初始化我们的算法，前提是 η_0 充分小。

引理 10.16 (切换中心路径) 设点 $\boldsymbol{x} \in \operatorname{int}(P)$ 满足 $\|\boldsymbol{H}(\boldsymbol{x})^{-1}\boldsymbol{g}(\boldsymbol{x})\|_{\boldsymbol{x}} \leqslant \frac{1}{12}$，且 η_0 满足

$$\eta_0 \leqslant \frac{1}{12} \cdot \frac{1}{\langle \boldsymbol{c}, \boldsymbol{x} - \boldsymbol{x}^\star \rangle}$$

其中 $\boldsymbol{x}^\star$ 是线性规划问题的最优解。则 $\|\boldsymbol{n}_{\eta_0}(\boldsymbol{x})\|_{\boldsymbol{x}} \leqslant \frac{1}{6}$。

证明 我们有

$$\|\boldsymbol{n}_{\eta_0}(\boldsymbol{x})\|_{\boldsymbol{x}} = \left\|\boldsymbol{H}(\boldsymbol{x})^{-1}\left(\eta_0 \boldsymbol{c} + \boldsymbol{g}(\boldsymbol{x})\right)\right\|_{\boldsymbol{x}} \leqslant \eta_0 \left\|\boldsymbol{H}(\boldsymbol{x})^{-1}\boldsymbol{c}\right\|_{\boldsymbol{x}} + \left\|\boldsymbol{H}(\boldsymbol{x})^{-1}\boldsymbol{g}(\boldsymbol{x})\right\|_{\boldsymbol{x}}$$

由于 $\|\boldsymbol{H}(\boldsymbol{x})^{-1}\boldsymbol{g}(\boldsymbol{x})\|_{\boldsymbol{x}} \leqslant \frac{1}{12}$，要使结论成立，只须证明

$$\left\|\boldsymbol{H}(\boldsymbol{x})^{-1}\boldsymbol{c}\right\|_{\boldsymbol{x}} \leqslant \langle \boldsymbol{c}, \boldsymbol{x} - \boldsymbol{x}^\star \rangle$$

为此，记

$$\boldsymbol{c}_{\boldsymbol{x}} := \boldsymbol{H}(\boldsymbol{x})^{-1}\boldsymbol{c}$$

下面是一个习题（我们曾在引理 10.13中使用过这一事实）：

$$E_{\boldsymbol{x}} := \left\{\boldsymbol{y} : (\boldsymbol{y} - \boldsymbol{x})^\top \boldsymbol{H}(\boldsymbol{x})(\boldsymbol{y} - \boldsymbol{x}) \leqslant 1\right\} \subseteq \boldsymbol{P}$$

于是，

$$\boldsymbol{x} - \frac{\boldsymbol{c}_{\boldsymbol{x}}}{\|\boldsymbol{c}_{\boldsymbol{x}}\|_{\boldsymbol{x}}} \in P$$

这是因为该点属于 $E_{\boldsymbol{x}}$。由于 $\boldsymbol{x}^\star$ 在 P 上最小化线性目标函数，我们有

$$\left\langle \boldsymbol{c}, \boldsymbol{x} - \frac{\boldsymbol{c}_{\boldsymbol{x}}}{\|\boldsymbol{c}_{\boldsymbol{x}}\|_{\boldsymbol{x}}} \right\rangle \geqslant \langle \boldsymbol{c}, \boldsymbol{x}^\star \rangle$$

改写上式得到

$$\left\langle \boldsymbol{c}, \frac{\boldsymbol{c}_{\boldsymbol{x}}}{\|\boldsymbol{c}_{\boldsymbol{x}}\|_{\boldsymbol{x}}} \right\rangle \leqslant \langle \boldsymbol{c}, \boldsymbol{x} \rangle - \langle \boldsymbol{c}, \boldsymbol{x}^\star \rangle$$

观察得到

$$\left\langle \boldsymbol{c}, \frac{\boldsymbol{c}_x}{\|\boldsymbol{c}_{\boldsymbol{x}}\|_{\boldsymbol{x}}} \right\rangle = \left\|\boldsymbol{H}(\boldsymbol{x})^{-1}\boldsymbol{c}\right\|_{\boldsymbol{x}}$$

因而引理成立。 □

在得到引理 10.15和引理 10.16之后，我们现在证明可以在多项式时间内找到一个好的起始点。

引理 10.17 (给定一个内点寻找初始点)　给定一点 $\boldsymbol{x}' \in \operatorname{int}(P)$，满足对任意的 $i = 1, 2, \cdots, m$，

$$s_i(\boldsymbol{x}') \geqslant \beta \cdot \max_{\boldsymbol{x} \in P} s_i(\boldsymbol{x})$$

存在一个算法，能够输出点 $\boldsymbol{x}_0 \in \operatorname{int}(P)$ 及 $\eta_0 > 0$ 满足

$$\|\boldsymbol{n}_{\eta_0}(\boldsymbol{x}_0)\|_{\boldsymbol{x}_0} \leqslant \frac{1}{6}$$

并且

$$\eta_0 \geqslant \frac{1}{\|\boldsymbol{c}\|_2 \cdot \operatorname{diam}(P)} \geqslant 2^{-\widetilde{O}(nL)}$$

此算法的运行时间是 n, m, L，$\log \dfrac{1}{\beta}$ 的多项式。其中，$\operatorname{diam}(P)$ 是包含 P 的最小球的直径。

证明　此引理可由引理 10.15和引理 10.16组合推出。

（1）首先，对成本函数 $\boldsymbol{d} := -\boldsymbol{g}(\boldsymbol{x}')$ 反向使用路径跟踪内点法，以 $\boldsymbol{x}'$ 为起始点，设 η 的初值为 1。根据选择，$\boldsymbol{x}'$ 是中心路径 $\Gamma_{\boldsymbol{d}}$ 的最优点，所以我们知道 $\|\boldsymbol{n}_1(\boldsymbol{x}')\|_{\boldsymbol{x}'} = 0$。

（2）我们不断执行该步骤直至 η 小于

$$\eta_0 := \min\left\{\frac{\beta}{24\sqrt{m}}, \frac{1}{\|\boldsymbol{c}\|_2 \cdot \operatorname{diam}(P)}\right\}$$

在终止时，我们知道 $\|\boldsymbol{n}_{\eta_0}(\boldsymbol{x})\|_{\boldsymbol{x}} \leqslant \dfrac{1}{6}$。

（3）我们现在用牛顿法迭代几次（固定 η_0），得到一点 $\boldsymbol{y}$ 满足

$$\|\boldsymbol{n}_{\eta_0}(\boldsymbol{y})\|_{\boldsymbol{y}} \leqslant \frac{1}{24}$$

（4）由于引理 10.15的所有条件已满足，我们可以用它来保证

$$\left\|\boldsymbol{H}(\boldsymbol{y})^{-1}\boldsymbol{g}(\boldsymbol{y})\right\|_{\boldsymbol{y}} \leqslant \frac{1}{12}$$

（5）最后，我们使用引理 10.16，同时注意到 $\boldsymbol{y}$ 和 η_0 满足关于成本向量 $\boldsymbol{c}$ 的正向路径跟踪内点法的初始条件。在此，我们利用了以下事实：对 $\boldsymbol{x} \in P$，利用柯西–施瓦茨不等式，我们有

$$\langle \boldsymbol{c}, \boldsymbol{x} - \boldsymbol{x}^\star \rangle \leqslant \|\boldsymbol{c}\|_2 \cdot \|\boldsymbol{x} - \boldsymbol{x}^\star\|_2 \leqslant \|\boldsymbol{c}\|_2 \cdot \operatorname{diam}(P)$$

因此

$$\eta_0 \leqslant \frac{1}{\|\boldsymbol{c}\|_2 \cdot \operatorname{diam}(P)} \leqslant \frac{1}{\langle \boldsymbol{c}, \boldsymbol{y}-\boldsymbol{x}^\star \rangle}$$

最终，我们利用习题 10.2 证明 $\operatorname{diam}(P) \leqslant 2^{\widetilde{O}(nL)}$。 □

找 P 的一个内点。为了完成我们的证明，我们展示如何找到一个合适的 $\boldsymbol{x}' \in \operatorname{int}(P)$。为此，我们考虑一个辅助的线性规划问题，

$$\begin{aligned} \min_{(t,\boldsymbol{x})\in\mathbb{R}^{n+1}} \quad & t \\ \text{s.t.} \quad & \boldsymbol{a}_i^\top \boldsymbol{x} \leqslant b_i + t, \quad \forall 1 \leqslant i \leqslant m \\ & -C \leqslant t \leqslant C \end{aligned} \tag{10.16}$$

其中 $C := 2+\sum_i |b_i|$ 是某个很大的整数。取 $x=0$ 和足够大的 $t(t := 1+\sum_i |b_i|)$，我们得到一个在每个约束处至少有 $O(1)$ 松弛的严格可行解。因此，我们可以结合算法 8及引理 10.17在多项式时间内求其在 $2^{-\widetilde{\Theta}(nL)}$ 精度范围内的解，参见习题 10.5。若 P 是全维且非空的，则式 (10.16)的最优解 $\boldsymbol{t}^\star$ 是负的，而且事实上 $\boldsymbol{t}^\star \leqslant -2^{-\widetilde{\Theta}(nL)}$，见习题 10.2。因此，通过求式 (10.16)的 $2^{-\widetilde{\Theta}(nL)}$ 精度范围内的解，我们得到一个对每个约束至少松弛 $2^{-\widetilde{\Theta}(nL)}$ 的可行点 $\boldsymbol{x}'$，从而，引理 10.17中的 β 可以取为 $2^{-\widetilde{\Theta}(nL)}$。

10.6.3 定理 10.10的证明

定理 10.10现在可由引理 10.12和引理 10.5得到。事实上，引理 10.12指出，只要 $\eta \geqslant \frac{m}{\varepsilon}$，$\hat{\boldsymbol{x}}$ 就是一个 ε 近似解。由于 $\eta_T = \eta_0\left(1+\frac{1}{20\sqrt{m}}\right)^T$，取 $T = \Omega\left(\sqrt{m}\log\frac{m}{\varepsilon\eta_0}\right)$ 就足以使 $\eta_T \geqslant \frac{m}{\varepsilon}$ 成立。

由于不变性 $\|\boldsymbol{n}_{\eta_t}(\boldsymbol{x}_t)\|_{\boldsymbol{x}_t} \leqslant \frac{1}{6}$ 在每一步 t 都能得到满足（由引理 10.5），其中包括 $t=T$，所以 $\boldsymbol{x}_T$ 在关于 f_{η_T} 的牛顿法的二次收敛域内。因此，$\boldsymbol{x}_{\eta_T}^\star$ 可由 $\boldsymbol{x}_T$ 计算得到。注意，我们这里的表述并不完全精确：我们做了一个简化的假设，即一旦我们到达了 $\boldsymbol{x}_{\eta_T}^\star$ 附近的二次收敛域，我们就能收敛到这一点——但我们在 10.6.1 节中展示了如何规避这一问题，代价是将误差从 ε 增大为 2ε。

我们可以看到，在每一步迭代中，唯一非平凡的操作是计算牛顿步 $\boldsymbol{n}_{\eta_t}(\boldsymbol{x}_t)$，这又可以归结为求解线性方程组

$$\boldsymbol{H}(\boldsymbol{x}_t)\,\boldsymbol{y} = \boldsymbol{\nabla} f_{\eta_t}(\boldsymbol{x}_t)$$

特别指出，计算 $\boldsymbol{H}(\boldsymbol{x}_t)$ 的逆并不是必需的。有时，直接求解上述线性方程组会比矩阵求逆快得多。

习题

10.1 考虑一个有界多面体

$$P := \{\boldsymbol{x} \in \mathbb{R}^n : \langle \boldsymbol{a}_i, \boldsymbol{x} \rangle \leqslant b_i, i = 1, 2, \cdots, m\}$$

并设 $F(\boldsymbol{x})$ 为在 P 内部定义的对数障碍函数，即

$$F(\boldsymbol{x}) := -\sum_{i=1}^{m} \log\left(b_i - \langle \boldsymbol{a}_i, \boldsymbol{x} \rangle\right)$$

（1）证明 F 是严格凸的。

（2）写出 F 的梯度和黑塞矩阵。计算梯度和将黑塞矩阵与某个向量相乘所需的运行时间分别是多少？

另外，在 P 内部定义函数 G：

$$G(\boldsymbol{x}) := \log\det\left(\boldsymbol{\nabla}^2 F(\boldsymbol{x})\right)$$

（1）证明 G 是严格凸的。

（2）写出 G 的梯度和黑塞矩阵。计算梯度和将黑塞矩阵与某个向量相乘所需的运行时间分别是多少？

10.2 这个习题是习题 4.9 的延续，目的是对某些在线性规划的内点法分析中出现的额外量的位复杂度进行估界。设 $\boldsymbol{A} \in \mathbb{Q}^{m\times n}$ 是一个矩阵，$\boldsymbol{b} \in \mathbb{Q}^m$ 是一个向量，L 是 $(\boldsymbol{A}, \boldsymbol{b})$ 的位复杂度。特别地，$L \geqslant m$ 并且 $L \geqslant n$。我们假设 $P = \{\boldsymbol{x} \in \mathbb{R}^n : \boldsymbol{A}\boldsymbol{x} \leqslant \boldsymbol{b}\}$ 是 $\mathbb{R}^n$ 中有界且全维的多胞形。

（1）证明 $\lambda_{\min}\left(\boldsymbol{A}^\top \boldsymbol{A}\right) \geqslant 2^{-\widetilde{O}(nL)}$ 以及 $\lambda_{\max}\left(\boldsymbol{A}^\top \boldsymbol{A}\right) \leqslant 2^{\widetilde{O}(L)}$。其中 $\lambda_{\min}$ 表示最小特征值，$\lambda_{\max}$ 为最大特征值。

（2）假设 P 是一个多胞形，证明 P 的（欧氏距离的）直径有上界 $2^{\widetilde{O}(nL)}$。

（3）证明 P 内部存在一点 $\boldsymbol{x}_0$，使得

$$b_i - \langle \boldsymbol{a}_i, \boldsymbol{x}_0 \rangle \geqslant 2^{-\widetilde{O}(nL)}$$

对每个 $i = 1, 2, \cdots, m$ 均成立。

（4）证明如果 $\boldsymbol{x}_0^\star$ 是 P 的解析中心，则有

$$2^{-\widetilde{O}(mnL)}\boldsymbol{I} \preceq \boldsymbol{H}\left(\boldsymbol{x}_0^\star\right) \preceq 2^{\widetilde{O}(mnL)}\boldsymbol{I}$$

其中 $\boldsymbol{H}\left(\boldsymbol{x}_0^\star\right)$ 是对数障碍函数在 $\boldsymbol{x}_0^\star$ 处的黑塞矩阵。

10.3 在这个问题中，我们想证明以下直观事实：如果在给定的点 $\boldsymbol{x}$ 处，对数障碍函数的梯度很小，那么 $\boldsymbol{x}$ 离多胞形的边界会很远。特别地，解析中心正好位于多胞形内部。设 $\boldsymbol{A} \in \mathbb{R}^{m\times n}, \boldsymbol{b} \in \mathbb{R}^m$，$P = \{\boldsymbol{x} \in \mathbb{R}^n : \boldsymbol{A}\boldsymbol{x} \leqslant \boldsymbol{b}\}$ 是一个多胞形。假定有一点 $\boldsymbol{x}_0 \in P$ 使得

$$b_i - \langle \boldsymbol{a}_i, \boldsymbol{x}_0 \rangle \geqslant \delta$$

对于每个 $i = 1, 2, \cdots, m$ 和某个 $\delta > 0$ 成立。证明：如果 D 是 P 的（欧氏范数意义下的）直径，那么对于每个 $\boldsymbol{x} \in P$，我们有

$$\forall i = 1, 2, \cdots, m, \quad b_i - \langle \boldsymbol{a}_i, \boldsymbol{x} \rangle \geqslant \delta \cdot (m + \|\boldsymbol{g}(\boldsymbol{x})\| \cdot D)^{-1}$$

其中 $\boldsymbol{g}(\boldsymbol{x})$ 是 $\boldsymbol{x}$ 处对数障碍函数的梯度。

10.4 **Dikin 椭球**。设 $\boldsymbol{A} \in \mathbb{R}^{m\times n}, \boldsymbol{b} \in \mathbb{R}^m$，以及 $P = \{\boldsymbol{x} \in \mathbb{R}^n : \boldsymbol{A}\boldsymbol{x} \leqslant \boldsymbol{b}\}$ 是一个全维的多胞形。对于 $\boldsymbol{x} \in P$，设 $\boldsymbol{H}(\boldsymbol{x})$ 是 P 上的对数障碍函数的黑塞矩阵。我们定义点 $\boldsymbol{x} \in P$ 处的 Dikin 椭球为

$$E_{\boldsymbol{x}} := \left\{\boldsymbol{y} \in \mathbb{R}^n : (\boldsymbol{y} - \boldsymbol{x})^\top \boldsymbol{H}(\boldsymbol{x})(\boldsymbol{y} - \boldsymbol{x}) \leqslant 1\right\}$$

设 $\boldsymbol{x}_0^\star$ 为解析中心，即对数障碍函数在多胞形上的最小值点。

（1）证明对于所有 $\boldsymbol{x} \in \operatorname{int}(P)$，

$$E_{\boldsymbol{x}} \subseteq P$$

（2）不失一般性，设 $\boldsymbol{x}_0^\star = \boldsymbol{0}$（可以通过平移多胞形来保证这点）。证明

$$P \subseteq mE_{\boldsymbol{x}_0^\star}$$

（3）证明若约束集是对称的，即对于每个形如 $\langle \boldsymbol{a}', \boldsymbol{x} \rangle \leqslant b'$ 的约束，有对应的约束 $\langle \boldsymbol{a}', \boldsymbol{x} \rangle \geqslant -b'$，那么

$$\boldsymbol{x}_0^\star = \boldsymbol{0} \text{ 且} P \subseteq \sqrt{m} E_{\boldsymbol{x}_0^\star}$$

10.5 假设 $C > 0$ 是某个大的常数（比如，$C := 2 + \sum_i |b_i|$）。

（1）验证在式 (10.16)的辅助线性规划问题的约束域是全维且有界的。（假设 P 是全维且有界的）。

（2）验证在式 (10.16)的辅助线性规划问题中，取起始点 $\boldsymbol{x} := \boldsymbol{0}$ 及 $t := 1+\sum_i |b_i|$ 可满足引理 10.17中的条件，其中

$$\beta = \min\left(\Omega\left(C^{-1}\right), 2^{-\widetilde{O}(n(L+nL_C))}\right)$$

L 是 P 的位复杂度，L_C 是 C 的位复杂度。

10.6 线性规划的原始–对偶路径跟踪内点法。在这一习题中，我们将推导求解线性规划问题的一种不同的内点算法。

模型。考虑下面的线性规划问题及其对偶：

$$\begin{aligned} &\min\ \langle \boldsymbol{c}, \boldsymbol{x}\rangle \\ &\text{s.t.}\ \ \boldsymbol{A}\boldsymbol{x} = \boldsymbol{b} \\ &\qquad \boldsymbol{x} \geqslant \boldsymbol{0} \end{aligned} \tag{10.17}$$

$$\begin{aligned} &\max\ \langle \boldsymbol{b}, \boldsymbol{y}\rangle \\ &\text{s.t.}\ \ \boldsymbol{A}^\top\boldsymbol{y} + \boldsymbol{s} = \boldsymbol{c} \\ &\qquad \boldsymbol{s} \geqslant \boldsymbol{0} \end{aligned} \tag{10.18}$$

其中 $\boldsymbol{A} \in \mathbb{R}^{n\times m}, \boldsymbol{b} \in \mathbb{R}^n$，$\boldsymbol{c} \in \mathbb{R}^m$；$\boldsymbol{x} \in \mathbb{R}^m, \boldsymbol{y} \in \mathbb{R}^n$ 及 $\boldsymbol{s} \in \mathbb{R}^m$ 是变量。为简单起见，假设 $\boldsymbol{A}$ 的秩为 n（即 A 满秩）。若三元组 $(\boldsymbol{x}, \boldsymbol{y}, \boldsymbol{s})$ 满足式(10.17)的约束条件且 $(\boldsymbol{y}, \boldsymbol{s})$ 满足式(10.18) 的约束条件，则我们称之为一个原始–对偶可行解。我们记所有这样的可行三元组的集合为 $\mathcal{F}$。严格可行集在此基础上额外要求 $\boldsymbol{x} > \boldsymbol{0}$ 及 $\boldsymbol{s} > \boldsymbol{0}$，记为 $\mathcal{F}_+$。

（1）证明式(10.17)与式(10.18)的线性规划问题互为对偶。

（2）证明如果 $(\boldsymbol{x}, \boldsymbol{y}, \boldsymbol{s}) \in \mathcal{F}$ 是一个原始–对偶可行解，那么对偶间隙 $\langle \boldsymbol{c}, \boldsymbol{x}\rangle - \langle \boldsymbol{b}, \boldsymbol{y}\rangle = \sum_{i=1}^m x_i s_i$。

（3）利用上述结果证明，若 $x_i s_i = 0$ 对每个 $i = 1, 2, \cdots, m$ 均成立，则 $\boldsymbol{x}$ 是式(10.17)的最优解而且 $(\boldsymbol{y}, \boldsymbol{s})$ 是式(10.18)的最优解。因此，寻找一个使 $x_i s_i = 0$ 对每个 $i = 1, 2, \cdots, m$ 均成立的解 $(\boldsymbol{x}, \boldsymbol{y}, \boldsymbol{s}) \in \mathcal{F}$ 等价于求解该线性规划问题。

高层次想法。这一内点法的主要想法在于通过获取方程

$$x_i s_i = \mu, \quad \forall i = 1, 2, \cdots, m, (\boldsymbol{x}, \boldsymbol{y}, \boldsymbol{s}) \in \mathcal{F}_+ \tag{10.19}$$

的一个解来求解目标函数，其中 $\mu > 0$ 是一个正参数。事实证明，上面定义了一个唯一的二元组 $(\boldsymbol{x}(\mu), \boldsymbol{s}(\mu))$，于是，所有（在 $\mu > 0$ 上的）解的集合形成了 $\mathcal{F}$ 内的

一条连续路径。我们的策略是近似地跟踪这一路径：以一个（可能很大的）值 μ^0 对算法进行初始化，然后成倍减小。更确切地说，我们从近似满足条件式(10.19)（其中 $\mu := \mu^0$）的三元组 $(\boldsymbol{x}^0, \boldsymbol{y}^0, \boldsymbol{s}^0)$ 开始，产生一系列形如 $(\boldsymbol{x}^t, \boldsymbol{y}^t, \boldsymbol{s}^t, \mu^t)$ 的解，其中的 $(\boldsymbol{x}^t, \boldsymbol{y}^t, \boldsymbol{s}^t)$ 近似满足 $\mu := \mu^t$ 的式(10.19)。我们将证明每一步中 μ 的值以因子 $1-\gamma$ 减小，其中 $\gamma := \Theta\left(m^{-1/2}\right)$。

更新步骤的描述。我们接下来描述给定 $(\boldsymbol{x}^t, \boldsymbol{y}^t, \boldsymbol{s}^t)$ 后如何构造新点 $(\boldsymbol{x}^{t+1}, \boldsymbol{y}^{t+1}, \boldsymbol{s}^{t+1})$。简洁起见，我们暂时省略上标 t。给定一点 $(\boldsymbol{x}, \boldsymbol{y}, \boldsymbol{s}) \in \mathcal{F}$ 和一个值 μ，我们采取下列操作来获得一个新点：我们计算向量 $\Delta\boldsymbol{x}$，$\Delta\boldsymbol{y}$，$\Delta\boldsymbol{s}$ 使得

$$\begin{cases} \boldsymbol{A}\Delta\boldsymbol{x} & = 0 \\ \boldsymbol{A}^\top\Delta\boldsymbol{y} + \Delta\boldsymbol{s} & = 0 \\ x_i s_i + (\Delta x_i) s_i + x_i (\Delta s_i) & = \mu, \quad \forall i = 1, 2, \cdots, m \end{cases} \tag{10.20}$$

新点为 $(\boldsymbol{x} + \Delta\boldsymbol{x}, \boldsymbol{y} + \Delta\boldsymbol{y}, \boldsymbol{s} + \Delta\boldsymbol{s})$。

（4）证明上述过程等同于对以下方程组执行一步牛顿求根法。提示：利用 $(\boldsymbol{x}, \boldsymbol{y}, \boldsymbol{s}) \in \mathcal{F}$。

$$\begin{cases} \boldsymbol{A}\boldsymbol{x} & = \boldsymbol{b} \\ \boldsymbol{A}^\top\boldsymbol{y} + \boldsymbol{s} & = \boldsymbol{c} \\ x_i s_i & = \mu, \quad \forall i = 1, 2, \cdots, m \end{cases}$$

势函数与终止标准。我们无法精准地找到方程式 (10.19)的解，只能近似地找到。我们使用下面的势函数来衡量这种近似的精确程度：

$$v(\boldsymbol{x}, \boldsymbol{s}, \mu) := \sqrt{\sum_{i=1}^{m} \left(\frac{x_i s_i}{\mu} - 1\right)^2}$$

需要特别注意的是，$v(\boldsymbol{x}, \boldsymbol{s}, \mu) = 0$ 当且仅当式(10.19)成立。此外，这一结果的一个近似变体也同样成立。

（5）证明如果 $v(\boldsymbol{x}, \boldsymbol{s}, \mu) \leqslant \dfrac{1}{2}$，那么

$$\sum_{i=1}^{m} x_i s_i \leqslant 2\mu m$$

因此，只须取 $\mu := \frac{\varepsilon}{2m}$ 即可将对偶间隙减小至 ε。为了得到完整的算法，还需要证明下面的不变性在每一步 t 中均成立：

$$\begin{aligned} &\left(\boldsymbol{x}^t, \boldsymbol{y}^t, s^t\right) \in \mathcal{F}_+ \\ &v\left(\boldsymbol{x}^t, \boldsymbol{s}^t, \mu^t\right) \leqslant \frac{1}{2} \end{aligned} \tag{10.21}$$

得到上述结果后，我们可以推断出在 $t = O\left(\sqrt{m}\log\frac{\mu^0}{\varepsilon}\right)$ 步后，对偶间隙将小于 ε。我们将分两步来分析势函数的性质。首先探究在保持 μ 值不变的情况下，由 $(\boldsymbol{x}, \boldsymbol{y}, \boldsymbol{s})$ 变为 $(\boldsymbol{x}+\Delta\boldsymbol{x}, \boldsymbol{y}+\Delta\boldsymbol{y}, \boldsymbol{s}+\Delta\boldsymbol{s})$ 会发生什么，然后分析将 μ 变为 $\mu(1-\gamma)$ 带来的影响。

势函数的分析：牛顿步。我们可以证明线性方程组式 (10.20)总有解。我们现在需要证明，在这样一个牛顿步后，新点仍然严格可行，且势函数的值会减少。

(6) 证明如果 $\Delta\boldsymbol{x}$ 和 $\Delta\boldsymbol{s}$ 满足式 (10.20)并且 $v(\boldsymbol{x}+\Delta\boldsymbol{x}, \boldsymbol{s}+\Delta\boldsymbol{s}, \mu) < 1$，那么 $\boldsymbol{x}+\Delta\boldsymbol{x} > \mathbf{0}$ 且 $\boldsymbol{s}+\Delta\boldsymbol{s} > \mathbf{0}$。

(7) 证明如果 $\Delta\boldsymbol{x}$ 和 $\Delta\boldsymbol{s}$ 满足式 (10.20)，那么

$$\sum_{i=1}^{m}\left(\Delta x_i\right)\left(\Delta s_i\right) = 0 \tag{10.22}$$

(8) 证明如果 $\Delta\boldsymbol{x}$ 和 $\Delta\boldsymbol{s}$ 满足式 (10.20)且 $v(\boldsymbol{x}, \boldsymbol{s}, \mu) < 1$，那么

$$v(\boldsymbol{x}+\Delta\boldsymbol{x}, \boldsymbol{s}+\Delta\boldsymbol{s}, \mu) \leqslant \frac{1}{2} \cdot \frac{v(\boldsymbol{x}, \boldsymbol{s}, \mu)^2}{1 - v(\boldsymbol{x}, \boldsymbol{s}, \mu)}$$

势函数的分析：改变 $\boldsymbol{\mu}$。我们已经证明 $v(\boldsymbol{x}, \boldsymbol{s}, \mu)$ 在 μ 保持不变时会下降，接下来还需要观察当我们将它的值从 μ 减小为 $(1-\gamma)\mu$（对某个 $\gamma > 0$）时会发生什么。

(9) 证明如果 $\Delta\boldsymbol{x}$ 和 $\Delta\boldsymbol{s}$ 满足式 (10.20)，那么

$$\begin{aligned} &v(\boldsymbol{x}+\Delta\boldsymbol{x}, \boldsymbol{s}+\Delta\boldsymbol{s}, (1-\gamma)\mu) \\ &\quad \leqslant \frac{1}{1-\gamma} \cdot \sqrt{v(\boldsymbol{x}+\Delta\boldsymbol{x}, \boldsymbol{s}+\Delta\boldsymbol{s}, \mu)^2 + \gamma^2 m} \end{aligned}$$

上述结论保证我们可以取 $\gamma = \frac{1}{3\sqrt{m}}$ 来保持式(10.21)的不变性成立。为此，在

每一步中我们迭代一次牛顿法，然后将 μ 的值减小为 $(1-\gamma)\mu$，这仍然满足 $v(\boldsymbol{x},\boldsymbol{s},\mu)\leqslant\frac{1}{2}$。我们得到下面的定理。

定理 10.18 *给定满足式 (10.21)的初始解 $(\boldsymbol{x}^0,\boldsymbol{y}^0,\boldsymbol{s}^0,\mu^0)$ 和 $\varepsilon>0$，存在一个求解线性规划问题的算法，执行 $O\left(\sqrt{m}\log\frac{\mu^0}{\varepsilon}\right)$ 步迭代（在每步迭代中求解一个 $m\times m$ 线性方程组），能够输出原始问题式 (10.17)的 ε 近似解 $\hat{\boldsymbol{x}}$ 以及对偶问题式 (10.18)的 ε 近似解 $(\hat{\boldsymbol{y}},\hat{\boldsymbol{s}})$。*

注记

仿射缩放形式的内点法首次出现在 20 世纪 60 年代 I. I. Dikin 的博士论文中，见 Vanderbei（2001）。Karmarkar（1984）使用基于投影缩放的内点法，给出了一个求解线性规划问题的多项式时间算法。当时，已有一种求解线性规划问题的多项式时间算法，也就是由 Khachiyan（1979,1980）提出的椭球法（见第 12 章）。然而，实践中通常选择的方法是 Dantzig（1990）提出的单纯形法，尽管已知其在最坏情况下效率低下 [见 Klee 和 Minty（1972）]。⊖Karmarkar 在他的论文中还给出了经验性证据，证明他的算法始终比单纯形法快。关于内点法的全面历史观点，可参考 Wright（2005）的综述。

Karmarkar 的算法大约需要 $O(mL)$ 步迭代来找到一个解；其中 L 是输入的线性规划问题的位复杂度，m 是约束个数。Renegar（1988）将 Karmarkar 的方法与牛顿法相结合，设计了一种路径跟踪内点法，该方法需要 $O(\sqrt{m}L)$ 步迭代来求解一个线性规划问题，并且每次迭代只需求解一个大小为 $m\times m$ 的线性方程组。Gonzaga（1989）也独立地证明了类似的结果。关于中心路径的存在性与连续性的更多内容，参见 Renegar（2001）的专著。

还有一类求解线性规划问题的原始–对偶内点法（见习题 10.6），读者可以参考 Wright（1997）书中的讨论。尽管这类方法很复杂，但从定理 10.2中去掉全维性是可以实现的；读者参阅 Grötschel 等（1988）的书，可以了解此方面的详尽处理方式。

⊖ Spielman 和 Teng（2009）表明，在对 $(\boldsymbol{A},\boldsymbol{b},\boldsymbol{c})$ 作出某些假设后，可以证明单纯形法的一个变体是高效的。

第 11 章　内点法的变体与自和谐性

本章我们将展示线性规划的路径跟踪内点法的各种一般情形和推广。作为应用，我们推导出一种求解 $s-t$ 最小成本流问题的快速算法。随后，我们介绍自和谐性的概念，并概述多胞形及更一般的凸集的障碍函数。

11.1　最小成本流问题

我们首先研究第 10 章中提出的线性规划内点法是否适用于有向图中 $s-t$ 最大流问题中的一类重要问题，也就是 $s-t$ 最小成本流问题。在这一问题中，给定一个有向图 $G=(V,E)$，其中 $n:=|V|$，$m:=|E|$，两个特殊顶点 $s \neq t \in V$，其中 s 是源点，t 是汇点，容量 $\boldsymbol{\rho} \in \mathbb{Q}_{\geqslant 0}^m$，一个目标流量值 $F \in \mathbb{Z}_{\geqslant 0}$ 及一个成本向量 $\boldsymbol{c} \in \mathbb{Q}_{\geqslant 0}^m$。我们的目标是找到 G 中的一个流，在容量允许的范围内将 F 单位的流量从 s 运到 t，并使成本最小。一个流的成本被定义为所有边的成本之和，而通过边 $i \in E$ 运输 x_i 单位产生的成本为 $c_i x_i$。参见图 11.1 的说明。

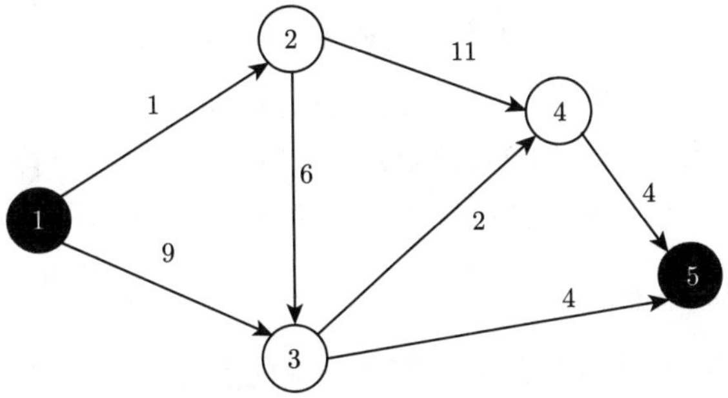

图 11.1　一个 $s-t$ 最小成本流问题的实例。顶点 1 和顶点 5 分别对应 s 和 t。我们假设所有容量为 1，各边的成本如图所示。$F=1$ 时的最小成本流有成本 11，对于 $F=2$，最小成本为 $11+15=26$，且对于 $F>2$ 没有可行流

我们可以用下面的线性规划来描述这个问题：

$$\min \ \langle \boldsymbol{c}, \boldsymbol{x} \rangle$$

$$\text{s.t. } \boldsymbol{B}\boldsymbol{x} = F\boldsymbol{\chi}_{st} \tag{11.1}$$
$$0 \leqslant x_i \leqslant \rho_i, \ \forall i \in E$$

其中 $\boldsymbol{B}$ 是 G 的点–边关联矩阵（在 2.9.2 节中介绍过），且 $\boldsymbol{\chi}_{st} := \boldsymbol{e}_s - \boldsymbol{e}_t \in \mathbb{R}^n$。

可以立即看出，无向图中的类似问题是我们在此定义的问题的一个特例，因为我们可以简单地用两条有向边 (w,v) 和 (v,w) 来代替每条无向边 $\{w,v\}$。此外，该问题也比在第 6 章和第 7 章分别介绍的 $s-t$ 最大流问题和二部图匹配问题更一般。

11.1.1 是否为基于线性规划的快速算法

关于 $s-t$ 最小成本流问题的大部分（悠久且内容丰富的）研究历史都是围绕着组合算法展开的——基于增广路径、压入–重标记及消圈算法，见注记中的参考文献。使用此类方法得到的最佳已知算法的运行时间大致为 $\widetilde{O}(mn)$。由于最小成本流问题式（11.1）可以被自然地表述为线性规划问题，可能有人会问：是否有可能用线性规划方法为最小成本流问题推导出一个有竞争力的甚至更快的算法呢？第 10 章中的主要结果表明，获得一个迭代数大致为 $\sqrt{m}$ 的算法是可能的。此外，尽管在最坏情况下，这样一次迭代的运行时间可能高达 $O\left(m^3\right)$，但在这一情况下，我们有希望做得更好：矩阵 $\boldsymbol{B}$ 表示一个图，因此人们期望每次迭代都能归结为求解一个拉普拉斯系统，对此我们有 $\widetilde{O}(m)$ 时间算法。如果迭代次数及复杂度能如我们所希望的那样界定，这将产生一个在 $\widetilde{O}\left(m^{3/2}\right)$ 时间内运行的算法。只要 $m = o\left(n^2\right)$，这一算法将胜过已有的最优组合算法。

然而，为了推导出这样的一个算法，我们需要解决几个问题。首先，我们在第 10 章中开发的方法针对的是线性规划的 **典范形式**（定义 10.1），这看上去与最小成本流问题式(11.1)的线性规划表述并不一致。其次，我们可以证明路径跟踪法的一个适当变体，其一步迭代可被简化为求解一个拉普拉斯系统。最后，找到一个合适的初始内点是至关重要的，我们开发了一个快速算法来寻找这样的点。

11.1.2 路径跟踪内点法的问题

回顾一下，第 10 章中开发的原始路径跟踪内点法是针对以下形式的线性规划问题的：

$$\begin{aligned} &\min_{\boldsymbol{x} \in \mathbb{R}^m} \ \langle \boldsymbol{c}, \boldsymbol{x} \rangle \\ &\text{s.t. } \boldsymbol{A}\boldsymbol{x} \leqslant \boldsymbol{b} \end{aligned} \tag{11.2}$$

通过观察线性规划问题式(11.2)的形式，可以明显看出它与式 (11.1)的形式不同。注意，线性规划模型表述具有灵活性，我们可以很容易地将式(11.1)的问题转化为式(11.2)

的形式。这只需要简单地将等式 $\boldsymbol{Bx} = F\boldsymbol{\chi}_{st}$ 等价写成一对不等式

$$\boldsymbol{Bx} \leqslant F\boldsymbol{\chi}_{st} \text{和} -\boldsymbol{Bx} \leqslant -F\boldsymbol{\chi}_{st}$$

并将 $0 \leqslant x_i \leqslant \rho_i$ 表示为

$$-x_i \leqslant 0 \text{ 和 } x_i \leqslant \rho_i$$

但是，有一个问题，多胞形

$$P := \{\boldsymbol{x} \in \mathbb{R}^m : \boldsymbol{Ax} \leqslant \boldsymbol{b}\}$$

不是全维的，而这是第 10 章中路径跟踪内点法的一个关键假设。事实上，该算法的运行时间取决于 $\frac{1}{\beta}$，其中 β 是 P 的边界与初始点 $\boldsymbol{x}' \in P$ 之间的距离，见引理 10.17。由于 P 不是全维的，所以不可能选择一点 $\boldsymbol{x}'$ 使得 β 为正数。

我们可以通过修改可行集来尝试解决这个问题，考虑集合

$$P_\varepsilon := \{\boldsymbol{x} \in \mathbb{R}^m : \boldsymbol{Ax} \leqslant \boldsymbol{b} + \boldsymbol{1}\varepsilon\}$$

其中 $\varepsilon > 0$ 是某个小量，$\boldsymbol{1}$ 是各分量均为 1 的向量。P_ε 是 P 略微“膨胀”的变形，特别地，它是全维的。我们可以在 P_ε 上最小化 $\langle \boldsymbol{c}, \boldsymbol{x} \rangle$，并希望这能够给出式(11.2)的一个合适的近似。然而，这样做时至少有一个问题。$\varepsilon > 0$ 需要是一个指数级小的值——大约为 2^{-L}（其中 L 是线性规划问题的位复杂度），以保证我们得到的是原始问题的一个适当近似。但是，对于一个这样小的 $\varepsilon > 0$，多胞形 P_ε 很“薄”，因此我们无法提供一个离 P_ε 的边界很远的初始点 $\boldsymbol{x}'$。这会使该方法的迭代次数至少增加一个 $\Omega(L) = \Omega(m)$ 项，并迫使我们用更高精度（大约 L 位）的算术运算来运行该算法。

11.1.3 剔除全维性的线性规划

有几种不同的方法可以尝试解决这些问题，并获得基于求解最小成本流问题算法的快速线性规则。一种想法是基于原始-对偶路径内点法，这是一种使用牛顿法同时求解原始问题及对偶问题的方法，见第 10 章习题 10.6。

另一种想法，也就是我们在本章中将要实现的，是放弃对多胞形的全维性要求，开发一种直接求解带等式约束的线性规划问题的方法。为此，首先要做的是将最小成本流问题式(11.1)表示为仅包含等式约束及非负变量的形式。我们引入一组 m 个新变量 $\{y_i\}_{i\in E}$——称为“边松弛变量”——并添加如下形式的等式约束，

$$\forall i \in E,\ y_i = \rho_i - x_i$$

于是，记 $\boldsymbol{b} := F\boldsymbol{\chi}_{st}$，我们的线性规划问题变为

$$\begin{aligned}\min_{\boldsymbol{x}\in\mathbb{R}^m} \ & \langle \boldsymbol{c}, \boldsymbol{x}\rangle \\ \text{s.t.} \ & \begin{pmatrix} \boldsymbol{B} & \boldsymbol{0} \\ \boldsymbol{I} & \boldsymbol{I} \end{pmatrix} \begin{pmatrix} \boldsymbol{x} \\ \boldsymbol{y} \end{pmatrix} = \begin{pmatrix} \boldsymbol{b} \\ \boldsymbol{\rho} \end{pmatrix} \\ & \boldsymbol{x}, \boldsymbol{y} \geqslant \boldsymbol{0}\end{aligned} \tag{11.3}$$

这个新的规划问题的变量数为 $2m$，线性约束数为 $n+m$。

通过开发一个求解等式约束问题的牛顿法，然后为形如式(11.3)的线性规划问题推导出一个新的路径跟踪内点法，我们可以证明以下定理。

定理 11.1 (用内点法求解 $s-t$ 最小成本流问题) *存在一种算法，在累加误差至多为 $\varepsilon > 0$ 的情况下，通过 $\widetilde{O}\left(\sqrt{m}\log\dfrac{CU}{\varepsilon}\right)$ 步迭代，可以求解最小成本流问题式(11.3)，其中 $U := \max_{i\in E}|\rho_i|$ 且 $C := \max_{i\in E}|c_i|$。每一步迭代包含求解一个拉普拉斯线性系统，即*

$$\left(\boldsymbol{B}\boldsymbol{W}\boldsymbol{B}^\top\right)\boldsymbol{h} = \boldsymbol{d}$$

其中 $\boldsymbol{W}$ 是一个正对角矩阵，$\boldsymbol{d} \in \mathbb{R}^n$，变量 $\boldsymbol{h} \in \mathbb{R}^n$。

由于求解一个这样的拉普拉斯系统需要 $\widetilde{O}(m)$ 时间，因此我们可以得到一个运行时间大致为 $\widetilde{O}\left(m^{3/2}\right)$ 的求解最小成本流问题的算法。准确地说，采用快速拉普拉斯求解器需要我们证明其近似解不会在路径跟踪法中引入任何问题。

我们将定理 11.1 的证明分为三个部分。首先，我们推导形如式(11.3)的线性规划问题的路径跟踪法的一个新变体（见 11.2 节），并证明其大约需要 $\sqrt{m}$ 次迭代进行求解。接着，在 11.2 节中我们证明，应用于式(11.3)的这一新方法的每次迭代可以简化为（在 $\widetilde{O}(m)$ 时间内）求解一个拉普拉斯系统。最后，在 11.3 节中我们会展示如何高效地找到一个好的初始点来初始化该内点法。

11.2 一种求解线性规划标准型的内点法

本节的目标是推导出一种求解形如式(11.3)的线性规划问题（即最小成本流问题的另一种表述）的路径跟踪内点法。更一般地，所得方法适用于以下形式的线性规划问题：

$$\begin{aligned}\min_{\boldsymbol{x}\in\mathbb{R}^m} \ & \langle \boldsymbol{c}, \boldsymbol{x}\rangle \\ \text{s.t.} \ & \boldsymbol{A}\boldsymbol{x} = \boldsymbol{b} \\ & \boldsymbol{x} \geqslant \boldsymbol{0}\end{aligned} \tag{11.4}$$

其中 $\boldsymbol{A} \in \mathbb{R}^{n\times m}, \boldsymbol{b} \in \mathbb{R}^n$, 且 $\boldsymbol{c} \in \mathbb{R}^m$。这通常被称为线性规划的标准型。很容易验证第 10 章中研究的典范型是标准型的对偶（只须重命名向量并将极小换为极大）。请注意，在本节中，我们记变量数为 m，（线性）约束数为 n，也就是说，n 及 m 的指代对象与第 10 章中的相反。另外请注意，我们在 $s-t$ 最小成本流问题中也使用 m 和 n 来分别指代边数和顶点数；从上下文中应该能够看出二者的明显区别。这样做是有意为之的，并且实际上与第 10 章是一致的，因为通过对偶，约束变成了变量，反之亦然。为简洁起见，在本节中我们使用下列记号，

$$E_{\boldsymbol{b}} := \{\boldsymbol{x} \in \mathbb{R}^m : \boldsymbol{A}\boldsymbol{x} = \boldsymbol{b}\} \text{ 和} E := \{\boldsymbol{x} \in \mathbb{R}^m : \boldsymbol{A}\boldsymbol{x} = \boldsymbol{0}\}$$

其中矩阵 $\boldsymbol{A}$ 和向量 $\boldsymbol{b}$ 自始至终都是固定的。

求解式(11.4)的算法思想与第 10 章中介绍的路径跟踪内点法类似：我们使用对数障碍函数在可行集的相对内部定义一条中心路径，然后用牛顿法沿着该路径移动。为了实现这一想法，第一步是推导出一个牛顿法，最小化限制在 $\mathbb{R}^m$ 的一个仿射子空间上的目标函数。

11.2.1　有等式约束的牛顿法

考虑约束优化问题

$$\begin{aligned} &\min_{\boldsymbol{x}\in\mathbb{R}^m} f(\boldsymbol{x}) \\ &\text{s.t. } \boldsymbol{A}\boldsymbol{x} = \boldsymbol{b} \end{aligned} \tag{11.5}$$

其中 $f : \mathbb{R}^m \to \mathbb{R}$ 是一个凸函数，$\boldsymbol{A} \in \mathbb{R}^{n\times m}$，$\boldsymbol{b} \in \mathbb{R}^n$。不失一般性，我们假设 $\boldsymbol{A}$ 满秩且秩为 n，即 A 的各行线性无关（否则 A 中存在多余的行，这些行可以删除）。我们将限制在定义域 $E_{\boldsymbol{b}}$ 上的函数 f 记为 $\tilde{f} : E_{\boldsymbol{b}} \to \mathbb{R}$，即 $\tilde{f}(\boldsymbol{x}) = f(\boldsymbol{x})$。

在没有等式约束 $\boldsymbol{A}\boldsymbol{x} = \boldsymbol{b}$ 的情况下，我们看到，在点 $\boldsymbol{x}$ 处的牛顿步被定义为

$$\boldsymbol{n}(\boldsymbol{x}) := -\boldsymbol{H}(\boldsymbol{x})^{-1}\boldsymbol{g}(\boldsymbol{x})$$

其中 $\boldsymbol{H}(\boldsymbol{x}) \in \mathbb{R}^{m\times m}$ 是 f 在 $\boldsymbol{x}$ 处的黑塞矩阵，$\boldsymbol{g}(\boldsymbol{x})$ 是 f 在 $\boldsymbol{x}$ 处的梯度，下一步迭代计算

$$\boldsymbol{x}' := \boldsymbol{x} + \boldsymbol{n}(\boldsymbol{x})$$

尽管开始于 $\boldsymbol{x} \in E_{\boldsymbol{b}}$，但点 $\boldsymbol{x} + \boldsymbol{n}(\boldsymbol{x})$ 可能不再属于 $E_{\boldsymbol{b}}$，因此，我们需要调整牛顿法，使其只在与 $E_{\boldsymbol{b}}$ 相切的方向移动。为此，在下一节中，我们定义梯度 $\tilde{\boldsymbol{g}}(\boldsymbol{x})$ 和黑塞矩阵 $\widetilde{\boldsymbol{H}}(\boldsymbol{x})$，使得由公式

$$\tilde{\boldsymbol{n}}(\boldsymbol{x}) := \widetilde{H}(\boldsymbol{x})^{-1}\tilde{\boldsymbol{g}}(\boldsymbol{x})$$

定义的牛顿步给出一个良好定义的方法来最小化 $\tilde{f}$。此外，通过定义 $\tilde{f}$ 的 NL 条件的一个适当变体，我们得到以下定理。

定理 11.2 (有等式约束的牛顿法的二次收敛性)　设 $\tilde{f}: E_{\boldsymbol{b}} \to \mathbb{R}$ 为一个严格凸函数，满足 $\delta_0 = \dfrac{1}{6}$ 的 NL 条件，$\boldsymbol{x}_0 \in E_{\boldsymbol{b}}$ 是任一点，且

$$\boldsymbol{x}_1 := \boldsymbol{x}_0 + \tilde{\boldsymbol{n}}(\boldsymbol{x}_0)$$

如果 $\|\tilde{\boldsymbol{n}}(\boldsymbol{x}_0)\|_{\boldsymbol{x}_0} \leqslant \dfrac{1}{6}$，则有

$$\|\tilde{\boldsymbol{n}}(\boldsymbol{x}_1)\|_{\boldsymbol{x}_1} \leqslant 3\|\tilde{\boldsymbol{n}}(\boldsymbol{x}_0)\|_{\boldsymbol{x}_0}^2$$

注意，该定理与第 9 章中的定理 9.6 完全类似。定理 9.6 处理的是无约束情形；事实上，定理 11.2 是定理 9.6 的一个直接扩展。

11.2.2　在子空间上定义黑塞矩阵和梯度

在 $\mathbb{R}^m$ 和在 $E_{\boldsymbol{b}}$ 上开展工作的关键区别在于，给定 $\boldsymbol{x} \in E_{\boldsymbol{b}}$，我们无法从 $\boldsymbol{x}$ 向所有可能的方向移动，而只能在切线方向移动，即对于某个 $\boldsymbol{h} \in E$，移动至 $\boldsymbol{x}+\boldsymbol{h}$。事实上，$E$ 是 $E_{\boldsymbol{b}}$ 对应的切空间（正如第 9 章中所介绍的）。设 $\{\boldsymbol{v}_1, \boldsymbol{v}_2, \cdots, \boldsymbol{v}_k\}$ 是 E 的一组正交基，其中 $\boldsymbol{v}_i \in \mathbb{R}^m$。设 $\boldsymbol{\Pi}_E$ 表示 E 上的正交投影算子。可以看出

$$\boldsymbol{\Pi}_E := \sum_{i=1}^{k} \boldsymbol{v}_i \boldsymbol{v}_i^{\top}$$

梯度 $\widetilde{g}(\boldsymbol{x})$ 应当是 E 上的一个向量，使得对 $\boldsymbol{h} \in E$，当 $\|\boldsymbol{h}\|$ 很小时，线性函数

$$\boldsymbol{h} \mapsto \langle \boldsymbol{h}, \widetilde{\boldsymbol{g}}(\boldsymbol{x}) \rangle$$

为 $f(\boldsymbol{x}+\boldsymbol{h}) - f(\boldsymbol{x})$ 提供一个良好的近似。于是，对于 $\boldsymbol{x} \in E_{\boldsymbol{b}}$，我们可以定义

$$\begin{aligned}
\widetilde{\boldsymbol{g}}(\boldsymbol{x}) &:= \sum_{i=1}^{k} \boldsymbol{v}_i D f(\boldsymbol{x})[\boldsymbol{v}_i] \\
&= \sum_{i=1}^{k} \boldsymbol{v}_i \langle \nabla f(\boldsymbol{x}), \boldsymbol{v}_i \rangle \\
&= \sum_{i=1}^{k} \boldsymbol{v}_i \boldsymbol{v}_i^{\top} \nabla f(\boldsymbol{x}) \\
&= \boldsymbol{\Pi}_E \nabla f(\boldsymbol{x})
\end{aligned}$$

类似地，我们可以得到黑塞矩阵的表达式，

$$\begin{aligned}\widetilde{H}(\boldsymbol{x})_{ij} &:= D^2 f(\boldsymbol{x})\left[\boldsymbol{v}_i, \boldsymbol{v}_j\right] \\ &= \boldsymbol{v}_i^{\top} \boldsymbol{H}(\boldsymbol{x}) \boldsymbol{v}_j \\ &= \left(\boldsymbol{\Pi}_E^{\top} \boldsymbol{H}(\boldsymbol{x}) \boldsymbol{\Pi}_E\right)_{ij}\end{aligned}$$

这些定义可能看起来很抽象，但事实上，它们与无约束情况下的唯一区别在于我们考虑的切空间是E 而非 $\mathbb{R}^m$。例如，考虑函数

$$f\left(x_1, x_2\right) := 2 x_1^2 + x_2^2$$

当其被限制在“竖直”线

$$E_{\boldsymbol{b}} := \left\{\left(x_1, x_2\right)^{\top} : x_1 = b, x_2 \in \mathbb{R}\right\}$$

上时，我们得到其梯度为

$$\widetilde{g}\left(x_1, x_2\right) = \begin{pmatrix} 0 \\ 2 x_2 \end{pmatrix}$$

且其黑塞矩阵 $\widetilde{\boldsymbol{H}}\left(x_1, x_2\right)$ 是线性算子 $E \to E$（其中 $E = \left\{\begin{pmatrix} 0 \\ h \end{pmatrix} : h \in \mathbb{R}\right\}$），使得

$$\widetilde{\boldsymbol{H}}\left(x_1, x_2\right)\begin{pmatrix} 0 \\ h \end{pmatrix} = \begin{pmatrix} 0 \\ 2h \end{pmatrix}$$

事实上，这与直觉相符，即当我们把函数限制在竖直线上时，只有变量 x_2 起作用。我们总结得到下面的引理。

引理 11.3 (子空间中的梯度与黑塞矩阵) 设 $f : \mathbb{R}^m \to \mathbb{R}$ 严格凸，且设 $\widetilde{f} : E_{\boldsymbol{b}} \to \mathbb{R}$ 是其在 $E_{\boldsymbol{b}}$ 上的限制，则有

$$\widetilde{\boldsymbol{g}}(\boldsymbol{x}) = \boldsymbol{\Pi}_E \boldsymbol{\nabla} f(\boldsymbol{x})$$

$$\widetilde{\boldsymbol{H}}(\boldsymbol{x}) = \boldsymbol{\Pi}_E^{\top} \boldsymbol{H}(\boldsymbol{x}) \boldsymbol{\Pi}_E$$

其中 $\boldsymbol{\Pi}_E : \mathbb{R}^m \to E$ 是 E 上的正交投影算子。注意

$$\boldsymbol{\Pi}_E = \boldsymbol{I} - \boldsymbol{A}^{\top}\left(\boldsymbol{A} \boldsymbol{A}^{\top}\right)^{-1} \boldsymbol{A}$$

11.2.3 在子空间上定义牛顿步及 NL 条件

我们想要将牛顿步定义为

$$\widetilde{\boldsymbol{n}}(\boldsymbol{x}) := -\widetilde{\boldsymbol{H}}(\boldsymbol{x})^{-1}\widetilde{\boldsymbol{g}}(\boldsymbol{x})$$

注意，在此式中，$\widetilde{\boldsymbol{H}}(\boldsymbol{x})$ 是一个可逆算子 $E \to E$，因此 $\widetilde{\boldsymbol{n}}(\boldsymbol{x})$ 是良好定义的。下面的引理根据环境空间 $\mathbb{R}^m$ 的黑塞矩阵及梯度，阐述了限制在子空间 E 上的牛顿步的形式。

引理 11.4 (子空间中的牛顿步) 设 $f : \mathbb{R}^m \to \mathbb{R}$ 是一个严格凸函数，设 $\widetilde{f} : E_{\boldsymbol{b}} \to \mathbb{R}$ 为其在 $E_{\boldsymbol{b}}$ 上的限制，则对每个 $\boldsymbol{x} \in E_{\boldsymbol{b}}$，我们有

$$\widetilde{\boldsymbol{n}}(\boldsymbol{x}) = -\boldsymbol{H}(\boldsymbol{x})^{-1}g(\boldsymbol{x}) + H(\boldsymbol{x})^{-1}\boldsymbol{A}^{\top}\left(\boldsymbol{A}\boldsymbol{H}(\boldsymbol{x})^{-1}\boldsymbol{A}^{\top}\right)^{-1}\boldsymbol{A}\boldsymbol{H}(\boldsymbol{x})^{-1}\boldsymbol{g}(\boldsymbol{x})$$

证明 牛顿步 $\widetilde{\boldsymbol{n}}(\boldsymbol{x})$ 被定义为 $-\widetilde{\boldsymbol{H}}(\boldsymbol{x})^{-1}\widetilde{\boldsymbol{g}}(\boldsymbol{x})$，因此，它可以作为以下线性方程组的唯一解 $\boldsymbol{h}$：

$$\begin{cases} \widetilde{\boldsymbol{H}}(\boldsymbol{x})\boldsymbol{h} = -\widetilde{\boldsymbol{g}}(\boldsymbol{x}) \\ \boldsymbol{A}\boldsymbol{h} = \boldsymbol{0} \end{cases} \tag{11.6}$$

由于 $\boldsymbol{\Pi}_E$ 是对称的，且 $\boldsymbol{h} \in E$，由第一个方程得

$$\boldsymbol{\Pi}_E\boldsymbol{H}(\boldsymbol{x})\boldsymbol{h} = -\boldsymbol{\Pi}_E\boldsymbol{g}(\boldsymbol{x})$$

所以

$$\boldsymbol{\Pi}_E(\boldsymbol{H}(\boldsymbol{x})\boldsymbol{h} + \boldsymbol{g}(\boldsymbol{x})) = \boldsymbol{0}$$

换言之，这意味着 $\boldsymbol{H}(\boldsymbol{x})\boldsymbol{h} + \boldsymbol{g}(\boldsymbol{x})$ 属于 E 的正交补空间（记为 $E^{\perp}$），即

$$\boldsymbol{H}(\boldsymbol{x})\boldsymbol{h} + \boldsymbol{g}(\boldsymbol{x}) \in E^{\perp} = \left\{\boldsymbol{A}^{\top}\boldsymbol{\lambda} : \boldsymbol{\lambda} \in \mathbb{R}^n\right\}$$

因此，式(11.6)可被等价地写为含变量 $\boldsymbol{h} \in \mathbb{R}^m$ 及 $\boldsymbol{\lambda} \in \mathbb{R}^n$ 的线性方程组

$$\begin{pmatrix} \boldsymbol{H}(\boldsymbol{x}) & \boldsymbol{A}^{\top} \\ \boldsymbol{A} & \boldsymbol{0} \end{pmatrix}\begin{pmatrix} \boldsymbol{h} \\ \boldsymbol{\lambda} \end{pmatrix} = \begin{pmatrix} -\boldsymbol{g}(\boldsymbol{x}) \\ \boldsymbol{0} \end{pmatrix}$$

从上式中消去 $\boldsymbol{\lambda}$ 可以得到

$$\widetilde{\boldsymbol{n}}(\boldsymbol{x}) = \boldsymbol{H}(\boldsymbol{x})^{-1}\left(\boldsymbol{A}^{\top}\left(\boldsymbol{A}\boldsymbol{H}(\boldsymbol{x})^{-1}\boldsymbol{A}^{\top}\right)^{-1}\boldsymbol{A}\boldsymbol{H}(\boldsymbol{x})^{-1} - \boldsymbol{I}\right)\boldsymbol{g}(\boldsymbol{x})$$

引理得证。 □

接着，在 $E_{\boldsymbol{b}}$ 上最小化 f 的牛顿法只须从任意 $\boldsymbol{x}_0 \in E_{\boldsymbol{b}}$ 开始按如下方式迭代，

$$\boldsymbol{x}_{t+1} := \boldsymbol{x}_t + \widetilde{\boldsymbol{n}}(\boldsymbol{x}_t), \; t = 0, 1, 2, \cdots \tag{11.7}$$

与无约束情形类似，考虑在切空间上 $\boldsymbol{x}$ 处定义的局部范数 $\|\cdot\|_{\boldsymbol{x}}$，

$$\forall h \in E, \; \|\boldsymbol{h}\|_{\boldsymbol{x}}^2 := \langle \boldsymbol{h}, \widetilde{\boldsymbol{H}}(\boldsymbol{x})\boldsymbol{h}\rangle = \boldsymbol{h}^\top \widetilde{\boldsymbol{H}}(\boldsymbol{x})\boldsymbol{h}$$

并定义 NL 条件如下。

定义 11.5 (子空间上的 NL 条件) 设 $\widetilde{f}: E_{\boldsymbol{b}} \to \mathbb{R}$。我们称 $\widetilde{f}$ 满足 $\delta_0 < 1$ 的 NL 条件，若对满足以下条件的所有 $0 < \delta \leqslant \delta_0 < 1$ 及 $\boldsymbol{x}, \boldsymbol{y} \in E_{\boldsymbol{b}}$，

$$\|\boldsymbol{y} - \boldsymbol{x}\|_{\boldsymbol{x}} \leqslant \delta$$

都有

$$(1 - 3\delta)\widetilde{\boldsymbol{H}}(\boldsymbol{x}) \preceq \widetilde{\boldsymbol{H}}(\boldsymbol{y}) \preceq (1 + 3\delta)\widetilde{\boldsymbol{H}}(\boldsymbol{x})$$

在该式中，半正定矩阵序 $\preceq$ 按通常意义理解，但被限制在空间 E 上。为使这一描述准确，我们需要定义一个类似于线性算子的对称矩阵。一个线性算子 $H: E \to E$ 被称为是自伴的 (self-adjoint)，若 $\langle Hh_1, h_2\rangle = \langle h_1, Hh_2\rangle$ 对所有 $h_1, h_2 \in E$ 均成立。

定义 11.6 对两个自伴算子 $H_1, H_2: E \to E$，我们称 $H_1 \preceq H_2$，若 $\langle h, H_1 h\rangle \leqslant \langle h, H_2 h\rangle$ 对每个 $h \in E$ 均成立。

至此，定理 11.2 中的所有构成要素均已被正式定义。定理 11.2 的证明与第 9 章中定理 9.6 的证明相同；事实上，只须将 f, g，H 替换为 $\widetilde{f}, \widetilde{g}$，$\widetilde{H}$ 就可以完成证明。

11.2.4 线性规划标准型的内点法

为了开发一种用于求解线性规划标准型式(11.4)的内点法，我们在仿射子空间 $E_{\boldsymbol{b}}$ 上应用一个与第 10 章中相似的路径跟踪方案。更确切地说，我们定义点 $\boldsymbol{x}_\eta^\star$ 为

$$\boldsymbol{x}_\eta^\star := \underset{\boldsymbol{x} \in E_{\boldsymbol{b}}}{\operatorname{argmin}}(\eta\langle \boldsymbol{c}, \boldsymbol{x}\rangle + F(\boldsymbol{x}))$$

其中 F 是 $\mathbb{R}_{>0}^m$ 上的对数障碍函数，即

$$F(\boldsymbol{x}) := -\sum_{i=1}^m \log x_i$$

我们的想法是使用牛顿法沿着中心路径 $\Gamma_{\boldsymbol{c}} := \{\boldsymbol{x}_\eta^\star : \boldsymbol{\eta} \geqslant 0\}$ 迭代。

考虑到完整性，我们现在根据这个新的设定调整记号。我们定义函数

$$f_\eta(\boldsymbol{x}) := \eta\langle \boldsymbol{c}, \boldsymbol{x}\rangle + F(\boldsymbol{x})$$

并用 $\widetilde{f}_\eta$ 表示其在 $E_{\boldsymbol{b}}$ 上的限制。我们设 $\widetilde{\boldsymbol{n}}_\eta(\boldsymbol{x})$ 是关于 $\widetilde{f}_\eta$ 的牛顿步，即（使用引理 11.4）：

$$\widetilde{\boldsymbol{n}}_\eta(\boldsymbol{x}) := \boldsymbol{H}(\boldsymbol{x})^{-1}\left(\boldsymbol{A}^\top\left(\boldsymbol{A}\boldsymbol{H}(\boldsymbol{x})^{-1}\boldsymbol{A}^\top\right)^{-1}\boldsymbol{A}\boldsymbol{H}(\boldsymbol{x})^{-1} - \boldsymbol{I}\right)(\eta\boldsymbol{c} + \boldsymbol{g}(\boldsymbol{x}))$$

其中 $\boldsymbol{H}(\boldsymbol{x})$ 和 $\boldsymbol{g}(\boldsymbol{x})$ 分别为 $F(\boldsymbol{x})$ 在 $\mathbb{R}^m$ 中的黑塞矩阵和梯度。注意，在这种情况下，$F(\boldsymbol{x})$ 的黑塞矩阵和梯度具有特别简单的形式：

$$\boldsymbol{H}(\boldsymbol{x}) = \boldsymbol{X}^{-2},\ \boldsymbol{g}(\boldsymbol{x}) = \boldsymbol{X}^{-1}\mathbf{1}$$

其中 $\boldsymbol{X} := \mathrm{Diag}(\boldsymbol{x})$ 是以 $\boldsymbol{x}$ 为对角元的对角矩阵，且 $\mathbf{1}$ 是各分量均为 1 的向量。因此，

$$\widetilde{\boldsymbol{n}}_\eta(\boldsymbol{x}) := \boldsymbol{X}^2\left(\boldsymbol{A}^\top\left(\boldsymbol{A}\boldsymbol{X}^2\boldsymbol{A}^\top\right)^{-1}\boldsymbol{A}\boldsymbol{X}^2 - \boldsymbol{I}\right)\left(\eta\boldsymbol{c} + \boldsymbol{X}^{-1}\mathbf{1}\right) \tag{11.8}$$

这种情况下的算法与第 10 章中的算法 8 类似，唯一的区别是这里使用了等式约束的牛顿步 $\widetilde{\boldsymbol{n}}_\eta(\boldsymbol{x})$ 而非无约束情况下的 $\boldsymbol{n}_\eta(\boldsymbol{x})$。在此情况下可以提出如下定理。

定理 11.7 (有等式约束的路径跟踪内点法的收敛性) *算法 8 的等式约束版本经过*

$$T := O\left(\sqrt{m}\log\frac{m}{\varepsilon\eta_0}\right)$$

次迭代后，输出点 $\hat{\boldsymbol{x}} \in E_{\boldsymbol{b}} \cap \mathbb{R}^m_{>0}$，满足

$$\langle \boldsymbol{c}, \hat{\boldsymbol{x}}\rangle \leqslant \langle \boldsymbol{c}, \boldsymbol{x}^\star\rangle + \varepsilon$$

而且，每个牛顿步需要 $O(m)$ 时间以及求解一个形如 $\left(\boldsymbol{A}\boldsymbol{W}\boldsymbol{A}^\top\right)\boldsymbol{y} = \boldsymbol{d}$ 的方程组所需的时间，其中 $\boldsymbol{W} \succ \mathbf{0}$ 是对角矩阵，$\boldsymbol{d} \in \mathbb{R}^n$ 是给定的向量，且 $\boldsymbol{y}$ 是变量。

为了应用于 $s-t$ 最小成本流问题，证明找到中心路径的初始点并不是一个瓶颈也十分重要。从 10.6.2 节的论述中，我们可以推导出下面这个类似于引理 10.17 的引理。

引理 11.8 (初始点) *存在一个算法，对给定点 $\boldsymbol{x}' \in E_{\boldsymbol{b}} \cap \mathbb{R}^m_{>0}$，$i = 1, 2, \cdots, m$，当满足 $x'_i > \beta$ 时，可以找到一个二元组 $(\eta_0, \boldsymbol{x}_0)$ 使得*

- $\boldsymbol{x}_0 \in E_b \cap \mathbb{R}^m_{>0}$，
- $\left\|\widetilde{\boldsymbol{n}}_{\eta_0}(\boldsymbol{x}_0)\right\|_{\boldsymbol{x}_0} \leqslant \dfrac{1}{6}$，

- $\eta_0 \geqslant \Omega\left(\frac{1}{D} \cdot \frac{1}{\|\boldsymbol{c}\|_2}\right)$，其中 D 是可行集 $E_{\boldsymbol{b}} \cap \mathbb{R}_{\geqslant 0}^m$ 的（欧氏意义下的）直径。

这一算法执行内点法中的 $\widetilde{O}\left(\sqrt{m} \log \frac{D}{\beta}\right)$ 次迭代。

特别地，只要我们能证明可行集的直径有一个关于维数的多项式的上界，并且能够找到一个离边界至少有多项式倒数距离的点，那么等式约束路径跟踪内点法（先找到初始点，然后找到一个 ε 近似最优点）的总迭代次数大致为 $\widetilde{O}\left(\sqrt{m} \log \frac{\|\boldsymbol{c}\|_2}{\varepsilon}\right)$。

11.3 应用：最小成本流问题

我们证明如何使用上一节中提到的等式约束的路径跟踪内点法来得到定理 11.1 的结论。

迭代次数。首先注意，由定理 11.7，线性规划问题式(11.3)能在 $O\left(\sqrt{m} \log \frac{m}{\varepsilon \eta_0}\right)$ 次迭代内通过路径跟踪法进行求解。为了与定理 11.1 声称的迭代次数相匹配，需要证明我们能够在 η_0 处初始化路径跟踪法，且 $\eta_0^{-1} = \operatorname{poly}(m, C, U)$。我们将在后面展示这一点。

每次迭代的时间。

引理 11.9 (通过求解一个拉普拉斯线性方程组来计算一个牛顿步) 用于求解线性规划问题式(11.3)的等式约束路径跟踪内点法的一次迭代时间为 $O(m + T_{\text{Lap}})$，其中 T_{Lap} 是求解形如 $\left(\boldsymbol{B}\boldsymbol{W}\boldsymbol{B}^{\top}\right)\boldsymbol{h} = \boldsymbol{d}$ 的线性方程组的所需时间，$\boldsymbol{W}$ 是正定对角矩阵，$\boldsymbol{d} \in \mathbb{R}^n$，$\boldsymbol{h} \in \mathbb{R}^n$ 是未知变量。

可以使用式 (11.8)作为证明上述引理的出发点。然而，仍须说明求解特定的 $2m \times 2m$ 线性方程组的任务如何简化为求解拉普拉斯方程组。我们将此留作习题（习题 11.3）。

高效地寻找初始点

我们还须说明如何找到一个足够接近中心路径的点，以便初始化路径跟踪内点法。为此，我们应用引理 11.8。它指出，我们只须为式(11.3)提供一个严格可行解 $(\boldsymbol{x}, \boldsymbol{y})$，即满足等式约束，且对某个不是很小的 δ，$x_i, y_i > \delta > 0$（取 m, C，U 的多项式的逆即可满足）。

我们首先展示如何找到一个流量为任意正值的流，然后论证在对图 G 做**预处理**后，我们也能使用这种方法找到一个流量为指定值 F 的流。

引理 11.10 (寻找流量严格为正的流) 给定有向图 $G = (V, E)$ 和两个顶点 $s, t \in V$，存在一个算法输出一个向量 $\boldsymbol{x} \in [0,1]^E$，使得

(1) $\boldsymbol{Bx} = \frac{1}{2}\boldsymbol{\chi}_{st}$，

(2) 若边 $i \in E$ 不属于从 s 到 t 的任意有向路径，那么 $x_i = 0$，

(3) 若边 $i \in E$ 属于从 s 到 t 的某条有向路径，那么

$$\frac{1}{2m} \leqslant x_i \leqslant \frac{1}{2}$$

该算法能在 $O(m)$ 时间内完成运行。

注意，不属于任何从 s 到 t 的路径的边可从图中删除，因为它们不会成为任何可行流的一部分。下面，我们将证明可在大约 $O(nm)$ 时间内找到这样一个流——我们把如何使该算法变得更加高效的问题留作习题（习题 11.4）。

证明概要 我们将 $\boldsymbol{x} \in \mathbb{R}^m$ 初始化为 $\mathbf{0}$。固定边 $i = (v, w) \in E$，首先检查 i 是否属于 G 中连接 s 及 t 的任意路径。这可以通过（使用深度优先搜索）检查 s 是否可达 v 及 w 是否可达 t 来完成。

如果没有这样一条路径，那我们就忽略掉 i。否则，设 $P_i \subseteq E$ 为这样一条路径。我们通过这条路径发送 $\frac{1}{2m}$ 单位的流量，即更新

$$\boldsymbol{x} := \boldsymbol{x} + \frac{1}{2m} \cdot \boldsymbol{\chi}_{P_i}$$

其中 $\boldsymbol{\chi}_{P_i}$ 是集合 P_i 的示性向量。

完成此过程后，从 s 到 t 的一条路径上的每条边都有

$$x_i \geqslant \frac{1}{2m} \text{ 及 } x_i \leqslant m \cdot \frac{1}{2m} \leqslant \frac{1}{2}$$

剩下的边 i 有 $x_i = 0$。在每一步中我们需要在 $O(n)$ 个位置（P_i 的长度）更新 $\boldsymbol{x}$，因此总运行时间为 $O(nm)$。 □

上述引理中构造的流是严格正的，但它们并不满足约束 $\boldsymbol{Bx} = F\boldsymbol{\chi}_{st}$，也就是说，没有足够多的流由 s 流向 t。为了解决这一问题，我们需要做预处理。我们在图中加入一条有向边 $\hat{i} := (s, t)$，它有充分大的容量

$$u_{\hat{i}} := 2F$$

和非常大的成本

$$c_{\hat{i}} := 2\sum_{i \in E} |c_i|$$

我们记新图 $(V, E\cup\{\hat{i}\})$ 为 $\hat{G}$，并称之为预处理过的图。

由引理 11.10，我们可以构造 G 中一个值为 $f=\min\left\{\frac{1}{2},\frac{F}{2}\right\}$ 的流，它严格满足所有容量约束，因为容量均为整数。然后，我们可以通过将多余的

$$F-f\geqslant\frac{F}{2}$$

单位流量通过 $\hat{i}$ 由 s 流向 t，使其值恰好为 F。这使得我们能够在预处理过的图上构造一个严格正的可行解。

请注意，重要的是，引入这种预处理并不会改变原始问题的最优解，因为即使只通过 i 发送一个单位的流量也会产生很大的成本——比原始图 G 中从 s 到 t 的任意路径上的成本都大。因此，在 $\hat{G}$ 上求解 $s-t$ 最小成本流问题与在 G 上求解是等价的。鉴于这一观察，只须在预处理过的图上运行路径跟踪算法即可。下面我们展示如何在这种情况下为路径跟踪法找到一个合适的初始点。

引理 11.11 (在中心路径上寻找一点)　给定一个预处理过的 $s-t$ 最小成本流问题式(11.3)，存在一个算法，能够输出一个可行初始点 $\boldsymbol{z}_0=(\boldsymbol{x}_0,\boldsymbol{y}_0)^\top\in\mathbb{R}^{2m}_{>0}$ 及 $\eta_0:=\Omega\left(\frac{1}{m^3CU}\right)$，其中 $U:=\max_{i\in E}|u_i|$ 且 $C:=\max_{i\in E}|c_i|$，满足

$$\|\widetilde{\boldsymbol{n}}_{\eta_0}(\boldsymbol{z}_0)\|_{\boldsymbol{z}_0}\leqslant\frac{1}{6}$$

该算法执行等式约束路径跟踪内点法中的 $\widetilde{O}\left(\sqrt{m}\log\frac{U}{\min(1,F)}\right)$ 次迭代。

证明　首先，我们不妨假设所有边都属于 G 中从 s 到 t 的某条有向路径。接下来，我们应用引理 11.10 来寻找 G 中一个值为 $f=\min\left\{\frac{1}{2},\frac{F}{2}\right\}$ 且满足

$$x>1\cdot\min\left\{\frac{1}{2m},\frac{F}{2m}\right\}$$

的流，并设

$$x_{\hat{i}}=F-f$$

这意味着

$$\boldsymbol{Bx}=F\boldsymbol{\chi}_{st}$$

此外，对每条边 $i\in E$，我们有

$$\min\left\{\frac{1}{2m},\frac{F}{2m}\right\}\leqslant x_i\leqslant\rho_i-\frac{1}{2}$$

这是因为对于每条边 $i \in E$，都有 $\rho_i \in \mathbb{Z}_{\geqslant 0}$。对于 $x_{\hat{i}}$，我们有

$$\frac{F}{2} \leqslant x_{\hat{i}} \leqslant F = \rho_{\hat{i}} - F$$

因此，通过设松弛变量 y_i 为

$$y_i := \rho_i - x_i$$

我们得到

$$\min\left\{\frac{1}{2}, F\right\} \leqslant y_i$$

现在我们应用引理 11.8，其中

$$\beta := \min\left\{\frac{1}{2m}, \frac{F}{2m}, \frac{1}{2}, \frac{F}{2}, F\right\} \geqslant \frac{\min\{1, F\}}{2m}$$

现在只需要为可行集的直径找到一个适当的界。注意，对每个 $i \in E \cup \{\hat{i}\}$，我们都有

$$0 \leqslant x_i, y_i \leqslant \rho_i$$

这意味着可行集的欧氏直径有上界

$$\sqrt{2\sum_{i=1}^{m} \rho_i^2} \leqslant \sqrt{2m}U$$

于是，通过将这些参数代入引理 11.8，就可以得到 η_0 与迭代次数的界。 □

11.4 自和谐障碍

在本节中，通过抽象出对数障碍函数和第 10 章中路径跟踪内点法的收敛性证明中的关键性质，我们得出自和谐性这一核心概念。自和谐性的概念不仅可以帮助我们为更多（多胞形之外的）凸体开发路径跟踪算法，还可以让我们寻找更好的障碍函数，从而导出求解线性规划问题的一些已知最快的算法。

11.4.1 重新审视对数障碍的性质

回顾第 10 章中的引理 10.5，它断言不变性

$$\|\boldsymbol{n}_{\eta_t}(\boldsymbol{x}_t)\|_{\boldsymbol{x}_t} \leqslant \frac{1}{6}$$

在路径跟踪内点法的每一步都成立。该引理的证明依赖于对数障碍函数的两个重要性质。

引理 11.12 (对数障碍函数的性质)　设

$$F(\boldsymbol{x}) := -\sum_{i=1}^{m} \log s_i(\boldsymbol{x})$$

为某个多胞形的对数障碍函数，设 $\boldsymbol{g}(\boldsymbol{x})$ 是其梯度，$\boldsymbol{H}(\boldsymbol{x})$ 是其黑塞矩阵，则我们有

（1）对每个 $\boldsymbol{x} \in \operatorname{int}(P)$，

$$\left\|\boldsymbol{H}(\boldsymbol{x})^{-1}\boldsymbol{g}(\boldsymbol{x})\right\|_{\boldsymbol{x}}^{2} \leqslant m$$

（2）对每个 $\boldsymbol{x} \in \operatorname{int}(P)$ 和每个 $\boldsymbol{h} \in \mathbb{R}^n$，

$$\left|\nabla^3 F(\boldsymbol{x})[\boldsymbol{h},\boldsymbol{h},\boldsymbol{h}]\right| \leqslant 2\left(\boldsymbol{h}^\top \boldsymbol{H}(\boldsymbol{x})\boldsymbol{h}\right)^{3/2}$$

回顾一下，第一个性质用来证明：可以通过将 η 乘以 $1+\dfrac{1}{20\sqrt{m}}$ 来沿着中心路径迭代（见第 10 章中引理 10.7）。第二个性质在证明中未被明确提到，但是，它导致了对数障碍函数 F 满足 NL 条件。因此，我们可以使用牛顿法对点重复地重新中心化（使其更接近中心路径）（见第 10 章中引理 10.6）。

证明　（1）部分已在第 10 章中证明。在这里，我们提供一种稍有不同的证明。设 $\boldsymbol{x} \in \operatorname{int}(P)$，并设 $\boldsymbol{S}_{\boldsymbol{x}} \in \mathbb{R}^{m\times m}$ 是以松弛变量 $s_i(\boldsymbol{x})$ 为对角元的对角矩阵。于是，我们知道

$$\boldsymbol{H}(\boldsymbol{x}) = \boldsymbol{A}^\top \boldsymbol{S}_{\boldsymbol{x}}^{-2}\boldsymbol{A} \text{ 及 } \boldsymbol{g}(\boldsymbol{x}) = \boldsymbol{A}^\top \boldsymbol{S}_{\boldsymbol{x}}^{-1}\mathbf{1}$$

其中 $\mathbf{1} \in \mathbb{R}^m$ 是各分量均为 1 的向量。我们有

$$\begin{aligned}
\left\|\boldsymbol{H}(\boldsymbol{x})^{-1}\boldsymbol{g}(\boldsymbol{x})\right\|_{\boldsymbol{x}}^{2} &= \boldsymbol{g}(\boldsymbol{x})^\top \boldsymbol{H}(\boldsymbol{x})^{-1}\boldsymbol{g}(\boldsymbol{x}) \\
&= \mathbf{1}^\top \boldsymbol{S}_{\boldsymbol{x}}^{-1}\boldsymbol{A}\left(\boldsymbol{A}^\top \boldsymbol{S}_{\boldsymbol{x}}^{-2}\boldsymbol{A}\right)^{-1}\boldsymbol{A}^\top \boldsymbol{S}_{\boldsymbol{x}}^{-1}\mathbf{1} \\
&= \mathbf{1}^\top \boldsymbol{\Pi}\mathbf{1}
\end{aligned}$$

其中 $\boldsymbol{\Pi} := \boldsymbol{S}_{\boldsymbol{x}}^{-1}\boldsymbol{A}\left(\boldsymbol{A}^\top \boldsymbol{S}_{\boldsymbol{x}}^{-2}\boldsymbol{A}\right)^{-1}\boldsymbol{A}^\top \boldsymbol{S}_{\boldsymbol{x}}^{-1}$。注意，$\boldsymbol{\Pi}$ 是一个正交投影矩阵；事实上，$\boldsymbol{\Pi}$ 对称且 $\boldsymbol{\Pi}^2 = \boldsymbol{\Pi}$（直接计算可得）。因此，

$$\left\|\boldsymbol{H}(\boldsymbol{x})^{-1}\boldsymbol{g}(\boldsymbol{x})\right\|_{\boldsymbol{x}}^{2} = \mathbf{1}^\top \boldsymbol{\Pi}\mathbf{1} = \|\boldsymbol{\Pi}\mathbf{1}\|_2^2 \leqslant \|\mathbf{1}\|_2^2 = m$$

要证明（2）部分，首先注意，

$$\nabla^3 F(\boldsymbol{x})[\boldsymbol{h},\boldsymbol{h},\boldsymbol{h}] = 2\sum_{i=1}^{m}\frac{\langle \boldsymbol{a}_i,\boldsymbol{h}\rangle^3}{s_i(\boldsymbol{x})^3} \text{ 及 } \boldsymbol{h}^\top \boldsymbol{H}(\boldsymbol{x})\boldsymbol{h} = \sum_{i=1}^{m}\frac{\langle \boldsymbol{a}_i,\boldsymbol{h}\rangle^2}{s_i(\boldsymbol{x})^2}$$

因此，对于所有的 $i=1,2,\cdots,m$，将不等式

$$\|\boldsymbol{z}\|_3 \leqslant \|\boldsymbol{z}\|_2$$

应用于由 $z_i := \dfrac{\langle \boldsymbol{a}_i, \boldsymbol{h}\rangle}{s_i(\boldsymbol{x})}$ 定义的向量 $\boldsymbol{z} \in \mathbb{R}^m$，便可得到结论。 □

11.4.2 自和谐障碍函数

引理 11.12 中陈述的两个条件对于理解更一般的路径跟踪内点法是有益的。任意满足这两个性质的凸函数，若同时是多胞形 P 上的障碍函数（即在边界上趋近于无穷大），则被称为**自和谐障碍函数**。

定义 11.13 (自和谐障碍函数) 设 $K \subseteq \mathbb{R}^d$ 为一个凸集且 $F:\mathrm{int}(K)\to\mathbb{R}$ 是一个三次可微的函数。我们称 F 是一个参数为 ν 的自和谐障碍函数，若其满足下列性质：

(1) **(障碍)** 当 $\boldsymbol{x}\to\partial K$ 时 $F(\boldsymbol{x})\to\infty$。

(2) **(凸性)** F 是严格凸的。

(3) **(复杂度参数 ν)** 对任意 $\boldsymbol{x}\in\mathrm{int}(K)$，

$$\nabla F(\boldsymbol{x})^\top \left(\nabla^2 F(\boldsymbol{x})\right)^{-1} \nabla F(\boldsymbol{x}) \leqslant \nu$$

(4) **(自和谐性)** 对任意 $\boldsymbol{x}\in\mathrm{int}(K)$ 及所有容许的（在 F 的定义域的切空间中的）向量 $\boldsymbol{h}$，

$$\left|\nabla^3 F(\boldsymbol{x})[\boldsymbol{h},\boldsymbol{h},\boldsymbol{h}]\right| \leqslant 2\left(\boldsymbol{h}^\top \nabla^2 F(\boldsymbol{x})\boldsymbol{h}\right)^{3/2}$$

注意，P 上的对数障碍函数具有上述性质且复杂度参数 $\nu=m$。事实上，上面的第三个性质与引理 11.12 的第一个性质相吻合，而第四个性质与引理 11.12 的第二个性质相同。

11.5 使用自和谐障碍函数求解线性规划问题

给定多胞形 P 上的自和谐障碍函数 $F(\boldsymbol{x})$，考虑目标函数

$$f_\eta(\boldsymbol{x}) := \eta\langle \mathbf{c}, \boldsymbol{x}\rangle + F(\boldsymbol{x})$$

并将中心路径定义为由上述含参凸函数族的最小值点 $\boldsymbol{x}_\eta^\star$ 组成的集合。第 10 章中介绍的算法 8 可直接适用于此自和谐障碍函数 F。唯一的区别是 m 被替换为 ν，即障碍函数 F 的复杂度参数；也就是说，η 的值根据如下规则进行更新，

$$\eta_{t+1} := \eta_t\left(1+\frac{1}{20\sqrt{\nu}}\right)$$

并且一旦 $\eta_T > \dfrac{\nu}{\varepsilon}$，迭代即终止。

按照第 10 章中定理 10.10 的证明，对于这样的 F，可以得到下面的结果。

定理 11.14 (路径跟踪内点法对一般障碍函数的收敛性)　设 $F(\boldsymbol{x})$ 是 $P=\{\boldsymbol{x}\in\mathbb{R}^n:\boldsymbol{A}\boldsymbol{x}\leqslant\boldsymbol{b}\}$ 上的自和谐障碍函数，且复杂度参数为 ν。相应的路径跟踪内点法在经过 $T:=O\left(\sqrt{\nu}\log\dfrac{\nu}{\varepsilon\eta_0}\right)$ 次迭代后，输出一点 $\hat{\boldsymbol{x}}\in P$ 满足

$$\langle\boldsymbol{c},\hat{\boldsymbol{x}}\rangle\leqslant\langle\boldsymbol{c},\boldsymbol{x}^\star\rangle+\varepsilon$$

算法的每一次迭代需要计算在给定点 $\boldsymbol{x}\in\operatorname{int}(P)$ 处 F 的梯度及黑塞矩阵 $[\boldsymbol{H}(\cdot)]$，并需要求解一个形如 $\boldsymbol{H}(\boldsymbol{x})\boldsymbol{y}=\boldsymbol{z}$ 的线性方程组，其中 $\boldsymbol{z}\in\mathbb{R}^n$ 由 $\boldsymbol{x}$ 决定，$\boldsymbol{y}$ 是待求解变量。

自和谐性的复杂度参数的下界。定理 11.14 意味着，如果我们能对参数 $\nu<m$ 的自和谐障碍函数提出一个高效的二阶方法，我们就能得到一个算法，该算法大约执行 $\sqrt{\nu}$ 次迭代（而非对数障碍函数对应的 $\sqrt{m}$ 次迭代）。于是，自然产生了一个问题：我们能得到任意好的障碍吗？特别地，我们能否将复杂度参数减小至 $O(1)$ 呢？不幸的是，下面的定理证实，自和谐性的复杂度参数不会小于凸集的维数。

定理 11.15 (超立方体的复杂度参数下界)　超立方体 $K:=[0,1]^d$ 上的每个自和谐障碍函数的复杂度参数至少为 d。

我们通过证明 $d=1$ 的情况，给出一些对这一事实的一些直观的认识。

定理 11.15 的证明，$d=1$ 的情形　设 $F:[0,1]\to\mathbb{R}$ 是 $K=[0,1]$ 上的一个自和谐障碍函数。在单变量的情形中，自和谐性可叙述为：对每个 $t\in(0,1)$，

$$F'(t)^2\leqslant\nu\cdot F''(t)$$

$$|F'''(t)|\leqslant 2F''(t)^{3/2}$$

我们证明若 F 是一个严格凸的障碍函数，则上面的条件意味着 $\nu\geqslant 1$。采用反证法，假设 $\nu<1$。设

$$g(t):=\frac{F'(t)^2}{F''(t)}$$

并考虑 g 的梯度：

$$g'(t)=2F'(t)-\left(\frac{F'(t)}{F''(t)}\right)^2F'''(t)=F'(t)\left(2-\frac{F'(t)F'''(t)}{F''(t)^2}\right)\tag{11.9}$$

现在，利用 F 的自和谐性，我们得到

$$\frac{F'(t)F'''(t)}{F''(t)^2} \leqslant 2\sqrt{\nu} \tag{11.10}$$

此外，由于 F 是一个严格凸函数，对某个 $\alpha \in (0,1)$ 及 $t \in (\alpha, 1]$，$F'(t) > 0$ 恒成立。因此，对于 $t > \alpha$，结合式 (11.9)和式(11.10)，我们有

$$g'(t) \geqslant 2F'(t)(1 - \sqrt{\nu})$$

从而有

$$g(t) \geqslant g(\alpha) + 2(1 - \sqrt{\nu})(F(t) - F(\alpha))$$

这导出矛盾，因为一方面，$g(t) \leqslant \nu$（由 F 的自和谐性），而另一方面，$g(t)$ 是无界的［这是因为 $\lim_{t\to 1} F(t) = +\infty$）］。 □

有趣的是，有结果表明，$\mathbb{R}^d$ 的每个全维凸子集都有一个自和谐障碍——称为**通用障碍**——参数为 $O(d)$。然而，请注意，仅存在一个 $O(d)$ 自和谐障碍并不意味着我们可以构建高效的算法，其可在 $O(\sqrt{d})$ 次迭代内求解 P 上的优化问题。事实上，通用障碍及相关障碍在很大程度上只是数学结果，从计算角度看相当难以实用化——计算这些障碍的梯度和黑塞矩阵并不简单。现在我们介绍两个线性规划的具有良好计算性质的障碍函数。

11.5.1　体积障碍

定义 11.16 (体积障碍)　设 $P = \{\boldsymbol{x} \in \mathbb{R}^n : \boldsymbol{A}\boldsymbol{x} \leqslant \boldsymbol{b}\}$，其中 $\boldsymbol{A}$ 是一个 $m \times n$ 矩阵，并设 $F : \mathrm{int}(P) \to \mathbb{R}$ 是 P 上的对数障碍函数。P 上的体积障碍函数定义为

$$V(\boldsymbol{x}) := \frac{1}{2} \log\det \boldsymbol{\nabla}^2 F(\boldsymbol{x})$$

P 上的**混合障碍**定义为

$$G(\boldsymbol{x}) := V(\boldsymbol{x}) + \frac{n}{m} F(\boldsymbol{x})$$

讨论。使用对数障碍的线性规划问题需要 $\sqrt{m}$ 次迭代，障碍函数 $V(\boldsymbol{x})$ 和 $G(\boldsymbol{x})$ 在此基础上做出改进。为了理解体积障碍的含义，考虑以 $\boldsymbol{x}$ 为中心的 Dikin 椭球

$$E_{\boldsymbol{x}} := \left\{\boldsymbol{u} \in \mathbb{R}^n : (\boldsymbol{u} - \boldsymbol{x})^\top \boldsymbol{H}(\boldsymbol{x})(\boldsymbol{u} - \boldsymbol{x}) \leqslant 1\right\}$$

其中 $\boldsymbol{H}(\boldsymbol{x})$ 是 $F(\boldsymbol{x})$ 的黑塞矩阵。定义一个函数，在一点 $\boldsymbol{x}$ 处度量 Dikin 椭球 $E_{\boldsymbol{x}}$ 的体积（在 Lebesgue 测度下）（记为 $\operatorname{vol}(E_{\boldsymbol{x}})$）。那么，在至多相差一个常数的意义下，体积障碍是该体积的负对数：

$$V(\boldsymbol{x}) = -\log \operatorname{vol}(E_{\boldsymbol{x}}) + \text{常数}$$

要理解这为什么是一个障碍函数，请注意，由于对每个 $\boldsymbol{x} \in \operatorname{int}(P)$，Dikin 椭球 $E_{\boldsymbol{x}}$ 都包含在 P 内（见习题 10.4），所以当 $\boldsymbol{x}$ 靠近 P 的边界时，$E_{\boldsymbol{x}}$ 就会变得很扁平，因而 $V(\boldsymbol{x})$ 趋向于 $+\infty$。

$V(\boldsymbol{x})$ 也可以视为一个加权的对数障碍函数。事实上，可以证明 $V(\boldsymbol{x})$ 的黑塞矩阵在乘法意义下接近 ⊖ 矩阵 $\boldsymbol{Q}(\boldsymbol{x})$：

$$\boldsymbol{Q}(\boldsymbol{x}) := \sum_{i=1}^{m} \sigma_i(\boldsymbol{x}) \frac{\boldsymbol{a}_i \boldsymbol{a}_i^\top}{s_i(\boldsymbol{x})^2}$$

其中 $\boldsymbol{\sigma}(\boldsymbol{x}) \in \mathbb{R}^m$ 是在 $\boldsymbol{x}$ 处的**杠杆值**向量，即对 $i = 1, 2, \cdots, m$，

$$\sigma_i(\boldsymbol{x}) := \frac{\boldsymbol{a}_i^\top \boldsymbol{H}(\boldsymbol{x})^{-1} \boldsymbol{a}_i}{s_i(\boldsymbol{x})^2}$$

向量 $\boldsymbol{\sigma}(\boldsymbol{x})$ 估计了每个约束的相对重要性。事实上，下面的式子成立，

$$\sum_{i=1}^{m} \sigma_i(\boldsymbol{x}) = n \text{ 及 } \forall i, 0 \leqslant \sigma_i(x) \leqslant 1$$

注意，不同于对数障碍，如果某些约束条件重复多次，其在体积障碍中的重要性不会随着重复次数的增加而增加。

如果我们暂时假定杠杆值 $\boldsymbol{\sigma}(\boldsymbol{x})$ 不随 $\boldsymbol{x}$ 变化，即

$$\boldsymbol{\sigma}(\boldsymbol{x}) \equiv \boldsymbol{\sigma}$$

那么 $\boldsymbol{Q}(\boldsymbol{x})$ 将对应于以下加权对数障碍函数的黑塞矩阵 $\nabla^2 F_{\boldsymbol{\sigma}}(\boldsymbol{x})$：

$$F_{\boldsymbol{\sigma}}(\boldsymbol{x}) = \sum_{i=1}^{m} \sigma_i \log s_i(\boldsymbol{x})$$

回顾一下，在对数障碍的情形中，每个 $\sigma_i = 1$，因此，约束的总重要性为 m，而这里 $\sum_{i=1}^{m} \sigma_i = n$。这一点在 11.5.2 节中有进一步的概述。

⊖ 这里的意思是，存在一个常数 $\gamma > 0$ 使得 $\gamma \boldsymbol{Q}(\boldsymbol{x}) \preceq \nabla^2 V(\boldsymbol{x}) \preceq \gamma^{-1} \boldsymbol{Q}(\boldsymbol{x})$。

复杂度参数。 前面提到，体积障碍 $V(\boldsymbol{x})$ 可视为一个加权对数障碍，这可以用于证明其复杂度参数为 $\nu = O(n)$。然而，它并不满足自和谐性条件。相反，我们可以证明下列更弱的条件：

$$\frac{1}{2}\nabla^2 V(\boldsymbol{x}) \preceq \nabla^2 V(\boldsymbol{y}) \preceq 2\nabla^2 V(\boldsymbol{x}) \text{ 只要} \|\boldsymbol{x}-\boldsymbol{y}\|_{\boldsymbol{x}} \leqslant O\left(m^{-1/2}\right)$$

为使上述条件不只对满足 $\|\boldsymbol{x}-\boldsymbol{y}\|_{\boldsymbol{x}} \leqslant O\left(m^{-1/2}\right)$ 的 $\boldsymbol{x}$ 和 $\boldsymbol{y}$ 成立，可以考虑对体积障碍进行调整：考虑混合障碍 $G(\boldsymbol{x}) := V(\boldsymbol{x}) + \frac{n}{m}F(\boldsymbol{x})$。

定理 11.17 (混合障碍的自和谐性) 障碍函数 $G(\boldsymbol{x})$ 是自和谐的，且复杂度参数为 $\nu = O(\sqrt{nm})$。

注意，只要 $n = o(m)$，这就给出了对数障碍的一种改进，但它并不能达到最优界 $O(n)$。

计算复杂度。 虽然就复杂度参数而言，混合障碍并不是最优的，但可以证明将其用于实现牛顿步是合理的。

定理 11.18 (混合障碍的计算复杂度) 在路径跟踪内点法中关于混合障碍 $G(\boldsymbol{x})$ 的一个牛顿步，可以在两个 $m \times m$ 矩阵相乘的时间 ［$O\left(m^{\omega}\right)$，其中 ω 是矩阵乘法指数，约为 2.373］ 内完成。

回顾一下，使用对数障碍的一次迭代可被简化为求解一个线性方程组。因此，上述情况与在最坏情况下使用对数障碍的单次迭代成本相匹配。然而，对于某些特殊情况（比如 $s-t$ 最小成本流问题），使用对数障碍的单次迭代成本可能会小得多，甚至是 $\widetilde{O}(m)$ 而非 $O\left(m^{\omega}\right)$。

11.5.2 Lee-Sidford 障碍

体积障碍考虑的是 Dikin 椭球的对数体积，而 Lee-Sidford 障碍考虑的大致是“平滑化”的 John 椭球的对数体积。

定义 11.19 (John 椭球) 给定多胞形 $P := \{\boldsymbol{x} \in \mathbb{R}^n : \boldsymbol{a}_i^\top \boldsymbol{x} \leqslant b_i \text{ 对于} i = 1, 2, \cdots, m\}$ 及点 $\boldsymbol{x} \in \operatorname{int}(P)$，在 $\boldsymbol{x}$ 处 P 的 John 椭球被定义为以 $\boldsymbol{x}$ 为中心且包含在 P 内的体积最大的椭球。对于一个用正定矩阵 $\boldsymbol{B}$ 描述的椭球，其对数体积为 $-\frac{1}{2}\log\det \boldsymbol{B}$。

下面的凸优化问题便表示了 John 椭球，证明留作习题（习题 11.15）：

$$\log \operatorname{vol}(J(\boldsymbol{x})) := \max_{\boldsymbol{w} \geqslant \boldsymbol{0}, \sum_{i=1}^m w_i = n} \left[\log\det\left(\sum_{i=1}^m w_i \frac{\boldsymbol{a}_i \boldsymbol{a}_i^\top}{s_i(\boldsymbol{x})^2}\right)\right] \tag{11.11}$$

这样的一个障碍 $J(\boldsymbol{x})$ 实际的复杂度参数为 n，然而，最优权重向量 $\boldsymbol{w}(\boldsymbol{x}) \in \mathbb{R}^m$ 却是非光滑的，这使我们不可能将 $J(\boldsymbol{x})$ 用作优化问题的障碍函数。

将 $J(\boldsymbol{x})$ 定义为障碍函数时，困难在于最优权重向量 $\boldsymbol{w}(\boldsymbol{x}) \in \mathbb{R}^m$ 并不光滑。为了解决这一问题，可以考虑对 $J(\boldsymbol{x})$ 平滑化。一种可行的平滑化即下面定义的障碍 $LS(\boldsymbol{x})$。

定义 11.20 (Lee-Sidford 障碍) 设 $P := \{\boldsymbol{x} \in \mathbb{R}^n : \boldsymbol{A}\boldsymbol{x} \leqslant \boldsymbol{b}\}$ 是全维多胞形，其中 $\boldsymbol{A}$ 是 $m \times n$ 矩阵，并设 $F : \mathrm{int}(P) \to \mathbb{R}$ 是 P 的对数障碍。考虑定义在点 $\boldsymbol{x} \in \mathrm{int}(P)$ 处的如下障碍函数，它是下面的优化问题的解：

$$LS(\boldsymbol{x}) := \max_{\boldsymbol{w} \geqslant \boldsymbol{0}} \left[\log\det\left(\sum_{i=1}^{m} w_i \frac{\boldsymbol{a}_i \boldsymbol{a}_i^\top}{s_i(\boldsymbol{x})^2} \right) - \frac{n}{m} \sum_{i=1}^{m} w_i \log w_i \right] + \frac{n}{m} F(\boldsymbol{x}) \tag{11.12}$$

$LS(\boldsymbol{x})$ 中的熵项使得 $\boldsymbol{w}$ 对 $\boldsymbol{x}$ 的依赖更加平滑，并且类似混合障碍，这一障碍函数也加上了系数为 $\dfrac{n}{m}$ 的对数障碍函数项。

讨论。值得注意的是，Lee-Sidford 障碍导出了一种求解线性规划问题的内点算法，该算法的迭代次数为 $O(\sqrt{n}\log^{O(1)} m)$，其中每次迭代都会求解少量的线性方程组。因此，它不仅在迭代次数上对混合障碍进行了改进，而且还有更好的可计算性。

复杂度参数。Dikin 椭球有一个性质，直观上它是导致迭代界为 $\sqrt{m}$ 的原因。这个性质为：只要 P 是对称的（即 $\boldsymbol{x} \in P$ 当且仅当 $-\boldsymbol{x} \in P$），就有

$$E_0 \subseteq P \subseteq \sqrt{m} E_0$$

这就是说，E_0 是 P 的一个子集，而且将其扩大 $\sqrt{m}$ 倍后，便包含多胞形 P。这里 E_0 是以 0 为中心的 Dikin 椭球。参见图 11.2。因此，如果我们沿 $-\boldsymbol{c}$ 方向朝 E_0 的边界移动一步，目标便在乘积意义下移动了 $1 + \dfrac{1}{\sqrt{m}}$。这一直观想法并不完全准确，因为这仅当我们从 P 的解析中心开始时才成立。不过，对于某个 C，可以使用约束 $\langle \boldsymbol{c}, \boldsymbol{x} \rangle \leqslant C$ 与 P 相交，将 P 的解析中心平移至新迭代点，然后照此进行下去。这使我们产生这样的直觉：Dikin 椭球是多胞形 P 的一个 $\sqrt{m}$ 舍入，这一结果为 $\sqrt{m}$ 次迭代的界给出了一个解释。类似上面对 Dikin 椭球的讨论可以证明

$$J_0 \subseteq P \subseteq \sqrt{n} J_0$$

其中 J_0 是以 $\boldsymbol{0}$ 为中心的 John 椭球。这一结果看起来很有希望，因为相比 Dikin 椭球的界，m 实际上变成了 n，并且这大致上也是 Lee-Sidford 障碍能够带来改进的原因。这可以用以下定理来正式表述。

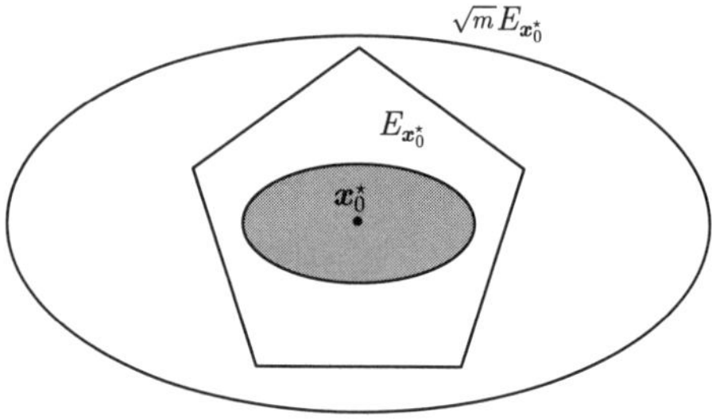

图 11.2 多胞形 P 以及 Dikin 椭球，椭球的球心为 $\boldsymbol{x}_0^\star$——P 的解析中心。虽然 Dikin 椭球完全包含于 P，但其扩大 $\sqrt{m}$ 倍后包含 P

定理 11.21 (Lee-Sidford 障碍的自和谐性) *障碍函数 $LS(\boldsymbol{x})$ 是自和谐的，且复杂度参数为 $O(n \cdot \text{poly}\log(m))$。*

特别注意，这等同于（取决于对数因子）n 维多胞形障碍函数的复杂度参数中 n 的下界。

计算复杂度。 尽管障碍 $LS(\boldsymbol{x})$ 的复杂度参数已接近最优，但我们仍不清楚如何保持该障碍函数的黑塞矩阵，并在与对数障碍的单次迭代（求解一个线性方程组）相当的时间内执行牛顿法的每次迭代。这一算法的实现方式是通过跟踪当前迭代点 $\boldsymbol{x}_t$ 及当前的权重向量 $\boldsymbol{w}_t$。在每次迭代中，点 $\boldsymbol{x}_t$ 及权重 $\boldsymbol{w}_t$ 都被更新，以便在中心路径（由当前的 $\boldsymbol{w}_t$ 决定）上向最优解移动。出于计算效率的考虑，权重 $\boldsymbol{w}_t$ 从未真正与关于 $\boldsymbol{x}_t$ 的求解器式(11.12)相对应，而是通过关于旧的权重 $\boldsymbol{w}_{t-1}$ 的另一个牛顿步得到的。这最终导出以下结果。

定理 11.22 (线性规划的 Lee-Sidford 算法，非正式形式) *存在一个基于路径跟踪方案求解线性规划的算法，该算法使用 Lee-Sidford 障碍函数 $LS(\boldsymbol{x})$，通过执行 $\widetilde{O}\left(\sqrt{n}\log\dfrac{1}{\varepsilon}\right)$ 次迭代，计算得到一个 ε 近似解。该算法的每次迭代需求解多项式对数数量的 $m \times m$ 线性方程组。*

11.6 使用自和谐障碍的半定规划

回顾一下，在 11.1 节中，我们使用正象限中的对数障碍函数，得到了一个求解下面的线性规划标准型的算法：

$$\begin{aligned} \min_{\boldsymbol{x}\in\mathbb{R}^m} \ & \langle \boldsymbol{c}, \boldsymbol{x}\rangle \\ \text{s.t.} \ & \boldsymbol{A}\boldsymbol{x} = \boldsymbol{b} \\ & \boldsymbol{x} \geqslant \boldsymbol{0} \end{aligned}$$

上述问题在矩阵空间中的一个推广是下面关于半正定矩阵的凸优化问题，称为 **半定规划**（SDP）：

$$\begin{aligned}\min_{\boldsymbol{X}}\ & \langle \boldsymbol{C}, \boldsymbol{X}\rangle \\ \text{s.t.}\ & \langle \boldsymbol{A}_i, \boldsymbol{X}\rangle = b_i,\ i = 1, 2, \cdots, m \\ & \boldsymbol{X} \succeq \boldsymbol{0}\end{aligned} \tag{11.13}$$

其中，$\boldsymbol{X}$ 是自变量，且是一个对称 $n \times n$ 矩阵，$\boldsymbol{C}$ 和 $\boldsymbol{A}_1, \boldsymbol{A}_2, \cdots, \boldsymbol{A}_m$ 是对称 $n \times n$ 矩阵，$b_i \in \mathbb{R}$。在上述对称矩阵空间中我们使用的内积为

$$\langle \boldsymbol{M}, \boldsymbol{N}\rangle := \mathrm{Tr}(\boldsymbol{M}\boldsymbol{N})$$

路径跟踪内点法可以推广至半定规划问题。我们所需要的是下面正定矩阵集合的一个可高效计算的自和谐障碍函数：

$$C_n := \left\{\boldsymbol{X} \in \mathbb{R}^{n\times n} : \boldsymbol{X}\ 正定\right\}$$

正定矩阵的障碍

定义 11.23 (正定矩阵的对数障碍)　*C_n 上的对数障碍函数 $F : C_n \to \mathbb{R}$ 被定义为*

$$F(\boldsymbol{X}) := -\log\det \boldsymbol{X}$$

讨论。C_n 上的对数障碍是对正象限的对数障碍的推广。事实上，如果我们将 C_n 限制为正定对角矩阵的集合，我们将得到

$$F(\boldsymbol{X}) = -\sum_{i=1}^{n} \log X_{i,i}$$

更一般地，不难看出

$$F(\boldsymbol{X}) = -\sum_{i=1}^{n} \log \boldsymbol{\lambda}_i(\boldsymbol{X})$$

其中 $\boldsymbol{\lambda}_1(\boldsymbol{X}), \boldsymbol{\lambda}_2(\boldsymbol{X}), \cdots, \boldsymbol{\lambda}_n(\boldsymbol{X})$ 是 $\boldsymbol{X}$ 的特征值。

复杂度参数。注意，正象限中的对数障碍是自和谐的且复杂度参数为 n。我们证明这对 C_n 也同样成立。

定理 11.24 (正定矩阵对数障碍函数的复杂度参数)　*在正定矩阵集合 C_n 上的对数障碍函数 F 是自和谐的，且复杂度参数为 n。*

证明　首先要注意的是，要验证定义 11.13 的条件，我们首先要了解需要考虑什么样的向量 $\boldsymbol{h}$。由于我们现在考虑的是集合 C_n，我们想要考虑任何形为 $\boldsymbol{X}_1-\boldsymbol{X}_2$ 的 $\boldsymbol{H}$，其中 $\boldsymbol{X}_1,\boldsymbol{X}_2\in C_n$，也就是考虑全体对称矩阵的集合。设 $\boldsymbol{X}\in C_n$ 且 $\boldsymbol{H}\in\mathbb{R}^{n\times n}$ 是一个对称矩阵。我们有

$$\begin{aligned}\nabla F(\boldsymbol{X})[\boldsymbol{H}]&=-\operatorname{Tr}\left(\boldsymbol{X}^{-1}\boldsymbol{H}\right)\\ \nabla^2 F(\boldsymbol{X})[\boldsymbol{H},\boldsymbol{H}]&=\operatorname{Tr}\left(\boldsymbol{X}^{-1}\boldsymbol{H}\boldsymbol{X}^{-1}\boldsymbol{H}\right)\\ \nabla^3 F(\boldsymbol{X})[\boldsymbol{H},\boldsymbol{H},\boldsymbol{H}]&=-2\operatorname{Tr}\left(\boldsymbol{X}^{-1}\boldsymbol{H}\boldsymbol{X}^{-1}\boldsymbol{H}\boldsymbol{X}^{-1}\boldsymbol{H}\right)\end{aligned}\tag{11.14}$$

我们现在准备验证 $F(\boldsymbol{X})$ 的自和谐性。$\boldsymbol{X}$ 是一个障碍函数，因为若 $\boldsymbol{X}$ 趋于 ∂C_n，则 $\det(\boldsymbol{X})\to 0$。$F$ 的凸性可由下式得到：

$$\nabla^2 F(\boldsymbol{X})[\boldsymbol{H},\boldsymbol{H}]=\operatorname{Tr}\left(\boldsymbol{X}^{-1}\boldsymbol{H}\boldsymbol{X}^{-1}\boldsymbol{H}\right)=\operatorname{Tr}\left(\boldsymbol{H}_{\boldsymbol{X}}^2\right)\geqslant 0$$

其中 $\boldsymbol{H}_{\boldsymbol{X}}:=\boldsymbol{X}^{-1/2}\boldsymbol{H}\boldsymbol{X}^{-1/2}$。为了证明最后一个条件，注意

$$\nabla^3 F(\boldsymbol{X})[\boldsymbol{H},\boldsymbol{H},\boldsymbol{H}]=-2\operatorname{Tr}\left(\boldsymbol{H}_{\boldsymbol{X}}^3\right)$$

以及

$$2\left|\operatorname{Tr}\left(\boldsymbol{H}_{\boldsymbol{X}}^3\right)\right|\leqslant\operatorname{Tr}\left(\boldsymbol{H}_{\boldsymbol{X}}^2\right)^{3/2}=\left(\nabla^2 F(\boldsymbol{X})[\boldsymbol{H},\boldsymbol{H}]\right)^{3/2}$$

我们还须确定 F 的复杂度参数。这可由柯西–施瓦茨不等式得到，即

$$\nabla F(\boldsymbol{X})[\boldsymbol{H}]=-\operatorname{Tr}\left(\boldsymbol{H}_{\boldsymbol{X}}\right)\leqslant\sqrt{n}\cdot\operatorname{Tr}\left(\boldsymbol{H}_{\boldsymbol{X}}^2\right)^{1/2}=\sqrt{n}\nabla^2 F(\boldsymbol{X})[\boldsymbol{H},\boldsymbol{H}]^{1/2}$$

这就完成了证明。□

计算复杂度。为了将对数障碍应用于集合 C_n 上的优化问题，正如下面的定理所述（其证明基于上面的计算），我们需要证明 $F(\boldsymbol{X})$ 是高效的。

定理 11.25 (logdet 函数的梯度和黑塞矩阵)　*点 $\boldsymbol{X}\in C_n$ 处的对数障碍 F 的黑塞矩阵和梯度可在矩阵 $\boldsymbol{X}$ 求逆所需时间内计算得到。*

11.7　使用自和谐障碍的凸优化

最后，我们注意，在定义自和谐性的概念时，我们并未假定集合 K 是多胞形，只要求 K 是 $\mathbb{R}^n$ 的一个全维凸子集。因此，我们可以使用路径跟踪内点法在任意凸集上进行优化，只要我们能够找到一个好的初始点和一个计算高效的自和谐障碍函数。事实

上，这使我们能够在凸集 K 上求解线性函数 $\langle \boldsymbol{c}, \boldsymbol{x} \rangle$ 的最小化问题，且相应的收敛性保证与定理 11.14 类似。

定理 11.26 (任意凸集的路径跟踪内点法) 设 $F(\boldsymbol{x})$ 是凸集 $K \subseteq \mathbb{R}^n$ 上的一个自和谐障碍函数，且复杂度参数为 ν。存在类似算法 8 的一个算法，经过 $T := O\left(\sqrt{\nu} \log \frac{1}{\varepsilon \eta_0}\right)$ 次迭代后，输出 $\hat{\boldsymbol{x}} \in K$ 满足

$$\langle \boldsymbol{c}, \hat{\boldsymbol{x}} \rangle \leqslant \langle \boldsymbol{c}, \boldsymbol{x}^\star \rangle + \varepsilon$$

每次迭代需要计算 F 在给定点 $\boldsymbol{x} \in \operatorname{int}(K)$ 处的梯度及黑塞矩阵 $[\boldsymbol{H}(\cdot)]$，以及求解一个形如 $\boldsymbol{H}(\boldsymbol{x})\boldsymbol{y} = \boldsymbol{z}$ 的线性方程组，其中 $\boldsymbol{z} \in \mathbb{R}^n$ 是给定的向量，$\boldsymbol{y}$ 是变量。

值得指出的是，我们也可以使用上述框架在 K 上优化一般凸函数。这是因为每个凸优化规划 $\min_{\boldsymbol{x} \in K} f(\boldsymbol{x})$ 都可转化为一个在凸集上最小化线性函数的问题。事实上，以上形式等价于

$$\min_{(\boldsymbol{x}, t) \in K'} t$$

其中

$$K' := \{(\boldsymbol{x}, t) : \boldsymbol{x} \in K, f(\boldsymbol{x}) \leqslant t\}$$

这表明我们只须在集合 K' 上构造一个自和谐函数 F，便可求解 $\min_{\boldsymbol{x} \in K} f(\boldsymbol{x})$。[⊖]

习题

11.1 证明定理 11.2。

11.2 证明引理 11.3。

11.3 证明引理 11.9。

11.4 证明我们确实能够在 $O(m)$ 时间内找到引理 11.10 所要求的初始点。

11.5 证明对每个 $1 \leqslant p_1 \leqslant p_2 \leqslant \infty$，都有

$$\|\boldsymbol{z}\|_{p_2} \leqslant \|\boldsymbol{z}\|_{p_1}$$

11.6 开发一个精确求解 $s-t$ 最小成本流问题的方法。我们在此假设存在一个求解 $s-t$ 最小成本流问题的算法，与最优值的误差至多相差 $\varepsilon > 0$，且运行时间为 $\widetilde{O}\left(\mathrm{m}^{3/2} \log \frac{CU}{\varepsilon}\right)$，其中 C 是边上的最大成本，U 是边的最大容量。

⊖ 注意，这里的化简使得凸集 K' 相当复杂，因为 f 内置于其定义。尽管如此，这种化简在许多有趣的情形中仍然是有用的。

(1)证明若一个 $s–t$ 最小成本流问题有唯一最优解 $\boldsymbol{x}^\star$,则 $\boldsymbol{x}^\star$ 可在 $\widetilde{O}\left(m^{3/2}\log CU\right)$ 时间内被找到。

(2)**隔离引理**。证明以下引理：设 $\mathcal{F}\subseteq 2^{[m]}$ 是 $[m]:=\{1,2,\cdots,m\}$ 的一族子集，并设 $w:[m]\to[N]$ 为一个随机选取的权重函数（即对每个 $i\in[m]$，$w(i)$ 是 $\{1,2,\cdots,N\}$ 中的一个随机数）。那么在全体 $S\in\mathcal{F}$ 上，存在 **唯一的** $S^\star\in\mathcal{F}$ 使得 $w(S):=\sum_{i\in S}w(i)$ 最大化的概率至少为 $1-\dfrac{m}{N}$。

(3)证明存在一个随机化算法,该算法能以至少 $1-\dfrac{1}{m^{10}}$ 的概率,在 $\widetilde{O}\left(\mathrm{m}^{3/2}\log CU\right)$ 时间内找到 $s-t$ 最小成本流问题的最优解。

提示：容量和流量均为整数的图的所有可行流构成一个顶点都是整数的凸多胞形。

11.7 **最优指派问题**。有 n 个工人和 n 项任务,将任务 j 指派给工人 i 的利润为 $w_{ij}\in\mathbb{Z}$。目标是为每个工人恰好指派一个任务，使得没有任务被指派两次且总利润达到最大。

(1)证明最优指派问题可表示为下面的线性规划问题：

$$\begin{aligned}\max_{\boldsymbol{x}\in\mathbb{R}^{n\times n}}\quad & \sum_{i=1}^{n}\sum_{j=1}^{n}w_{ij}x_{ij}\\ \text{s.t.}\ & \sum_{i=1}^{n}x_{ij}=1,\ \forall j=1,2,\cdots,n\\ & \sum_{j=1}^{n}x_{ij}=1,\ \forall i=1,2,\cdots,n\\ & \boldsymbol{x}\geqslant\mathbf{0}\end{aligned}\tag{11.15}$$

(2)设计一个基于路径跟踪框架的算法，来求解此问题。

1)这一算法执行 $\widetilde{O}(n)$ 次迭代。

2)分析每次迭代的时间（计算等式约束牛顿步的用时）。

3)给出一个算法来寻找一个严格正的初始解及 η_0 的一个界。

4)给出总运行时间的界。

注：虽然最优指派问题可以被组合地约化为 $s-t$ 最小成本流问题，但此问题要求直接使用路径跟踪内点法来求解，而非通过将其约化为 $s-t$ 最小成本流问题。

11.8 **定向绒泡黏菌动力学**。在这一习题中，我们将设计求解下面的线性规划标准型的一种不同的内点法，

$$\min_{\boldsymbol{x}\in\mathbb{R}^m}\ \langle\boldsymbol{c},\boldsymbol{x}\rangle$$

$$\text{s.t. } \boldsymbol{Ax} = \boldsymbol{b} \tag{11.16}$$

$$\boldsymbol{x} \geqslant \boldsymbol{0}$$

我们在此假设该线性规划问题是严格可行的，即 $S := \{\boldsymbol{x} > \boldsymbol{0} : \boldsymbol{Ax} = \boldsymbol{b}\} \neq \varnothing$。我们的想法是使用一个障碍函数 $F(\boldsymbol{x}) := \sum_{i=1}^{m} x_i \log x_i$，来为正象限 $\mathbb{R}^m_{>0}$ 赋予由 $F(\boldsymbol{x})$ 导出的局部内积。即对 $\boldsymbol{x} \in \mathbb{R}^m_{>0}$，我们定义

$$\forall \boldsymbol{u}, \boldsymbol{v} \in \mathbb{R}^m,\ \langle \boldsymbol{u}, \boldsymbol{v} \rangle_{\boldsymbol{x}} := \boldsymbol{u}^\top \nabla^2 F(\boldsymbol{x}) \boldsymbol{v}$$

现在我们指明这一新算法的更新规则。设 $\boldsymbol{x} \in S$，我们定义

$$\boldsymbol{x}' := \boldsymbol{x} - \boldsymbol{g}(\boldsymbol{x})$$

其中 $\boldsymbol{g}(\boldsymbol{x})$ 被定义为关于内积 $\langle \cdot, \cdot \rangle_{\boldsymbol{x}}$ 的线性函数 $\boldsymbol{x} \mapsto \langle \boldsymbol{c}, \boldsymbol{x} \rangle$ 限制在仿射子空间 $\{\boldsymbol{x} : \boldsymbol{Ax} = \boldsymbol{b}\}$ 上的梯度。推导一个用 $\boldsymbol{A}, \boldsymbol{b}, \boldsymbol{c}$ 和 $\boldsymbol{x}$ 表示 $\boldsymbol{g}(\boldsymbol{x})$ 的显式表达式。

11.9 证明正象限 $\mathbb{R}^n_{>0}$ 的对数障碍是自和谐的，且复杂度参数为 n。

11.10 证明对一个定义在凸集 n 上的严格凸函数 F，自和谐条件

$$\forall \boldsymbol{x} \in K,\ \forall \boldsymbol{h} \in \mathbb{R}^n,\ \left|\nabla^3 F(\boldsymbol{x})[\boldsymbol{h}, \boldsymbol{h}, \boldsymbol{h}]\right| \leqslant 2\|\boldsymbol{h}\|_{\boldsymbol{x}}^3$$

蕴含了关于某个 $\delta_0 < 1$ 的 NL 条件。

提示: 可以首先证明，自和谐性蕴含着对任意 $\boldsymbol{x} \in \text{int}(K)$ 及任意 $\boldsymbol{h}_1, \boldsymbol{h}_2, \boldsymbol{h}_3 \in \mathbb{R}^n$，

$$\left|\nabla^3 F(\boldsymbol{x})\left[\boldsymbol{h}_1, \boldsymbol{h}_2, \boldsymbol{h}_3\right]\right| \leqslant 2\left\|\boldsymbol{h}_1\right\|_{\boldsymbol{x}}\left\|\boldsymbol{h}_2\right\|_{\boldsymbol{x}}\left\|\boldsymbol{h}_3\right\|_{\boldsymbol{x}}$$

11.11 设 $K \subseteq \mathbb{R}^n$ 是一个凸集，设 $F : \text{int}(K) \to \mathbb{R}$。证明对每个 $\nu \geqslant 0$，条件式(11.17)成立当且仅当条件式(11.18)成立。

$$\text{对任意}\boldsymbol{x} \in \text{int}(K),\ \nabla F(\boldsymbol{x})^\top \left(\nabla^2 F(\boldsymbol{x})\right)^{-1} \nabla F(\boldsymbol{x}) \leqslant \nu \tag{11.17}$$

$$\text{对任意}\boldsymbol{x} \in \text{int}(K), \boldsymbol{h} \in \mathbb{R}^n,\ (DF(\boldsymbol{x})[\boldsymbol{h}])^2 \leqslant \nu \cdot D^2 F(\boldsymbol{x})[\boldsymbol{h}, \boldsymbol{h}] \tag{11.18}$$

11.12 对定义在凸集上的自和谐障碍函数，证明下列性质：

（1）若 F_1 是 $K_1 \subseteq \mathbb{R}^n$ 的自和谐障碍函数，F_2 是 $K_2 \subseteq \mathbb{R}^n$ 的自和谐障碍函数，且复杂度参数分别为 ν_1 和 ν_2，则 $F_1 + F_2$ 是 $K_1 \cap K_2$ 的自和谐障碍函数，且复杂度参数为 $\nu_1 + \nu_2$。

（2）若 F 是 $K \subseteq \mathbb{R}^n$ 的自和谐障碍函数，复杂度参数为 ν，且 $\boldsymbol{A} \in \mathbb{R}^{m \times n}$ 是一个矩阵，则 $\boldsymbol{x} \mapsto F(\boldsymbol{Ax})$ 是 $\left\{\boldsymbol{y} \in \mathbb{R}^m : \boldsymbol{A}^\top \boldsymbol{y} \in K\right\}$ 上具有相同复杂度参数的自和谐障碍函数。

11.13 考虑一个由 $n \times n$ 正定矩阵 $\boldsymbol{B}$ 定义的椭球：

$$E_{\boldsymbol{B}} := \left\{\boldsymbol{x} : \boldsymbol{x}^{\top} \boldsymbol{B} \boldsymbol{x} \leqslant 1\right\}$$

定义其体积为

$$\operatorname{vol}\left(E_{\boldsymbol{B}}\right) := \int_{\boldsymbol{x} \in E_{\boldsymbol{B}}} \mathrm{d} \lambda_n(\boldsymbol{x})$$

其中 λ_n 是 $\mathbb{R}^n$ 上的 Lebesgue 测度。证明

$$\log \operatorname{vol}\left(E_{\boldsymbol{B}}\right) = -\frac{1}{2} \log \det \boldsymbol{B} + \beta$$

其中 β 为某个常数。

11.14 **体积障碍。**设 $P = \{\boldsymbol{x} \in \mathbb{R}^n : \boldsymbol{A}\boldsymbol{x} \leqslant \boldsymbol{b}\}$ 是一个全维多胞形，其中 $\boldsymbol{A}$ 是 $m \times n$ 的矩阵，并记其体积障碍为 $V(\boldsymbol{x})$。

（1）证明 $V(\boldsymbol{x})$ 是一个障碍函数。

（2）回顾本章中对 $\boldsymbol{x} \in P$ 定义的杠杆值向量 $\boldsymbol{\sigma}(\boldsymbol{x}) \in \mathbb{R}^m$：

$$\sigma_i(\boldsymbol{x}) := \frac{\boldsymbol{a}_i^{\top} \boldsymbol{H}(\boldsymbol{x})^{-1} \boldsymbol{a}_i}{s_i(\boldsymbol{x})^2}$$

其中 $\boldsymbol{H}(\boldsymbol{x})$ 是 P 上对数障碍函数的黑塞矩阵。

1）证明对每个 $\boldsymbol{x} \in P$，都有 $\sum_{i=1}^m \sigma_i(\boldsymbol{x}) = n$。

2）证明对每个 $\boldsymbol{x} \in P$ 和每个 $i = 1, 2, \cdots, m$，$0 \leqslant \sigma_i(\boldsymbol{x}) \leqslant 1$。

（3）对 $\boldsymbol{x} \in P$，设

$$\boldsymbol{A}_{\boldsymbol{x}} := \boldsymbol{S}(\boldsymbol{x})^{-1} \boldsymbol{A}$$

其中 $\boldsymbol{S}(\boldsymbol{x})$ 是对角元为松弛量 $s_i(\boldsymbol{x})$ 的对角矩阵。设

$$\boldsymbol{P}_{\boldsymbol{x}} := \boldsymbol{A}_{\boldsymbol{x}} \left(\boldsymbol{A}_{\boldsymbol{x}}^{\top} \boldsymbol{A}_{\boldsymbol{x}}\right)^{-1} \boldsymbol{A}_{\boldsymbol{x}}^{\top}$$

并设矩阵 $\boldsymbol{P}_{\boldsymbol{x}}^{(2)}$ 中每个元素是 $\boldsymbol{P}_{\boldsymbol{x}}$ 中对应元素的平方。记 $\boldsymbol{\Sigma}_{\boldsymbol{x}}$ 为对角元为 $\sigma_i(\boldsymbol{x})$ 的对角矩阵。证明对任意 $\boldsymbol{x} \in P$，

1）$\nabla^2 V(\boldsymbol{x}) = \boldsymbol{A}_{\boldsymbol{x}}^{\top} \left(3\boldsymbol{\Sigma}_{\boldsymbol{x}} - 2\boldsymbol{P}_{\boldsymbol{x}}^{(2)}\right) \boldsymbol{A}_{\boldsymbol{x}}$。

2）设 $\boldsymbol{Q}(\boldsymbol{x}) := \sum_{i=1}^m \sigma_i(\boldsymbol{x}) \dfrac{\boldsymbol{a}_i \boldsymbol{a}_i^{\top}}{s_i(\boldsymbol{x})^2}$。证明对任意 $\boldsymbol{x} \in P$，

$$\boldsymbol{Q}(\boldsymbol{x}) \preceq \nabla^2 V(\boldsymbol{x}) \preceq 5\boldsymbol{Q}(\boldsymbol{x})$$

（4）证明对任意 $\boldsymbol{x} \in P$，

$$\frac{1}{4m}\boldsymbol{H}(\boldsymbol{x}) \preceq \boldsymbol{Q}(\boldsymbol{x}) \preceq \boldsymbol{H}(\boldsymbol{x})$$

（5）证明 $V(\boldsymbol{x})$ 的复杂度参数为 n。

（6）对任意满足 $\|\boldsymbol{x}-\boldsymbol{y}\|_{\boldsymbol{x}} \leqslant \frac{1}{8m^{1/2}}$ 的 $\boldsymbol{x}, \boldsymbol{y} \in \operatorname{int}(P)$，证明

$$\frac{1}{\beta}\nabla^2 V(\boldsymbol{x}) \preceq \nabla^2 V(\boldsymbol{y}) \preceq \beta \nabla^2 V(\boldsymbol{x})$$

其中 $\beta = O(1)$。

11.15 **John 椭球**。设 $P = \{\boldsymbol{x} \in \mathbb{R}^n : \boldsymbol{A}\boldsymbol{x} \leqslant \boldsymbol{b}\}$ 是一个有界的全维多胞形，且 $\boldsymbol{x}_0 \in P$ 是其内部一定点。对某个 $n \times n$ 矩阵 $\boldsymbol{X} \succ \boldsymbol{0}$，定义一个中心为 $\boldsymbol{x}_0$ 的椭球为

$$\boldsymbol{E}_{\boldsymbol{X}} := \left\{\boldsymbol{y} \in \mathbb{R}^n : (\boldsymbol{y}-\boldsymbol{x}_0)^\top X (\boldsymbol{y}-\boldsymbol{x}_0) \leqslant 1\right\}$$

考虑如何找到以 P 内部一点 $\boldsymbol{x}_0$ 为中心且包含在 P 内的最大体积椭球。

（1）将此问题表示为关于正定矩阵 $\boldsymbol{X}$ 的凸优化问题。

（2）证明上述凸优化问题的对偶问题为

$$\min_{\boldsymbol{w} \geqslant \boldsymbol{0}: \sum_i w_i = n} -\log\det\left(\sum_{i=1}^m w_i \frac{\boldsymbol{a}_i \boldsymbol{a}_i^\top}{s_i(\boldsymbol{x})^2}\right)$$

（3）假设 P 关于原点对称，即 $P = -P$，$\boldsymbol{0} \in \operatorname{int}(P)$，并设 $E_{\boldsymbol{0}}$ 是以 $\boldsymbol{0}$ 为中心的 John 椭球。那么椭球 $\sqrt{n}E_{\boldsymbol{0}}$ 包含 P。

11.16 写出半定规划问题式(11.13)的 Lagrange 对偶问题。

注记

Cormen 等（2001）的书对 $s-t$ 最小成本流问题进行了全面讨论。本章提出的主要定理（定理 11.1）由 Daitch 和 Spielman（2008）首次证明。本章的证明与 Daitch 和 Spielman（2008）的证明略有不同（他们的证明基于原始–对偶框架）。他们的算法比此前由 Goldberg 和 Tarjan（1987）设计的最快算法改进了大约 $\widetilde{O}\left(n/m^{1/2}\right)$。利用本章末尾提到的思路，Lee 和 Sidford（2014）将此上界进一步改进为 $\widetilde{O}(m\sqrt{n}\log^{O(1)} U)$。

正如本章中所讨论的，$s-t$ 最大流问题是 $s-t$ 最小成本流问题的一个特例。因此，Lee 和 Sidford（2014）的结果也蕴含着一个求解 $s-t$ 最大流问题的 $\widetilde{O}(m\sqrt{n}\log^{O(1)} U)$ 时间算法，这是自 Goldberg 和 Rao（1998）以来的首个改进。

自和谐函数在 Nesterov 和 Nemirovskii（1994）的书中引入。定理 11.14 中的下界也可以在他们的书中找到。$O(n)$ 自和谐障碍函数的存在性的另一种证明可在 Bubeck 和 Eldan（2015）的论文中找到。为各种各样的凸集 K 找出高效的 $O(n)$ 自和谐障碍仍是一个重要的开放问题。体积障碍是由 Vaidya（1987，1989a，b）提出的，而 Lee-Sidford 障碍是由 Lee 和 Sidford（2014）提出的。

Straszak 和 Vishnoi（2016b）分析了基于绒泡黏菌动力学的线性规划算法（习题 11.8）。有关隔离引理（习题 11.6 中引入的）的更多内容，请参见 Mulmuley 等（1987）和 Gurjar 等（2018）的论文。

第 12 章 线性规划的椭球法

本章介绍一类用于凸优化的割平面法，并分析一种特殊情况，即椭球法。接下来展示当我们只能调用多胞形的分离反馈器时，如何使用椭球法来求解 $0-1$ 多胞形上的线性规划问题。

12.1 具有指数数量约束的 $0-1$ 多胞形

在组合优化中，我们通常处理以下几种类型的问题：给定一个集合族 $\mathcal{F} \subseteq 2^{[m]}$，即 $[m] := \{1, 2, \cdots, m\}$ 的子集的集合，以及成本向量 $\boldsymbol{c} \in \mathbb{Z}^m$，找到一个最小成本集 $S \in \mathcal{F}$，

$$\boldsymbol{S}^\star = \underset{S \in \mathcal{F}}{\operatorname{argmin}} \sum_{i \in S} c_i$$

有关图的许多相似的问题都可以表述如上。例如，取 $\mathcal{F} \subseteq 2^E$ 是图 $G = (V, E)$ 中所有匹配的集合，并设 $\boldsymbol{c} = -\mathbf{1}$（长度为 $|E|$、分量全为 -1 的向量），可以得到最大基数匹配问题。类似地，我们可以得到最小生成树问题、$s-t$ 最大流问题（对于具有单位容量的图），或者 $s-t$ 最小割问题。

当使用连续方法，比如本书中介绍的方法，来求解这些问题时，通常情况下的想法是，首先将可行域与凸集关联起来。在组合优化的特定假设下，给定一个族 $\mathcal{F} \subseteq 2^{[m]}$，一个自然研究对象便是多胞形

$$P_{\mathcal{F}} := \operatorname{conv}\{\mathbf{1}_S : S \in \mathcal{F}\}$$

其中，$\mathbf{1}_S \in [0, 1]^m$ 为集合 $S \subseteq [m]$ 的示性向量。这样的多胞形，由于其所有的顶点都属于集合 $\{0, 1\}^m$，我们称之为 $0-1$ 多胞形。

下面是图的 $0-1$ 多胞形的一些重要例子，其中有很多已在本书前几章出现过。

定义 12.1 (与图相关联的组合多胞形的例子) 对于一个具有 n 个顶点和 m 条边的无向图 $G = (V, E)$，我们定义：

(1) 匹配多胞形 $P_{\mathrm{M}}(G) \subseteq [0, 1]^m$，

$$P_{\mathrm{M}}(G) := \operatorname{conv}\{\mathbf{1}_S : S \subseteq E \text{是 } G \text{ 的匹配}\}$$

(2) 完美匹配多胞形$P_{\mathrm{PM}}(G) \subseteq [0,1]^m$,

$$P_{\mathrm{PM}}(G) := \operatorname{conv}\{\mathbf{1}_S : S \subseteq E\text{是 }G\text{ 的完美匹配}\}$$

(3) 生成树多胞形$P_{\mathrm{ST}}(G) \subseteq [0,1]^m$,

$$P_{\mathrm{ST}}(G) := \operatorname{conv}\{\mathbf{1}_S : S \subseteq E\text{是 }G\text{ 的生成树}\}$$

求解 G 的最大匹配问题可以简化为 $P_{\mathrm{M}}(G)$ 上的一个线性函数的最小化问题。更一般地说，我们可以考虑这样多胞形上的如下线性优化问题：给定一个 $0-1$ 多胞形 $P \subseteq [0,1]^m$ 和一个成本向量 $\boldsymbol{c} \in \mathbb{Z}^m$，找一个向量 $\boldsymbol{x}^\star \in P$ 使得

$$\boldsymbol{x}^\star := \underset{\boldsymbol{x} \in P}{\operatorname{argmin}} \langle \boldsymbol{c}, \boldsymbol{x} \rangle$$

注意，通过在 $P_{\mathcal{F}}$ 上求解关于成本向量 $\boldsymbol{c}$ 的线性优化问题，我们可以求解 $\mathcal{F}$ 上相应的组合优化问题。事实上，因为最优解总是在某一个顶点取到，比如说 $\boldsymbol{x}^\star = \mathbf{1}_{S^\star}$，那么 $S^\star$ 是离散问题的最优解，反之亦然。[⊖]由于它是一种线性规划，一个自然的问题是：我们能使用内点法解决这样的线性规划问题吗？

12.1.1　内点法的问题：匹配多胞形的情况

将图 $G = (V, E)$ 的匹配多胞形定义为其顶点的凸包。虽然这是一个有效的描述，但从计算的角度来看，这并不是一个特别有用的概念；尤其是当使用依赖多胞形的多面体描述的内点法（IPM）时。值得注意的是，对定义这个多胞形的所有的不等式可以有一个完整的描述。

定理 12.2 (匹配多胞形的多面体描述)　设 $G = (V, E)$ 是一个有 n 个顶点和 m 条边的无向图；则

$$P_{\mathrm{M}}(G) = \left\{ \boldsymbol{x} \in [0,1]^m : \sum_{i \in S} x_i \leqslant \frac{|S|-1}{2}, S \subseteq [m]\text{且}|S|\text{是奇数} \right\}$$

虽然上述定理的确给出了描述 $P_{\mathrm{M}}(G)$ 的所有不等式，但它们有 2^{m-1} 个，对应着 $[m]$ 的奇数个元素的子集。因此，将这些不等式插入对数障碍中，得到 $2^{O(m)}$ 项，这是输入 $O(m+n)$ 的指数量级。类似地，计算体积障碍或 Lee-Sidford 障碍函数也需要指数时间。在这么长的时间里，我们仅通过枚举 $[m]$ 的所有可能子集来输出最佳匹配也是可能

⊖　为了简单起见，这里我们假设最优解是唯一的。

的。在此产生一个疑问：这个多胞形是否有更紧的表示？答案（见注记）是否定的：任何 $P_{\mathrm{M}}(G)$ 的表示（即使有更多的变量）都需要指数数量的不等式。因此，应用基于路径跟踪方法的算法来最小化 $P_{\mathrm{M}}(G)$ 一般不会有效。

事实上，更不理想的是，这种描述甚至不能用于检查给定点是否在 $P_{\mathrm{M}}(G)$ 中。有趣的是，定理 12.2 的证明引出了一个精确求解 $P_{\mathrm{M}}(G)$ 上分离问题的多项式时间算法。还有一些（相关的）组合算法来求图中的最大匹配。在下一章中，我们将看到也可以利用凸优化机制（包括本章中介绍的技术）来构造一大类组合多胞形的高效分离反馈器。与此同时，问题是：单凭分离反馈器，能求解多胞形上的线性优化吗？该问题的答案将我们引向椭球法，椭球法在历史上早于内点法问世。

虽然本书摒弃了设计内点法求解带指数量级多个约束的 $0-1$ 多胞形上的线性优化的目标，但是对比如 $P_{\mathrm{M}}(G)$ 这样的多胞形，是否存在可计算的自和谐障碍函数是一个有趣的问题。更具体地说，是否存在复杂度为 m 的多项式且可高效计算梯度 $\nabla F(\boldsymbol{x})$ 和黑塞矩阵 $\nabla^2 F(\boldsymbol{x})$ 的自和谐障碍函数 $F: P_{\mathrm{M}}(G) \to \mathbb{R}$？这里的高效计算，不仅指复杂度是 m 的多项式，而且计算梯度和黑塞矩阵应该比求解线性规划本身更简单。

12.1.2 高效分离反馈器

第 4 章已经介绍过如下的分离问题。

定义 12.3 (多胞形的分离问题) *给定多胞形 $P \subseteq \mathbb{R}^m$ 和向量 $\boldsymbol{x} \in \mathbb{Q}^m$，我们的目标是输出以下情况之一：*

- *如果 $\boldsymbol{x} \in P$，输出 YES；*
- *如果 $\boldsymbol{x} \notin P$，输出 NO，并且生成向量 $\boldsymbol{h} \in \mathbb{Q}^m \backslash \{\boldsymbol{0}\}$ 使得*

$$\forall \boldsymbol{y} \in P, \langle \boldsymbol{h}, \boldsymbol{y} \rangle < \langle \boldsymbol{h}, \boldsymbol{x} \rangle$$

回顾在 NO 的情况下，向量 $\boldsymbol{h}$ 定义了一个分离 $\boldsymbol{x}$ 和多胞形 P 的超平面。组合优化中的一类重要结果是，对于许多基于图的组合 $0-1$ 多胞形，比如定义 12.1 中所引入的，分离问题可以在多项式时间内解决。这里，分离反馈器的运行时间定义为关于图大小 $(O(n+m))$ 和输入向量 $\boldsymbol{x}$ 的位复杂度的函数。

定理 12.4 (组合多胞形的分离反馈器) *多胞形 $P_{\mathrm{M}}(G)$，$P_{\mathrm{PM}}(G)$，$P_{\mathrm{ST}}(G)$ 均存在可多项式时间求解的分离反馈器。*

我们把这个定理的证明留作习题（见习题 12.2）。由此出现的问题是，给定 $P_{\mathrm{M}}(G)$ 的分离反馈器，能否求解这个多胞形上的线性优化？本章的主要结果是下面的定理：不仅对匹配多胞形，而且对所有的 $0-1$ 多胞形，这个问题都有肯定的答案。

定理 12.5 (利用分离反馈器求解 $0-1$ 多胞形上的线性优化) 给定 $0-1$ 多胞形 $P \subseteq [0,1]^m$ 的分离反馈器和向量 $\boldsymbol{c} \in \mathbb{Z}^m$，存在一种算法，输出

$$\boldsymbol{x}^\star \in \underset{\boldsymbol{x} \in P}{\operatorname{argmin}} \langle \boldsymbol{c}, \boldsymbol{x} \rangle$$

该算法运行时间是关于 m 和 $L(\boldsymbol{c})$ 的一个多项式，并多项式数量次调用 P 的分离反馈器。

结合上述结果与 $P_{\mathrm{M}}(G)$ 高效分离反馈器的存在性（定理 12.4），我们得出，计算图中最大基数匹配的问题是多项式时间可解的。类似地，使用上述方法，我们可以在多项式时间内计算出最大或最小权重的匹配（或完美匹配、生成树）问题。本章的剩余部分将专门讨论定理 12.5 的证明。在接下来的几节中我们首先描述一般的算法方案，并将椭球法作为一个特例。然后，我们证明椭球法确实只需要多项式数量次简单迭代便可达到收敛。

12.2 割平面法

下面引入求解多胞形上线性优化的通用方法，称为割平面法。我们感兴趣的是求解问题：

$$\begin{aligned} &\min \ \langle \boldsymbol{c}, \boldsymbol{x} \rangle \\ &\text{s.t. } \boldsymbol{x} \in P \end{aligned} \tag{12.1}$$

这里 $P \subseteq \mathbb{R}^m$ 是一个多胞形，且我们假设可以获得 P 的分离反馈器。在本节中，我们假设 P 是全维的。稍后我们将讨论如何绕过这个假设。

12.2.1 用二分搜索将优化问题约化为可行性问题

在描述算法之前，我们首先说明可以将优化问题式(12.1)约化为具有以下形式的一系列更简单的问题。

定义 12.6 (多胞形可行性问题) （以某种形式）给定多胞形 $P \subseteq \mathbb{R}^m$ 和向量 $\boldsymbol{x} \in \mathbb{Q}^m$，我们的目标是输出下列情形之一：

- 如果 $P \neq \varnothing$，输出 YES，并且返回一个点 $\boldsymbol{x} \in P$；
- 如果 $P = \varnothing$，输出 NO。

这个想法很简单，假设我们可以粗略估计包含式(12.1)的最优值的区间 $[l_0, u_0]$。然后，我们可以基于求解可行性问题的算法执行二分搜索找到式(12.1)最优值 $y^\star$ 的任意精度近似解。稍后，在定理 12.5 的证明中，我们将展示如何在 $0-1$ 多胞形中实现这个想法。

算法 9 约化优化问题至可行性问题

输入：

- 多胞形 P 的分离反馈器
- 成本函数 $\boldsymbol{c} \in \mathbb{Q}^m$
- 估计值 $l_0 \leqslant u_0 \in \mathbb{Q}$ 满足 $l_0 \leqslant y^\star \leqslant u_0$
- $\varepsilon > 0$

输出： 满足 $y^\star \leqslant u \leqslant y^\star + \varepsilon$ 的数 u

算法：

1: 设置 $l := l_0, u := u_0$
2: **while** $u - l > \varepsilon$ **do**
3:     令 $g := \frac{l+u}{2}$
4:     **if** $P' := P \cap \{\boldsymbol{x} \in \mathbb{R}^m : \langle \boldsymbol{c}, \boldsymbol{x} \rangle \leqslant g\} \neq \varnothing$ **then**
5:         令 $u := g$
6:     **else**
7:         令 $l := g$
8:     **end if**
9: **end while**
10: **return** u

为了实现这一想法，算法 9 维持一个包含式(12.1)最优值 $y^\star$ 的区间 $[l, u]$，并在步骤 4 中使用一个算法来检查多胞形的非空性，接着将区间逐步减半直到其长度至多为 $\varepsilon > 0$。算法 9的迭代次数的上界为 $O(\log \dfrac{u_0 - l_0}{\varepsilon})$。

因此，从本质上讲，只要给定一个算法来检查可行性，我们就能够求解优化问题。我们依次给出一些说明。

（1）注意，给定 P 的分离反馈器，P' 的分离反馈器很容易构造。

（2）假设最优值 $y^\star$ 位于初始区间 $[l_0, u_0]$，该算法允许我们大约调用 $\log \dfrac{u_0 - l_0}{\varepsilon}$ 次分离反馈器以得到最优值 ε 偏差的近似。然而，目前尚不清楚如何求解精确的最优值 $y^\star$。我们证明了对于某些类型的多胞形，如 $0-1$ 多胞形，我们可以基于 $y^\star$ 的一个足够好的估计 **精确地**计算 $y^\star$。

（3）算法 9 只计算式(12.1)的近似最优值，而不计算最优点 $x^\star$。处理这个问题的一种方法是简单地调用可行性反馈器找到约束集 $P' := P \cap \{\boldsymbol{x} \in \mathbb{R}^m : \langle \boldsymbol{c}, \boldsymbol{x} \rangle \leqslant u\}$ 中一个点 $\hat{\boldsymbol{x}}$，其中 u 取算法终止时的值。多胞形 P' 一定非空，且点 $\hat{\boldsymbol{x}}$ 处函数值为 $y^\star + \varepsilon$。同时，在定理 12.5 的证明中我们展示了如何将 $\hat{\boldsymbol{x}}$ 舍入到一个精确的最优解。

（4）为了将算法 9 转化为一个多项式时间约化，需要确保步骤 4 中构造的多胞形 P' 的可行性反馈器调用起来不那么困难。我们对该问题建立的算法的运行时间依赖于

P' 的体积，且随着 P' 体积的减小，算法运行变慢。因此，一般来说，随着算法的推进，我们需要关心多胞形 P' 的复杂度上界。

因此，除了上述提到的一些细节需要补充，我们只需要构造一个能够检验多胞形非空的算法。

12.2.2 用割平面法检验可行性

假设我们给定一个足够大的包含 P 的凸集 E_0。为了检验 P 是否为空，我们构造一个递降的凸子集序列

$$E_0 \supseteq E_1 \supseteq E_2 \supseteq \cdots$$

它们都包含 P，在每一步后体积都显著减小。最终，集合 E_t 很好地近似 P，使得点 $\boldsymbol{x} \in E_t$ 也很可能也在 P 中。请注意，我们使用了 $\mathbb{R}^m$ 中的 Lebesgue 测度来度量体积。我们用 $\mathrm{vol}(K)$ 表示集合 $K \subseteq \mathbb{R}^m$ 的 m 维 Lebesgue 测度。正式的表述见算法 10，相关的图示见图 12.1。

算法 10 割平面法

输入：

- 多胞形 P 的分离反馈器
- 包含 P 的凸集 E_0

输出： 如果 $P \neq \varnothing$ 则返回 YES 和 $\hat{\boldsymbol{x}} \in P$，否则返回 NO

算法：

初始化 $t = 0$
while $\mathrm{vol}(E_t) \geqslant \mathrm{vol}(P)$ **do**
  选择点 $\boldsymbol{x}_t \in E_t$
  调用 P 关于 $\boldsymbol{x}_t$ 的分离反馈器
  if $\boldsymbol{x}_t \in P$ **then**
    return YES 和 $\hat{\boldsymbol{x}} := \boldsymbol{x}_t$
  else
    设 $\boldsymbol{h}_t \in \mathbb{Q}^m$ 为由反馈器输出的分离超平面
    构造新的集合 E_{t+1} 以满足

$$E_t \cap \{\boldsymbol{x} : \langle \boldsymbol{x}, \boldsymbol{h}_t \rangle \leqslant \langle \boldsymbol{x}_t, \boldsymbol{h}_t \rangle\} \subset E_{t+1}$$

  end if
  $t := t + 1$
end while
return NO

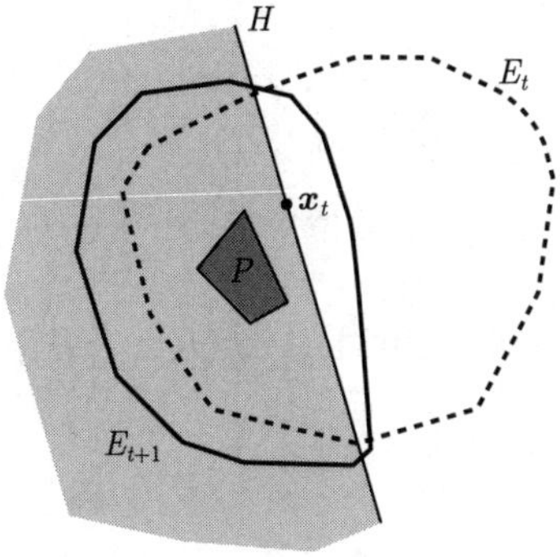

图 12.1 割平面法的一次迭代示意图。从一个确定包含多胞形 P 的集合 E_t 开始，检验点 $\boldsymbol{x}_t \in E_t$。如果 $\boldsymbol{x}_t$ 不在 P 中，那么 P 的分离反馈器提供了一个分离超平面 H。因此，我们可以把区域缩小为包含 E_t 与阴影半空间交集的集合 E_{t+1}，它仍包含 P

下面的定理刻画了上述框架的性能。

定理 12.7 (割平面法的迭代次数) 假设 P 和集合 $E_0, E_1, E_2, \cdots$ 的嵌套序列满足:

(1) **(有界)** 初始集合 E_0 包含在半径为 $R>0$ 的欧氏球中;

(2) **(内部球)** 多胞形 P 包含一个半径为 $r>0$ 的欧氏球;

(3) **(体积下降)** 对于每一步 $t=0,1,\cdots$，我们有

$$\operatorname{vol}(E_{t+1}) \leqslant \alpha \cdot \operatorname{vol}(E_t)$$

其中 $0<\alpha<1$ 是一个大小可能依赖于 m 的常数。

那么，算法 10 描述的割平面法经过 $O\left(m\left(\log\dfrac{1}{\alpha}\right)^{-1}\log\dfrac{R}{r}\right)$ 次迭代后输出一个点 $\hat{\boldsymbol{x}} \in P$。

证明 该算法在每个迭代步 t 保持性质 $P \subseteq E_t$ 不变。因此，它永远不会以 NO 的判定结果结束，这是由于

$$\operatorname{vol}(P) \leqslant \operatorname{vol}(E_t)$$

对每个 t 都成立。然而，由于 E_t 的体积以固定的速率严格减小，对于某些 t，点 $\boldsymbol{x}_t$ 必须属于 P。

我们现在估计满足 $\boldsymbol{x}_t \in P$ 的最小的 t。注意，从体积下降条件我们得出

$$\operatorname{vol}(E_t) \leqslant \alpha^t \operatorname{vol}(E_0)$$

此外，由于 P 包含某个球 $B(\boldsymbol{x}', r)$，而 E_0 又包含于某个球 $B(\boldsymbol{x}'', R)$ 中，所以我们有

$$\operatorname{vol}(B(\boldsymbol{x}', r)) \leqslant \operatorname{vol}(E_t) \leqslant \alpha^t \cdot \operatorname{vol}(E_0) \leqslant \alpha^t \cdot \operatorname{vol}(B(\boldsymbol{x}'', R))$$

因此，

$$\frac{\mathrm{vol}(B(\boldsymbol{x}',r))}{\mathrm{vol}(B(\boldsymbol{x}'',R))} \leqslant \alpha^t \tag{12.2}$$

然而，$B(\boldsymbol{x}',r)$ 和 $B(\boldsymbol{x}'',R)$ 都是单位欧氏球 $B(\mathbf{0},1)$ 的放缩 (和平移)，因此

$$\mathrm{vol}(B(\boldsymbol{x}',r)) = r^m \cdot \mathrm{vol}(B(\mathbf{0},1)),\ \mathrm{vol}(B(\boldsymbol{x}'',R)) = R^m \cdot \mathrm{vol}(B(\mathbf{0},1))$$

通过将它们代入式 (12.2)，我们得到

$$t \leqslant m\left(\log\frac{1}{\alpha}\right)^{-1}\log\frac{R}{r}$$

□

注意，如果我们可以找到割平面方法的实例化（在第 t 步中选择 E_t 和 $\boldsymbol{x}_t$ 的一种方法）以使得相应的参数 α 是一个小于 1 的常数，这就导出一种多项式迭代次数的线性规划算法——实际上根据一个习题的结果，我们总是可以将 P 包含在一个半径约为 $R = 2^{O(Lm)}$ 的球中，并在 P 内找到一个半径为 $r = 2^{-O(Lm)}$ 的球。因此，$\log\dfrac{R}{r} = O(Lm)$。

本章中提出的方法并没有完全实现体积的常数下降，而是

$$\alpha \approx 1 - \frac{1}{m}$$

然而，这仍然意味着这是一种多项式迭代次数的线性规划方法，并且（接下来我们会看到）每次迭代只是一个可在多项式时间内实现的简单的矩阵运算。

12.2.3　$\boldsymbol{E_t}$ 和 $\boldsymbol{x_t}$ 的可能选择

让我们讨论两种选择集合 E_t（以及点 x_t）的可行且简单的策略。

用欧氏球进行近似计算。实现割平面法的最简单的思想之一是使用欧氏球，对于某个半径 r_t，将 E_t 和 $\boldsymbol{x}_t$ 定义为

$$E_t := B(\boldsymbol{x}_t, r_t)$$

这种方法的问题是，当使用欧氏球时，我们不能强迫体积下降。事实上，考虑 $\mathbb{R}^2$ 中一个简单的例子。设 $E_0 := B(\mathbf{0},1)$ 为初始球，假设分离反馈器提供了分离超平面 $h = (1,0)^{\mathrm{T}}$，这意味着

$$P \subseteq K := E_0 \cap \{\boldsymbol{x} \in \mathbb{R}^2 :\ x_1 \leqslant 0\}$$

那么包含 K 的最小的球是什么呢？（如图 12.2 所示）正是 $B(\mathbf{0},1)$，我们找不到一个包含 K 的半径更小的球，实际上，K 的直径为 2 [$(0,-1)^{\mathrm{T}}$ 和 $(0,1)^{\mathrm{T}}$ 之间的距离为 2]。因此，我们需要寻找一个更大的集合族，允许我们在每一个步骤中实现适当的体积下降。

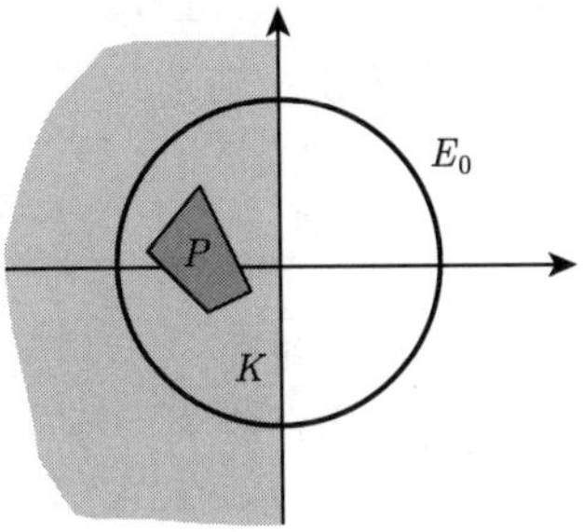

图 12.2 欧氏球在割平面法中应用的示意图。注意，包含 E 与阴影半平面的交集的最小球是 E 本身

使用多胞形近似。 我们尝试的第二个想法是使用多胞形作为 E_t。我们从 $E_0 := [-R,R]^m$——一个包含 P 的多胞形开始。只要从分离反馈器中获得一个新的超平面，我们就更新

$$E_{t+1} := E_t \cap \{\boldsymbol{x} : \langle \boldsymbol{x}, \boldsymbol{h}_t \rangle \leqslant \langle \boldsymbol{x}_t, \boldsymbol{h}_t \rangle\}$$

再次形成一个多胞形。这当然是我们所能想象到的最激进的策略，因为我们总是割去 E_t 尽可能多的部分来获得 E_{t+1}。

我们还需要给出一个策略，在每次迭代中选择点 $\boldsymbol{x}_t \in E_t$。为此，$\boldsymbol{x}_t$ 位于 E_t 内部很关键，否则我们可能只从 E_t 中割去一小块从而不能减少足够的体积。因此，为了高效，在每一步中，我们都需要找到多胞形 E_t 的近似中心，并用它作为检验点 $\boldsymbol{x}_t$。随着多胞形变得越来越复杂，寻找一个中心也变得越来越耗时。事实上，我们正在把从 P 中找一个点的问题约化为在另一个多胞形中找一个点的问题，这似乎是一个循环的过程。

在一道习题中，我们证明了这个方法可以通过保持一个合适的多胞形中心，并且每次添加一个新约束时，通过重新中心化的步骤来实现。这是一个非常重要的方法，并基于这样的希望：多胞形不发生太大变化时，新中心接近旧中心，从而可以很高效地通过比如牛顿法找到这个点。

12.3 椭球法

前一节的讨论表明，使用欧氏球的限制太大，因为我们可能无法在后续步骤中取得任何进展。另外，保持一个多胞形听起来并不比求解原始问题容易，因为在任意第 t 步都不容易找到一个合适的点 $\boldsymbol{x}_t \in E_t$ 进行检验。

在第 11 章中，我们看到了另一组与多胞形相关的有趣的凸集——椭球。我们看到我们可以用所谓的 Dikin 椭球或 John 椭球来近似多胞形。事实上选择 E_t 为椭球已然足够：椭球可以很好地近似多胞形，其中心是椭球描述的一部分。由于椭球是本章核心，我们回顾其定义并介绍本章中用来表示它们的符号。

定义 12.8 (椭球) $\mathbb{R}^m$ 中的椭球是任一满足如下形式的集合，

$$E(\boldsymbol{x}_0, \boldsymbol{M}) := \left\{\boldsymbol{x} \in \mathbb{R}^m : (\boldsymbol{x} - \boldsymbol{x}_0)^\top \boldsymbol{M}^{-1} (\boldsymbol{x} - \boldsymbol{x}_0) \leqslant 1\right\}$$

其中 $\boldsymbol{x}_0 \in \mathbb{R}^m$，$\boldsymbol{M}$ 是一个 $m \times m$ 的正定矩阵。

根据定义，$E(\boldsymbol{x}_0, \boldsymbol{M})$ 关于中心 $\boldsymbol{x}_0$ 是对称的。令 $E_t := E(\boldsymbol{x}_t, \boldsymbol{M}_t)$，$P$ 的分离反馈器告诉我们，多胞形 P 包含于集合

$$\{\boldsymbol{x} \in E_t : \langle \boldsymbol{x}, \boldsymbol{h}_t \rangle \leqslant \langle \boldsymbol{x}_t, \boldsymbol{h}_t \rangle\}$$

而选取 E_{t+1} 一个自然的方法是不仅使其包含这个集合，并且在所有包含该集合的椭球中体积达到最小。

定义 12.9 (最小体积包络椭球) 给定椭球 $E(\boldsymbol{x}_0, \boldsymbol{M}) \subseteq \mathbb{R}^m$ 和一个经过其中心的半空间

$$H := \{\boldsymbol{x} \in \mathbb{R}^m : \langle \boldsymbol{x}, \boldsymbol{h} \rangle \leqslant \langle \boldsymbol{x}_0, \boldsymbol{h} \rangle\}$$

其中 $\boldsymbol{h} \in \mathbb{R}^m \backslash \{\boldsymbol{0}\}$，我们定义 $E(\boldsymbol{x}_0, \boldsymbol{M}) \cap H$ 的最小包络椭球为如下问题的最优解 $E(\boldsymbol{x}^\star, \boldsymbol{M}^\star)$：

$$\min_{\boldsymbol{x} \in \mathbb{R}^m, \boldsymbol{M}' \succ \boldsymbol{0}} \ \operatorname{vol}(E(\boldsymbol{x}, \boldsymbol{M}'))$$

$$\text{s.t. } E(\boldsymbol{x}_0, \boldsymbol{M}) \cap H \subseteq E(\boldsymbol{x}, \boldsymbol{M}')$$

我们可以证明这样一个最小的包络椭球总是存在的，并且是唯一的，这是因为上述定义可以表述为一个凸规划，参考习题 12.5。作为应用，我们建立包含椭球与半空间交集的最小体积椭球的精确公式。

12.3.1 算法

椭球法是割平面法（算法 10）的一个实例化，其中我们使用一个椭球作为集合 E_t，且将中心选为 $\boldsymbol{x}_t$。此外，对于每一步 t，我们都取最小包络椭球作为 E_{t+1}。算法 11 是该椭球法的呈现。我们再一次假设 $P \subseteq \mathbb{R}^m$ 是一个全维多胞形，并且有可供调用的 P 的分离反馈器。

注意，算法 11 的描述并不完整，因为我们还没有提供一种计算最小包络椭球（步骤 9 中需要）的方法。我们将在 12.4 节中讨论这个问题。

算法 11 椭球法

输入：

- 多胞形 P 的分离反馈器
- 半径 $R \in \mathbb{Z}_{>0}$，使得 $B(\mathbf{0}, R)$ 包含 P

输出： 如果 $P \neq \varnothing$ 则返回 YES 和 $\hat{\boldsymbol{x}} \in P$，否则返回 NO

算法：

1: 令 $E_0 := E(\mathbf{0}, R \cdot \boldsymbol{I})$，其中 $\boldsymbol{I}$ 是 $m \times m$ 的单位矩阵
2: **while** $\mathrm{vol}(E_t) \geqslant \mathrm{vol}(P)$ **do**
3: 　令 $\boldsymbol{x}_t$ 是 E_t 的中心
4: 　在 $\boldsymbol{x}_t$ 调用 P 的分离反馈器
5: 　**if** $\boldsymbol{x}_t \in P$ **then**
6: 　　**return** YES 和 $\hat{\boldsymbol{x}} := \boldsymbol{x}_t$
7: 　**else**
8: 　　令 $\boldsymbol{h}_t \in \mathbb{Q}^m$ 为分离反馈器输出的分离超平面
9: 　　取 $E_{t+1} := E(\boldsymbol{x}_{t+1}, \boldsymbol{M}_{t+1})$ 为满足

$$E_t \cap \{\boldsymbol{x} : \langle \boldsymbol{x}, \boldsymbol{h}_t \rangle \leqslant \langle \boldsymbol{x}_t, \boldsymbol{h}_t \rangle\} \subset E_{t+1}$$

的体积最小椭球

10: 　**end if**
11: **end while**
12: **return** NO

12.3.2　算法分析

下面给出一个关于椭球法计算效率的定理。证明的主要部分见 12.4 节。

定理 12.10 (椭球法的效率)　假设 $P \subseteq \mathbb{R}^m$ 是一个全维多胞形，它包含于一个半径 $R > 0$ 的 n 维欧氏球，且包含一个半径 $r > 0$ 的 n 维欧氏球。椭球法（算法 11）在经过 $O(m^2 \log \frac{R}{r})$ 次迭代后输出点 $\hat{\boldsymbol{x}} \in P$。此外，每次迭代都可以在 $O(m^2 + T_{\mathrm{SO}})$ 时间内实现，其中 T_{SO} 是分离反馈器反馈一个调用所需的时间。

结合在定理 12.7 中已经证明的内容，我们只要再补充下面两个部分（以引理形式表示），就可以推导出定理 12.10。

引理 12.11 (非正式；见引理 12.12)　考虑算法 11 中定义的椭球法。则

(1) 该算法中构造的椭球 $E_0, E_1, E_2, \cdots$ 的体积以 $\alpha \approx (1-\frac{1}{2m})$ 的速率下降，

(2) 椭球法的每次迭代都可以在多项式时间内实现。

给定上述引理（正式地表述为引理 12.12），我们可以推导出定理 12.10。

定理 12.10 的证明 结合定理 12.7 和引理 12.11，我们得到迭代次数的界：

$$O\left(m\left(\log\frac{1}{\alpha}\right)^{-1}\cdot\log\frac{R}{r}\right)=O\left(m^2\log\frac{R}{r}\right)$$

此外，根据引理 12.11，每次迭代都可以高效地执行。因此，定理 12.10 的第二部分也完成了证明。 □

12.4 椭球的体积下降和效率分析

在本节中，我们证明给定椭球 $E(\boldsymbol{x}_0, \boldsymbol{M})$ 和向量 $\boldsymbol{h} \in \mathbb{R}^m$，我们可以有效地构造一个新的体积小得多的椭球 $E(\boldsymbol{x}', \boldsymbol{M}')$，使得

$$E\left(\boldsymbol{x}_0, \boldsymbol{M}\right) \cap \{\boldsymbol{x} \in \mathbb{R}^m : \langle \boldsymbol{x}, \boldsymbol{h}\rangle \leqslant \langle \boldsymbol{x}_0, \boldsymbol{h}\rangle\} \subseteq E\left(\boldsymbol{x}', \boldsymbol{M}'\right)$$

证明本节提出的构造是包含 $E(\boldsymbol{x}_0, \boldsymbol{M})$ 与上述半空间交集的最小体积的椭球留作习题(习题 12.5)。然而，下面的引理足以完成对椭球法的描述和分析。

引理 12.12 (体积下降) 设 $E(\boldsymbol{x}_0, \boldsymbol{M}) \subseteq \mathbb{R}^m$ 是 $\mathbb{R}^m$ 中的任意椭球，设 $\boldsymbol{h} \in \mathbb{R}^m$ 是一个非零向量。存在一个椭球 $E(\boldsymbol{x}', \boldsymbol{M}') \subseteq \mathbb{R}^m$ 满足

$$E(\boldsymbol{x}_0, \boldsymbol{M}) \cap \{\boldsymbol{x} \in \mathbb{R}^m : \langle \boldsymbol{x}, \boldsymbol{h}\rangle \leqslant \langle \boldsymbol{x}_0, \boldsymbol{h}\rangle\} \subseteq E(\boldsymbol{x}', \boldsymbol{M}')$$

以及

$$\operatorname{vol}(E(\boldsymbol{x}', \boldsymbol{M}')) \leqslant \mathrm{e}^{-\frac{1}{2(m+1)}} \cdot \operatorname{vol}(E(\boldsymbol{x}_0, \boldsymbol{M}))$$

此外，$\boldsymbol{x}'$ 和 $\boldsymbol{M}'$ 的定义如下：

$$\boldsymbol{x}' := \boldsymbol{x}_0 - \frac{1}{m+1}\boldsymbol{M}\boldsymbol{g} \tag{12.3}$$

$$\boldsymbol{M}' := \frac{m^2}{m^2-1}\left(\boldsymbol{M} - \frac{2}{m+1}\boldsymbol{M}g(\boldsymbol{M}g)^\top\right) \tag{12.4}$$

其中 $\boldsymbol{g} := (\boldsymbol{h}^\mathrm{T}\boldsymbol{M}\boldsymbol{h})^{-\frac{1}{2}}\boldsymbol{h}$。

以上引理表明，利用椭球可以实现割平面法，其体积下降的速率为

$$\alpha = \mathrm{e}^{\frac{1}{2(m+1)}} \approx (1 - \frac{1}{2(m+1)}) < 1$$

引理 12.12 的证明分两部分。在第一部分中，我们证明了在非常简单和对称的情况下，引理 12.12成立；在第二部分中，我们使用 $\mathbb{R}^m$ 的仿射变换将一般情况化简为第一部分研究的对称情况。

12.4.1 仿射变换下的体积和椭球

在本节中，我们将回顾关于仿射变换和椭球的基本事实。我们首先证明使用仿射变换时，集合的体积是如何变化的。

引理 12.13 (仿射映射下体积的变化) 考虑一个仿射映射 $\phi(\boldsymbol{x}) := \boldsymbol{T}\boldsymbol{x} + \boldsymbol{b}$，其中 $\boldsymbol{T} : \mathbb{R}^m \to \mathbb{R}^m$ 是一个可逆的线性映射，$\boldsymbol{b} \in \mathbb{R}^m$ 是任意向量。设 $K \subseteq \mathbb{R}^m$ 为 Lebesgue 可测集。那么

$$\mathrm{vol}(\phi(K)) = |\det(\boldsymbol{T})| \cdot \mathrm{vol}(K)$$

证明 这是换元积分的一个简单结果。我们有

$$\mathrm{vol}(\phi(K)) = \int_{\phi(K)} \mathrm{d}\lambda_m(\boldsymbol{x})$$

其中 λ_m 是 m 维 Lebesgue 测度。我们应用变量替换 $\boldsymbol{x} := \phi(\boldsymbol{y})$ 得到

$$\int_{\phi(K)} \mathrm{d}\lambda_m(\boldsymbol{x}) = \int_K |\det(\boldsymbol{T})| \mathrm{d}\lambda_m(\boldsymbol{y}) = |\det(\boldsymbol{T})| \cdot \mathrm{vol}(K)$$

这是由于 $\boldsymbol{T}$ 是映射 ϕ 的 Jacobi 矩阵。 □

下面的事实分析了在椭球上应用仿射变换的影响。

引理 12.14 (椭球的仿射变换) 考虑一个仿射映射 $\phi(\boldsymbol{x}) = \boldsymbol{T}\boldsymbol{x}+\boldsymbol{b}$，其中 $\boldsymbol{T} : \mathbb{R}^m \to \mathbb{R}^m$ 是可逆的线性映射，$\boldsymbol{b} \in \mathbb{R}^m$ 是任意向量。设 $E(\boldsymbol{x}_0, \boldsymbol{M})$ 是 $\mathbb{R}^m$ 中的任一椭球，那么

$$\phi(E(\boldsymbol{x}_0, \boldsymbol{M})) = E(\boldsymbol{T}\boldsymbol{x}_0 + \boldsymbol{b}, \boldsymbol{T}\boldsymbol{M}\boldsymbol{T}^{\mathrm{T}})$$

证明

$$\begin{aligned}
\phi\left(E\left(\boldsymbol{x}_0, \boldsymbol{M}\right)\right) &= \left\{\phi(\boldsymbol{x}) : \left(\boldsymbol{x}_0 - \boldsymbol{x}\right)^{\top} \boldsymbol{M}^{-1}\left(\boldsymbol{x}_0 - \boldsymbol{x}\right) \leqslant 1\right\} \\
&= \left\{\boldsymbol{y} : \left(\boldsymbol{x}_0 - \phi^{-1}(\boldsymbol{y})\right)^{\top} \boldsymbol{M}^{-1}\left(\boldsymbol{x}_0 - \phi^{-1}(\boldsymbol{y})\right) \leqslant 1\right\}
\end{aligned}$$

$$= \left\{ \boldsymbol{y} : \left(\boldsymbol{x}_0 - \boldsymbol{T}^{-1}(\boldsymbol{y} - \boldsymbol{b}) \right)^\top \boldsymbol{M}^{-1} \left(\boldsymbol{x}_0 - \boldsymbol{T}^{-1}(\boldsymbol{y} - \boldsymbol{b}) \right) \leqslant 1 \right\}$$
$$= \left\{ \boldsymbol{y} : \boldsymbol{T}^{-1} \left(\boldsymbol{T}\boldsymbol{x}_0 - (\boldsymbol{y} - \boldsymbol{b}) \right)^\top \boldsymbol{M}^{-1}\boldsymbol{T}^{-1} \left(\boldsymbol{T}\boldsymbol{x}_0 - (\boldsymbol{y} - \boldsymbol{b}) \right) \leqslant 1 \right\}$$
$$= \left\{ \boldsymbol{y} : \left(\boldsymbol{T}\boldsymbol{x}_0 - (\boldsymbol{y} - \boldsymbol{b}) \right)^\top \left(\boldsymbol{T}^{-1} \right)^\top \boldsymbol{M}^{-1}\boldsymbol{T}^{-1} \left(\boldsymbol{T}\boldsymbol{x}_0 - (\boldsymbol{y} - \boldsymbol{b}) \right) \leqslant 1 \right\}$$
$$= E\left(\boldsymbol{T}\boldsymbol{x}_0 + \boldsymbol{b}, \boldsymbol{T}\boldsymbol{M}\boldsymbol{T}^\top \right)$$

□

从以上两个事实中，我们可以很容易得出下面的关于椭球体积的推论（图 12.3）。

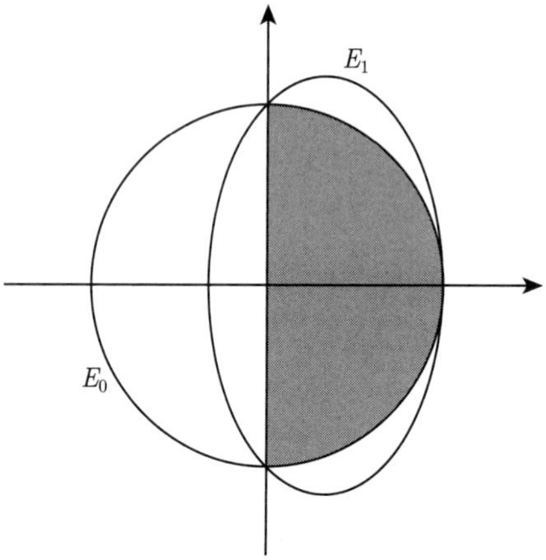

图 12.3 对称情况的示意图。E_0 是 $\mathbb{R}^2$ 中的欧氏单位球，E_1 是包含 E_0 右半部分（用阴影表示）的最小面积的椭圆。E_1 的面积为 $\frac{4\sqrt{3}}{9} < 1$

推论 12.15 (椭球的体积) 设 $\boldsymbol{x}_0 \in \mathbb{R}^m$，$\boldsymbol{M} \in \mathbb{R}^{m\times m}$ 是正定矩阵。那么

$$\operatorname{vol}(E(\boldsymbol{x}_0, \boldsymbol{M})) = \det(\boldsymbol{M})^{\frac{1}{2}} \cdot V_m,$$

其中 V_m 表示 $\mathbb{R}^m$ 中欧氏单位球的体积。

证明 我们通过观察发现（使用引理 12.14）

$$E(\boldsymbol{x}_0, \boldsymbol{M}) = \phi(E(\boldsymbol{0}, \boldsymbol{I})) \tag{12.5}$$

其中 $\phi(\boldsymbol{x}) = \boldsymbol{M}^{\frac{1}{2}}\boldsymbol{x} + \boldsymbol{x}_0$。引理 12.13 蕴含着

$$\operatorname{vol}(E(\boldsymbol{x}_0, \boldsymbol{M})) = \det(\boldsymbol{M})^{\frac{1}{2}} \operatorname{vol}(E(\boldsymbol{0}, \boldsymbol{I})) = \det(\boldsymbol{M})^{\frac{1}{2}} \cdot V_m$$

□

12.4.2 对称情况

在对称的情况下，我们假设椭球是单位球 $E(\mathbf{0},\boldsymbol{I})$，将其与半空间

$$H=\{\boldsymbol{x}\in\mathbb{R}^m : x_1\geqslant 0\}$$

相交。那么，我们可以显式解出包含 $E(\mathbf{0},\boldsymbol{I})\cap H$ 的体积相对较小的椭球，如下引理所示。

引理 12.16 (对称情况下的体积下降) 考虑欧氏球 $E(\mathbf{0},\boldsymbol{I})$。椭球 $E'\subset\mathbb{R}^m$ 由

$$E':=\left\{\boldsymbol{x}\in\mathbb{R}^m : \left(\frac{m+1}{m}\right)^2\left(x_1-\frac{1}{m+1}\right)^2+\frac{m^2-1}{m^2}\sum_{j=2}^{m}x_j^2\leqslant 1\right\}$$

给出，其体积满足 $\mathrm{vol}(E')\leqslant \mathrm{e}^{-\frac{1}{2(m+1)}}\cdot\mathrm{vol}(E(\mathbf{0},\boldsymbol{I}))$，并且

$$\{\boldsymbol{x}\in E(\mathbf{0},\boldsymbol{I}) : x_1\geqslant 0\}\subset E'$$

证明 首先证明

$$\{\boldsymbol{x}\in E(\mathbf{0},\boldsymbol{I}) : x_1\geqslant 0\}\subset E'$$

为此，对满足 $x_1\geqslant 0$ 的任意点 $\boldsymbol{x}\in E(\mathbf{0},\boldsymbol{I})$，证明 $\boldsymbol{x}\in E'$。我们首先使用以下观察结果将这个问题约化为一个单变量问题：

$$\sum_{j=2}^{m}x_j^2\leqslant 1-x_1^2$$

这是因为 $\boldsymbol{x}$ 属于单位球。因此，要得出 $\boldsymbol{x}\in E'$ 的结论，我们只需要证明

$$\left(\frac{m+1}{m}\right)^2\left(x_1-\frac{1}{m+1}\right)^2+\frac{m^2-1}{m^2}\left(1-x_1^2\right)\leqslant 1 \tag{12.6}$$

注意式(12.6)的左侧是凸（可验证其二阶导数是正的）且（在 $[0,1]$ 中）非负的函数。我们想证明它对于每一个 $x_1\in[0,1]$，都有上界 1。为此，验证两个端点 $x_1=0,1$ 满足条件就足够了。通过直接代入 $x_1=0$ 和 $x_1=1$，我们得到式(12.6)的左侧等于 1，因此不等式得证。

现在我们开始估计 E' 的体积上界。为此，注意，$E'=E(\boldsymbol{z},\boldsymbol{S})$，此处

$$\boldsymbol{z}:=\left(\frac{1}{m+1},0,0,\cdots,0\right)^\top$$

$$\boldsymbol{S} := \mathrm{Diag}\left(\left(\frac{m}{m+1}\right)^2, \frac{m^2}{m^2-1}, \cdots, \frac{m^2}{m^2-1}\right)$$

这里的 $\mathrm{Diag}(\boldsymbol{x})$ 是指以 $\boldsymbol{x}$ 为对角元的对角矩阵。为了计算 E' 的体积，我们可以简单地应用推论 12.15：

$$\mathrm{vol}(E') = \det(\boldsymbol{S})^{\frac{1}{2}} \cdot \mathrm{vol}(E(\mathbf{0}, \boldsymbol{I}))$$

于是我们得到

$$\det(\boldsymbol{S}) = \left(\frac{m}{m+1}\right)^2 \cdot \left(\frac{m^2}{m^2-1}\right)^{m-1} = \left(1 - \frac{1}{m+1}\right)^2 \left(1 + \frac{1}{m^2-1}\right)^{m-1}$$

利用不等式 $1 + x \leqslant \mathrm{e}^x$ 对每一个 $x \in \mathbb{R}$ 都成立，我们得到了上界

$$\det(S) \leqslant \left(\mathrm{e}^{-\frac{1}{m+1}}\right)^2 \cdot \left(\mathrm{e}^{\frac{1}{m^2-1}}\right)^{m-1} = \mathrm{e}^{-\frac{1}{m+1}}$$

最后，我们得到

$$\mathrm{vol}(E') = \det(\boldsymbol{S})^{\frac{1}{2}} \cdot \mathrm{vol}(E(\mathbf{0}, \boldsymbol{I})) \leqslant \mathrm{e}^{-\frac{1}{2(m+1)}} \cdot \mathrm{vol}(E(\mathbf{0}, \boldsymbol{I}))$$

□

12.4.3 一般情况

我们现在通过将一般情况约化为对称情况来证明引理 12.12 的一般性。

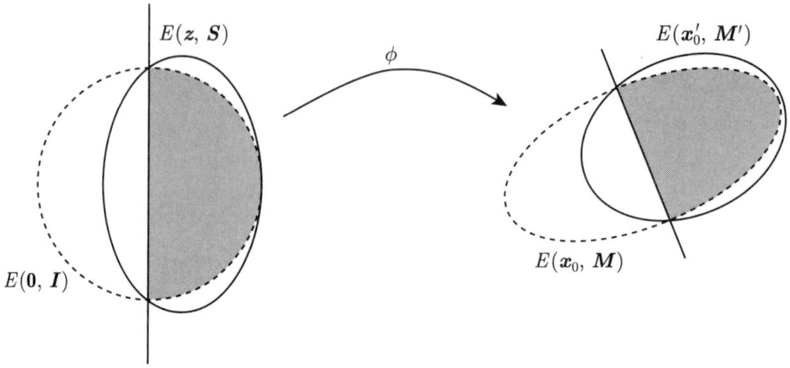

图 12.4 采用仿射变换 ϕ 将对称情况映射到一般情况，可得到非对称情况。单位球 $E(\mathbf{0},\boldsymbol{I})$ 由 ϕ 映射到椭球 $E(\boldsymbol{x}_0,\boldsymbol{M})$，这样左侧的阴影区域 $\{\boldsymbol{x} \in E(\mathbf{0},\boldsymbol{I}) : x_1 \geqslant 0\}$ 也映射到右侧的阴影区域 $\{\boldsymbol{x} \in E(\boldsymbol{x}_0,\boldsymbol{M}) : \langle \boldsymbol{x},\boldsymbol{h}\rangle \leqslant \langle \boldsymbol{x}_0,\boldsymbol{h}\rangle\}$

引理 12.12 的证明 首先注意，对称情况（引理 12.16）定义的椭球 $E' := E(\boldsymbol{z}, \boldsymbol{S})$ 由下式给出：

$$\boldsymbol{z} = \frac{1}{m+1}\boldsymbol{e}_1$$

$$\boldsymbol{S} = \frac{m^2}{m^2-1}(\boldsymbol{I} - \frac{2}{m+1}\boldsymbol{e}_1\boldsymbol{e}_1^{\mathrm{T}})$$

因此，当 $E(\boldsymbol{x}_0, \boldsymbol{M})$ 是单位球且 $\boldsymbol{h} = -\boldsymbol{e}_1$ 时，这给出了引理 12.12 的证明。

现在的想法是找到一个仿射变换 ϕ，使得

（1）$E(\boldsymbol{x}_0, \boldsymbol{M}) = \phi(E(\boldsymbol{0}, \boldsymbol{I}))$，

（2）$\{\boldsymbol{x} : \langle \boldsymbol{x}, \boldsymbol{h}\rangle \leqslant \langle \boldsymbol{x}_0, \boldsymbol{h}\rangle\} = \phi(\{\boldsymbol{x} : x_1 \geqslant 0\})$。

我们借助于图 12.4 来说明这个想法。首先断言当这些条件成立时，椭球 $E(\boldsymbol{x}', \boldsymbol{M}') := \phi(E')$ 满足引理 12.12 的结论。事实上，运用引理 12.13 和引理 12.16 ，我们可以得到

$$\frac{\mathrm{vol}\,(E\,(\boldsymbol{x}', \boldsymbol{M}'))}{\mathrm{vol}\,(E\,(\boldsymbol{x}_0, \boldsymbol{M}))} = \frac{\mathrm{vol}\,(\phi\,(E\,(\boldsymbol{x}', \boldsymbol{M}')))}{\mathrm{vol}\,(\phi\,(E\,(\boldsymbol{x}_0, \boldsymbol{M})))} = \frac{\mathrm{vol}\,(\boldsymbol{E}')}{\mathrm{vol}(E(\boldsymbol{0}, \boldsymbol{I}))} \leqslant \mathrm{e}^{-\frac{1}{2(m+1)}}$$

此外，通过将 ϕ 应用于包含关系：

$$\{\boldsymbol{x} \in E : x_1 \geqslant 0\} \subset E'$$

我们得到

$$\{\boldsymbol{x} \in E(\boldsymbol{x}_0, \boldsymbol{M}) : \langle \boldsymbol{x}, \boldsymbol{h}\rangle \leqslant \langle \boldsymbol{x}_0, \boldsymbol{h}\rangle\} \subset E(\boldsymbol{x}', \boldsymbol{M}')$$

现在只须推导出 ϕ 的公式，这样就可以得到 $E(\boldsymbol{x}', \boldsymbol{M}')$ 的显式表达式。我们断言下面的仿射变换 ϕ 满足上述性质：

$$\phi(\boldsymbol{x}) := \boldsymbol{x}_0 + \boldsymbol{M}^{\frac{1}{2}}\boldsymbol{U}\boldsymbol{x}$$

其中 $\boldsymbol{U}$ 是任一正交矩阵，即 $\boldsymbol{U} \in \mathbb{R}^{m\times m}$，并且 $\boldsymbol{U}\boldsymbol{U}^{\mathrm{T}} = \boldsymbol{U}^{\mathrm{T}}\boldsymbol{U} = I$，从而 $\boldsymbol{U}\boldsymbol{e}_1 = \boldsymbol{v}$，其中

$$\boldsymbol{v} = -\frac{\boldsymbol{M}^{\frac{1}{2}}\boldsymbol{h}}{\|\boldsymbol{M}^{\frac{1}{2}}\boldsymbol{h}\|_2}$$

我们有

$$\phi(E(\boldsymbol{0}, \boldsymbol{I})) = E(\boldsymbol{x}_0, \boldsymbol{M}^{\frac{1}{2}}\boldsymbol{U}^{\mathrm{T}}\boldsymbol{U}\boldsymbol{M}^{\frac{1}{2}}) = E(\boldsymbol{x}_0, \boldsymbol{M})$$

这就证明了第一个条件。进一步，

$$\phi\,(\{\boldsymbol{x} : x_1 \geqslant 0\}) = \{\phi(\boldsymbol{x}) : x_1 \geqslant 0\}$$

$$
\begin{aligned}
&= \{\phi(\boldsymbol{x}) : \langle -\boldsymbol{e}_1, \boldsymbol{x} \rangle \leqslant 0\} \\
&= \left\{\boldsymbol{y} : \left\langle -\boldsymbol{e}_1, \phi^{-1}(\boldsymbol{y}) \right\rangle \leqslant 0\right\} \\
&= \left\{\boldsymbol{y} : \left\langle -\boldsymbol{e}_1, \boldsymbol{U}^\top \boldsymbol{M}^{-\frac{1}{2}} (\boldsymbol{y} - \boldsymbol{x}_0) \right\rangle \leqslant 0\right\} \\
&= \left\{\boldsymbol{y} : \left\langle -\boldsymbol{M}^{-\frac{1}{2}} \boldsymbol{U} \boldsymbol{e}_1, \boldsymbol{y} - \boldsymbol{x}_0 \right\rangle \leqslant 0\right\} \\
&= \{\boldsymbol{y} : \langle \boldsymbol{h}, \boldsymbol{y} - \boldsymbol{x}_0 \rangle \leqslant 0\}
\end{aligned}
$$

因此，第二个条件得证。

接下来我们推导 $E(\boldsymbol{x}', \boldsymbol{M}')$ 的公式。通过引理 12.14，我们得到

$$
E(\boldsymbol{x}', \boldsymbol{M}') = \phi(E(\boldsymbol{z}, \boldsymbol{S})) = E\left(\boldsymbol{x}_0 + \boldsymbol{M}^{\frac{1}{2}} \boldsymbol{U} \boldsymbol{z}, \boldsymbol{M}^{\frac{1}{2}} \boldsymbol{U} \boldsymbol{S} \boldsymbol{U}^\top \boldsymbol{M}^{\frac{1}{2}}\right)
$$

因此

$$
\boldsymbol{x}' = \boldsymbol{x}_0 + \frac{1}{m+1} \boldsymbol{M}^{\frac{1}{2}} \boldsymbol{U} \boldsymbol{e}_1 = \boldsymbol{x}_0 - \frac{1}{m+1} \frac{\boldsymbol{M}\boldsymbol{h}}{\left\|\boldsymbol{M}^{\frac{1}{2}} \boldsymbol{h}\right\|_2}
$$

同时

$$
\begin{aligned}
\boldsymbol{M}' &= \boldsymbol{M}^{\frac{1}{2}} \boldsymbol{U}^\top \frac{m^2}{m^2-1} \left(\boldsymbol{I} - \frac{2}{m+1} \boldsymbol{e}_1 \boldsymbol{e}_1^\top\right) \boldsymbol{U} \boldsymbol{M}^{\frac{1}{2}} \\
&= \frac{m^2}{m^2-1} \left(\boldsymbol{M} - \frac{2}{m+1} \left(\boldsymbol{M}^{\frac{1}{2}} \boldsymbol{U} \boldsymbol{e}_1\right) \left(\boldsymbol{M}^{\frac{1}{2}} \boldsymbol{U} \boldsymbol{e}_1\right)^\top\right) \\
&= \frac{m^2}{m^2-1} \left(\boldsymbol{M} - \frac{2}{m+1} \frac{(\boldsymbol{M}\boldsymbol{h})(\boldsymbol{M}\boldsymbol{h})^\top}{\boldsymbol{h}^\top \boldsymbol{M} \boldsymbol{h}}\right)
\end{aligned}
$$

代入 $\boldsymbol{g} := \dfrac{\boldsymbol{h}}{\|\boldsymbol{M}^{\frac{1}{2}} \boldsymbol{h}\|_2}$，引理得证。 □

12.4.4 关于位精度问题的探讨

在上述所有讨论中，我们假设椭球 $E_0, E_1, \cdots$ 可以精确计算且每一步都不产生误差。然而事实并非如此，利用 E_t 计算 E_{t+1} 时涉及计算平方根，这是不能精确执行的操作。此外，我们需要留意中间计算的位复杂度，因为无法简单地能够说明它们在算法过程中保持一个多项式上界。

为了解决这个问题，我们的思路是：选择一个多项式有界的整数 p，并使用至多 p 位精度的数字在椭球法中执行所有计算。换言之，我们使用分母同为 2^p 的有理数，当中间计算产生小数点后超过 p 位（二进制）的数时，就四舍五入。这种扰动可能导致椭

球 E_{t+1} 产生轻微移动（和改变形状），从而不再保证其包含 P。为了解决这个问题，可以增加一个很小的系数使得

- 保证其包含 $E_t \cap \{\boldsymbol{x} : \langle \boldsymbol{x}, \boldsymbol{h}_t \rangle \leqslant \langle \boldsymbol{x}_t, \boldsymbol{h}_t \rangle\}$，
- 体积下降的速率仍然相对较大，约为 $\mathrm{e}^{-\frac{1}{5n}}$。

此外还可以推断，如果 $E_t = E(\boldsymbol{x}_t, \boldsymbol{M}_t)$，那么范数 $\|\boldsymbol{x}_t\|_2$ 和谱范数 $\|\boldsymbol{M}_t\|, \|\boldsymbol{M}_t^{-1}\|$ 在每次迭代中最多增长两倍。假设 p 足够大，这足够保证该算法仍然是正确的，并且以相同的步数收敛（最多差一个常数系数）。

12.5 应用：$0-1$ 多胞形的线性优化

在本节中，我们将在多胞形 P 是全维的情况下给出定理 12.5 的一个证明（在本节的最后，我们将讨论如何摆脱这个假设）。为此，使用二分搜索将优化问题约化成可行性问题，然后使用椭球法来求解每一步的可行性问题。算法的概述见算法 12。

算法 12 $0-1$ 多胞形的线性优化

输入：

- 全维 $0-1$ 多胞形 $P \subset [0,1]^m$ 的分离反馈器
- 成本向量 $\boldsymbol{c} \in \mathbb{Z}^m$

输出： 问题 $\min\limits_{\boldsymbol{x} \in P} \langle \boldsymbol{c}, \boldsymbol{x} \rangle$ 的最优解

算法：

扰动成本函数 $\boldsymbol{c}$，以保证最优解的唯一性
令 $l := -\|\boldsymbol{c}\|_1, u := \|\boldsymbol{c}\|_1 + 1$
while $u - l > 1$ **do**
    $g := \lfloor \frac{l+u}{2} \rfloor$
    定义 $P' := P \cap \left\{\boldsymbol{x} \in \mathbb{R}^m : \langle \boldsymbol{c}, \boldsymbol{x} \rangle \leqslant g + \frac{1}{4}\right\}$
    if $P' \neq \varnothing$(在 P' 上使用椭球法) **then**
        $u := g$
    else
        $l := g$
    end if
end while
使用椭球法寻找点

$$\hat{\boldsymbol{x}} \in P \cap \left\{\boldsymbol{x} \in \mathbb{R}^m : \langle \boldsymbol{c}, \boldsymbol{x} \rangle \leqslant g + \frac{1}{4}\right\}$$

将 $\hat{\boldsymbol{x}}$ 的每个坐标四舍五入
return $\hat{\boldsymbol{x}}$

注意，与 12.2.1 节中提出的算法不同，在算法 12 中，二分搜索是在整数集合上运行。我们可以这样做，因为成本函数取整数值，同时确保最优值为一个顶点，因此，最优值也是整数值。注意，如果 $\boldsymbol{y}^\star \in \mathbb{Z}$ 是最优值，那么多胞形 $P' = P \cap \{\boldsymbol{x} : \langle \boldsymbol{c}, \boldsymbol{x}\rangle \leqslant y^\star\}$ 维度变低，体积为零。

因此，在算法 12 中，我们引入了一个微小松弛，并且对于 $g \in \mathbb{Z}$，总是要求目标值最大为 $g + \frac{1}{4}$ 而不是 g。这保证了 P' 始终是全维的，我们可以提供其体积的下界（这对于椭球法在多项式时间内运行是必要的）。

12.5.1 保证最优解的唯一性

我们现在描述算法 12 的**扰动**步骤，它确保了只有一个最优解。这样做是为了能够很容易地将一个接近最优的解转换到一个顶点。为此，我们可以简单地定义一个新的成本函数 $\boldsymbol{c}' \in \mathbb{Z}^m$，使得

$$c_i' := 2^m c_i + z^{i-1}$$

扰动对任何顶点解的总贡献严格小于 2^m，因此，它不会产生任何新的最优顶点。此外很容易看到每个顶点的成本是不同的，因此，最优成本（和顶点）是唯一的。

最后注意，通过这个扰动，$\boldsymbol{c}$ 的位复杂度只增加了 $O(m)$。

12.5.2 多胞形体积的下界

我们现在严格证明椭球法中检验的多胞形 P' 的体积不会过小而导致算法无法在多项式时间内完成运行。

引理 12.17 (内部球) *假设 $P \subset [0,1]^m$ 是一个全维的 $0-1$ 多胞形，$\boldsymbol{c} \in \mathbb{Z}^m$ 是任一成本向量，$C \in \mathbb{Z}$ 是任意整数。考虑多胞形*

$$P' = \left\{\boldsymbol{x} \in P : \langle \boldsymbol{c}, \boldsymbol{x}\rangle \leqslant C + \frac{1}{4}\right\}$$

于是，要么 P' 是空的，要么 P' 包含一个半径至少为 $2^{-\text{poly}(m,L)}$ 的欧氏球，其中 L 是 $\boldsymbol{c}$ 的位复杂度。

证明 不失一般性，假设 $\boldsymbol{0} \in P$ 并且 $\boldsymbol{0}$ 是唯一的最优解。只须考虑 $C = 0$，因为对于 $C < 0$，多胞形 P' 是空的，而对于 $C \geqslant 1$，最优情况下的成本大于 $C = 0$ 的情况。

注意，P 包含一个半径为 $2^{-\text{poly}(m)}$ 的球 B。为了证明这一点，我们首先选择 P 的 $m+1$ 个仿射无关的顶点，并证明由它们生成的单纯形包含一个具有这样半径的球。

接下来我们证明，相对于原点缩放大约 2^L 倍后，该球仍包含在

$$P' := \left\{\boldsymbol{x} \in P : \langle \boldsymbol{c}, \boldsymbol{x} \rangle \leqslant \frac{1}{4}\right\}$$

注意，对于每个点 $\boldsymbol{x} \in P$，我们有

$$\langle \boldsymbol{c}, \boldsymbol{x} \rangle \leqslant \sum_i |c_i| \leqslant 2^L$$

因此，对于每个 $\boldsymbol{x} \in P$，

$$\left\langle \frac{\boldsymbol{x}}{2^{L+3}}, \boldsymbol{c} \right\rangle \leqslant 2^{-3} = \frac{1}{8}$$

特别地，

$$2^{-L-3}B \subset P'$$

但是

$$\mathrm{vol}(2^{-L-3}B) = 2^{-m(L+3)}\mathrm{vol}(B) = 2^{-m(L+3)-\mathrm{poly}(m)} = 2^{-\mathrm{poly}(m,L)}$$

□

12.5.3 分式解的舍入

引理 12.18 (分式解的舍入) 假设 $P \subset [0,1]^m$ 是一个全维的 $0-1$ 多胞形，$\boldsymbol{c} \in \mathbb{Z}^m$ 是任一成本向量，使得在 P 中存在唯一的点 $\boldsymbol{x}^\star$ 最小化 $\boldsymbol{x} \mapsto \langle \boldsymbol{c}, \boldsymbol{x} \rangle$。那么，如果 $\boldsymbol{x} \in P$ 满足

$$\langle \boldsymbol{c}, \boldsymbol{x} \rangle \leqslant \langle \boldsymbol{c}, \boldsymbol{x}^\star \rangle + \frac{1}{3}$$

通过将 $\boldsymbol{x}$ 的每个坐标进行舍入，我们可以得到 $\boldsymbol{x}^\star$。

证明 $\boldsymbol{x}$ 可以写成

$$\boldsymbol{x} := \alpha \boldsymbol{x}^\star + (1-\alpha)\boldsymbol{z}$$

其中，$\alpha \in [0,1]$ 且 $\boldsymbol{z} \in P$ 是次优顶点的凸组合（不包括 $\boldsymbol{x}^\star$）。那么我们有

$$\begin{aligned}
\langle \boldsymbol{c}, \boldsymbol{x}^\star \rangle + \frac{1}{3} &\geqslant \langle \boldsymbol{c}, \boldsymbol{x} \rangle \\
&= \langle \boldsymbol{c}, \alpha \boldsymbol{x}^\star + (1-\alpha)\boldsymbol{z} \rangle \\
&= \alpha \langle \boldsymbol{c}, \boldsymbol{x}^\star \rangle + (1-\alpha)\langle \boldsymbol{c}, \boldsymbol{z} \rangle \\
&\geqslant \alpha \langle \boldsymbol{c}, \boldsymbol{x}^\star \rangle + (1-\alpha)\left(\langle \boldsymbol{c}, \boldsymbol{x}^\star \rangle + 1\right)
\end{aligned}$$

$$= \langle \boldsymbol{c}, \boldsymbol{x}^{\star} \rangle + (1 - \alpha)$$

这里，我们利用了 $\boldsymbol{z}$ 是一个次优的 $0-1$ 顶点，其成本函数严格小于 $x^{\star}$ 对应的目标函数这个事实，因此，由于 $\boldsymbol{c}$ 是整数，我们得到

$$\langle \boldsymbol{c}, \boldsymbol{z} \rangle \geqslant \langle \boldsymbol{c}, \boldsymbol{x}^{\star} \rangle + 1$$

因此

$$1 - \alpha \leqslant \frac{1}{3}$$

因此，对于每个 $i = 1, 2, \cdots, m$，

$$|x_i - x_i^{\star}| = (1 - \alpha)|x_i^{\star} - z_i| \leqslant 1 - \alpha \leqslant \frac{1}{3}$$

这里，我们利用了每个 $x_i^{\star}, z_i \in \{0, 1\}$ 的事实，因此，它们差值的绝对值小于或等于 1。将每个坐标舍入到最近的整数得到 $\boldsymbol{x}^{\star}$。 □

12.5.4 定理 12.5 的证明

基于前面的准备，现在证明定理 12.5。

定理 12.5 的证明 我们证明算法 12 是正确的，并具有多项式运行时间。其正确性是算法定义的一个直接结果。唯一需要证明的步骤是为什么舍入后产生最优解 $\boldsymbol{x}^{\star}$。这可从引理 12.18 得出。

要估计该算法的运行时间界，注意，算法需要执行

$$O(\log \|\boldsymbol{c}\|_1) = O(L)$$

次迭代。在每次迭代中，它应用椭球法来检验 P' 的 (非) 空性。利用定理 12.10 以及引理 12.17 给出的能装进 P' 的球的大小的下界，我们推出该算法的运行时间是 $\text{poly}(m, L)$。

□

12.5.5 全维性假设

定理 12.5 的证明的关键是使用了多胞形 P 是全维的这一事实。实际上，我们用它来给出了 P 的体积的下界。当 P 的维数较低时，这样的界不再成立，需要调整分析。

原则上，有两种方法可以处理这个问题。第一种方法是假设给定一个仿射子空间 $F = \{\boldsymbol{x} \in \mathbb{R}^d :\ \boldsymbol{A}\boldsymbol{x} = \boldsymbol{b}\}$，这样多胞形 P 被限制在 F，是全维的。在这种情况下，我

们可以简单地应用限制在 F 上的椭球法，得到与全维情况下相同的运行时间界，在此我们省略细节。

当刻画不出子空间使得 P 限制到其上是全维的时，情况变得更加复杂，但仍然可处理。我们的思路是将椭球法应用于低维多胞形 P，以便首先找到子空间 F。在对椭球法进行足够的迭代后，椭球变得平坦，并且我们可以读出产生这种情况的方向（对应于生成椭球的正定矩阵的较小特征值）。然后，我们可以使用联立丢番图近似的思想来将这些向量舍入到低位复杂度表示的子空间 F。

习题

12.1 考虑顶点为 $\{1,2,3\}$ 的无向图，它的边为 $\{1,2\}$，$\{2,3\}$，$\{1,3\}$。证明下面的多胞形没有覆盖此图的匹配多胞形。

$$x \geqslant 0, x_1 + x_2 \leqslant 1, x_2 + x_3 \leqslant 1, x_1 + x_3 \leqslant 1$$

12.2 通过以下步骤构造一个完美匹配多胞形的多项式时间分离反馈器：

（1）证明图 $G = (V, E)$ 在 $P_{\mathrm{PM}}(G)$ 上的分离可约化为下面的**奇数最小割问题**：给定 $\boldsymbol{x} \in \mathbb{Q}^E$，找到

$$\min_{S:|S|\text{是奇数}} \sum_{i \in S, j \in \overline{S}, ij \in E} x_{ij}$$

（2）证明奇数最小割问题是多项式时间可解的。

12.3 回想一下，对于一个多胞形 $P \subset \mathbb{R}^m$ 的线性优化问题是：给定一个成本向量 $\boldsymbol{c} \in \mathbb{Q}^m$，找到一个顶点 $\boldsymbol{x}^\star \in P$ 在 $\boldsymbol{x} \in P$ 上最小化 $\langle \boldsymbol{c}, \boldsymbol{x} \rangle$。

设 $\mathcal{P}$ 是一类全维 $0-1$ 多胞形，其线性优化问题是多项式时间可解的（关于 m 和 $\boldsymbol{c}$ 的位复杂度的多项式）。证明这类 $\mathcal{P}$ 的分离问题使用以下步骤也是多项式时间可解的：

（1）证明如果 $P \in \mathcal{P}$，则 P°（P 的极点）上的分离问题是多项式时间可解的。在这个问题中，对于位于内部深处的内点 x_0（它到 P 的边界的距离至少为 $2^{-O(m^2)}$），定义 P 的极点可能是方便的，即

$$P^\circ := \{\boldsymbol{y} \in \mathbb{R}^m : \forall \boldsymbol{x} \in P \langle \boldsymbol{y}, \boldsymbol{x} - \boldsymbol{x}_0 \rangle \leqslant 1\}$$

（2）证明对 P 的极点 P° 的一个多项式时间的线性优化算法足以提供 P 的一个多项式时间分离反馈器。

（3）利用椭球法证明每个 $P \in \mathcal{P}$ 都有一个多项式时间的线性优化算法。

注：我们可以假设对给定的在 $\operatorname{poly}(m, L(c), \log\frac{1}{\varepsilon})$ 时间内找到 ε 最优解的方法，多项式时间舍入到一个顶点解是可能的。

12.4 证明显式形式的线性规划存在一个（基于椭球法的）多项式时间算法，即给定矩阵 $\boldsymbol{A}\in\mathbb{Q}^{m\times n}, \boldsymbol{b}\in\mathbb{Q}^m, \boldsymbol{c}\in\mathbb{Q}^n$，找到 $\min\limits_{\boldsymbol{x}\in\mathbb{R}^n}\{\langle\boldsymbol{c},\boldsymbol{x}\rangle : \boldsymbol{A}\boldsymbol{x}\leqslant\boldsymbol{b}\}$ 的最优解 $\boldsymbol{x}^\star\in\mathbb{Q}^n$。下面的提示可能会有所帮助。

- 将寻找**最优解**的问题约化为寻找**最优值**的足够好的近似。为此，考虑逐个舍弃约束 $\langle\boldsymbol{a}_i,\boldsymbol{x}\rangle\leqslant b_i$，再次求解问题并观察最优值是否改变。最后只剩下 n 个约束条件，我们可以通过求解一个线性系统来确定最优解。
- 为了解决可行域的低维性问题，用指数级小量来扰动约束，同时确保这不会过多地影响最优值。

12.5 证明引理 12.12 中定义的椭球 $E(\boldsymbol{x}',\boldsymbol{M}')\subseteq\mathbb{R}^m$ 与包含

$$E(\boldsymbol{x}_0,\boldsymbol{M})\cap\{\boldsymbol{x}\in\mathbb{R}^m : \langle\boldsymbol{x},\boldsymbol{h}\rangle\leqslant\langle\boldsymbol{x}_0,\boldsymbol{h}\rangle\}$$

的最小体积的椭球一致。

12.6 在这个问题中，我们推导求解可行性问题的割平面法的一个变体。在可行性问题中，我们的目标是在凸集 K 中找到一个点 $\hat{\boldsymbol{x}}$，这个算法（与椭球法相比）保持一个多胞形而不是椭球作为 K 的近似。

问题描述。这个问题的输入是一个凸集 K，满足

- $K\subset[0,1]^m$（任何有界集 K 都可以通过放缩满足这个条件），
- 对于某个 $r>0$（r 是输入），K 包含一个半径为 r 的欧氏球，
- 提供一个 K 的分离反馈器。

我们的目标是找到一个点 $\hat{\boldsymbol{x}}\in K$。

算法描述。该算法保持一个均包含 K 的多胞形序列 $P_0, P_1, P_2, \cdots$。在算法过程中添加多胞形 P_t 的 $2m+t$ 个约束：$2m$ 个有界约束 $0\leqslant x_j\leqslant 1$ 和 t 个形如 $\langle\boldsymbol{a}_i,\boldsymbol{x}\rangle\leqslant b_i$（其中 $\|\boldsymbol{a}_i\|_2=1$）的约束。在第 t 步，算法计算多胞形 P_t 的解析中心 $\boldsymbol{x}_t$，即多胞形 P_t 的对数障碍函数 $F_t(\boldsymbol{x})$ 的最小值点。更正式地说，

$$F_t(\boldsymbol{x}) := -\sum_{j=1}^{m}(\log x_j+\log(1-x_j))-\sum_{i=1}^{t}\log(b_i-\langle\boldsymbol{a}_i,\boldsymbol{x}\rangle)$$

$$\boldsymbol{x}_t := \underset{\boldsymbol{x}\in P_t}{\operatorname{argmin}} F_t(\boldsymbol{x})$$

该算法如下。

- 取 P_0 为 $[0,1]^m$。
- 对于 $t=1,2,\cdots$,
  - 寻找 P_t 的解析中心 $\boldsymbol{x}_t$;
  - 如果 $\boldsymbol{x}_t \in K$,返回 $\hat{\boldsymbol{x}} := \boldsymbol{x}_t$,并终止;
  - 否则,使用 K 的分离反馈器,用一个经过点 $\boldsymbol{x}_t$ 的超平面切割多胞形,即添加一个形如

$$\langle \boldsymbol{a}_{t+1}, \boldsymbol{x} \rangle \leqslant b_{t+1} := \langle \boldsymbol{a}_{t+1}, \boldsymbol{x}_t \rangle,\ 其中 \|\boldsymbol{a}_{t+1}\|_2 = 1$$

的新约束。这个新多胞形为 $P_{t+1} := P_t \cap \{\boldsymbol{x} \in \mathbb{R}^m : \langle \boldsymbol{a}_{t+1}, \boldsymbol{x} \rangle \leqslant b_{t+1}\}$。

势函数的上界。假设我们可以有效地找到解析中心 $\boldsymbol{x}_t$,我们对上述方案进行分析。虽然我们不讨论计算 $\boldsymbol{x}_t$ 的算法,但我们可以用它的数学性质来给出迭代次数的一个界。我们使用迭代 t 次时对数障碍的最小值作为势函数,即

$$\phi_t := \min_{\boldsymbol{x} \in P_t} F_t(\boldsymbol{x}) = F_t(\boldsymbol{x}_t)$$

我们首先建立这个势的一个上界。

(1)证明算法的第 t 步(除去最后一步)满足

$$\phi_t \leqslant (2m+t) \log \frac{1}{r}$$

势函数的下界。下一步分析 ϕ_t 的下界直观地说,我们想证明当 t 足够大时,$\phi_{t+1} - \phi_t > 2 \log \frac{1}{r}$,因此最终 ϕ_t 会比上面推导出的上界要大——这给出了一个算法何时终止的界。

让我们用 $\boldsymbol{H}_t := \boldsymbol{\nabla}^2 F_t(\boldsymbol{x}_t)$ 表示解析中心处对数障碍的黑塞矩阵。

(2)证明对算法的第 t 步,有

$$\phi_{t+1} \geqslant \phi_t - \frac{1}{2} \log(\boldsymbol{a}_{t+1}^{\mathrm{T}} \boldsymbol{H}_t^{-1} \boldsymbol{a}_{t+1}) \tag{12.7}$$

并推出

$$\phi_t \geqslant \phi_0 - \frac{t}{2} \log \left(\frac{1}{t} \sum_{i=1}^{t} \boldsymbol{a}_i^{\top} \boldsymbol{H}_{i-1}^{-1} \boldsymbol{a}_i \right)$$

下一步分析和式 $\sum\limits_{i=1}^{t} \boldsymbol{a}_i^{\mathrm{T}} \boldsymbol{H}_{i-1}^{-1} \boldsymbol{a}_i$(给出一个上界)。为此,我们利用以下的几步。

（3）证明：对于算法的第 t 步，

$$\boldsymbol{L}_t := \boldsymbol{I} + \frac{1}{m}\sum_{i=1}^{t}\boldsymbol{a}_i\boldsymbol{a}_i^{\top} \preceq \boldsymbol{H}_t$$

（4）证明：如果 $\boldsymbol{M} \in \mathbb{R}^{m\times m}$ 是一个可逆矩阵，$\boldsymbol{u}, \boldsymbol{v} \in \mathbb{R}^m$ 是向量，则

$$\det(\boldsymbol{M} + \boldsymbol{u}\boldsymbol{v}^{\mathrm{T}}) = \det(M)(1 + \boldsymbol{v}^{\mathrm{T}}\boldsymbol{M}^{-1}\boldsymbol{u})$$

（5）证明：对于算法的第 t 步，

$$\frac{1}{2m}\sum_{i=1}^{t}\boldsymbol{a}_i^{\top}\boldsymbol{H}_{i-1}^{-1}\boldsymbol{a}_i \leqslant \frac{1}{2m}\sum_{i=1}^{t}\boldsymbol{a}_i^{\top}\boldsymbol{L}_{i-1}^{-1}\boldsymbol{a}_i \leqslant \log\det\left(\boldsymbol{L}_t\right)$$

（6）证明：对于算法的第 t 步，

$$\log\det(\boldsymbol{L}_t) \leqslant m\log\left(1 + \frac{t}{m^2}\right)$$

从上式可以得出

$$\phi_t \geqslant -\frac{t}{2}\log\left(\frac{2m^2}{t}\log\left(1 + \frac{t}{m^2}\right)\right)$$

因此，通过将其与 ϕ_t 的上界结合，该算法找到点 $\hat{\boldsymbol{x}} \in K$ 的运行步数不超过 $t := \widetilde{O}\left(\frac{m^2}{r^4}\right)$，因此可以推导出下面的结果。

定理 12.19 给定一个包含半径为 r 的球的集合 $K \subset [0,1]^m$ 的分离反馈器，存在一种算法能在 $\widetilde{O}\left(\frac{m^2}{r^4}\right)$ 步内迭代找到点 $\hat{\boldsymbol{x}} \in K$，其中第 t 步迭代中，该算法计算有 $O(m+t)$ 个约束的多胞形的解析中心。

注记

建议读者参考 Schrijver（2002a）的书来了解更多与各种组合对象相关的 $0-1$ 多胞形的例子。定理 12.2 在 Edmonds（1965a）的一篇开创性论文中得到证明。请注意，一个类似于定理 12.2 的结果也适用于生成树多胞形。然而，虽然有结果表明存在一种方法，通过利用多项式数量的变量和不等式来对生成树多胞形进行编码，但对匹配多胞形，Rothvoss（2017）证明了 $P_{\mathrm{M}}(G)$ 的任何线性表示都需要指数级数量的约束。

椭球法最初是由 Khachiyan（1979，1980）为线性规划而建立的，他是在 Shor（1972）、Yudin 和 Nemirovskii（1976）给出的椭球法的基础上建立的。Grötschel 等（1981）、Padberg 和 Rao（1981）、Karp 和 Papadimitriou（1982）将它进一步推广到多胞形的情况（假设我们只能调用多胞形分离反馈器）。有关如何处理 12.4.4 节中提到的位精度问题的详细过程，请参阅 Grötschel 等（1988）的书。关于如何通过“跳入”一个低维子空间来避免全维性假设的细节证明，读者也可以参考这本书。习题 12.6 基于 Vaidya（1989a）的论文。

第 13 章　凸优化的椭球法

本章将展示如何用椭球法求解一般凸规划问题。作为应用，我们提出次模函数最小化的多项式时间算法，以及计算组合多胞形上最大熵分布的多项式时间算法。

13.1　如何使用椭球法进行凸优化

第 12 章中提出的线性规划的椭球法有几个理想的性质：

（1）它只需要一个分离反馈器便能工作；

（2）它的运行时间对数多项式地依赖于 $\frac{u_0 - l_0}{\varepsilon}$（其中 $\varepsilon > 0$ 为误差，最优值在 l_0 和 u_0 之间）；

（3）它的运行时间对数多项式地依赖于 $\frac{R}{r}$，其中 $R > 0$ 是外球的半径，r 是内部球的半径。

性质（1）表明，椭球法比内点法适用更广泛，内点法需要通过自和谐障碍函数对凸集实现更强的调用方式。性质 (2) 和性质 (3) 表明，至少在渐近性上，椭球法优于一阶方法。然而，到目前为止，我们只开发了线性规划的椭球法，即 K 是多胞形，f 是线性函数的情形。

在本章中，我们将椭球法的框架扩展到一般的凸集和凸函数，假设有一个能适当调用凸函数 f 的反馈器，且凸集 K 具有分离反馈器。我们也从 m 切换回 n 来表示优化问题的外围空间。更准确地说，在 13.4 节中，我们将证明下面的定理。

定理 13.1 (凸优化的椭球法)　存在这样一个算法，给定

(1) 凸函数 $f : \mathbb{R}^n \to \mathbb{R}$ 的一阶反馈器，

(2) 凸集 $K \subseteq \mathbb{R}^n$ 的分离反馈器，

(3) 数 $r > 0$ 和 $R > 0$，满足 $K \subseteq B(\mathbf{0}, R)$，且 K 包含一个半径为 r 的欧氏球，

(4) 上、下界 l_0 和 u_0，满足对于所有的 $\boldsymbol{x} \in K$, $l_0 \leqslant f(\boldsymbol{x}) \leqslant u_0$，

(5) $\varepsilon > 0$，

输出点 $\hat{\boldsymbol{x}} \in K$，使得

$$f(\hat{\boldsymbol{x}}) \leqslant f(\boldsymbol{x}^\star) + \varepsilon$$

其中 $\boldsymbol{x}^\star$ 是 f 在 K 上的最小值点。算法的运行时间为

$$O\left(\left(n^2 + T_K + T_f\right) \cdot n^2 \cdot \log\left(\frac{R}{r} \cdot \frac{u_0 - l_0}{\varepsilon}\right)^2\right)$$

这里，T_K 和 T_f 分别是 K 的分离反馈器和 f 的一阶反馈器的运行时间。

定理 13.1 的假设在 13.4 节会详细讨论。在这里，我们简单说明一下。函数 f 的一阶反馈器被理解为给定 $\boldsymbol{x}$，输出 $f(\boldsymbol{x})$ 和任何次梯度 $h(\boldsymbol{x}) \in \partial f(\boldsymbol{x})$ 的黑箱。因此，这个定理除了凸性假设之外不需要光滑性或可微性等额外假设。在一些应用中，需要得到一个**乘性**近似（而不是加性近似）：给定 $\delta > 0$，找到点 $\hat{\boldsymbol{x}}$ 满足

$$f(\hat{\boldsymbol{x}}) \leqslant f(\boldsymbol{x}^\star)(1 + \delta)$$

可以看到，可以通过在定理 13.1 中令 $\varepsilon := \delta l_0$ 来满足这个要求。如果 $\hat{\boldsymbol{x}}$ 满足

$$f(\hat{\boldsymbol{x}}) \leqslant f(\boldsymbol{x}^\star) + \varepsilon$$

那么

$$f(\hat{\boldsymbol{x}}) \leqslant f(\boldsymbol{x}^\star) + \varepsilon = f(\boldsymbol{x}^\star) + \delta l_0 \leqslant f(x^\star)(1 + \delta)$$

运行时间仍然是包括 $\log \dfrac{1}{\delta}$ 在内的所有参数的多项式。

凸优化是否是 P 问题

基于定理 13.1 中的算法，我们重新讨论第 4 章提到的一般凸规划的多项式时间可解性问题（在习题 4.10 中得到了否定的回答）。事实上，即使本章证明的结果似乎意味着凸优化是 P 问题，但这不是事实，因为它依赖于一些微小但重要的假设。要构造一个特定凸规划的多项式时间算法，我们首先要根据最优解的大小找到合适的界 R 和 r，根据最优值的大小找到合适的界 u_0 和 l_0。对于椭球法，必须提供这样的界作为输入来运行算法（见 13.4 节）。此外，该算法需要 K 的分离反馈器和 f 的一阶反馈器——在某些情况下，这两个计算任务可能会被证明是难以计算的（NP 难）。

我们提供两个重要而有趣的凸优化的例子：**次模函数最小化**和**计算最大熵分布**。这两个问题最终都可以被化简为凸集上优化凸函数。然而，计算次模函数最小化问题的次梯度是非平凡的，并且对于计算最大熵分布的问题，这两者——给出最优值点的位置估计和梯度可计算性——结果都是非平凡的。因此，即使一个问题可被表述为一个凸规划，即使根据定理 13.1，也可能需要做大量的额外工作来得出多项式时间可计算性。

13.2　应用：次模函数最小化

尽管我们从未明确提出，但是在前面的一些章节中我们已经遇到了次模函数及其最小化的问题。下面，我们展示当试图为组合多胞形构造分离反馈器时，它们是如何自然产生的。

13.2.1　$0-1$ 多胞形的分离反馈器

在第 12 章中，我们证明了可以高效地优化 $0-1$ 多胞形上的线性函数，

$$P_{\mathcal{F}} := \text{conv}\{\mathbf{1}_S : S \in \mathcal{F}\} \subseteq [0,1]^n$$

其中，$F \subseteq 2^{[n]}$ 是 $[n]$ 的一个子集族，当 $P_{\mathcal{F}}$ 存在高效的分离反馈器时。下面我们将展示如何针对一大类多胞形族，称之为**拟阵多胞形**，构造分离反馈器。

拟阵和秩函数。对于族 $\mathcal{F}$，定义**秩函数** $r_{\mathcal{F}}(S) : 2^{[n]} \to \mathbb{N}$ 为

$$r_{\mathcal{F}}(S) := \max\{|T| : \ T \in \mathcal{F},\ T \subseteq S\}$$

即包含于 S 的 $T \in \mathcal{F}$ 中集合的最大基数。注意，$r_{\mathcal{F}}(S)$ 一般不能良好定义。然而，对于**向下闭**的族，即族 $\mathcal{F}$ 满足对于每一个 $S \subseteq T \subseteq [n]$，如果 $T \in \mathcal{F}$，那么 $S \in \mathcal{F}$。本节中特别感兴趣的是 **拟阵** (matroid) 这样的集合族。

定义 13.2 (拟阵)　*如果基础集 $[n]$ 的非空的子集族 $\mathcal{F}$ 满足以下条件，则称之为拟阵：*

(1)（**向下闭性**）*$\mathcal{F}$ 是向下闭的；*

(2)（**交换性**）*如果 A 和 B 在 $\mathcal{F}$ 中并且 $|B| > |A|$，那么存在 $x \in B\backslash A$ 使得 $A \cup \{x\} \in \mathcal{F}$。*

定义拟阵的目的是试图推广线性代数中向量无关性的概念。回顾一下，$\mathbb{R}^n$ 中的一组向量 $\{\boldsymbol{v}_1, \boldsymbol{v}_2, \cdots, \boldsymbol{v}_k\}$ 在 $\mathbb{R}$ 中是线性无关的，如果没有 $\mathbb{R}$ 上的非全零系数使得这些向量的线性组合为 0。线性无关是一个向下闭的性质，即从一组线性无关的向量中移除一个向量，仍可以保持线性无关的性质。此外，如果 A 和 B 是两组线性无关向量且 $|A| < |B|$，则 B 中存在一些向量与 A 中所有向量线性无关，因此可以在保持线性无关的同时将这些向量添加到 A 中。

拟阵其他的简单例子包括**均匀拟阵**（对于一个整数 k，基数最多为 k 的 $[n]$ 的所有子集的集合）以及**图拟阵**（对于一个无向图 G，G 的所有无圈边子集的集合）。

与拟阵相关的最简单的计算问题是**从属问题**：给定 S，高效地确定 $S \in \mathcal{F}$ 是否成立。这通常是拟阵描述的一个基本环节，我们假设这个问题可以被高效地解决。例如，

检验一组向量是否线性无关，或者一个集合的大小是否超过 k，或图中的边子集是否包含圈，这些都是容易计算的。利用这一点以及拟阵的定义，不难为下面的问题找到一个高效的贪婪算法：给定 $S \subseteq [n]$，找到基数最大的 $T \in \mathcal{F}$，使得 $T \subseteq S$。因此，下面的定理可以计算拟阵的秩函数。

定理 13.3 (计算拟阵的秩函数) 对于基础集 $[n]$ 上带有从属反馈器的拟阵 $\mathcal{F}$，给定 $S \subseteq [n]$，我们可以通过（关于 n 的）多项式次调用从属反馈器计算 $r_{\mathcal{F}}(S)$。

拟阵多胞形的多面体描述。当 $\mathcal{F}$ 是一个拟阵时，下面的定理提供了多胞形 $P_{\mathcal{F}}$ 的一个方便的描述。

定理 13.4 (拟阵多胞形) 假设 $\mathcal{F} \subseteq 2^{[n]}$ 是一个拟阵，则

$$P_{\mathcal{F}} = \left\{ \boldsymbol{x} \geqslant \mathbf{0} : \ \forall S \subseteq [n] \sum_{i \in S} x_i \leqslant r_{\mathcal{F}}(S) \right\}$$

注意，从左到右的包含关系 ($\subseteq$) 对所有的集族 $\mathcal{F}$ 都是成立的，相反的方向依赖于拟阵假设，并且是非平凡的。

对于由所有大小至多为 k 的集合组成的拟阵 $\mathcal{F}$，其秩函数特别简单：

$$r_{\mathcal{F}}(S) = \min\{|S|, k\}$$

因此，对应的拟阵多胞形为

$$P_{\mathcal{F}} = \left\{ \boldsymbol{x} \geqslant \mathbf{0} : \ \forall S \subseteq [n] \sum_{i \in S} x_i \leqslant \min\{|S|, k\} \right\}$$

注意，由于单元素集的秩最多为 1，右侧式子退化成 $0 \leqslant x_i \leqslant 1$ 这样的约束，其中 $1 \leqslant i \leqslant n$。因此，它们平凡地表示了任何大小最多为 k 的集合 S 的秩约束。此外，还有一个约束条件，

$$\sum_{i=1}^{n} x_i \leqslant k$$

这个约束以及 $x_i \geqslant 0$（对所有 i 成立）的事实，说明了约束

$$\sum_{i \in T} x_i \leqslant k$$

对于任何满足 $|T| \geqslant k$ 的 T 成立。因此，对应的拟阵多胞形即为

$$P_{\mathcal{F}} = \left\{ \boldsymbol{x} \in [0,1]^n : \sum_{i \in [n]} x_i \leqslant k \right\},$$

从而分离问题是平凡的。

然而，一般地，包括图的所有无环子图在内，定义多胞形的约束数量（关于图的大小）可能是指数的，其分离是一个非平凡的问题。

拟阵多胞形上的分离。定理 13.4 给出了拟阵多胞形的如下分离策略。给定 $\boldsymbol{x} \in [0,1]^n$，记

$$F_{\boldsymbol{x}}(S) := r_{\mathcal{F}}(S) - \sum_{i \in S} x_i$$

并找到

$$S^\star := \operatorname*{argmin}_{S \subseteq [n]} F_{\boldsymbol{x}}(S)$$

实际上，

$$\boldsymbol{x} \in P_{\mathcal{F}} \text{当且仅当} F_{\boldsymbol{x}}(S^\star) \geqslant 0$$

此外，如果 $F_{\boldsymbol{x}}(S^\star) < 0$，那么 $S^\star$ 提供了一个分离的超平面：

$$\langle \boldsymbol{y}, \mathbf{1}_{S^\star} \rangle \leqslant r_{\mathcal{F}}(S^\star)$$

这是因为

$$F_{\boldsymbol{x}}(S^\star) < 0 \text{蕴含着} \langle \boldsymbol{x}, \mathbf{1}_{S^\star} \rangle > r_{\mathcal{F}}(S^\star)$$

但定理 13.4 表明，$P_{\mathcal{F}}$ 中的所有点都满足该不等式。因此，为了解决分离问题，只需要求解 $F_{\boldsymbol{x}}$ 的最小化问题。关键要注意，$F_{\boldsymbol{x}}$ 不是一个任意函数——它是次模的，而次模函数有很多可以利用的组合结构。

定义 13.5 (次模函数) 一个函数 $F : 2^{[n]} \to \mathbb{R}$ 被称为是次模的，如果

$$\forall S, T \subseteq [n],\ F(S \cap T) + F(S \cup T) \leqslant F(S) + F(T)$$

如前所述，拟阵秩函数 $r_{\mathcal{F}}$ 是次模的，见习题 13.4(1)。

定理 13.6 (拟阵秩函数是次模的) 假设 $\mathcal{F} \subseteq 2^{[n]}$ 是一个拟阵，则其秩函数 $r_{\mathcal{F}}$ 是次模的。

基于上面的讨论，我们考虑以下一般问题。

定义 13.7 (次模函数最小化，SFM) 给定一个次模函数 $\mathcal{F} : 2^{[n]} \to \mathbb{R}$，找到一个集合 $S^\star$，使其满足

$$S^\star = \operatorname*{argmin}_{S \subseteq [n]} F(S)$$

我们没有明确函数 F 是如何给出的。根据应用的不同，它可以使用图（或其他组合结构）来简洁地描述，也可以作为反馈器：给定 $S \subseteq [n]$，输出 $F(S)$。值得注意的是，这就是我们开发 SFM 算法所需的全部内容。

定理 13.8 (SFM 问题的多项式时间算法)　给定次模函数 $F : 2^{[n]} \to [l_0, u_0]$ 的反馈器，其中 $l_0 \leqslant u_0$ 都是整数，给定 $\varepsilon > 0$，存在一种算法，找到一个集合 $S \subset [n]$ 使得

$$F(S) \leqslant F(S^\star) + \varepsilon$$

其中 $S^\star$ 是 F 的最小值点，算法执行 $\operatorname{poly}\left(n, \log \frac{u_0 - l_0}{\varepsilon}\right)$ 次反馈器调用。

注意，作为构造拟阵多胞形的分离反馈器的应用，运行时间关于 $\log \frac{u_0 - l_0}{\varepsilon}$ 是多项式的是必需的。回顾一下，在分离问题中，输入包含 $\boldsymbol{x} \in [0,1]^n$，我们考虑函数

$$F_{\boldsymbol{x}}(S) := r_{\mathcal{F}}(S) - \sum_{i \in S} x_i$$

给定一个拟阵的从属反馈器，定理 13.3 蕴含了秩函数的反馈器，由定理 13.6 知秩函数是次模的。注意，函数 $F_{\boldsymbol{x}}$ 由点 $\boldsymbol{x} \in [0,1]^n$ 指定。即便它的定义域 $[l_0, u_0]$ 很小，ε 必须与最小的 x_i 同阶，这样才能找到最优值（$S^\star$），从而当给定的点在多胞形外时能提供一个分离超平面。因此，对定理 13.8 中误差的对数依赖性意味着对关于 $\boldsymbol{x}$ 的位复杂度的多项式依赖性，从而产生该分离方案的一个多项式时间算法。[⊖]

定理 13.9 (拟阵多胞形上的高效分离)　给定拟阵 $\mathcal{F} \subseteq 2^{[n]}$ 的从属反馈器，存在一种算法，对点 $\boldsymbol{x} \in [0,1]^n$ 求解 $P_{\mathcal{F}}$ 上的分离问题，共需（关于 n 和 $\boldsymbol{x}$ 的位复杂度）多项式次调用从属反馈器。

这一定理和第 12 章的定理 12.5 说明，我们可以在多项式时间内求解拟阵多胞形上的线性优化。

拟阵基多胞形上的分离。拟阵的最大基数的元素称为**基**，相应的多胞形（基的示性向量的凸包）称为**拟阵基多胞形**。假设 r 是拟阵的一个基的大小（从交换性可以得出，所有的基都具有相同的基数）。根据定理 13.4，拟阵基多胞形的多面体描述还需要在 $P_{\mathcal{F}}$ 上添加等式

$$\sum_{i=1}^{n} x_i = r \tag{13.1}$$

⊖ 注意，还有其他可替代的组合方法来分离拟阵多胞形，比如利用对偶性以及线性优化和分离之间的等价性，见习题 5.14 和习题 13.6。

因此，如果我们有一个关于拟阵多胞形的分离反馈器，它很容易扩展为关于拟阵基多胞形的分离反馈器。注意，生成树是图拟阵中的最大基数的元素，因此，上面的定理也给出了一个生成树多胞形的分离反馈器。

13.2.2 SFM 的一个算法：Lovász 延拓

求解（离散）SFM 问题的第一个想法是将其变成一个凸优化问题。为此，我们定义 $F: 2^{[n]} \to \mathbb{R}$ 的 **Lovász 延拓**。

定义 13.10 (Lovász 延拓) 设 $F: 2^{[n]} \to \mathbb{R}$ 是一个函数。定义 F 的 Lovász 延拓为函数 $f: [0.1]^n \to \mathbb{R}$，使得

$$f(\boldsymbol{x}) := \mathbb{E}[F(\{i : x_i > \lambda\})]$$

其中的期望基于 $\lambda \in [0,1]$ 的均匀随机分布。

Lovász 延拓有许多有趣而重要的性质。首先观察发现，F 的 Lovász 延拓总是一个连续函数，并且在整数向量上的取值与 F 一致。然而，它并不光滑。此外，我们还可以证明

$$\min_{\boldsymbol{x} \in [0,1]^n} f(\boldsymbol{x}) = \min_{S \subseteq [n]} F(S)$$

详见习题 13.8。下面的定理断言次模函数的 Lovász 延拓是凸的。

定理 13.11 (Lovász 延拓的凸性) 如果一个集合函数 $F: 2^{[n]} \to \mathbb{R}$ 是次模的，那么它的 Lovász 延拓 $f: [0,1]^n \to \mathbb{R}$ 是凸的。

因此，我们将 SFM 化简为以下凸优化问题：

$$\min_{\boldsymbol{x} \in [0,1]^n} f(\boldsymbol{x}) \tag{13.2}$$

其中 f 是次模函数 F 的 Lovász 延拓。注意，约束集是简单的超立方体 $[0,1]^n$。

13.2.3 最小化 Lovász 延拓的多项式时间算法

在优化超立方体上的凸函数 f 的情形中，定理 13.1 可以化简如下。

定理 13.12 (非正式；见定理 13.1) 设 $f: [0,1]^n \to \mathbb{R}$ 是一个凸函数，假设其满足以下条件：

(1) 给定计算 f 的函数值和（次）梯度的多项式时间反馈器，

(2) 存在 $l_0 \leqslant u_0$，f 在 $[0,1]^n$ 上的取值位于区间 $[l_0, u_0]$ 内，

则存在一个算法，对给定的 $\varepsilon > 0$，在多项式时间 $\text{poly}(n, \log(u_0 - l_0), \log \varepsilon^{-1})$ 内输出问题 $\min\limits_{\boldsymbol{x} \in [0,1]^n} f(\boldsymbol{x})$ 的 ε 近似解。

根据上述定理，唯一剩下的步骤是给出一个高效的反馈器来计算 Lovász 延拓的函数值和次梯度（它是分段线性的）。这是下面引理的一个结果。

引理 13.13 (Lovász 延拓的高效可计算性)　设 $F : 2^{[n]} \to \mathbb{R}$ 是任一函数，$f : [0,1]^n \to \mathbb{R}$ 是其 Lovász 延拓。存在一个算法，对给定的 $\boldsymbol{x} \in [0,1]^n$，计算 $f(\boldsymbol{x})$ 和次梯度 $h(\boldsymbol{x}) \in \partial f(\boldsymbol{x})$ 的时间为

$$O(nT_F + n^2)$$

其中 T_F 是 F 的取值反馈器的运行时间。

证明　不失一般性，我们考察 f 在点 $\boldsymbol{x} \in [0,1]^n$ 处的取值。假设 $\boldsymbol{x}$ 满足

$$x_1 \leqslant x_2 \leqslant \cdots \leqslant x_n$$

则由 f 的定义，$f(\boldsymbol{x})$ 等价于

$$x_1 F([n]) + (x_2 - x_1) F([n]\backslash\{1\}) + \cdots + (x_n - x_{n-1}) F([n]\backslash[n-1]) + (1 - x_n) F(\varnothing)$$

这说明 f 是分段线性的，并给出了计算 $f(\boldsymbol{x})$ 的公式（只需要 F 的 $n+1$ 个取值）。为了计算 f 在 $\boldsymbol{x}$ 处的次梯度，我们可以不失一般性地假设 $x_1 < x_2 < \cdots < x_n$，否则我们可以添加小的扰动简化到这种情况。现在，在集合

$$S := \{\boldsymbol{x} \in [0,1]^n : x_1 < x_2 < \cdots < x_n\}$$

上，函数 $f(\boldsymbol{x})$（如上文所示）只是一个线性函数，因此，它的梯度可以被高效计算。 □

我们现在证明定理 13.8。

定理 13.8 的证明　正如上面讨论过的，最小化次模函数 $F : 2^{[n]} \to \mathbb{R}$ 可简化最小化其 Lovász 延拓 $f : [0,1]^n \to \mathbb{R}$。此外，定理 13.11 断言 f 是一个凸函数。因此，当只有一个 f 的函数值和次梯度的反馈器时，（由定理 13.12）我们可以计算问题 $\min\limits_{\boldsymbol{x}\in[0,1]^n} f(\boldsymbol{x})$ 的 ε 近似解。如果 F 的值域包含在 $[l,u]$ 中，那么 f 的值域也是如此。这就得出了定理 13.8 中的运行时间上界。

最后，我们展示如何将一个 ε 近似解 $\hat{\boldsymbol{x}} \in [0,1]^n$ 舍入到集合 $S \subseteq 2^{[n]}$。从 Lovász 延拓的定义可得，

$$f(\hat{\boldsymbol{x}}) = \sum_{i=0}^{n} \lambda_i F(S_i)$$

对于一些集合

$$S_0 \subseteq S_1 \subseteq \cdots \subseteq S_n$$

和 $\boldsymbol{\lambda} \in \Delta_{n+1}$（$n+1$ 维概率单纯形）成立。因此，至少有某个 i，使得

$$f(S_i) \leqslant f(\hat{\boldsymbol{x}})$$

我们可以输出这个 S_i，这是因为它满足

$$F(S_i) = f(S_i) \leqslant f(\hat{\boldsymbol{x}}) \leqslant f(x^\star) + \varepsilon = F^\star + \varepsilon$$

□

13.3 应用：最大熵问题

在这一节中，我们考虑下面的问题。

定义 13.14 (最大熵问题) 给定一个离散域 Ω、一族向量 $\{\boldsymbol{v}_\omega\}_{\omega\in\Omega} \subseteq \mathbb{Q}^n$ 和一个 $\boldsymbol{\theta} \in \mathbb{Q}^n$，寻找 Ω 上的一个分布 $p^\star$，使得它是以下优化问题的解：

$$\begin{aligned} \max \quad & \sum_{\omega\in\Omega} p_\omega \log \frac{1}{p_\omega} \\ \text{s.t.} \quad & \sum_{\omega\in\Omega} p_\omega \boldsymbol{v}_\omega = \boldsymbol{\theta} \\ & \boldsymbol{p} \in \Delta_\Omega \end{aligned} \tag{13.3}$$

这里，Δ_Ω 表示概率单纯形，即 Ω 上所有概率分布的集合。

注意，熵函数是（非线性）凹的，而 Δ_Ω 是凸的，因此，这是一个凸优化问题。然而，求解这个问题需要指定作为输入的向量是如何给出的。

如果离散域 Ω 的大小为 N，并且向量 $\boldsymbol{v}_\omega$ 是明确给出的，那么我们可以在关于 N、$\log \varepsilon^{-1}$ 以及输入向量和 $\boldsymbol{\theta}$ 的位复杂度的多项式时间内找到方程式(13.3) 的一个 ε 近似解。这里可以通过使用内点法 [㊀]或本章中的椭球法来完成。

然而，当离散域 Ω 很大并且向量未明确给定时，这个问题在计算上变得困难。举一个有启发意义的例子，设 Ω 为无向图 $G=(V,E)$ 上所有生成树 T 的集合，并设 $\boldsymbol{v}_T := \boldsymbol{1}_T$ 为生成树 T 的示性向量。因此，所有的向量 $\boldsymbol{v}_T$ 都隐式地由图 $G=(V,E)$ 指定。因此，生成树情形最大熵问题的输入是一个图 $G=(V,E)$ 和向量 $\boldsymbol{\theta} \in \mathbb{Q}^E$。在尝

㊀ 为此，我们需要为熵函数的水平集构造一个自和谐障碍函数。

试将上述方法应用于图的生成树情形时，人们会立即意识到 N 是图的大小的指数量级，因此，关于 N 的多项式算法实际上是 G 的顶点（或边）数的指数级算法。

此外，即使一个指数量级域（例如图的生成树）可以（通过一个图）紧凑表示，问题的输出仍然可能是指数级的——一个 $N=|\Omega|$ 维向量 p。我们如何能在多项式时间内输出一个指数长度的向量？不能。然而，有一种算法不能排除，给定区域的一个元素（比如说 G 的树 T），在多项式时间（p_T）内输出与之相关的概率。在接下来的几节中，我们将说明，这是可能的，这令人很惊讶，而且，使用椭球法求解凸优化，可以得到生成树多胞形上最大熵问题的一种多项式时间算法。我们在这里展示的是算法关键步骤和证明的一些梗概，一些步骤将作为习题。

13.3.1 最大熵凸规划的对偶

为了解决在指数级大的区域熵最大化问题，我们首先用对偶将这个问题转换为一个只有 n 个变量的问题。

定义 13.15 (最大熵凸规划的对偶) 给定一个区域 Ω、一族向量 $\{\boldsymbol{v}_\omega\}_{\omega\in\Omega}$ 和一个 $\theta\in\mathbb{Q}^n$，寻找向量 $\boldsymbol{y}^\star\in\mathbb{R}^n$，使得它是下面问题的最优解：

$$
\begin{aligned}
&\min\ \log\left(\sum_{\omega\in\Omega}\mathrm{e}^{\langle\boldsymbol{y},\boldsymbol{v}_\omega-\boldsymbol{\theta}\rangle}\right) \\
&\text{s.t. } \boldsymbol{y}\in\mathbb{R}^n
\end{aligned}
\tag{13.4}
$$

可以证明，式 (13.3)和式 (13.4)中的问题互为对偶，并且只要 $\boldsymbol{\theta}$ 在对应于向量 $\{\boldsymbol{v}_\omega\}_{\omega\in\Omega}$ 凸包的多胞形内部时，强对偶性就成立。这是一个重要的习题（见习题 13.11）。

因此，假设强对偶性成立，对偶问题式(13.4)看起来更容易解决，因为它是一个无约束优化问题且含有较少变量（变量数为 n）。根据一阶最优性条件，最优对偶解 $\boldsymbol{y}^\star$ 导出了最优分布 $p^\star$ 的紧凑表示。

引理 13.16 (最大熵分布的连续表示) 假设 $\boldsymbol{y}^\star\in\mathbb{R}^n$ 是最大熵优化的对偶问题式(13.4)的最优解。假设强对偶性成立，则最大熵问题式(13.3)的最优解 $p^\star$ 可以被恢复为

$$
\forall\omega\in\Omega,\ p^\star_\omega=\frac{\mathrm{e}^{\langle\boldsymbol{y}^\star,\boldsymbol{v}_\omega\rangle}}{\sum_{\omega'\in\Omega}\mathrm{e}^{\langle\boldsymbol{y}^\star,\boldsymbol{v}_{\omega'}\rangle}}
\tag{13.5}
$$

原则上，为了得到最大熵分布 $p^\star$ 的连续表示只要计算 $\boldsymbol{y}^\star$ 似乎就足够了。然而，由于它的目标涉及对所有向量求和（如图的生成树情形），我们需要一种方法来在多项式时间内计算这个指数式的和。此外，虽然给定 $y^\star$ 可以轻松算出分子，但是式(13.5)中的分母本质上仍需要调用目标函数的反馈器。

此外，我们还需要 $\|y^\star\|_2$ 的一个好的界 R。椭球法多项式对数地依赖于 R，所以 R 的一个关于 n 的指数界似乎是足够的，注意，对偶目标函数是 $\boldsymbol{y}$ 的指数。因此，为了用 n 位多项式来表示其中出现的数字，我们需要 R 的一个（关于 n）的多项式的界。

多项式时间的取值反馈器和 R 的多项式界都不易获取，且在一般情况下可能不成立。然而，我们可以证明在生成树的情形中这是可能的。

13.3.2 用椭球法求解对偶问题

让我们用下式来表示对偶规划的目标函数：

$$f(\boldsymbol{y}) := \log\left(\sum_{\omega\in\Omega} \mathrm{e}^{\langle \boldsymbol{y}, \boldsymbol{v}_\omega - \boldsymbol{\theta}\rangle}\right)$$

我们想找到 $f(\boldsymbol{y})$ 的最小值。为此，我们应用基于 13.4 节推导的一般椭球法。具体到这里，我们有以下结果。

定理 13.17 (非正式；见定理 13.1) 假设以下条件成立：

(1) 有一个计算 f 的函数值和梯度的多项式时间的反馈器，

(2) 存在一个 $R>0$，$\boldsymbol{y}^\star$ 包含在球 $B(0,R)$ 中，

(3) 存在某个 $M>0$，f 在 $B(0,R)$ 上的函数值位于区间 $[-M,M]$，

则存在一个算法，给定 $\varepsilon>0$，输出 $\hat{\boldsymbol{y}}$ 使得

$$f(\hat{\boldsymbol{y}}) \leqslant f(\boldsymbol{y}^\star) + \varepsilon$$

其运行时间为 $\mathrm{poly}(n, \log R, \log M, \log \varepsilon^{-1})$(反馈器的一次调用被视为一个单位操作)。

注意，由于以下事实（见习题 13.13），我们不需要内部球假设：

$$\forall \boldsymbol{y}, \boldsymbol{y}' \in \mathbb{R}^n,\ f(\boldsymbol{y}) - f(\boldsymbol{y}') \leqslant 2\sqrt{n}\,\|\boldsymbol{y} - \boldsymbol{y}'\|_2 \tag{13.6}$$

因此，我们可以设 $r := \Theta\left(\dfrac{\varepsilon}{\sqrt{n}}\right)$。一般来说，这并不意味着一个关于最大熵问题的多项式时间算法，因为对于特定的实例，我们必须提供并解释反馈器、R 和 M 的值。尽管如此，我们仍能展示如何使用上述方法来获得生成树的最大熵问题的多项式时间算法。

13.3.3 生成树情形的多项式时间算法

定理 13.18 (求解生成树的最大熵对偶问题) 给定图 $G=(V,E)$、数 $\eta>0, \varepsilon>0$ 以及向量 $\boldsymbol{\theta}\in\mathbb{Q}^E$，满足 $B(\boldsymbol{\theta},\eta)\subseteq P_{\mathrm{ST}}(G)$，则存在一个算法，可以在 $\mathrm{poly}(|V|+$

$|E|, \eta^{-1}, \log \varepsilon^{-1})$ 时间内找到问题

$$\min_{\boldsymbol{y} \in \mathbb{R}^E} \log\left(\sum_{T \in \mathcal{T}_G} \mathrm{e}^{\langle \boldsymbol{y}, \mathbf{1}_T - \boldsymbol{\theta} \rangle}\right) \tag{13.7}$$

的 ε 近似解，其中 $\mathcal{T}_G$ 是 G 中所有生成树的集合。

注意，只有当 $\boldsymbol{\theta}$ 位于多胞形 P_{ST} 足够的内部（或者换言之，它远离 P_{ST} 的边界），上面的定理才给出了一个多项式时间算法。如果点 $\boldsymbol{\theta}$ 接近边界（即 $\eta \approx 0$），则界会趋向于无穷大。这个假设是没有必要的，我们将在注记中提出一个如何摈弃它的建议。然而 η 内部假设使证明更简单，也更容易理解。

证明 $\boldsymbol{R}$ 的上界。我们首先验证，定理 13.17 的第二个条件可以通过证明最优解有一个适当的上界来满足。

引理 13.19 (最优解范数的界) 假设 $G=(V,E)$ 是一个无向图，并且 $\boldsymbol{\theta} \in \mathbb{R}^E$ 满足 $B(\boldsymbol{\theta},\eta) \subseteq P_{\mathrm{ST}}(G)$，其中 $\eta>0$。那么最大熵对偶问题式 (13.7) 的最优解 $y^\star$ 满足

$$\|\boldsymbol{y}^\star\|_2 \leqslant \frac{|E|}{\eta}$$

注意，上面的界随着 $\eta \to 0$ 而恶化，因此，当 $\boldsymbol{\theta}$ 接近边界时并不是很有用。

引理 13.19 的证明 定义 $m:=|E|$，设 $\boldsymbol{\theta} \in \mathbb{R}^m$ 满足 $B(\boldsymbol{\theta},\eta) \subseteq P_{\mathrm{ST}}(G)$。假设 $y^\star$ 是对偶规划的最优解。用 f 表示对偶目标函数，我们从强对偶性中知道最优原始问题解的任何上界都是 $f(\boldsymbol{y}^\star)$ 的上界。因此，由于 $\mathcal{T}_G$ 上的分布可取到的最大熵是 $\log|\mathcal{T}_G|$，我们有

$$f(\boldsymbol{y}^\star) \leqslant \log|\mathcal{T}_G| \leqslant \log 2^m = m \tag{13.8}$$

回顾

$$f(\boldsymbol{y}^\star) = \log\left(\sum_{T \in \mathcal{T}_G} \mathrm{e}^{\langle \boldsymbol{y}^\star, \mathbf{1}_T - \boldsymbol{\theta} \rangle}\right)$$

因此，从式 (13.8)中得到，对于每个 $T \in \mathcal{T}_G$，

$$\langle \boldsymbol{y}^\star, \mathbf{1}_T - \boldsymbol{\theta} \rangle \leqslant m$$

通过取上述不等式组的一个适当的凸组合，我们可以得出，对于每个点 $\boldsymbol{x} \in P_{\mathrm{ST}}(G)$，我们都有

$$\langle \boldsymbol{y}^\star, \boldsymbol{x} - \boldsymbol{\theta} \rangle \leqslant m$$

因此，从假设 $B(\boldsymbol{\theta},\eta)\subseteq P_{\mathrm{ST}}(G)$ 可知，

$$\forall \boldsymbol{v}\in B(\mathbf{0},\eta), \langle \boldsymbol{y}^\star,\boldsymbol{v}\rangle \leqslant m$$

特别地，通过取 $\boldsymbol{v}:=\eta\dfrac{\boldsymbol{y}^\star}{\|\boldsymbol{y}^\star\|_2}$，我们得到

$$\|\boldsymbol{y}^\star\|_2\leqslant \frac{m}{\eta}$$

□

f 的高效求值。我们现在验证定理 13.17 中的第一个条件。为此，我们需要证明 f 可以被高效地计算。

引理 13.20（f 及其梯度的多项式时间取值反馈器） 假设 $G=(V,E)$ 是一个无向图，定义 f 为

$$f(\boldsymbol{y}):=\log\left(\sum_{T\in\mathcal{T}_G}\mathrm{e}^{\langle \boldsymbol{y},\mathbf{1}_T-\boldsymbol{\theta}\rangle}\right)$$

那么存在一个算法，对给定的 $\boldsymbol{y}$，在 $\mathrm{poly}(\|\boldsymbol{y}\|_2,|E|)$ 时间内输出 $f(\boldsymbol{y})$ 和梯度 $\boldsymbol{\nabla} f(\boldsymbol{y})$。

证明留作习题，见习题 13.14。注意，反馈器的运行时间是关于 $\|\boldsymbol{y}\|$ 的多项式，而不是关于所希望的 $\log\|\boldsymbol{y}\|$。这是由于即使是和式 $\mathrm{e}^{\langle \boldsymbol{y},\mathbf{1}_T-\boldsymbol{\theta}\rangle}$ 中的一个单项也可能和 $\mathrm{e}^{\|\boldsymbol{y}\|}$ 一样大，因此，它需要至多 $\|\boldsymbol{y}\|$ 位来表示。

我们现在利用上述引理从定理 13.17 推导定理 13.18 的证明。

定理 13.18 的证明 我们需要验证定理 13.17 中的条件 (1)、条件 (2) 和条件 (3)。

由引理 13.19，$R=O\left(\dfrac{m}{n}\right)$，所以条件 (2) 满足。给定 $\|\boldsymbol{y}\|_2\leqslant R$，我们现在可以提供 $f(\boldsymbol{y})$ 的上、下界 [以验证条件 (3)]。我们有

$$\begin{aligned}
f(\boldsymbol{y}) &= \log\left(\sum_{T\in\mathcal{T}_G}\mathrm{e}^{\langle \boldsymbol{y},\mathbf{1}_T-\boldsymbol{\theta}\rangle}\right)\\
&\leqslant \log\left(\sum_{T\in\mathcal{T}_G}\mathrm{e}^{\|\boldsymbol{y}\|_2\cdot\|\mathbf{1}_T-\boldsymbol{\theta}\|_2}\right)\\
&\leqslant \log|\mathcal{T}_G|+\|\boldsymbol{y}\|_2\cdot O(\sqrt{m})\\
&\leqslant m+\frac{m^{3/2}}{\eta}\\
&=\mathrm{poly}\left(m,\frac{1}{\eta}\right)
\end{aligned}$$

类似地，我们可以得到一个下界。因此，对于所有满足 $\|\boldsymbol{y}\|_2 \leqslant R$ 的 $\boldsymbol{y}$，我们有 $-M \leqslant f(\boldsymbol{y}) \leqslant M$，其中 $M = \text{poly}(m, \frac{1}{\eta})$。

根据引理 13.20，条件 (3) 也满足。然而，运行时间多了一个系数 poly(R)（因为取值反馈器的运行时间是关于 $\|\boldsymbol{y}\|$ 的多项式）。因此，运行时间最终的上界变为（由定理 13.17 给出）

$$\begin{aligned}&\text{poly}\left(|V|+|E|, \log R, \log M, \log \varepsilon^{-1}\right) \cdot \text{poly}(R)\\ =&\ \text{poly}\left(|V|+|E|, \eta^{-1}, \log \varepsilon^{-1}\right)\end{aligned}$$

□

13.4 运用椭球法的凸优化

本节致力于推导定理 13.1 中提到的求解凸规划

$$\min_{\boldsymbol{x} \in K} f(\boldsymbol{x})$$

的算法，这里假设我们有 K 的分离反馈器和 f 的一阶反馈器。为此，我们首先将第 12 章中的椭球法推广来求解任何凸集 K（不仅是多胞形）的可行性问题，进一步我们证明，在 f 和 K 温和假设条件下，该算法结合标准的二分搜索程序会导出一个高效的算法。

13.4.1 从多胞形到凸集

注意，我们在第 12 章中提出的解决多胞形可行性问题的椭球法没有使用 P 是多胞形的事实，只利用了 P 的凸性和它的分离反馈器。事实上，第 12 章中的定理 12.10 可以用这种更一般的形式重新进行定义，从而得到以下定理。

定理 13.21 (求解凸集的可行性问题) 给定凸集 $K \subseteq \mathbb{R}^n$ 的分离反馈器，满足 $K \subseteq B(\mathbf{0}, R)$ 的半径 $R > 0$ 和参数 $r > 0$，存在一种算法，输出下列结果之一：

(1) YES，同时输出一个点 $\hat{\boldsymbol{x}} \in K$，以此说明 K 非空；

(2) NO，在这种情况下，能够确保 K 不包含一个半径为 r 的欧氏球。

该算法的运行时间为

$$O\left(\left(n^2 + T_K\right) \cdot n^2 \cdot \log \frac{R}{r}\right)$$

其中 T_K 为 K 的分离反馈器的运行时间。

注意，上面的写法与第 12 章中的定理 12.10 略有不同。实际上，在第 12 章中我们假设 K 包含一个半径为 r 的球，我们想要计算 K 的一个内点。在这里，算法继续进行到当前椭球的体积小于半径为 r 的球的体积，如果当前椭球的中心不位于 K 中，则输出 NO。这个变体可以看作一个近似的非空性检验：

（1）如果 $K \neq \varnothing$，$\mathrm{vol}(K)$ 是“足够大的”（由 r 决定），则算法输出 YES；

（2）如果 $K = \varnothing$，则算法输出 NO；

（3）如果 $K \neq \varnothing$，但是 $\mathrm{vol}(K)$ 很小（由 r 决定），那么算法可以回答 YES 或 NO。

由于 K 的体积小引入的不确定性通常不是一个问题，因为在运行椭球法时，我们通常可以在数学上强制 K 为空或有一更大的体积。

13.4.2 凸优化算法

现在，我们在检验凸集 K 的非空性的椭球法的基础上，推导出一个凸优化的椭球法。求凸函数 $f:\mathbb{R}^n \to \mathbb{R}$ 在 K 上最小值的思想是利用二分搜索法来寻找最优值。每一步解决的子问题是对于某个值 g，简单地检验如下集合的非空性，

$$K^g := K \cap \{\boldsymbol{x} : f(\boldsymbol{x}) \leqslant g\}$$

只要我们可以找到 K^g 的分离反馈器，这一步就可以完成。还需要注意在非空性检验中引入的不确定性，因为它可能会导致二分搜索过程产生错误。为此，我们假设 K 包含一个半径为 r 的球，并在二分搜索的每一步中选择适当的内部球参数来调用椭球法。细节见算法 13，其中假设 f 在 K 上的所有函数值都在区间 $[l_0, u_0]$ 中。

目前还不清楚算法 13 中提出的算法是否正确。事实上，我们需要验证 r' 的选择保证了二分搜索算法在大部分情况下给出正确的答案。此外，我们甚至还不清楚如何实现这样的算法，因为到目前为止，我们还没有讨论过 f 是如何给出的。这里的设置只需要能够调用 f 的函数值和梯度（f 的零阶和一阶反馈器）。我们也称之为对 f 的一阶调用，并回顾一下它的定义。

定义 13.22 (一阶反馈器) 函数 $f:\mathbb{R}^n \to \mathbb{R}$ 的一阶反馈器是一个原型机，对给定的 $\boldsymbol{x} \in \mathbb{Q}^n$，输出 $f(\boldsymbol{x}) \in \mathbb{Q}$ 和向量 $h(\boldsymbol{x}) \in \mathbb{Q}^n$ 满足

$$\forall \boldsymbol{z} \in \mathbb{R}^n,\ f(\boldsymbol{z}) \geqslant f(\boldsymbol{x}) + \langle \boldsymbol{z} - \boldsymbol{x}, h(\boldsymbol{x}) \rangle$$

特别地，如果 f 是可微的，那么 $h(\boldsymbol{x}) = \boldsymbol{\nabla} f(\boldsymbol{x})$，但更一般地说，$h(\boldsymbol{x})$ 可以是 f 在 $\boldsymbol{x}$ 处的任意次梯度。注意，通常我们不能得到一个精确的一阶反馈器，而是一个近似，但为了简单起见，我们使用精确反馈器。扩展到近似反馈器是可能的，但需要引入所谓的弱分离反馈器，这反过来又造成了新的技术困难。

算法 13 凸优化的椭球法

输入：

- 凸集 $K \subseteq \mathbb{R}^n$ 的分离反馈器
- 函数 $f : \mathbb{R}^n \to \mathbb{R}$ 的一阶反馈器
- $R > 0$ 使得 $K \subseteq B(\mathbf{0}, R)$
- $r > 0$ 使得 K 包含一个半径为 r 的球
- l_0, u_0 使得

$$l_0 \leqslant \min_{\boldsymbol{y} \in K} f(\boldsymbol{y}) \leqslant \max_{\boldsymbol{y} \in K} f(\boldsymbol{y}) \leqslant u_0$$

- 参数 $\varepsilon > 0$

输出： $\hat{\boldsymbol{x}} \in K$ 满足 $f(\hat{\boldsymbol{x}}) \leqslant \min_{\boldsymbol{x} \in K} f(\boldsymbol{x}) + \varepsilon$

算法：

令 $l := l_0$，$u := u_0$

令 $r' := \frac{r \cdot \varepsilon}{2(u_0 - l_0)}$

while $u - l > \frac{\varepsilon}{2}$ **do**

  令 $g := \lfloor \frac{l+u}{2} \rfloor$

  定义

$$K^g := K \cap \{\boldsymbol{x} : f(\boldsymbol{x}) \leqslant g\}$$

  在 K^g 上运行定理 13.21 中的椭球法，参数为 R, r'

  if 椭球法输出 YES **then**

    令 $u := g$

    令 $\hat{\boldsymbol{x}} \in K^g$ 为椭球法返回的点

  else

    令 $l := g$

  end if

end while

return $\hat{\boldsymbol{x}}$

13.4.3 定理 13.1 的证明

定理 13.1 的证明有两个主要组成部分：第一步证明，在给定 K 的分离反馈器和 f 的一阶反馈器时，我们可以得到分离反馈器

$$K^g := K \cap \{\boldsymbol{x} : f(\boldsymbol{x}) \leqslant g\}$$

第二步证明，用椭球法检验算法中指定参数 r' 的 K^g 的非空性时，我们确实能得到所需精度意义下的正确答案。我们先分别讨论这两个组成部分，然后得出结果。

为 K^g 构建一个分离反馈器。在下面的引理中，我们证明水平集

$$S^g := \{\boldsymbol{x} \in \mathbb{R}^n : f(\boldsymbol{x}) \leqslant g\}$$

的分离反馈器可以用 f 的一阶反馈器构造。

引理 13.23 (用一阶反馈器分离水平集) 给定一个凸函数 $f : \mathbb{R}^n \to \mathbb{R}$ 的一阶反馈器，对于任何 $g \in \mathbb{Q}$，都有一个分离反馈器满足

$$S^g := \{\boldsymbol{x} \in \mathbb{R}^n : f(\boldsymbol{x}) \leqslant g\}$$

该分离反馈器的运行时间是输入的位大小和一阶反馈器花费时间的多项式。

证明 反馈器的构造相当简单：给定 $\boldsymbol{x} \in \mathbb{R}^n$，我们首先使用一阶反馈器来得到 $f(\boldsymbol{x})$。如果 $f(\boldsymbol{x}) \leqslant g$，则分离反馈器输出 YES。否则，设 u 是 f 在 $\boldsymbol{x}$ 处的次梯度（使用 f 的一阶反馈器可得）。然后，利用次梯度的性质，我们有

$$\forall \boldsymbol{z} \in \mathbb{R}^n,\ f(\boldsymbol{z}) \geqslant f(\boldsymbol{x}) + \langle \boldsymbol{z} - \boldsymbol{x}, \boldsymbol{u} \rangle$$

由于 $f(\boldsymbol{x}) > g$，对于每个 $\boldsymbol{z} \in S^g$，我们都有

$$g + \langle \boldsymbol{z} - \boldsymbol{x}, \boldsymbol{u} \rangle < f(\boldsymbol{x}) + \langle \boldsymbol{z} - \boldsymbol{x}, \boldsymbol{u} \rangle \leqslant f(\boldsymbol{z}) \leqslant g$$

换言之，

$$\langle \boldsymbol{z}, \boldsymbol{u} \rangle < \langle \boldsymbol{x}, \boldsymbol{u} \rangle$$

因此，$\boldsymbol{u}$ 为我们提供了一个分离的超平面。这种反馈器的运行时间显然是输入的位大小和一阶反馈器花费时间的多项式。 □

注意，$K^g = K \cap S^g$，我们可以简单地得到，K^g 的分离反馈器可以使用 K 和 f 各自的反馈器来构造。

水平集体积的界。在这一步中，我们根据 g 到 f 在 K 上的最小值 $f^\star$ 的距离，给出 K^g 中包含的最小球的下界。这需要事先声明，在二分搜索中的各个步骤中椭球法都能正确地判定是否有 $K^g \neq \varnothing$。

引理 13.24 (水平集的体积下界) 设 $K \subseteq \mathbb{R}^n$ 是一个包含半径 $r > 0$ 的欧氏球的凸集，$f : K \to [f^\star, f_{\max}]$ 是 K 上的凸函数，且

$$f^\star := \min_{\boldsymbol{x} \in K} f(\boldsymbol{x})$$

对任意的

$$g := f^{\star} + \delta$$

(其中 $\delta > 0$)，定义

$$K^g := \{\boldsymbol{x} \in K : f(\boldsymbol{x}) \leqslant g\}$$

那么，K^g 包含一个欧氏球，其半径为

$$r \cdot \frac{\delta}{f_{\max} - f^{\star}}$$

证明　设 $\boldsymbol{x}^{\star} \in K$ 是 f 在 K 上的任一最小值点。不失一般性，假设 $\boldsymbol{x}^{\star} = \mathbf{0}$，或 $f(\mathbf{0}) = f^{\star}$。定义

$$\eta := \frac{\delta}{f^{\star} - f_{\max}}$$

我们断言

$$\eta K \subseteq K^g \tag{13.9}$$

其中 $\eta K := \{\eta \boldsymbol{x} : \boldsymbol{x} \in K\}$。由于包含于 K 中半径为 r 的球变成了包含于 ηK 中半径为 ηr 的球，所以这个断言蕴含了引理。因此，我们重点证明式 (13.9)。对于 $\boldsymbol{x} \in \eta K$，我们要证明 $f(\boldsymbol{x}) \leqslant g$。我们有 $\dfrac{\boldsymbol{x}}{\eta} \in K$，从而根据 f 的凸性，有

$$\begin{aligned}
f(\boldsymbol{x}) &\leqslant (1-\eta) f(\mathbf{0}) + \eta f\left(\frac{\boldsymbol{x}}{\eta}\right) \\
&\leqslant (1-\eta) f^{\star} + \eta f_{\max} \\
&= f^{\star} + \eta\left(f_{\max} - f^{\star}\right) \\
&= f^{\star} + \delta \\
&= g
\end{aligned}$$

因此，$\boldsymbol{x} \in K^g$，断言成立。□

基于引理 13.23 和引理 13.24，我们证明定理 13.1。

定理 13.1 的证明　设 $f^{\star} = f(\boldsymbol{x}^{\star})$。首先注意只要

$$g \geqslant f^{\star} + \frac{\varepsilon}{2}$$

那么 K^g 包含一个半径为

$$r' := \frac{r \cdot \varepsilon}{2(u_0 - l_0)}$$

的欧氏球。因此，对于这样的 g，椭球法以 YES 终止，并输出点 $\hat{\boldsymbol{x}} \in K^g$。这是引理 13.24 的直接结果。

设 l 和 u 是它们在算法终止时的值。从上述推理中可以得出，

$$u \leqslant f^\star + \varepsilon$$

实际上，

$$u \leqslant l + \frac{\varepsilon}{2}$$

而且仅当

$$g \leqslant f^\star + \frac{\varepsilon}{2}$$

时，椭球法回答 NO，因此

$$l \leqslant f^\star + \frac{\varepsilon}{2}$$

因此，$u \leqslant f^\star + \varepsilon$，算法的输出 $\hat{\boldsymbol{x}}$ 属于 K^u。从而，

$$f(\hat{\boldsymbol{x}}) \leqslant f^\star + \varepsilon$$

这就证明了该算法的正确性。接下来还需要分析它的运行时间。椭球法运行时间为 $\log \dfrac{u_0 - l_0}{\varepsilon/2}$，每次执行花费的时间为

$$O\left(\left(n^2 + T_{K^g}\right) \cdot n^2 \cdot \log \frac{R}{r'}\right) = O\left(\left(n^2 + T_K + T_f\right) \cdot n^2 \cdot \log\left(\frac{R}{r} \cdot \frac{u_0 - l_0}{\varepsilon}\right)\right)$$

其中我们使用引理 13.23 推得 $T_{K^g} \leqslant T_K + T_f$。 □

注 13.25 (避免二分搜索) 通过仔细研究算法和定理 13.1 的证明，我们可以发现，不需要在二分搜索的每次迭代中都重启椭球法。实际上，我们可以重新使用前一次调用后获得的椭球。这导出了一个运行时间稍微减少的算法，其运行时间为

$$O\left(\left(n^2 + T_K + T_f\right) \cdot n^2 \cdot \log\left(\frac{R}{r} \cdot \frac{u_0 - l_0}{\varepsilon}\right)\right)$$

注意，对数项中没有平方。

13.5 割平面法的变体

在本节中，我们将介绍割平面法的一些变体的高层次细节，割平面法可以用来取代椭球法改进本章和上一章结果。概要回顾一下，割平面法用于求解的问题为，给定一个凸集 $K \subseteq \mathbb{R}^n$ 的分离反馈器［以及一个包含它的球 $B(\mathbf{0}, R)$］，找到点 $\boldsymbol{x} \in K$ 或确定 K 不包含半径为 $r > 0$ 的球，其中 r 也视作输入。

为了解决这个问题，割平面法保持一个集合 $E_t \supseteq K$，并在每一步中收缩它，于是

$$E_0 \supseteq E_1 \supseteq E_2 \supseteq \cdots \supseteq K$$

作为对过程的度量，人们通常使用 E_t 的体积，因此，在理想情况下，人们希望在每一步都减少 E_t 的体积，

$$\text{vol}(E_{t+1}) < \alpha \text{vol}(E_t)$$

其中 $0 < \alpha < 1$ 为体积下降的参数。椭球法实现了 $\alpha \approx 1 - \dfrac{1}{2n}$，因此，它需要大约 $O(n \log \alpha^{-1} \log \dfrac{R}{r}) = O(n^2 \log \dfrac{R}{r})$ 次迭代来终止。我们已经知道，对于椭球法，这个体积下降率是紧的，然而，我们也许会问，当使用不同类型的集合 E_k 来近似凸体 K 时，α 是否可以改进为一个常数 $\alpha < 1$。

13.5.1 保持一个多胞形而不是椭球体

回顾一下，在割平面法中，选择的集合 E_{t+1} 需要满足

$$E_t \cap H \subseteq E_{t+1}$$

其中

$$H := \{\boldsymbol{x} : \langle \boldsymbol{x}, \boldsymbol{h}_t \rangle \leqslant \langle \boldsymbol{x}_t, \boldsymbol{h}_t \rangle\}$$

是经过点 $\boldsymbol{x}_t \in E_t$ 的半空间，该半空间由 K 的分离反馈器输出的分离超平面决定。在椭球法中，E_{t+1} 被选为包含 $E_t \cap H$ 的最小体积的椭球。有人可能会认为 E_{t+1} 的选择不是很有效，因为我们已经知道 $K \subseteq E_t \cap H$，因此，选择 $E_{t+1} := K \cap E_t$ 会更合理。按照这个策略，从位于方盒 $[-R, R]^n$ 中的 E_0 开始，我们可以生成一系列包含 K 的多胞形（而不是椭球）。关键的问题是如何找到点 $\boldsymbol{x}_t \in E_t$，使得无论分离反馈器输出的经过 $\boldsymbol{x}_t$ 的半空间 H 是什么，我们仍然可以保证 $E_{t+1} := E_k \cap H$ 的体积明显小于 E_t。注意，当我们选择一个接近 E_t 边界的点 $\boldsymbol{x}_t$ 时，H 可能只切出一小块 E_t，因此，

$\text{vol}(E_t) \approx \text{vol}(E_{t+1})$，这意味着在这一步中没有取得任何进展。出于这个原因，选择一个接近多胞形中心的点 $\boldsymbol{x}_k$ 似乎是合理的。

习题 13.17 中将证明，如果选择 $\boldsymbol{x}_t$ 为多胞形的**质心**㊀，那么无论选择通过 $\boldsymbol{x}_t$ 的何种超平面 H，都有

$$\text{vol}(E_t \cap H) \leqslant \left(1 - \frac{1}{\mathrm{e}}\right) \text{vol}(E_t) \tag{13.10}$$

换言之，我们得到了一个方法，其中 $\alpha \approx 0.67$ 是一个常数。虽然这听起来很有前景，但这种方法有一个显著的缺点：质心的计算效率不高，即使对于多胞形，目前依然没有已知的快速算法来找到质心。鉴于这个困难，已经有许多尝试定义多胞形中心的其他概念，以便计算并能得到一个常数 $\alpha < 1$。我们现在简要概述两种这样的方法。

13.5.2　体积中心法

这种方法是使用 E_t 的体积中心作为 $\boldsymbol{x}_t$。假设 E_t 由不等式组 $\langle \boldsymbol{a}_i, \boldsymbol{x} \rangle \leqslant b_i$ 定义，其中 $i = 1, 2, \cdots, m$。设 $F : E_t \to \mathbb{R}$ 是对数障碍函数

$$F(\boldsymbol{x}) = -\sum_{i=1}^{m} \log(b_i - \langle \boldsymbol{a}_i, \boldsymbol{x} \rangle)$$

类似地，令 $V : E_t \to \mathbb{R}$ 是第 11 章定义 11.16 中介绍的体积障碍函数

$$V(\boldsymbol{x}) = \frac{1}{2} \log \det \boldsymbol{\nabla}^2 F(\boldsymbol{x})$$

将 E_t 的体积中心$\boldsymbol{x}_t$ 定义为

$$\boldsymbol{x}_t := \underset{\boldsymbol{x} \in E_t}{\text{argmin}}\, V(\boldsymbol{x})$$

使用体积中心作为第 t 步的检验点 $\boldsymbol{x}_t$ 的直觉是，$\boldsymbol{x}_t$ 是使得 Dikin 椭球体积达到最大的点。由于 Dikin 椭球是多胞形的一个很好的近似，我们期望经过这个椭球中心的超平面应该将多面体分成两个大致相等的部分。因此，我们期望 α 很小。可以证明，平均而言（经过大量的迭代），

$$\frac{\text{vol}(E_{t+1})}{\text{vol}(E_t)} \leqslant 1 - 10^{-6}$$

因此，α 确实可以是一个（略）小于 1 的常数。此外，E_t 的体积中心 $\boldsymbol{x}_t$ 不需要每次从头开始计算。事实上，因为 E_{t+1} 只比 E_t 多一个约束，我们可以使用牛顿法以 $\boldsymbol{x}_t$ 为起

㊀ 一个有界可测集 $K \subseteq \mathbb{R}^n$ 的质心 $\boldsymbol{c} \in \mathbb{R}^n$ 定义为 $c := \int_K \boldsymbol{x} \mathrm{d}\lambda_n(\mathrm{x})$，即 K 上均匀分布的期望。

点计算 $\boldsymbol{x}_{t+1}$。这个重新中心化的步骤可以在 $O(n^{\omega})$ 或者是矩阵乘法时间内实现。事实上，为了达到这样的运行时间，E_t 的面数需要在整个迭代过程中保持较少，因此有时算法也必须放弃某些约束（我们省略这一细节）。

综上所述，该方法基于体积中心，获得了最优的、常数的体积下降速率，因此，它需要大约 $O(n\log\frac{R}{r}\log\frac{1}{\varepsilon})$ 次迭代。然而，每次迭代的更新时间 $n^{\omega}\approx n^{2.373}$ 比椭球法的更新时间 $O(n^2)$（$n\times n$ 矩阵的秩一更新）要慢。另请参见习题 12.6 中基于解析中心的方法。

13.5.3 混合中心法

基于上一节中的割平面法，我们可能想知道是否有可能实现最优的、常数的体积下降速率，同时保持每次迭代的运行时间和椭球法的（约为 n^2）一样低。Lee、Sidford 和 Wong 已经证明了，这样的改进确实是可能的。为了获得这一改进，考虑多胞形 E_t 上的障碍函数

$$G(\boldsymbol{x}):=-\sum_{i=1}^{m}w_i\log s_i(\boldsymbol{x})+\frac{1}{2}\log\det\left(\boldsymbol{A}^{\top}\boldsymbol{S}_{\boldsymbol{x}}^{-2}\boldsymbol{A}+\lambda\boldsymbol{I}\right)+\frac{\lambda}{2}\|\boldsymbol{x}\|_2^2 \tag{13.11}$$

其中，$\omega_1,\omega_2,\cdots,\omega_m$ 为正的权值，$\lambda>0$ 是一个参数。与 Vaidya 的方法类似，检验点由障碍函数 $G(\boldsymbol{x})$ 的最小值点即**混合中心**

$$\boldsymbol{x}_t:=\operatorname*{argmin}_{\boldsymbol{x}\in E_t}G(\boldsymbol{x})$$

确定。正则化加权对数障碍函数式 (13.11)的使用受到 Lee-Sidford 障碍函数的启发，该函数在 11.5.2 节中提到，用于改进路径跟踪内点法。可以证明，保持 $\boldsymbol{x}_t$ 和权重集 ω_t 使得 $\boldsymbol{x}_t$ 是 $G(\boldsymbol{x})$ 在 $\boldsymbol{x}\in E_t$ 上的最小值点是可能的，每次迭代的平均时间为 $O(n^2)$。此外，选取这样的 $\boldsymbol{x}_t$ 保证了常数的体积下降速率，平均为 $\alpha\approx 1-10^{-27}$。

习题

13.1 证明拟阵的任意两个基具有相同的基数。

13.2 给定不相交集 $E_1,E_2,\cdots,E_s\subseteq[n]$ 和非负整数 $k_1,k_2,\cdots,k_s$，考虑集合族

$$\mathcal{F}:=\{S\subseteq[n]:|S\cap E_i|\leqslant k_i,i=1,2,\cdots,s\}$$

证明 $\mathcal{F}$ 是一个拟阵。

13.3 在本习题中，我们给出次模函数的两个不同刻画。

（1）证明：函数 $F: 2^{[n]} \to \mathbb{R}$ 是次模的，当且仅当对于所有的 $T \subseteq [n]$ 和 $x, y \in [n]$，

$$F(T \cup \{x, y\}) - F(T \cup \{x\}) \leqslant F(T \cup \{y\}) - F(T)$$

（2）证明：函数 $F: 2^{[n]} \to \mathbb{R}$ 是次模的，当且仅当对于所有的 $T \subseteq S \subseteq [n]$ 和 $x \in [n]$，

$$F(S \cup \{x\}) - F(S) \leqslant F(T \cup \{x\}) - F(T)$$

13.4 假设 $\mathcal{F} \subseteq 2^{[n]}$ 是一个拟阵。

（1）证明其秩函数 $r_{\mathcal{F}}$ 是次模的。

（2）证明以下贪婪算法可以用于计算秩 $r_{\mathcal{F}([n])}$：初始化 $S := \varnothing$ 并对所有 $i \in [n]$ 进行迭代，只要 $S \cup \{i\} \in \mathcal{F}$，就将 i 添加到 S。最终输出的 S 的基数作为 $\mathcal{F}$ 的秩。

（3）推广这个贪婪算法，计算任意集合 $T \subseteq [n]$ 的 $r_{\mathcal{F}}(T)$。

13.5 证明：图 $G = (V, E)$ 对应的图拟阵 $\mathcal{F}$ 的秩函数为

$$r_{\mathcal{F}}(S) = n - \kappa(V, S)$$

其中，$n := |V|$，$\kappa(V, S)$ 表示边集为 S、顶点集为 V 的图的连通分量（极大连通子图）个数。

13.6 给定拟阵 $\mathcal{F} \subseteq 2^{[n]}$ 的从属反馈器和成本向量 $\boldsymbol{c} \in \mathbb{Z}^n$，给出一个多项式时间算法，寻找 $T \in \mathcal{F}$，使其最大化 $\sum\limits_{i \in T} c_i$。

13.7 证明下面函数是次模的。

（1）给定矩阵 $\boldsymbol{A} \in \mathbb{R}^{m \times n}$，定义秩函数 $r: 2^{[n]} \to \mathbb{R}$ 为

$$r(S) := \operatorname{rank}(\boldsymbol{A}_S)$$

这里，对于 $S \subseteq [m]$，我们用 $\boldsymbol{A}_S$ 表示矩阵 $\boldsymbol{A}$ 限制在集合 S 中的行。

（2）给定图 $G = (V, E)$，定义割函数 $f: 2^V \to \mathbb{R}$ 为

$$f_c(S) := |\{ij \in E : i \in S, j \notin S\}|$$

13.8 证明对于任何函数 $F: 2^{[n]} \to \mathbb{R}$(不一定是凸的) 和它的 Lovász 延拓 f，下式成立：

$$\min_{S \subseteq [n]} F(S) = \min_{\boldsymbol{x} \in [0,1]^n} f(\boldsymbol{x}) \text{ 以及 } \max_{S \subseteq [n]} F(S) = \max_{\boldsymbol{x} \in [0,1]^n} f(\boldsymbol{x})$$

13.9 证明定理 13.11。

13.10 对于 $F: 2^{[n]} \to \mathbb{R}$，定义它的凸闭包 $f^-: [0,1]^n \to \mathbb{R}$ 为

$$f^-(x) = \min\left\{\sum \alpha_S F(S) : \sum_{S\subseteq[n]} \mathbf{1}_S \alpha_S = \boldsymbol{x}, \sum_{S\subseteq[n]} \alpha_S = 1, \alpha \geqslant 0\right\}$$

（1）证明 f^- 是凸函数。

（2）证明：如果 F 是次模的，f^- 与 F 的 Lovász 延拓一致。

（3）证明：如果 f^- 与 F 的 Lovász 延拓一致，那么 F 是次模的。

13.11 证明：对任意有限集 Ω 以及其上的任意概率分布 p，

$$\sum_{\omega\in\Omega} p_\omega \log\frac{1}{p_\omega} \leqslant \log|\Omega|$$

13.12 对于有限集 Ω，向量族 $\{\boldsymbol{v}_\omega\}_{\omega\in\Omega} \subseteq \mathbb{R}^n$ 和点 $\boldsymbol{\theta} \in \mathbb{R}^n$，证明式(13.3)中考虑的凸规划问题是式 (13.4)中凸规划问题的 Lagrange 对偶。对于以上问题，可以假设多胞形 $P := \mathrm{conv}\{\boldsymbol{v}_\omega : \omega \in \Omega\}$ 是 $\mathbb{R}^n$ 的全维子集，$\boldsymbol{\theta}$ 是 P 的内点。证明在这些假设下，强对偶性成立。

13.13 证明式(13.6)。

13.14 设 $G = (V, E)$ 是一个无向图，并设 Ω 是 2^E 的一个子集。考虑式(13.4)中最大熵规划对偶问题的目标函数：

$$f(\boldsymbol{y}) := \log\sum_{S\in\Omega} \mathrm{e}^{\langle \boldsymbol{y}, \mathbf{1}_S - \boldsymbol{\theta}\rangle}$$

（1）证明：如果 $\Omega = \mathcal{T}_G$ 是 G 的生成树集，那么 $f(\boldsymbol{y})$ 及其梯度 $\nabla f(\boldsymbol{y})$ 可以在 $|E|$ 和 $\|\boldsymbol{y}\|$ 的多项式时间内计算。为此，首先证明，如果 $\boldsymbol{B} \in \mathbb{R}^{V\times E}$ 是 G 的点–边关联矩阵，$\{\boldsymbol{b}_e\}_{e\in E} \in \mathbb{R}^V$ 是它的列，则对于任何向量 $\boldsymbol{x} \in \mathbb{R}^E$，都有

$$\det\left(\frac{1}{n^2}\mathbf{1}\mathbf{1}^\top + \sum_{e\in E} x_e \boldsymbol{b}_e \boldsymbol{b}_e^\top\right) = \sum_{S\in\mathcal{T}_G}\prod_{e\in S} x_e$$

其中，$\mathbf{1} \in \mathbb{R}^V$ 为全 1 向量。

提示：应用 Cauchy-Binet 公式。

（2）证明：给定一个计算 f 的多项式时间反馈器，可以在多项式时间内计算 $|\Omega|$。

13.15 假设 $p \in \mathbb{Z}[x_1, x_2, \cdots, x_n]$ 是一个具有非负系数的多元仿射多项式（p 中任何变量的次数最多为 1）。假设 L 是 p 的系数的一个上界。证明，给定 p 的取值反馈器和 $K \subseteq \mathbb{R}^n$ 的分离反馈器，可以在时间 $\operatorname{poly}(\log \varepsilon^{-1}, n, \log L)$ 内计算下式的一个 $1+\varepsilon$ 乘性近似：

$$\max_{\boldsymbol{\theta} \in K} \min_{\boldsymbol{x} > 0} \frac{p(\boldsymbol{x})}{\prod_{i=1}^n x_i^{\theta_i}}$$

可以假设每个点 $\boldsymbol{x} \in K$ 满足 $B(\boldsymbol{x}, \eta) \subseteq P$，其中 P 是 p 的支集的凸包，该算法可能多项式地依赖于 $\dfrac{1}{\eta}$。对于一个多元仿射多项式，$p(\boldsymbol{x}) = \sum_{S \subseteq [n]} c_S \prod_{i \in S} x_i$。㊀

13.16 在本题中，我们将推导以下问题的算法：给定一个元素均为正的矩阵 $\boldsymbol{A} \in \mathbb{Z}_{>0}^{n \times n}$，找正向量 $\boldsymbol{x}, \boldsymbol{y} \in \mathbb{R}_{>0}^n$，使得

$$\boldsymbol{XAY} \text{ 是一个双随机矩阵}$$

其中 $\boldsymbol{X} = \operatorname{Diag}(\boldsymbol{x})$，$\boldsymbol{Y} = \operatorname{Diag}(\boldsymbol{y})$。如果矩阵 $\boldsymbol{W}$ 的元素均非负，且所有行和、列和均为 1，则称其为双随机的。我们用 Ω_n 表示所有 $n \times n$ 双随机矩阵的集合，即

$$\Omega_n := \left\{ \boldsymbol{W} \in [0,1]^{n \times n} : \forall i \in [n] \sum_{j=1}^n W_{i,j} = 1, \forall j \in [n] \sum_{i=1}^n W_{i,j} = 1 \right\}$$

考虑下面的一对优化问题：

$$\max_{\boldsymbol{W} \in \Omega_n} \sum_{1 \leqslant i,j \leqslant n} W_{i,j} \log \frac{A_{i,j}}{W_{i,j}} \tag{13.12}$$

$$\min_{\boldsymbol{z} \in \mathbb{R}^n} \sum_{i=1}^n \log \left(\sum_{j=1}^n \mathrm{e}^{z_j} A_{i,j} \right) - \sum_{j=1}^n z_j \tag{13.13}$$

（1）证明式(13.12)和式(13.13)中的两个问题都是凸规划。

（2）证明式(13.13)中的问题是式(13.12)中问题的 Lagrange 对偶，并且具有强对偶性。

（3）假设 $\boldsymbol{z}^\star$ 是式(13.13)的最优解。证明，如果 $\boldsymbol{y} \in \mathbb{R}^n$ 满足对于所有 $i = 1, 2, \cdots, n$，$y_i := \mathrm{e}^{z_i^\star}$，则存在 $\boldsymbol{x} > 0$，使得 $\boldsymbol{XAY} \in \Omega_n$。

由于凸规划式(13.13)的最优解就是我们所需的解，我们应用椭球法求它。用 $f(\boldsymbol{z})$ 表示式(13.13)的目标函数。为简单起见，假设 $\boldsymbol{A}$ 的元素都是整数。

㊀ p 的支集是所有满足 $c_S \neq 0$ 的集合 S 的集合族。

（4）设计一种算法，给定 $\boldsymbol{z} \in \mathbb{Q}^n$，计算梯度 $\boldsymbol{\nabla} f(\boldsymbol{z})$ 的 ε 近似，运行时间为关于 $\boldsymbol{A}$ 的位复杂度、$\boldsymbol{z}$ 的位复杂度、$\log \varepsilon^{-1}$ 和范数 $\|\boldsymbol{z}\|_\infty$ 的多项式。

（5）证明，假设 $A_{i,j} \in [1, M]$，对于每一个 $1 \leqslant i, j \leqslant n$，$f(\boldsymbol{z})$ 有一个最优解 $\boldsymbol{z}^\star$ 满足

$$\|\boldsymbol{z}^\star\|_\infty \leqslant O(\ln(Mn))$$

（6）证明任意最优解 $\boldsymbol{z}^\star$ 和任意 $i, j \in [n]$ 满足

$$\frac{1}{M} \leqslant \mathrm{e}^{z_i^\star - z_j^\star} \leqslant M$$

（7）证明对于任何 $c \in \mathbb{R}$ 和 $z \in \mathbb{R}^n$，

$$f(\boldsymbol{z}) = f(\boldsymbol{z} + c \cdot \mathbf{1}_n)$$

其中，$\mathbf{1}_n = (1, 1, \cdots, 1) \in \mathbb{R}^n$。

（8）给出 $f(\boldsymbol{z})$ 在 $\boldsymbol{z} \in B(\mathbf{0}, R)$ 上的下界 l 和上界 u，其中 $R := O(\ln(Mn))$。

通过应用椭球法，我们得到了下面的定理。

定理 13.26　*给定整数矩阵 $\boldsymbol{A} \in \mathbb{Z}^{n \times n}$，其每个分量都是正数且取值于 $\{1, 2, \cdots, m\}$，给定 $\varepsilon > 0$，存在一种算法，输出 $\boldsymbol{A}$ 的 ε 近似双随机化向量 $(\boldsymbol{x}, \boldsymbol{y})$，运行时间是关于 n、$\log M$ 和 $\log \varepsilon^{-1}$ 的多项式。*

13.17 证明式(13.10)。

注记

对于拟阵理论的全面讨论，包括定理 13.4 的证明，我们建议读者参考 Schrijver（2002a）的书。基于迭代舍入法的定理 13.4 的证明出现在 Lau 等（2011）的论文中。定理 13.1 和定理 13.8 首先在 Grötschel 等（1981）的论文中证明。Lovász 延拓及其性质（如凸性）是由 Lovász（1983）建立的。

最大熵原理起源于 Gibbs（1902）和 Jaynes（1957a,b）的著作。它用于从数据中学习概率分布，参见 Dudik（2007）和 Celis 等（2020）的著作。定理 13.18 是在 Singh 和 Vishnoi（2014）证明的一个定理的一个特例。使用不同的论证可以得到引理 13.19 的变体，从而避免内点假设；参见 Straszak 和 Vishnoi（2019）的论文。在 Anari 和 Oveis Gharan（2017）以及 Straszak 和 Vishnoi（2017）的论文中，基于最大熵的算法也被用于设计离散问题的非常一般的近似计数算法。最近，最大熵框架已被推广到连续流形；参见 Leake 和 Vishnoi（2020）的论文。

定理 13.1 的证明可以适用于近似反馈器；参考 Grötschel 等（1988）关于弱反馈器和优化的深入讨论。

基于体积中心的方法是由 Vaidya（1989b）提出的。13.5.3 节中提出的混合障碍函数来自 Lee 等（2015）的论文。Lee 等（2015）使用基于障碍函数的割平面法推导了一系列针对组合问题的新算法。特别地，他们给出了次模函数最小化和拟阵交集渐近最快的算法。

习题 13.15 改编自 Straszak 和 Vishnoi（2019）的论文。习题 13.15 中的目标函数是测地线凸的；参见 Vishnoi（2018）的综述对测地线凸性及相关问题的讨论。

参考文献

Allen Zhu, Zeyuan, and Orecchia, Lorenzo. 2017. Linear coupling: an ultimate unification of gradient and mirror descent. Pages 3:1 - 3:22 of: *8th Innovations in Theoretical Computer Science Conference, ITCS 2017, January 9–11, Berkeley, CA*. LIPIcs, vol. 67.

Anari, Nima, and Oveis Gharan, Shayan. 2017. A generalization of permanent inequalities and applications in counting and optimization. Pages 384–396 of: *Proceedings of the 49th Annual ACM SIGACT Symposium on Theory of Computing*, STOC 2017 June 19–23, Montreal, Quebec.

Apostol, Tom M. 1967a. *Calculus: One-Variable Calculus, with an Introduction to Linear Algebra.* Blaisdell Book in Pure and Applied Mathematics. London: Blaisdell.

Apostol, Tom M. 1967b. *Calculus, Vol. 2: Multi-variable Calculus and Linear Algebra with Applications to Differential Equations and Probability.* New York: Wiley.

Arora, Sanjeev, and Barak, Boaz. 2009. *Computational Complexity: A Modern Approach.* New York: Cambridge University Press.

Arora, Sanjeev, Hazan, Elad, and Kale, Satyen. 2005. Fast algorithms for approximate semidefinite programming using the multiplicative weights update method. Pages 339–348 of: *Proceedings of the 46th Annual IEEE Symposium on Foundations of Computer Science*, FOCS ' 05, October 23–25, Pittsburgh, PA.

Arora, Sanjeev, Hazan, Elad, and Kale, Satyen. 2012. The multiplicative weights update method: a meta-algorithm and applications. *Theory of Computing*, **8**(6), 121–164.

Arora, Sanjeev, and Kale, Satyen. 2016. A combinatorial, primal-dual approach to semidefinite programs. *Journal of the Association for Computing Machinery*, **63**(2).

Barak, Boaz, Hardt, Moritz, and Kale, Satyen. 2009. The uniform hardcore lemma via approximate Bregman projections. Pages 1193 - 1200 of: *Proceedings of the Twentieth Annual ACM-SIAM Symposium on Discrete Algorithms, SODA 2009, January 4–6* New York, NY.

Barvinok, Alexander. 2002. *A Course in Convexity.* Providence, RI: American Mathematical Society.

Beck, Amir, and Teboulle, Marc. 2003. Mirror descent and nonlinear projected subgradient methods for convex optimization. *Operations Research Letters*, **31**(3), 167–175.

Beck, Amir, and Teboulle, Marc. 2009. A fast iterative shrinkage-thresholding algorithm for linear inverse problems. *SIAM Journal on Imaging Sciences*, **2**(1), 183-202.

Bonifaci, Vincenzo, Mehlhorn, Kurt, and Varma, Girish. 2012. Physarum can compute shortest paths. Pages 233-240 of: *Proceedings of the Twenty-Third Annual ACM-SIAM Symposium on Discrete Algorithms, SODA 2012, January 17-19*, Kyoto, Japan.

Boyd, Stephen, and Vandenberghe, Lieven. 2004. *Convex Optimization.* Cambridge: Cambridge University Press.

Bubeck, Sébastien. 2015. Convex optimization: algorithms and complexity. *Foundations and Trends in Machine Learning*, **8**(3-4), 231-357.

Bubeck, Sébastien, and Eldan, Ronen. 2015. The entropic barrier: a simple and optimal universal self-concordant barrier. Page 279 of: *Proceedings of the 28th Conference on Learning Theory, COLT 2015, July 3-6*, Paris, France.

Bürgisser, Peter, Franks, Cole, Garg, Ankit, de Oliveira, Rafael Mendes, Walter, Michael, and Wigderson, Avi. 2019. Towards a theory of non-commutative optimization: geodesic 1st and 2nd order methods for moment maps and polytopes. Pages 845-861 of: Zuckerman, David (ed.), *60th IEEE Annual Symposium on Foundations of Computer Science, FOCS 2019, November 9-12*, Baltimore, MD.

Celis, L. Elisa, Keswani, Vijay, and Vishnoi, Nisheeth K. 2020. Data preprocessing to mitigate bias: a maximum entropy based approach. In: *Proceedings of the 37th International Conference on Machine Learning*, ICML 2020, July 13-18, 2020, Virtual Event. *Proceedings of Machine Learning Research* **119**. PMLR 2020.

Chastain, Erick, Livnat, Adi, Papadimitriou, Christos, and Vazirani, Umesh. 2014. Algorithms, games, and evolution. *Proceedings of the National Academy of Sciences*, **111**(29), 10620-10623.

Christiano, Paul, Kelner, Jonathan A., Madry, Aleksander, Spielman, Daniel A., and Teng, Shang-Hua. 2011. Electrical flows, Laplacian systems, and faster approximation of maximum flow in undirected graphs. Pages 273-282 of: *Proceedings of the 43rd ACM Symposium on Theory of Computing, STOC 2011, June* 6-8, San Jose, CA.

Cohen, Michael B., Madry, Aleksander, Tsipras, Dimitris, and Vladu, Adrian. 2017. Matrix scaling and balancing via box constrained Newton' s method and interior point methods. Pages 902-913 of: *58th IEEE Annual Symposium on Foundations of Computer Science, FOCS 2017, October 15-17*, Berkeley, CA.

Cormen, Thomas H., Leiserson, Charles E., Rivest, Ronald L., and Stein, Clifford. 2001. *Introduction to Algorithms.* Cambridge, MA: MIT Press.

Daitch, Samuel I., and Spielman, Daniel A. 2008. Faster approximate lossy generalized flow via interior point algorithms. Pages 451-460 of: *Proceedings of the 40th Annual ACM Symposium on Theory of Computing, May 17-20*, Victoria, British Columbia.

Dantzig, George B. 1990. A history of scientific computing. Pages 141 - 151 of: *Origins of the Simplex Method.* New York: Association for Computing Machinery.

Dasgupta, Sanjoy, Papadimitriou, Christos H., and Vazirani, Umesh. 2006. *Algorithms.* New York, NY: McGraw-Hill.

Devanur, Nikhil R., Garg, Jugal, and Végh, Làszló A. 2016. A rational convex program for linear Arrow-Debreu markets. *ACM Transactions on Economics and Computation,* **5**(1), 6:1-6:13.

Diestel, Reinhard. 2012. *Graph Theory.* 4th ed. Graduate Texts in Mathematics, Vol. 173. Berlin, Heidelberg: Springer-Verlag.

Dinic, E. A. 1970. Algorithm for solution of a problem of maximal flow in a network with power estimation. *Soviet Math Dokl,* **224**(11), 1277-1280.

Dudik, Miroslav. 2007. *Maximum Entropy Density Estimation and Modeling Geographic Distributions of Species.* Ph.D. thesis, Princeton University.

Edmonds, Jack. 1965a. Maximum matching and a polyhedron with 0,1 vertices. *Journal of Research of the National Bureau of Standards,* **69**, 125-130.

Edmonds, Jack. 1965b. Paths, trees, and flowers. *Canadian Journal of Mathematics,* **17**(3), 449-467.

Edmonds, Jack, and Karp, Richard M. 1972. Theoretical improvements in algorithmic efficiency for network flow problems. *Journal of the Association for Computing Machinery,* **19**(2), 248-264.

Eisenberg, Edmund, and Gale, David. 1959. Consensus of subjective probabilities: the pari-mutuel method. *Annals of Mathematical Statistics,* **30**(1), 165-168.

Farkas, Julius. 1902. Theorie der einfachen Ungleichungen. *Journal für die reine und angewandte Mathematik,* **124**, 1-27.

Feige, Uriel. 2008. On estimation algorithms vs approximation algorithms. Pages 357 - 363 of: *IARCS Annual Conference on Foundations of Software Technology and Theoretical Computer Science.* Leibniz International Proceedings in Informatics (LIPIcs), vol. 2. Dagstuhl, Germany: Schloss Dagstuhl-Leibniz-Zentrum fuer Informatik.

Ford, L. R., and Fulkerson, D. R. 1956. Maximal flow in a network. *Canadian Journal of Mathematics,* **8**, 399-404.

Galántai, A. 2000. The theory of Newton' s method. *Journal of Computational and Applied Mathematics,* **124**(1), 25-44. Special Issue: Numerical Analysis 2000. Vol. IV: Optimization and Nonlinear Equations.

Garg, Jugal, Mehta, Ruta, Sohoni, Milind A., and Vishnoi, Nisheeth K. 2013. Towards polynomial simplex-like algorithms for market equlibria. Pages 1226-1242 of: *Proceedings of the Twenty-Fourth Annual ACM-SIAM Symposium on Discrete Algorithms, SODA 2013, January 6-8,* New

Orleans, LA.

Garg, Naveen, and Könemann, Jochen. 2007. Faster and simpler algorithms for multicommodity flow and other fractional packing problems. *SIAM Journal on Computing*, **37**(2), 630-652.

Gärtner, Bernd, and Matousek, Jirí. 2014. *Approximation Algorithms and Semidefinite Programming*. Berlin, Heidelberg: Springer.

Gibbs, J. (2010). *Elementary Principles in Statistical Mechanics: Developed with Especial Reference to the Rational Foundation of Thermodynamics* Cambridge: Cambridge University Press.

Goldberg, A., and Tarjan, R. 1987. Solving minimum-cost flow problems by successive approximation. Pages 7-18 of: *Proceedings of the Nineteenth Annual ACM Symposium on Theory of Computing* , STOC 1987, May 25-27, New York, NY.

Goldberg, Andrew V., and Rao, Satish. 1998. Beyond the flow decomposition barrier. *Journal of the Association for Computing Machinery*, **45**(5), 783-797.

Golub, G. H., and Van Loan, C. F. 1996. *Matrix Computations*. Baltimore, MD: Johns Hopkins University Press.

Gonzaga C. C. (1989) An algorithm for solving linear programming problems in $O(n^3L)$ operations. Pages 1-28 of: Megiddo, N. (ed.), *Progress in Mathematical Programming*. New York, NY: Springer.

Grötschel, M., Lovász, L., and Schrijver, A. 1981. The ellipsoid method and its consequences in combinatorial optimization. *Combinatorica*, **1**(2), 169-197.

Grötschel, Martin, Lovász, Lászlo, and Schrijver, Alexander. 1988. *Geometric Algorithms and Combinatorial Optimization*. Vol. 2: *Algorithms and Combinatorics*. Berlin, Heidelberg: Springer-Verlag.

Gurjar, Rohit, Thierauf, Thomas, and Vishnoi, Nisheeth K. 2018. Isolating a vertex via lattices: polytopes with totally unimodular faces. Pages 74:1-74:14 of: *45th International Colloquium on Automata, Languages, and Programming, ICALP 2018, July 9-13, Prague, Czech Republic.* LIPIcs, vol. 107.

Hazan, Elad. 2016. Introduction to online convex optimization. *Foundations and Trends in Optimization*, **2**(3-4), 157-325.

Hestenes, Magnus R., and Stiefel, Eduard. 1952. Methods of conjugate gradients for solving linear systems. *Journal of Research of the National Bureau of Standards*, **49**(Dec.), 409-436.

Hopcroft, John E., and Karp, Richard M. 1973. An $n^{5/2}$ algorithm for maximum matchings in bipartite graphs. *SIAM Journal on Computing*, **2**(4), 225-231.

Jaggi, Martin. 2013. Revisiting Frank-Wolfe: projection-free sparse convex optimization. Pages I-427-I-435 of: *Proceedings of the 30th International Conference on International Conference on Machine Learning - Volume* 28, ICML 2013, June 16-21, Atlanta, GA. JMLR.org.

Jain, Prateek, and Kar, Purushottam. 2017. Non-convex optimization for machine learning. *Foundations and Trends in Machine Learning*, **10**(3-4), 142-336.

Jaynes, Edwin T. 1957a. Information theory and statistical mechanics. *Physical Review*, **106**(May), 620-630.

Jaynes, Edwin T. 1957b. Information theory and statistical mechanics. II. *Physical Review*, **108**(Oct.), 171-190.

Karlin, Anna R., Klein, Nathan, and Oveis Gharan, Shayan. 2020. A (slightly) improved approximation algorithm for metric TSP. *CoRR*, **abs/2007.01409**.

Karmarkar, Narendra. 1984. A new polynomial-time algorithm for linear programming. *Combinatorica*, **4**(4), 373-395.

Karp, Richard M., and Papadimitriou, Christos H. 1982. On linear characterizations of combinatorial optimization problems. *SIAM Journal on Computing*, **11**(4), 620-632.

Karzanov, Alexander V. 1973. On finding maximum flows in networks with special structure and some applications. *Matematicheskie Voprosy Upravleniya Proizvodstvom*, **5**, 81-94.

Kelner, Jonathan A., Lee, Yin Tat, Orecchia, Lorenzo, and Sidford, Aaron. 2014. An almost-linear-time algorithm for approximate max flow in undirected graphs, and its multicommodity generalizations. Pages 217-226 of: *Proceedings of the Twenty-Fifth Annual ACM-SIAM Symposium on Discrete Algorithms, SODA 2014, January 5-7*, Portland, OR.

Khachiyan, L. G. 1979. A polynomial algorithm for linear programming. *Doklady Akademii Nauk SSSR*, **224**(5), 1093-1096.

Khachiyan, L. G. 1980. Polynomial algorithms in linear programming. *USSR Computational Mathematics and Mathematical Physics*, **20**(1), 53-72.

Klee, V., and Minty, G. J. 1972. How good is the simplex algorithm? Pages 159-175 of: Shisha, O. (ed.), *Inequalities III*. New York, NY: Academic Press.

Kleinberg, Jon, and Tardos, Eva. 2005. *Algorithm Design*. Boston, MA: Addison-Wesley Longman.

Krantz, S. G. 2014. *Convex Analysis*. Textbooks in Mathematics. Boca Raton, FL: CRC Press.

Lau, Lap-Chi, Ravi, R., and Singh, Mohit. 2011. *Iterative Methods in Combinatorial Optimization*. New York, NY: Cambridge University Press.

Leake, Jonathan, and Vishnoi, Nisheeth K. 2020. On the computability of continuous maximum entropy distributions with applications. Pages 930-943 of: *Proceedings of the 52nd Annual ACM SIGACT Symposium on Theory of Computing, STOC 2020, June 22-26*, Chicago, IL.

Lee, Yin Tat, Rao, Satish, and Srivastava, Nikhil. 2013. A new approach to computing maximum flows using electrical flows. Pages 755-764 of: *Proceedings of the Forty-Fifth Annual ACM Symposium on Theory of Computing*. STOC 2013, June 1-4, Palo Alto, CA.

Lee, Yin Tat, and Sidford, Aaron. 2014. Path finding methods for linear programming: solving linear programs in $\widetilde{O}(\text{vrank})$ iterations and faster algorithms for maximum flow. Pages 424-433 of: *55th IEEE Annual Symposium on Foundations of Computer Science, FOCS 2014, October 18-21*, Philadelphia, PA.

Lee, Yin Tat, Sidford, Aaron, and Wong, Sam Chiu-wai. 2015. A faster cutting plane method and its implications for combinatorial and convex optimization. Pages 1049-1065 of: *IEEE 56th Annual Symposium on Foundations of Computer Science, FOCS 2015, October*, Berkeley, CA.

Louis, Anand, and Vempala, Santosh S. 2016. Accelerated Newton iteration for roots of black box polynomials. Pages 732-740 of: *IEEE 57th Annual Symposium on Foundations of Computer Science, FOCS 2016, October 9-11, New Brunswick*, NJ.

Lovász, László. 1983. Submodular functions and convexity. Pages 235-257 of: Bachem, A., Korte, B., and Grötschel, M. (eds.), *Mathematical Programming: The State of the Art.* Berlin, Heidelberg: Springer.

Madry, Aleksander. 2013. Navigating central path with electrical flows: from flows to matchings, and back. Pages 253-262 of: *54th Annual IEEE Symposium on Foundations of Computer Science, FOCS 2013, October 26-29, Berkeley, CA.*

Mulmuley, Ketan, Vazirani, Umesh V., and Vazirani, Vijay V. 1987. Matching is as easy as matrix inversion. *Combinatorica*, **7**, 105-113.

Nakagaki, Toshiyuki, Yamada, Hiroyasu, and Toth, Agota. 2000. Maze-solving by an amoeboid organism. *Nature*, **407**(6803), 470.

Nemirovski, A., and Yudin, D. 1983. *Problem Complexity and Method Efficiency in Optimization.* Translated by E. R. Dawson. Chichester: Wiley.

Nesterov, Y., and Nemirovskii, A. 1994. *Interior-Point Polynomial Algorithms in Convex Programming.* Philadelphia, PA: Society for Industrial and Applied Mathematics.

Nesterov, Yurii. 1983. A method for unconstrained convex minimization problem with the rate of convergence $O(1/k^2)$. *Dokl. akad. nauk Sssr*, **269**, 543-547.

Nesterov, Yurii. 2004. *Introductory Lectures on Convex Optimization.* Vol. 87. New York: Springer Science & Business Media.

Orecchia, Lorenzo, Sachdeva, Sushant, and Vishnoi, Nisheeth K. 2012. Approximating the exponential, the lanczos method and an $\widetilde{O}(m)$-time spectral algorithm for balanced separator. Pages 1141-1160 of: *Proceedings of the Forty-Fourth Annual ACM Symposium on Theory of Computing.* STOC 2012, May 19-22, New York, NY.

Orecchia, Lorenzo, Schulman, Leonard J., Vazirani, Umesh V., and Vishnoi, Nisheeth K. 2008. On partitioning graphs via single commodity flows. Pages 461-470 of: *Proceedings of the 40th Annual ACM Symposium on Theory of Computing, May 17-20*, Victoria, British Columbia.

Oveis Gharan, Shayan, Saberi, Amin, and Singh, Mohit. 2011. A randomized rounding approach to the traveling salesman problem. Pages 267 - 276 of: *FOCS' 11: Proceedings of the 52nd Annual IEEE Symposium on Foundations of Computer Science*, October 22 - 25, 2011, Palm Springs, CA.

Padberg, Manfred W., and Rao, M. Rammohan. 1981. *The Russian Method for Linear Inequalities III: Bounded Integer Programming.* Ph.D. thesis, INRIA.

Pan, Victor Y., and Chen, Zhao Q. 1999. The complexity of the matrix eigenproblem. Pages 507–516 of: *Proceedings of the Thirty-First Annual ACM Symposium on Theory of Computing*, STOC 1999, May 1–4, Atlanta, GA.

Peng, Richard. 2016. Approximate undirected maximum flows in $O(m \operatorname{polylog}(n))$ time. Pages 1862–1867 of: *Proceedings of the Twenty-Seventh Annual ACM-SIAM Symposium on Discrete Algorithms, SODA 2016, January 10–12*, Arlington, VA.

Perko, Lawrence. 2001. *Differential Equations and Dynamical Systems.* Vol. 7. New York, NY: Springer-Verlag.

Plotkin, Serge A., Shmoys, David B., and Tardos, Éva. 1995. Fast approximation algorithms for fractional packing and covering problems. *Mathematics of Operations Research*, **20**(2), 257–301.

Polyak, Boris. 1964. Some methods of speeding up the convergence of iteration methods. *USSR Computational Mathematics and Mathematical Physics*, **4**(12), 1–17.

Renegar, James. 1988. A polynomial-time algorithm, based on Newton' s method, for linear programming. *Mathematical Programming*, **40**(1–3), 59–93.

Renegar, James. 2001. *A Mathematical View of Interior-Point Methods in Convex Optimization.* Philadephia, PA: Society for Industrial and Applied Mathematics.

Rockafellar, R. Tyrrell. 1970. *Convex Analysis.* Princeton Mathematical Series. Princeton, NJ: Princeton University Press.

Rothvoss, Thomas. 2017. The matching polytope has exponential extension complexity. *Journal of the Association for Computing Machinery*, **64**(6), 41:1–41:19.

Rudin, Walter. 1987. *Real and Complex Analysis.* 3rd ed. New York: McGraw-Hill.

Saad, Y. 2003. *Iterative Methods for Sparse Linear Systems.* 2nd ed. Philadelphia, PA: Society for Industrial and Applied Mathematics.

Sachdeva, Sushant, and Vishnoi, Nisheeth K. 2014. Faster algorithms via approximation theory. *Foundations and Trends in Theoretical Computer Science*, **9**(2), 125–210.

Schrijver, Alexander. 2002a. *Combinatorial Optimization: Polyhedra and Efficiency.* Vol. 24. Berlin, Heidelberg: Springer-Verlag.

Schrijver, Alexander. 2002b. On the history of the transportation and maximum flow problems. *Mathematical Programming*, **91**(3), 437–445.

Shalev-Shwartz, Shai. 2012. Online learning and online convex optimization. *Foundations and Trends in Machine Learning*, **4**(2), 107–194.

Sherman, Jonah. 2013. Nearly maximum flows in nearly linear time. Pages 263–269 of: *54th Annual IEEE Symposium on Foundations of Computer Science, FOCS 2013, October, 26–29, Berkeley, CA.*

Shor, N. Z. 1972. Utilization of the operation of space dilatation in the minimization of convex functions. *Cybernetics*, **6**(1), 7–15.

Singh, Mohit, and Vishnoi, Nisheeth K. 2014. Entropy, optimization and counting. Pages 50–59 of: *Proceedings of the 46th Annual ACM Symposium on Theory of Computing*, May 31–June 3, New York, NY.

Spielman, Daniel A. 2012. Algorithms, graph theory, and the solution of Laplacian linear equations. In: Czumaj A., Mehlhorn K., Pitts A., Wattenhofer R. (eds), *Automata, Languages, and Programming.* ICALP 2012. Lecture Notes in Computer Science, vol. 7392. Berlin, Heidelberg: Springer.

Spielman, Daniel A., and Teng, Shang-Hua. 2004. Nearly-linear time algorithms for graph partitioning, graph sparsification, and solving linear systems. Pages 81–90 of: *Proceedings of the 36th Annual ACM Symposium on the Theory of Computing*, STOC 2004, June 13–16, Chicago, IL.

Spielman, Daniel A., and Teng, Shang-Hua. 2009. Smoothed analysis: an attempt to explain the behavior of algorithms in practice. *Communications of the Association for Computing Machinery*, **52**(10), 76–84.

Steele, J. Michael. 2004. *The Cauchy-Schwarz Master Class: An Introduction to the Art of Mathematical Inequalities.* New York, NY: Cambridge University Press.

Strang, Gilbert. 1993. The fundamental theorem of linear algebra. *American Mathematical Monthly*, **100**(9), 848–855.

Strang, Gilbert. 2006. *Linear Algebra and Its Applications.* Belmont, CA: Thomson, Brooks/Cole.

Straszak, Damian, and Vishnoi, Nisheeth K. 2016a. Natural algorithms for flow problems. Pages 1868–1883 of: *Proceedings of the Twenty-Seventh Annual ACM-SIAM Symposium on Discrete Algorithms, SODA 2016, January 10–12*, Arlington, VA.

Straszak, Damian, and Vishnoi, Nisheeth K. 2016b. On a natural dynamics for linear programming. Page 291 of: *Proceedings of the 2016 ACM Conference on Innovations in Theoretical Computer Science, January 14–16*, Cambridge, MA.

Straszak, Damian, and Vishnoi, Nisheeth K. 2017. Real stable polynomials and matroids: optimization and counting. Pages 370–383 of: *Proceedings of the 49th Annual ACM SIGACT Symposium on Theory of Computing*, STOC 2017, June 19–23, Montreal, Quebec.

Straszak, Damian, and Vishnoi, Nisheeth K. 2019. Maximum entropy distributions: bit complexity and stability. Pages 2861-2891 of: *Conference on Learning Theory, COLT 2019, June 25-28, Phoenix, AZ.* Proceedings of Machine Learning Research, vol. 99.

Straszak, Damian, and Vishnoi, Nisheeth K. 2021. Iteratively reweighted least squares and slime mold dynamics: connection and convergence. *Mathematical Programming Series* A, 2021.

Teng, Shang-Hua. 2010. The Laplacian paradigm: emerging algorithms for massive graphs. In: Kratochvíl J., Li A., Fiala J., and Kolman P. (eds.), *Theory and Applications of Models of Computation.* TAMC 2010. Lecture Notes in Computer Science, vol. 6108. Berlin, Heidelberg: Springer.

Trefethen, Lloyd N., and Bau, David. 1997. *Numerical Linear Algebra.* Philadelphia, PA: SIAM.

Vaidya, Pravin M. 1987. An algorithm for linear programming which requires $O(((m+n)n^2+(m+n)^{1.5}n)L)$ arithmetic operations. Pages 29-38 of: *Proceedings of the 19th Annual ACM Symposium on Theory of Computing, May 25-27, New York, NY.*

Vaidya, Pravin M. 1989a. A new algorithm for minimizing convex functions over convex sets (extended abstract). Pages 338-343 of: *30th Annual Symposium on Foundations of Computer Science*, October 30-November 1, *Research Triangle Park, NC.*

Vaidya, Pravin M. 1989b. Speeding-Up linear programming using fast matrix multiplication (extended abstract). Pages 332-337 of: *30th Annual Symposium on Foundations of Computer Science*, October 30-November 1, *Research Triangle Park, NC.*

Vaidya, Pravin M. 1990. Solving linear equations with symmetric diagonally dominant matrices by constructing good preconditioners. Unpublished manuscript, University of Illinois, Urbana-Champaign.

Valiant, Leslie G. 1979. The complexity of computing the permanent. *Theoretical Computer Science*, **8**, 189-201.

van den Brand, Jan, Lee, Yin-Tat, Nanongkai, Danupon, Peng, Richard, Saranurak, Thatchaphol, Sidford, Aaron, Song, Zhao, and Wang, Di. 2020. Bipartite Matching in Nearly-linear Time on Moderately Dense Graphs. Pages 919-930 of: *2020 IEEE 61st Annual Symposium on Foundations of Computer Science (FOCS).*

Vanderbei, Robert J. 2001. *The Affine-Scaling Method.* In: *Linear Programming.* International Series in Operations Research and Management Science, vol. 114. Boston, MA: Springer.

Vazirani, Vijay V. 2012. The notion of a rational convex program, and an algorithm for the Arrow-Debreu Nash bargaining game. *Journal of the Association for Computing Machinery*, **59**(2).

Vishnoi, Nisheeth K. 2013. $Lx = b$. *Foundations and Trends in Theoretical Computer Science*, **8**(1-2), 1-141.

Vishnoi, Nisheeth K. 2018. Geodesic convex optimization: differentiation on manifolds, geodesics, and convexity. *CoRR*, **abs/1806.06373.**

Wright, Margaret H. 2005. The interior-point revolution in optimization: history, recent developments, and lasting consequences. *Bulletin of the American Mathematical Society (N.S.)*, **42**, 39-56.

Wright, Stephen J. 1997. *Primal-Dual Interior-Point Methods.* Philadelphia, PA: Society for Industrial and Applied Mathematics.

Yudin, D. B., and Nemirovskii, Arkadi S. 1976. Informational complexity and efficient methods for the solution of convex extremal problems. *Ékon Math Metod*, **12**, 357-369.

Zhu, Zeyuan Allen, Li, Yuanzhi, de Oliveira, Rafael Mendes, and Wigderson, Avi. 2017. Much faster algorithms for matrix scaling. Pages 890 - 901 of: *58th IEEE Annual Symposium on Foundations of Computer Science, FOCS 2017, October 15-17*, Berkeley, CA.

推荐阅读

线性代数（原书第10版）

ISBN：978-7-111-71729-4

数学分析原理 面向计算机专业（原书第2版）

ISBN：978-7-111-71242-8

数学分析（原书第2版·典藏版）

ISBN：978-7-111-70616-8

复分析（英文版·原书第3版·典藏版）

ISBN：978-7-111-70102-6

实分析（英文版·原书第4版）

ISBN：978-7-111-64665-5

泛函分析（原书第2版·典藏版）

ISBN：978-7-111-65107-9

推荐阅读

计算贝叶斯统计导论

ISBN：978-7-111-72106-2

高维统计学：非渐近视角

ISBN：978-7-111-71676-1

最优化模型:线性代数模型、凸优化模型及应用

ISBN：978-7-111-70405-8

统计推断：面向工程和数据科学

ISBN：978-7-111-71320-3

概率与统计：面向计算机专业（原书第3版）

ISBN：978-7-111-71635-8

概率论基础教程（原书第10版）

ISBN：978-7-111-69856-2